非传统水资源利用技术及应用

闫大鹏　侯晓明　郭鹏程　苏妍妹
刘　猛　蔡　明　刘红平　著

黄河水利出版社
·郑州·

内 容 提 要

本书是一部全面系统地研究非传统水资源的理论体系和应用实践的专著。全书共分为四篇。第一篇论述水资源开发利用现状，包括全球以及中国的水资源利用现状，水资源利用中存在的问题及原因分析，非传统水资源利用的现状、必要性及可行性。第二篇论述再生水利用技术体系，包括概述，再生水回用系统的组成，污水再生利用技术，再生水的利用方式与典型流程，再生水利用系统的规划与设计，再生水利用系统的运行管理，城市污水再生回用系统的评价与对策，国内外再生水利用工程实例、经验总结与发展趋势。第三篇论述城市雨水利用技术体系，包括概述，雨水汇集方式与配套技术，雨水调蓄与净化技术，城市雨水利用规划，城市雨水利用系统设计，雨水集蓄利用工程管理，雨水集蓄利用工程评价，雨水利用工程实例、经验总结及前景展望。第四篇论述海水及其他非传统水资源利用技术体系，包括海水淡化处理技术及工程实例，苦咸水淡化处理技术及工程实例，空中水利用技术及工程实例。

本书可供水资源、水环境、给排水、城市水系等领域的研究、规划、设计、管理工作者使用，也可供高等院校相关专业师生参考。

图书在版编目(CIP)数据

非传统水资源利用技术及应用/闫大鹏等著.—郑州：黄河水利出版社，2013.11

ISBN 978-7-5509-0623-5

Ⅰ.①非… Ⅱ.①闫… Ⅲ.①水资源利用-研究 Ⅳ.①TV213.9

中国版本图书馆 CIP 数据核字(2013)第 276096 号

组稿编辑：简群　电话：0371-66026749　E-mail：w_jq@163.com

出 版 社：黄河水利出版社　网址：www.yrcp.com

地址：河南省郑州市顺河路黄委会综合楼 14 层　邮政编码：450003

发行单位：黄河水利出版社

发行部电话：0371-66026940、66020550、66028024、66022620(传真)

E-mail：hhslcbs@126.com

承印单位：黄河水利委员会印刷厂

开本：787 mm×1 092 mm　1/16

印张：18.75

字数：430 千字　印数：1—1 000

版次：2013 年 11 月第 1 版　印次：2013 年 11 月第 1 次印刷

定价：48.00 元

前　言

水是生命之源、生产之要、生态之基，事关人类生存、经济发展和社会进步。受水资源自然禀赋和经济社会发展规模与阶段的影响，中国面临着突出的水资源问题，水资源与能源、环境并列为影响经济社会可持续发展的三大制约性因子。2010 年 3 月 22 日的世界水日前，联合国教科文组织于 3 月 13 日公布的《世界水资源开发报告》指出："我们能否满足持续增长的全球用水需求，将取决于人们现有资源的有效管理。"

随着经济社会的不断发展和人口的急剧增长，中国及全球水资源供需矛盾显得日益突出，解决水资源短缺矛盾的传统模式往往是无节制地开发地表水。江河流量不够就筑水坝、修水库，结果是上游用水得到了保证，而下游城市和居民用水更困难，造成上下游的关系很紧张。时至今日，已经出现了很多河流在某些季节断流的现象，这都是没有节制地开发地表水所造成的。在地表水资源不足的情况下，人们又转向开采地下水，造成地下水位普遍下降，地下水水质退化，城市地面塌陷，沿海城市海水入侵。在这种情况下，进一步解决水资源不足的传统方法是跨流域调水，从小流域的调水到中等距离调水、远距离调水，调水的距离越来越大，工程越来越复杂，投资越来越高，而最后的结果是城市水资源的自给能力越来越低，受制于他人或受制于天。因此，这种传统模式不是可持续的水资源利用模式。

为了解决水资源不足带来的诸多问题，多渠道开发利用非传统水资源，已成为受世界各国普遍关注的可持续的水资源利用模式。在传统水资源开发利用的程度和承载能力即将达到极限的时刻，非传统水资源必将逐步承担解决水资源短缺的重任。非传统水资源的开发利用，增加了水资源总量，提高了水资源利用率，有效保护了常规水资源的开发利用，是水资源可持续利用的必然趋势，对解决当前水资源短缺和水环境污染问题具有重要意义。近年来，发达国家通过大量研究和应用实践，已取得了巨大的收益，并积累了一些成功的经验。随着我国经济社会的迅速发展，非传统水资源的利用也已受到社会各界广泛的关注，传统水资源和非传统水资源的耦合互补利用，不仅能缓解城市供用水的矛盾，而且还能改善水环境、减少水灾害，具有巨大的社会效益、经济效益和生态环境效益。

目前，非传统水资源主要包括雨洪水、再生水、海水、苦咸水、空中水。这些水资源的突出优点是可以就地取材，而且是可以再生的。

雨水利用的潜力很大，在不少国家已经得到广泛采用。其规模可大可小，用途多种多样，方式千变万化，好处不胜枚举。净化后的城市污水可成为城市稳定的第二水源，既缓解城市水资源短缺的矛盾，又减轻对水环境的污染。海水利用在沿海地区的水资源管理中具有举足轻重的地位。在适当的气候条件下进行人工增雨，将空中的水资源化作地面的水资源，已经被国内外证明是开发水资源的一条有效途径。

非传统水资源的开发利用本是为了补充传统水资源的不足，但已有的经验表明，在特定的条件下，它们可以在一定程度上替代传统水资源，或者加速并改善天然水资源的循环过程,使有限的水资源发挥出更大的生产力。一般情况下,传统水资源和几种非传统水资源配合使用,往往能够缓解水资源紧缺的矛盾,收到水资源可持续利用的功效。

在目前非传统水资源开发利用的类型中,再生水和雨水由于具有地区适应性广泛、技术发展成熟、经济性好、社会共识普遍、综合效益明显等特点而得到了极大重视,本书重点介绍再生水和雨水利用技术,同时对其他非传统水资源开发利用的类型也予以简单介绍。

本书共分为四篇。

第一篇论述水资源开发利用现状,包括4章内容:全球水资源利用现状,中国水资源利用现状,水资源利用中存在的问题及原因分析,非传统水资源利用的现状、必要性及可行性。

第二篇论述再生水利用技术体系,包括8章内容:概述,再生水回用系统的组成,污水再生利用技术,再生水的利用方式与典型流程,再生水利用系统的规划与设计,再生水利用系统的运行管理,城市污水再生回用系统的评价与对策,国内外再生水利用工程实例、经验总结与发展趋势。

第三篇论述城市雨水利用技术体系,包括8章内容:概述,雨水汇集方式与配套技术,雨水调蓄与净化技术,城市雨水利用规划,城市雨水利用系统设计,雨水集蓄利用工程管理,雨水集蓄利用工程评价,雨水利用工程实例、经验总结及前景展望。

第四篇论述海水及其他非传统水资源利用技术体系,包括3章内容:海水淡化处理技术及工程实例,苦咸水淡化处理技术及工程实例,空中水利用技术及工程实例。

本书主要编写人员及编写分工如下:第1~3、23章由侯晓明编写,第4、5章由蔡明编写,第6~8章由郭鹏程编写,第9、16章由闫大鹏编写,第10~12、14、18、20章由刘猛编写,第13、15、17章由苏妍妹编写,第19、21、22章由刘红平编写。全书由闫大鹏、侯晓明统稿。

我国非传统水资源开发利用工作起步较晚,在理论、方法、技术研究方面与发达国家还有很大差距,在应用实践中政策法规和支持保障措施还不够健全,因此非传统水资源开发利用的广度和深度有限。非传统水资源涉及多个专业领域和政府职能部门,一些问题目前仍处于探索研究阶段,加之作者水平有限,书中难免存在疏漏、错误和不妥之处,恳请读者不吝指正。

本书由黄河勘测规划设计有限公司资助出版,在此深表感谢。

作　者

2013年8月

目　录

前　言

第一篇　水资源开发利用现状

第1章　全球水资源利用现状 …………………………………… (1)
1.1　全球水资源总量及其分布 …………………………………… (1)
1.2　全球水资源利用面临的严峻形势 …………………………………… (3)
第2章　中国水资源利用现状 …………………………………… (11)
2.1　中国水资源概况 …………………………………… (11)
2.2　中国水资源开发利用 …………………………………… (15)
2.3　中国水资源面临的形势与挑战 …………………………………… (18)
第3章　水资源利用中存在的问题及原因分析 …………………………………… (21)
3.1　水资源利用中存在的问题 …………………………………… (21)
3.2　水资源短缺的原因分析 …………………………………… (23)
第4章　非传统水资源利用的现状、必要性及可行性 …………………………………… (28)
4.1　非传统水资源的分类 …………………………………… (28)
4.2　国内外非传统水资源的开发利用现状 …………………………………… (31)
4.3　非传统水资源利用的必要性 …………………………………… (37)
4.4　非传统水资源利用的可行性 …………………………………… (39)
4.5　本书的技术分析重点 …………………………………… (40)

第二篇　再生水利用篇

第5章　概　述 …………………………………… (45)
5.1　污水再生利用概况 …………………………………… (45)
5.2　污水利用的途径与水质要求 …………………………………… (47)
第6章　再生水回用系统的组成 …………………………………… (57)
6.1　系统论原理 …………………………………… (57)
6.2　城市污水再生回用系统 …………………………………… (58)
6.3　子系统构成 …………………………………… (60)
6.4　城市污水再生回用系统特点 …………………………………… (68)

第7章 污水再生利用技术 ……………………………………………………………… (69)
7.1 概述…………………………………………………………………………………… (69)
7.2 混凝沉淀法…………………………………………………………………………… (73)
7.3 微絮凝-过滤法 ……………………………………………………………………… (74)
7.4 气浮…………………………………………………………………………………… (75)
7.5 石灰处理……………………………………………………………………………… (76)
7.6 过滤…………………………………………………………………………………… (76)
7.7 膜分离………………………………………………………………………………… (79)
7.8 膜生物反应器………………………………………………………………………… (81)
7.9 人工湿地处理………………………………………………………………………… (82)
7.10 活性炭吸附 ………………………………………………………………………… (86)
7.11 其他新工艺 ………………………………………………………………………… (86)
第8章 再生水的利用方式与典型流程 ………………………………………………… (90)
8.1 生活杂用……………………………………………………………………………… (90)
8.2 工业回用……………………………………………………………………………… (92)
8.3 农业回用……………………………………………………………………………… (94)
8.4 市政杂用……………………………………………………………………………… (95)
8.5 景观水体回用………………………………………………………………………… (96)
8.6 地下水回灌…………………………………………………………………………… (97)
8.7 其他回用……………………………………………………………………………… (98)
第9章 再生水利用系统的规划与设计 ……………………………………………… (100)
9.1 再生水利用系统规划 ……………………………………………………………… (100)
9.2 再生水利用系统设计 ……………………………………………………………… (111)
第10章 再生水利用系统的运行管理 ………………………………………………… (142)
10.1 再生水利用系统存在的问题……………………………………………………… (142)
10.2 污水再生处理设施的运行管理…………………………………………………… (142)
10.3 再生水回用配套设施的维护管理………………………………………………… (145)
第11章 城市污水再生回用系统的评价与对策 ……………………………………… (147)
11.1 市场评价…………………………………………………………………………… (147)
11.2 经济评价…………………………………………………………………………… (147)
11.3 安全评价…………………………………………………………………………… (149)
11.4 城市污水再生回用对策…………………………………………………………… (150)
第12章 国内外再生水利用工程实例、经验总结与发展趋势 ……………………… (152)
12.1 国外再生水利用工程实例………………………………………………………… (152)
12.2 国内再生水利用工程实例………………………………………………………… (154)
12.3 再生水利用工程经验总结与发展趋势…………………………………………… (155)

第三篇 城市雨水利用篇

第 13 章 概 述 …………………………………………………………………………… (157)
13.1 城市雨水的特点………………………………………………………………… (157)
13.2 城市雨水开发利用现状及发展方向………………………………………… (162)
第 14 章 雨水汇集方式与配套技术 ………………………………………………… (167)
14.1 不同下垫面材料的产流特征………………………………………………… (167)
14.2 雨水汇集工程基本参数及其确定…………………………………………… (168)
14.3 集流场地表处理技术研究…………………………………………………… (171)
14.4 城市地表产流特性及影响因素分析………………………………………… (173)
第 15 章 雨水调蓄与净化技术 ……………………………………………………… (176)
15.1 雨水调蓄………………………………………………………………………… (176)
15.2 雨水净化技术…………………………………………………………………… (183)
第 16 章 城市雨水利用规划 ………………………………………………………… (192)
16.1 雨水利用规划的指导思想、原则和任务 …………………………………… (192)
16.2 基本资料的收集………………………………………………………………… (194)
16.3 雨水利用规划…………………………………………………………………… (195)
第 17 章 城市雨水利用系统设计 …………………………………………………… (209)
17.1 雨水集蓄利用系统设计………………………………………………………… (209)
17.2 雨水渗透利用系统设计………………………………………………………… (211)
17.3 雨水屋顶花园利用系统设计…………………………………………………… (215)
17.4 生态小区雨水综合利用系统设计……………………………………………… (216)
第 18 章 雨水集蓄利用工程管理 …………………………………………………… (224)
18.1 运行管理………………………………………………………………………… (224)
18.2 水质管理………………………………………………………………………… (227)
18.3 用水管理………………………………………………………………………… (227)
第 19 章 雨水集蓄利用工程评价 …………………………………………………… (228)
19.1 技术评价………………………………………………………………………… (228)
19.2 经济评价………………………………………………………………………… (229)
19.3 环境评价和社会影响评价……………………………………………………… (231)
19.4 发展雨水集蓄利用工程的政策措施…………………………………………… (231)
第 20 章 雨水利用工程实例、经验总结及前景展望 ……………………………… (233)
20.1 国外雨水集蓄利用工程实例…………………………………………………… (233)
20.2 国内雨水集蓄利用工程实例…………………………………………………… (236)
20.3 雨水集蓄利用技术经验总结及前景展望……………………………………… (242)

第四篇　海水及其他非传统水资源利用篇

第21章　海水淡化处理技术及工程实例 ……(246)
21.1　海水淡化工程的发展状况……(246)
21.2　海水淡化的主要技术及比较……(248)
21.3　工程实例……(254)
第22章　苦咸水淡化处理技术及工程实例 ……(269)
22.1　淡化方法与技术状况……(269)
22.2　淡化方法适应性分析……(271)
22.3　工程实例……(272)
第23章　空中水利用技术及工程实例 ……(282)
23.1　空中水资源总量及特性……(282)
23.2　空中水资源开发利用的原理和主要途径……(282)
23.3　我国空中水资源开发利用现状……(283)
23.4　开发利用空中水资源前景……(283)
23.5　吉林省开发空中水资源工程实践……(284)
参考文献 ……(288)

第一篇　水资源开发利用现状

第1章　全球水资源利用现状

1.1　全球水资源总量及其分布

水是人类赖以生存和发展的珍贵资源,地球水储量包括地球表面、岩石圈内、大气层中和生物体内所有各种形态的水,主要有海洋水、冰川水、湖泊水、沼泽水、河流水、地下水、土壤水、大气水、生物水几种类型,在全球形成了一个完整的水系统,这就是水圈。水圈内全部水体的总储量为13.86亿km^3。

地球"三分陆地七分水",总水量的绝大部分储存于海洋中,淡水所占的比重很小。海洋水储量13.38亿km^3,占全球水体总储量的96.5%,其他各种水体储量只占3.5%,地表水和地下水各占一半左右。地球水总量中,含盐量不超过1 g/L的淡水仅占2.5%,即0.35亿km^3,其余97.5%均为咸水。淡水有68.7%被固定在两极地带的冰盖和高山冰川中,有30.9%蓄存在地下含水层和永久冻土层中,而湖泊、沼泽、河流、土壤中所容纳的淡水还不及0.5%。地球上各种水体储量以及咸水、淡水的分布情况见表1-1。

河流的年径流量,包含大气降水和高山冰川融水产生的动态地表水,以及绝大部分的动态地下水,它反映了水资源的数量和特征,所以各国通常用多年平均河川径流量来表示水资源量。陆地多年平均河川径流量为4.45万km^3,其中有0.10万km^3排入内陆湖,其余的均流入海洋。包括0.23万km^3南极冰川径流在内,全世界年径流总量为4.68万km^3。径流量在地区分布上很不均衡,有人居住和适合人类生活的地区至多拥有全部年径流量的40%,约1.9万km^3。各大洲的自然条件差别很大,因而水资源量也不相同。大洋洲的一些大岛(新西兰、伊里安、塔斯马尼亚等)的淡水最为丰富,年降水量几乎达到3 000 mm,年径流深超过1 500 mm。南美洲的水资源也较丰富,平均年降水量为1 600 mm,年径流深为660 mm,相当于全球陆地平均年径流深的2倍。澳大利亚是水资源量最少的大陆,平均年径流深只有40 mm,有2/3的面积为无永久性河流的荒漠、半荒漠地区,年降水量不到300 mm。非洲的河川径流资源也较贫乏,降水量虽然与欧洲、亚洲、北美洲相接近,但年径流深却相差一半,只有150 mm,这是因为非洲南北回归线附近有大面积的沙漠。南极洲的多年平均降水量较少，为 165 mm，该地没有一条永久性的河流，然而却以冰的形态储存了地球淡水总量的 62%。全球水资源分布情况详见表 1-2。

表 1-1 地球水储量

水体种类	水量		咸水		淡水	
	10^3 km^3	%	10^3 km^3	%	10^3 km^3	%
海洋水	1 338 000	96.54	1 338 000	99.04	0	0.00
地表水	24 254	1.75	85	0.01	24 169	69.00
冰川与冰盖	24 064	1.74	0	0.00	24 064	68.70
湖泊水	176	0.01	85	0.01	91	0.26
沼泽水	11	0.00	0	0.00	11	0.03
河流水	2	0.00	0	0.00	2	0.01
地下水	23 700	1.71	12 870	0.95	10 830	30.90
重力水	23 400	1.69	12 870	0.95	10 530	30.06
地下冰	300	0.02	0	0.00	300	0.86
土壤水	17	0.00	0	0.00	17	0.05
大气水	13	0.00	0	0.00	13	0.04
生物水	1	0.00	0	0.00	1	0.00
全球总储量	1 385 985	100	1 350 955	100	35 030	100

表 1-2 全球水资源分布

大陆	面积(万 km^2)	年降水		年径流	
		mm	10^3 km^3	mm	10^3 km^3
欧洲	1 050	789	8.29	306	3.21
亚洲	4 347.5	742	32.24	332	14.41
非洲	3 012	742	22.35	151	4.57
北美洲	2 420	756	18.3	339	8.2
南美洲	1 780	1 600	28.4	660	11.76
大洋洲*	133.5	2 700	3.61	1 560	2.09
澳大利亚	761.5	456	3.47	40	0.3
南极洲	1 398	165	2.31	165	2.31
全部陆地	14 900	800	119	315	46.8

注：1. * 除澳大利亚大陆外，包括塔斯马尼亚岛、新西兰岛和伊里安岛等岛屿。

2.引自中国农业百科全书总编辑委员会水利卷编辑委员会，中国农业百科全书编辑部编，中国农业百科全书·水利卷上，北京：农业出版社，1986 年，第 540~542 页。

各国淡水资源的情况也很不均衡，巴西、俄罗斯、加拿大、中国、美国、印度尼西亚、印度、哥伦比亚和刚果等 9 个国家的淡水资源占了世界淡水资源的 60%。同时，有 22 个国家的人均水资源拥有量不到 1 000 m^3，18 个国家的人均水资源拥有量不到 2 000 m^3，在降水少的年份尤为严重，约占世界人口总数 40%的 80 个国家和地区严重缺水。缺水最严重的地区主要集中在中国北部、非洲北部、中东、印度北部、墨西哥部分地区和美国西部。在撒哈拉沙漠以南的 18 个非洲国家，人均日用水量仅为 10～20 L；相反，在欧洲，人均日用水量高达 300 L 以上。全球 200 多个国家和地区中，水资源最丰富的是南美洲的巴西。

1.2　全球水资源利用面临的严峻形势

1.2.1　人口等经济要素与淡水资源分布不匹配，加剧了水资源矛盾

联合国教科文组织统计资料表明，按全世界人口为 60 亿计算，人均占有水量为 8 000～10 000 m^3。由于世界水资源消费量急剧增加 6 倍，远远超过 4 000 km^3，人均淡水占有量已降到 4 800 m^3（1995 年为 7 300 m^3）。由于仅有的淡水量分布不平衡，有 60%～65%以上的淡水集中分布在 9～10 个国家，例如俄罗斯、美国、加拿大、印度尼西亚、哥伦比亚等，其中奥地利每年有 840 亿 t 水可满足欧盟 3.7 亿人口的用水需求，供水收入达 10 亿欧元。而占世界人口总量 40%的 80 多个国家却为水资源匮乏的国家，其中有近 30 个国家为严重缺水国，非洲占 19 个，像卡塔尔仅有 91 m^3，科威特为 95 m^3，利比亚为 111 m^3，马尔他为 82 m^3，成为世界上四大缺水国；而几个富水国，水资源消费急剧上升，像美国纽约人均日耗水量为 600～800 L，日本大阪为 575 L，法国巴黎为 443 L，罗马为 435 L，贫富相差极为悬殊。

如图 1-1 所示，世界各国人均日用水量的差异是很明显的，美国最高为 575 L；澳大利亚居其次，为 495 L；欧洲的许多国家在 300～400 L；亚洲的印度和中国分别为 135 L 和 85 L；相比之下，非洲的许多国家，比如阿尔及利亚、乌干达、尼日利亚等国人均日用水量小于 50 L，其中以莫桑比克最小，仅为不到 10 L。由此我们也可以看出，人均日用水量的多少，与国家经济发达的程度是大体相关的，并且如图 1-2 所示，发达国家与发展中国家的用水构成是有很大差异的，发达国家农业和工业用水分别占总用水量的 40%，家庭生活用水占 20%；而发展中国家，用水则主要集中在农业，占总用水量的 80%，工业和家庭生活用水分别约占 10%。

如图 1-3 所示，1950 年，在全球城市人口中，欧洲所占比重最大，占了全球城市人口总数的近 38%；亚洲位居其次，大约为 31%；北美洲以 15%排位第三；拉丁美洲及加勒比海地区约占 10%；非洲约占 5%；大洋洲最少，仅占 1%。到 2000 年，亚洲城市人口占全球的比例增长了近 10%，达到了 47%而跃居各大洲首位，也是近 50 年来增长最快的地区；而欧洲所占比重则下降了 20%，为 18%而位居其次；拉丁美洲和加勒比海地区比例上升了 4%，达到 14%位于第三；非洲增长了 6 个百分点，位于第四；而北美洲则下降为 9%，位于第五；而大洋洲几乎没有变化，仍为 1%。由此可见，从 1950 年到 2000 年，全球城市人口中亚洲城市人口比例上升最为显著，相应生活生产的需水量也在逐渐增加。因此，随着

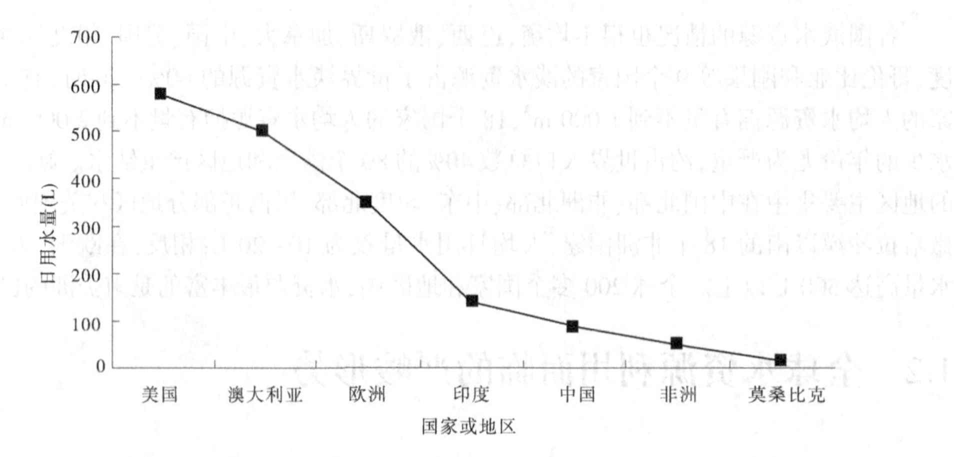

图 1-1　部分国家或地区 1998~2002 年平均人均日用水量差异

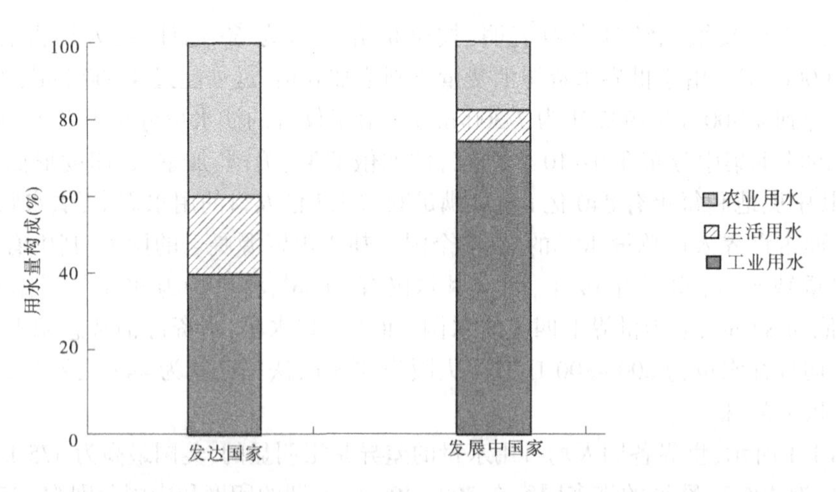

图 1-2　1998~2002 年发达国家与发展中国家用水量构成

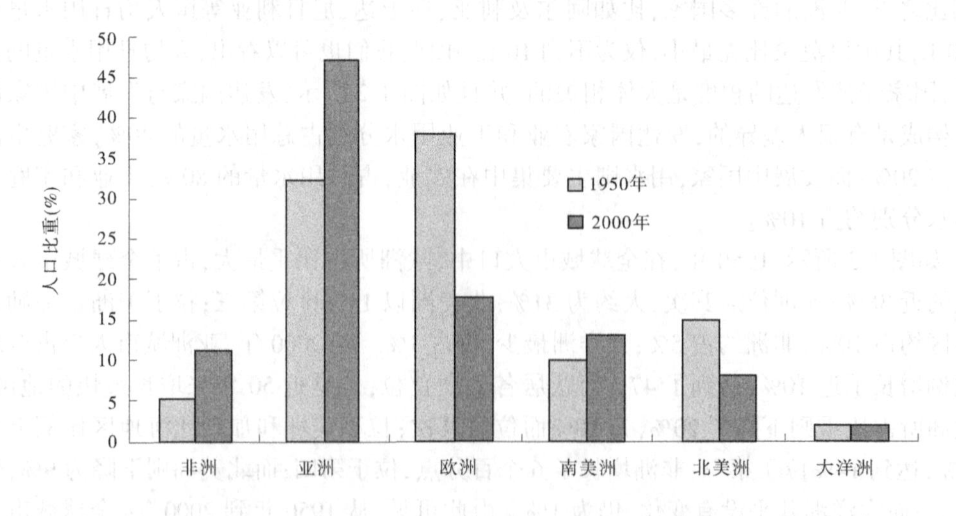

图 1-3　1950 年和 2000 年各大洲城市人口比重变化

城市人口的增加,城市缺水问题已愈加突出。

人口的增长带来了许多问题,人类对水资源的需求以惊人的速度扩大:12 亿人用水短缺,30 亿人缺乏用水卫生设施,每年有 300 万~400 万人死于和水有关的疾病。据材料统计,20 世纪初,全球年水消耗量为 5 000 亿 m^3,到 20 世纪末已增长为 50 000 亿 m^3,增长 10 倍以上。1954~1994 年美洲大陆用水量增加 100%,非洲大陆用水量增加 300%以上,欧洲大陆增加 500%,而亚洲大陆增长幅度更高。地下水年开采量为 5 500 亿 m^3(20 世纪 80~90 年代),其中大于 100 亿 m^3 的有 10 余个国家,占总开采量的 8.5%。

此外,世界人口的分布及增长的情况与水资源在全球的分布是错位的,世界人口密集的亚洲东部和南部、非洲西部,正是水资源分布较为贫乏的地区(有些是极为贫乏的地区,比如亚洲的东部和南部),所以产生了水资源供需不平衡,导致了一些地区对于水资源过度开发等问题,比如亚洲东、南部,非洲北部,北美洲中部及南美洲南部等地区的水资源处于过度利用状态。如图 1-4 所示,中国、莫桑比克、尼日利亚、菲律宾、也门等国家,1990~2004 年城市人口占总人口的比重都是上升的,而相应的人均水资源的数量却是降低的,由此可见,世界上水资源的分布和人口的增长之间是不平衡的。如图 1-5 所示,2000 年约占全球 20%的人口得不到安全的饮用水;65%(85%减去 20%)的人口饮用水质处于较低水平;而只有 15%的人口拥有充足且安全的饮用水。水资源危机带来的生态系统恶化和生物多样性破坏,也将严重威胁人类生存。

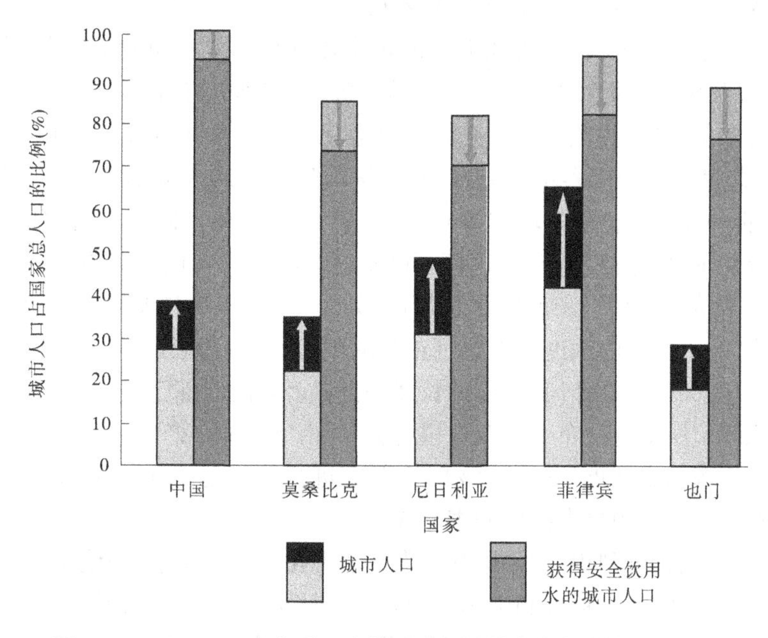

图 1-4　1990~2004 年部分国家快速增长的城市化与水资源的关系

1.2.2　污染、浪费等问题加剧了全球水资源危机程度

水资源的污染可以分为直接污染和间接污染两大类,直接污染主要包括工业污染、农业污染和家庭生活等人类活动直接排入水体造成对水源的污染;而间接污染,则是通过向地下渗漏的过程,是地下水因人类所排放的污水、污物而受到污染,以及由于过度开采地

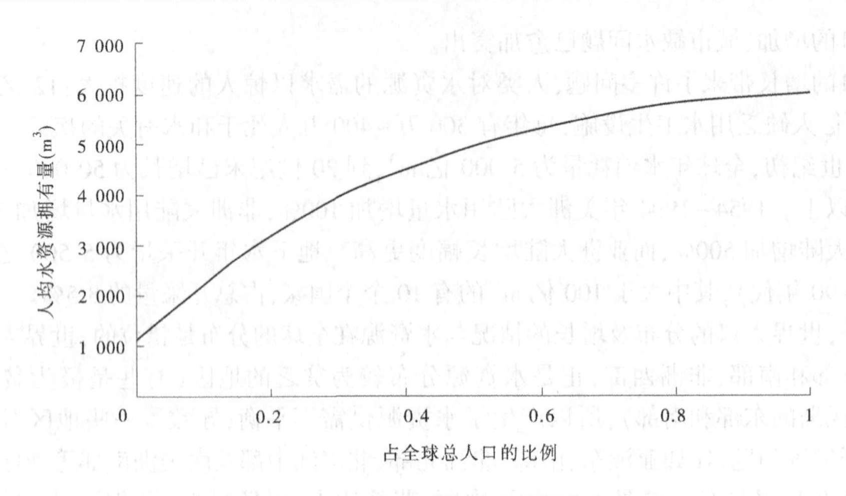

图 1-5　2000 年全球人均水资源分布

下水,使得海水倒灌而对地下水源的污染等。间接污染的主要途径,主要来自于固体废物的污染、工业生产对河流的污染、工业园区本身对土地的污染、有害物质贮存向地下的渗漏、医疗器械的污染、农药化学物质的排放以及城市生活污水的污染等。近年来,对地下水资源的保护成为全球关注的重点,而这种关注在欧盟执行委员会更为明显,其主张对地下水源污染的预防要比污染后再治理要有效得多。

欧盟的一份报告指出,农药对地下水的污染比预计的要严重得多。从现在起 50 年内,6 万 km^2 的含水层将受到这种污染。有些欧洲经济共同体的国家,河水遭受污染随处可见。在布鲁塞尔附近的塞纳河中,充满了有毒化学品和臭味难闻的污物。对西欧的 8 条大河水质化验表明,其中罗纳河每升河水中氨气含量为 20.1 mg,超过规定的标准 40 多倍。此外,超标的还有马德里的塔古斯河(氨含量 10.7 mg/L)、阿姆斯特丹的阿姆斯特芬河(氨含量 0.88 mg/L)、法兰克福的莱茵河(氨含量 0.69 mg/L)、巴黎的塞纳河(氨含量 0.33 mg/L)。被誉为俄罗斯母亲河的伏尔加河,如今每年有 10.42 km^3 的生活污水和工业废水流淌其中,有害物质的浓度大大超过正常的限度,已使得黑海的鲟鱼无法在此产卵。非洲的尼罗河、美洲的亚马孙河、亚洲的长江等世界著名河流都已经在不同程度上受到污染。法国国家环境所最近公布一份调查报告显示,由于农业生产中大量使用农药,法国各大河流和地下水源污染严重,其中 40% 的水源需进行特殊处理才能重新成为饮用水,而水质依然保持良好的水源只占抽样调查的 5%。

目前,水资源的过度利用、水污染和生态环境恶化等造成湖泊、河流、湿地与地下含水层的淡水系统的破坏,淡水物种和生态系统的多样性正在迅速衰退,其退化速度往往快于陆地和海洋生态系统。1/5 的淡水鱼种群或濒临灭绝,或已经绝迹。对于人类而言,2002 年全球约有 310 万人死于腹泻和疟疾,其中近 90% 的死者是不满 5 岁的儿童。每年约 160 万人的生命原本都是可以通过提供安全的饮用水来挽救的。在美国、印度和中国的一些地区,过度开采地下水,水床沉降而无法补充河流的水源,常常造成河流断流而使下游干涸,如美国的科罗拉多河和中国的黄河。沿海地区地下水过度开采造成的海水倒灌问题等,都导致有限的可利用淡水资源量在不断地萎缩。

日益严重的水污染蚕食大量可供消费的水资源。全世界每天约有 200 t 垃圾倒进河流、湖泊和小溪，每升废水会污染 8 L 淡水；所有流经亚洲城市的河流均被污染；美国 40% 的河流流域被加工食品废料、金属、肥料和杀虫剂污染；欧洲 55 条河流中仅有 5 条水质差强人意。现在全世界每年排放的污水达 4 000 多亿 t，从而造成 5 万多亿 t 水体被污染，致使目前全世界 60 亿人口中约 20% 的人无法获得洁净饮水，每年有 220 万人死于与污染或恶劣卫生条件相关的疾病，到 2025 年，世界上无法获得安全饮用水的人数将增加到 23 亿人，到 2050 年底，全世界 90 亿总人口当中的大约 70 亿人将可能面临用水短缺。

目前，人类正面临严重的水资源形势，如图 1-6 所示，人均水资源量不足 1 700 m^3/a 的人数，1990 年为 5 亿人，2005 年为 10 亿人，预计 2025 年和 2050 年将分别达到 36 亿人和 55 亿人；其中人均水资源量不足 1 000 m^3 的人数，1990 年为 1 亿人，2005 年增长到 3 亿人，预计 2025 年和 2050 年将分别达到 6 亿人和 18 亿人。

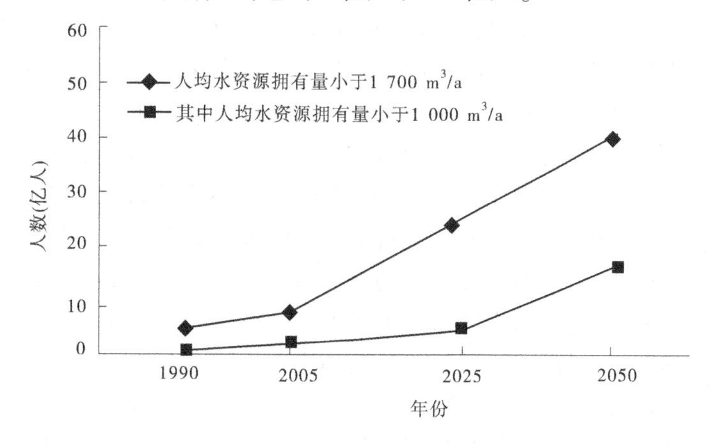

图 1-6　全球水资源形势严峻

水源的污染，对人类生存及良好生态环境的维护都是极为不利的。人类若饮用不干净的水，可能引起腹泻、痁疾、红眼病等传染性疾病，相应地也会影响到食品的安全。全世界每年至少有 2 500 万人死于水污染引起的疾病（主要是在发展中国家）。世界上传播最广的疾病中有一半都是直接或间接通过水传播的。全球由水污染而产生的疾病每年使 1 500万人丧生，其中大部分是儿童，仅腹泻每年就造成 4 万~5 万婴儿和差不多相同数量的成年人死亡。同时，也会破坏生态环境的多样性，水资源污染严重的地区还会导致某些物种的数量逐渐减少，甚至永远消失。可见，目前人类面临的水资源短缺问题是非常严峻的，水资源的污染和浪费，减少了原已非常宝贵的淡水资源，使得淡水资源的供需矛盾更加突出。因此，对水资源污染的预防与治理是人类急需解决的重要问题。

面对极其宝贵而又为数有限的水资源，工农业生产用水不讲效益又造成了巨大的浪费。许多发展中国家基础设施陈旧，水库和水渠的渗漏现象严重而普遍，管道内水的流失率高达 15%~20%。农业灌溉基本上都是采用大水漫灌、串灌的做法，灌溉效益很低。工业用水的重复利用率也很低，而每万元工业产值的耗水量和火电站每万度电的耗水量则很高（日本工业用水重复利用率为 71%，美国和德国也都在 60%以上）。

生活用水的浪费也很普遍。在一些发展中国家的某些城市，60%的饮用水因水管生锈或者管路的搭接违反规定而流失。菲律宾马尼拉市自来水总管的泄漏率高达58%，而在管理较为完善的新加坡水管泄漏损失平均只有8%。联合国的一项调查报告显示，英国和美国生活用水浪费约有10%，个别地区通过采取节约用水和循环用水的措施甚至可以节省更多的水。

1.2.3 全球气候变化对水资源的影响

全球气候异常造成的突发性灾害。一份气候变暖可能对地球造成危害的最全面的预测报告指出，到21世纪末，如果全球平均气温升高3 ℃或者更高，届时将有半数以上的主要森林从地球上消失。随着全球气温的上升，在未来200年，洪水、森林火灾和干旱将变得更加常见。

同时，这种气候的变化将导致全球降水量的减少及其格局发生相应的变化。全球降水总量将减少30%。南非一些国家，包括安哥拉、马拉维、赞比亚以及津巴布韦，这些地区的干旱程度将逐渐加大。而目前，这些国家就面临着全球最为严重的食品安全问题，农业依靠自然降水程度高；从北非的毛利塔尼亚等国一直到中东地区，包括世界上水资源最为短缺的国家，均有很高的人口增长率，并且对水资源的利用程度水平也很低；巴西及其东北部地区，比如委内瑞拉等国，由于气候的变化，降水量也将逐渐减少。对于亚洲的一些国家，比如说印度，这种气候的变化，也将会使其降水量减少。

全球气候的变化，除了会引起降水量的变化，还带来了许多与水有关的自然灾害，包括洪水、沙尘暴、干旱、饮用不洁水源而感染的疾病与海啸等；近30多年来，洪水以及沙尘暴发生的次数及其影响人数均是显著增加的；如表1-3、图1-7所示，1970~2004年全球与水有关的灾害的影响人数呈增长趋势，并造成245万人死亡。这些与水有关的自然灾害对人类的影响程度，涉及的人数是相当多的且增长也较为明显，足以见得气候的变化对水资源以及对人类的重要程度。

表1-3 1970~2004年全球水灾害影响人数

年份	影响人数(万人)	死亡人数(万人)
1970~1979	75 000	75
1980~1989	140 000	70
1990~1999	190 000	55
2000~2004	150 000	45

1.2.4 全球因争夺水资源而引起的地区冲突

水权又称水资源产权，广义的水权是指与水资源有关的一组权利的总和，是水权主体围绕或通过水而产生的责、权、利关系，其最终可以归结为水资源所有权、水资源使用权、水资源工程所有权和经营权。狭义的水权是指水资源的使用权和收益权，是一项建立在水资源国家所有的基础上的他物权，即一种“用益物权”。它的获得或者依照法律的规定，或者通过双方当事人的交易来实现。从法律上对水权的界定可归结为对水权的拥有和转移所产生的法律上权利、义务的变化，而在经济学上对水权界定的意义则在于由水权

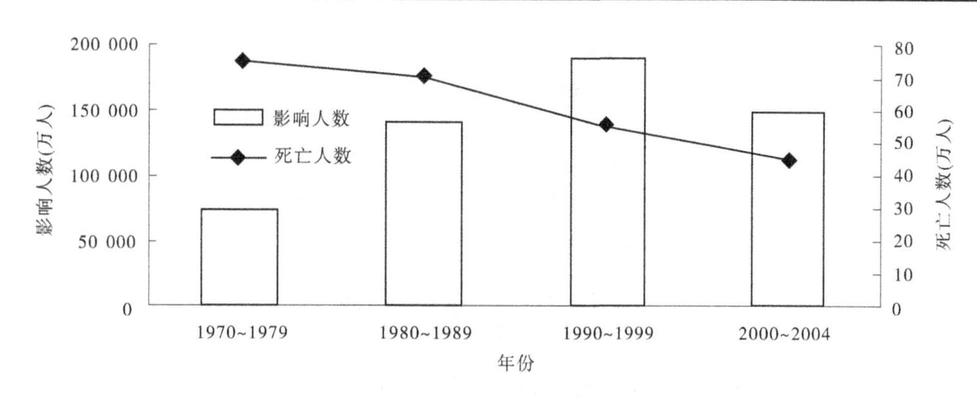

图 1-7　1970~2004 年全球水灾害影响人数

的拥有与转移而产生的效率和效益。

水资源缺乏国家与其他国家因争夺水资源常导致冲突。如表 1-4 所示，全球有 30 多个国家主要水源来源于境外，因此因利用水资源问题常产生地区间的摩擦。如图 1-8 所示，地区间因水资源而产生的各类冲突事件中，常以水量问题为主导，占 60%；水资源的利用结构问题为其次，占 26%；水质问题约占 4%；其他为 10%。

表 1-4　主要水资源来源于境外的国家

地区	境外水源比例 50%~75%	境外水源比例大于 75%
阿拉伯国家	伊拉克，苏丹，阿拉伯	埃及，科威特，巴林
东亚及太平洋地区	柬埔寨，越南	
拉美及加勒比海地区	阿根廷，玻利维亚，巴拉圭，乌拉圭	
南美洲		孟加拉国，巴基斯坦
非洲	贝宁湾，乍得湖，刚果，厄立特里亚，莫桑比克，纳米比亚	博茨瓦纳，莫里亚克，尼日尔
欧洲	阿塞拜疆，克罗地亚，拉脱维亚，斯洛伐克，乌克兰	匈牙利，摩尔多瓦，塞尔维亚，土耳其，罗马尼亚
其他	以色列，乌兹别克斯坦	

以色列是个缺水的国家，水是这个国家最关注的战略资源，为了得到更多的水资源，以色列采用扩张的军事手段，占领了大片阿拉伯国家领土，使阿以冲突更为复杂。巴勒斯坦地区 20 世纪 50~60 年代，以色列单方实施“国家输水工程”分引约旦河水，阿拉伯国家为了与之对抗，实施自己的河水改道工程，双方互不相让，导致多次破坏工程的军事冲突，最后成为爆发第三次中东战争的主要原因之一。以色列与巴勒斯坦地区用水量差异如下：2005 年，以色列全年用水量为 220 000 万 m^3，而巴勒斯坦地区用水量仅为 40 000 万 m^3，二者相差 4 倍多。以色列和叙利亚的和平谈判，关键是以色列占领的戈兰高地，其战略意义也是被称为中东水塔的水资源问题。30 多年来，虽然多次谈判，要求在戈兰高地撤军，甚难达成共识，其中涉及供水之源控制权问题，仍是主要障碍之一。

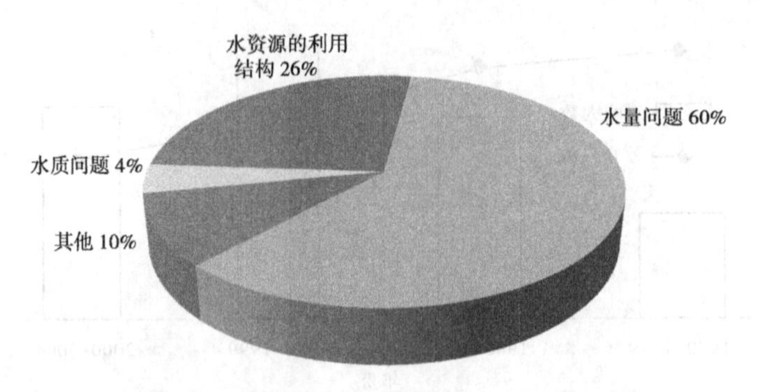

图 1-8 地区间因水资源利用而产生的冲突比例

在湄公河流域,由于老挝、泰国修建水库、水坝工程,威胁流域 5 000 万人用水,柬埔寨、越南已发出警告说,由此将引起冲突。咸海问题在苏联解体之前属于一个国家内部问题,现在咸海以及阿姆河、锡尔河都变成了国际共有的水资源,涉及 5 个独立的国家,因此中亚国家如何解决面临的水资源匮乏问题已经引起有关水资源专家的关注。中亚地区人口多,水资源又不足,过度用水已经使世界第四大淡水湖咸海的面积缩小 40%,水容量减少 67%。此外,南亚的恒河、美洲的亚马孙河等,都是国际性的河流。但并不是所有国际河流都会引起冲突,由于流域内国家多,且政治、经济利益不同,在水资源的分配、利用、管理等方面容易发生纠纷和冲突。1998 年 3 月 19~21 日在法国巴黎召开的 84 国部长级水资源专题会议上,世界水委员会主席阿布扎伊德提出"水资源匮乏是中东、非洲地区国家关系紧张的根源"。

水资源危机既阻碍世界可持续发展,也威胁着世界和平。在过去的 50 年中,因争水而起的国家间摩擦共有 1 228 起,有 507 起转化为地区间冲突,其中 37 起有暴力性质,7 起发生在中东;与此同时,世界各国也因水资源问题而签订了 200 多条协议,主要是通过划分利用流量及改变用水结构等来解决地区间的摩擦。随着水资源日益紧缺,水的争夺战将愈演愈烈。

第2章　中国水资源利用现状

2.1　中国水资源概况

2.1.1　水资源的数量

2.1.1.1　地表水资源量

地表水资源量是指评价范围内由当地降水形成的河流、湖泊、冰川等地表水体中可以逐年更新的动态水量,通常以特定水文系列内的多年平均径流量来表示。

在全国水资源综合规划中,对1956~2000年水文系列进行了新一轮水资源评价,全国多年平均径流量的评价结果为27 388亿m^3(含港澳台)。

地表水的时间分布主要受降水时间分布状况的影响,同样具有年际变化大和年内分布不均的特点。总体上河川径流量的年际变化状况是北方大于南方,干旱区大于湿润区。年径流量最大值和最小值的比值,南方河流为2~4倍,北方河流为3~6倍,部分地区高达10倍以上。河川径流量的变差系数,长江和西南诸河为0.15左右,辽河、海河、淮河在0.5以上,西北内陆区无冰川融雪补给的河流可达0.7,其他河流一般为0.2~0.4。

在径流的年内分布上,以连续最大4个月的径流量与多年平均径流量的比值来表示径流在年内的集中程度,南方地区一般为50%~70%,北方地区为60%~80%,局部地区可大于90%。

我国地表水的空间分布通常与降水空间分布格局相对应,总体上是南方多、北方少,沿海多、内地少,山区多、平原少。北方地区面积占全国的64%,但地表水资源仅占全国的19%,平均径流深72 mm,仅为南方地区的11%;南方地区面积占全国的36%,地表水资源占81%,平均径流深667 mm,为北方地区的9倍多。东南部地区最大径流深可达2 000 mm,但西北部最小径流深仅5 mm,相差400倍。

2.1.1.2　地下水资源量

地下水总资源量是指评价范围内由当地降水和地表水补给地下含水层的动态水量,其中由地表水补给的一部分水量属于重复计算量。

根据最新水资源评价成果,全国地下水资源量约8 220亿m^3(其中矿化度≤1 g/L的占97%,矿化度1~2 g/L的占3%)。在地下水资源量的空间分布上,具有山丘区多(占82%)、平原区少(占18%),南方多(占70%)、北方少(占30%)的特点。但平原区地下水资源的空间分布状况则是北方多(占78%)、南方少(占22%),全国平原区矿化度≤2 g/L的地下水资源量为1 765亿m^3,其中北方平原区为1 383亿m^3(占78.4%)。在全国地下水总资源量中,有87%左右是由地表水转化形成的。扣除这一部分重复计算量,与地表水不重复的地下水资源量为1 038亿m^3。

在全国地下水总资源量中,山丘区地下水全部由当地降水补给,平原区地下水约58%由当地降水补给,36%由当地地表水补给,6%由山前侧渗补给。在不同的流域和地区,由于地形、地质、降水、地表水、下垫面等条件的不同,地下水的补给来源与构成也有所差异。在地下水的排泄途径与排泄量构成上,山丘区地下水有97%通过河川基流排泄,3%通过开采、山前侧渗及潜水蒸发等途径排泄。平原区地下水有41%通过潜水蒸发排泄,35%通过开采排泄,22%通过河道排泄,2%通过侧渗排泄。在北方平原区,潜水蒸发和实际开采的排泄量分别占44%和40%,河道排泄占14%,侧渗排泄占2%;在南方平原区,上述排泄途径所占的比重分别为31%、19%、50%、0%。

2.1.1.3 水资源总量

水资源总量是指评价范围内由当地降水所形成的地表与地下产水量的总和。由于地表径流和地下径流在循环运移过程中互相转化,其中山丘区地下水绝大部分转化为河川径流,而河川径流出山口后又有一部分转化为平原区地下水,所以在计算水资源总量时,应扣除地表水与地下水之间的相互转化量(即重复计算量),即水资源总量等于地表水资源量加上与地表水不重复的地下水资源量。

据最新评价成果,我国多年平均水资源总量为2.84万亿 m^3,地表水资源量和不重复的地下水资源量分别占96.4%、3.6%。全国多年平均产水系数(水资源总量占降水总量的比例)为0.46(北方地区平均为0.26,南方地区平均为0.55),平均产水模数(单位面积上形成的水资源总量)为29.9万 m^3/km^2(北方地区平均为8.7万 m^3/km^2,南方地区平均为67.6万 m^3/km^2)。

2.1.1.4 我国水资源的国际比较

我国多年平均降水深约650 mm,为全球陆地平均降水深(800 mm)的81%;多年平均径流深288 mm,为全球陆地平均径流深(315 mm)的91%。同时,我国的降水深和径流深也低于亚洲的平均值(731 mm和332 mm),所以我国按单位面积计算的水资源量在世界上处于中等偏下的水平。

我国是世界上人口最多的国家,总人口约占全世界的21%,但水资源仅占全世界的6%,所以人均水资源占有量仅为世界平均值的29%。在193个国家和地区中,我国的水资源总量居第6位,但按人均水资源量排序,我国居第143位。人均水资源量超过1万 m^3 的有61个国家,其中超过10万 m^3 的有8个国家和地区。同时,世界上有14个国家的人均水资源量低于300 m^3。考虑到有些国家和地区的人口很少,缺乏可比性,所以在人口1 000万以上、5 000万以上和1亿以上的国家中再进行比较。在人口1 000万以上的77个国家中,我国的人均水资源量居第54位;在人口5 000万以上的23个国家中,我国的人均水资源量居第18位;在人口1亿以上的11个国家中,我国的人均水资源量居第9位。从以上比较可以看出,在不同层面上按人均水资源量排序,我国分别排在倒数第51位(193个国家和地区)、倒数第24位(人口1 000万以上的77个国家)、倒数第6位(人口5 000万以上的23个国家)和倒数第3位(人口1亿以上的11个国家)。

根据世界上水资源开发利用的总体情况,通常以人均水资源3 000 m^3 以上为丰水,3 000~2 000 m^3 为轻度缺水,2 000~1 000 m^3 为中度缺水,1 000~500 m^3 为重度缺水,低于500 m^3 为极度缺水。按2005年人口,我国人均水资源量2 140 m^3,已接近中度缺水

(2 000～1 000 m^3)的上限,但世界上还有50个国家的人均水资源量低于这一水平。

2.1.2　水资源的质量

自20世纪80年代以来,我国经历了连续30多年的工业化、城市化快速发展进程。1980～2005年全国工业增加值增长了4.2倍,总人口增加了3.2亿,城市化率从不足20%提高到约42%,城市人口已超过5亿,由此导致工业用水和城市生活用水持续增长,工业废水和城市生活污水也随之大量增加。1980年,全国废污水点源排放量为315亿t,2005年为717亿t,2008年达到758亿t。与此同时,全国的化肥和农药用量大幅增长,从1990年的2 700万t和48万t增加到2005年的4 500万t和150万t;农村生活污水、禽畜粪便和废物垃圾也大量增加,加之水土流失极其严重,形成了量多面广的面源污染源。由于点源和面源污染的不断加剧,水污染防治工作又相对薄弱,特别是面源污染的防治尤其困难,我国的水资源质量在过去30多年里呈不断下降的趋势。

2.1.2.1　河流水质

我国河川径流占水资源总量的96%,是水资源的主体。河流水质不仅反映了自身的水环境状况,而且对湖泊、水库等其他地表水水体的质量有着重大的影响。1980年,全国符合和优于Ⅲ类水质的河长占评价河长的80%左右,1997年为56.4%,2000年为58.7%,2005年为60.9%,2008年为61.2%。

我国的河流以有机污染为主,主要超标项目为COD、氨氮、高锰酸盐指数、BOD_5、DO和挥发酚等,局部地区有重金属污染。

在主要江河中,废污水排放量最大的是长江,从1980年的130亿t增加到2005年的271亿t,其次是珠江,从36.8亿t增加到149亿t。

在全国主要江河中,西南诸河水量丰沛且污水排放量最少,属于河流水质最好的流域。长江、珠江的污水排放量最多,但由于水量丰富,自净能力较强,水质相对较好。辽河、海河、黄河、淮河的污水排放量较多,且水量相对不足,水污染比较严重。

如以水质劣于Ⅲ类的河长作为污染河长,以污染河长占评价河长的比例来评价河流水质,目前河流水质最好的是西南诸河,其次是西北诸河;松花江、辽河、海河、黄河、淮河等北方主要河流污染河长的比重都在50%以上,其中松花江、辽河、淮河超过60%;长江、珠江、东南诸河处于中间状态,污染河长比重在30%左右,但珠江三角洲和长江三角洲人口稠密、经济发达,水污染也极其严重,如地处长江三角洲的太湖流域,近几年污染河长的比重超过90%。

2.1.2.2　湖泊水质

湖泊水体的更新周期较长,一些与江河联系密切的吞吐湖更新周期较短,为几个月或几年,而高原深水湖泊的更新周期则长达几百年甚至上千年。所以,湖泊的纳污能力远低于河流,一旦受到污染便很难治理。我国的太湖、巢湖和滇池就是国家重点治污的"三河(辽河、海河、淮河)三湖"中的"三湖"。自20世纪90年代以来,这三个湖泊的水污染不断加剧,同时国家的治污力度也不断加大,但治污成效仍不明显。一方面是湖泊自身的纳污能力和自净能力低,另一方面是"边治理、边污染"的现象依然存在,由此决定了湖泊水污染治理的艰巨性、复杂性和长期性。

根据2000年对全国86个代表性湖泊的评价，Ⅰ～Ⅲ类水质的水面占总评价面积的71.7%，受污染的水面占28.3%。其中巢湖和滇池的水质均劣于Ⅲ类，太湖有92%的水面达到Ⅲ类（氨氮除外）。在湖泊营养化状态评价中，全年有44个湖泊呈富营养化状态，占评价湖泊总数的50%以上，其余均为中营养状态。

2005年水利部门对49个代表性湖泊进行评价，Ⅰ～Ⅲ类水质的湖泊17个，占34.7%；Ⅳ～Ⅴ类水质的湖泊17个，占34.7%；劣Ⅴ类水质的湖泊15个，占30.6%。富营养湖泊34个，占69%；中营养湖泊14个，占29%；贫营养湖泊1个（云南省泸沽湖），占2%。由此可见，污染湖泊和富营养湖泊的比例比2000年分别增加了37个百分点和18个百分点，湖泊水污染呈加重的趋势。

在“三湖”中，太湖有91.8%的面积达到Ⅲ类水质（总磷、总氮除外），如计入总磷、总氮，则太湖水质全部为Ⅴ类和劣Ⅴ类。同时，太湖有86.8%的面积处于富营养化状态。滇池的湖体水质为劣Ⅴ类，全湖处于富营养状态。巢湖东半湖为Ⅲ类水质、中营养化状态，西半湖为Ⅳ类水质、富营养化状态（均不计入总磷、总氮）。如总磷、总氮参与评价，则巢湖东半湖水质为Ⅳ类，西半湖为劣Ⅴ类。

2008年水利部门对44个湖泊的水质进行了监测评价，Ⅰ～Ⅲ类水质的面积占44.2%，Ⅳ～Ⅴ类水质的面积占32.5%，劣Ⅴ类水质的面积占22.8%。对这44个湖泊的营养状态进行评价，1个湖泊为贫营养，中营养湖泊有22个，轻度富营养湖泊有10个，中度富营养湖泊有11个。

在“三湖”中，太湖有83.3%的面积达到Ⅲ类水质（总磷、总氮除外），Ⅳ类水质面积占13.8%，劣Ⅴ类水质面积占2.9%。如计入总磷、总氮，则湖体水质均劣于Ⅲ类，Ⅳ类、Ⅴ类、劣Ⅴ类水质面积分别占评价面积的7.4%、27.2%和65.4%。除东太湖和东部沿岸带处于轻度富营养状态外，其他湖区均处于中度富营养状态。

滇池的耗氧有机物及总磷和总氮污染均十分严重。无论总磷、总氮是否参加评价，Ⅴ类水质水面均占评价面积的28.3%，劣Ⅴ类水质水面占71.7%。全湖处于中度富营养状态。

巢湖的西半湖污染程度明显重于东半湖。若总磷、总氮不参加评价，东半湖评价水面水质为Ⅲ类，西半湖评价水面水质为Ⅳ类，总体水质为Ⅳ类。若总磷、总氮参加评价，东半湖评价水面水质为Ⅳ～Ⅴ类，西半湖评价水面水质为劣Ⅴ类，总体水质为劣Ⅴ类。东半湖处于中度富营养状态，西半湖处于中营养状态。

2.1.2.3　地下水水质

据2000年全国平原区浅层地下水水质评价成果，符合Ⅰ～Ⅲ类水质的面积占总评价面积的5%，Ⅰ～Ⅲ类水质的占35.2%，Ⅳ～Ⅴ类水质的占59.8%，也就是说，全国平原区约有60%的浅层地下水受到不同程度的污染。这里既有地下水天然底质差的原因，但更为重要的因素是人为污染。在人口密度大、经济社会活动强度大、地表水污染严重的太湖、辽河、海河、淮河等流域，地下水污染面积占评价面积的比例分别为91%、83%、76.5%和71%。

在全国平原区浅层地下水中，符合Ⅰ类水质的水量仅占1%，Ⅱ类水质的占8%，Ⅲ类水质的占38%，Ⅳ类水质的占23%，Ⅴ类水质的占30%，即有53%的地下水不符合生活饮用水水质标准。

2.1.2.4　供水水源水质

1.地表水供水水质

2000年,在全国地表水供水总量中,生活供水水源水质合格率平均为83%(城镇78%,农村88%),工业供水水源水质合格率为89%,农业供水水源水质合格率为89%。总的情况是南方的供水水质合格率高于北方,西南诸河和西北诸河基本上全部达标。

2005年,全国饮用水水源地供水水质合格率100%的占53.5%,合格率60%以下的占23.3%。

2008年,水利部门对全国554个集中式饮用水水源地供水水质进行监测评价,合格率80%以上的集中式水源地占56.1%,其中水质全年均合格的水源地占42.2%。全年水质均不合格的水源地占14.3%。合格率60%以下的占23.3%。

2.地下水供水水质

2000年,在全国地下水供水总量中,生活供水水源水质合格率平均为72%(城镇74%,农村70%),工业供水水源水质合格率为84%,农业供水水源水质合格率为82%。

2005年,根据全国160座城市的地下水水质监测结果,水质基本稳定的占78%,水质有好转的占9%,水质下降的占18%。

2.2　中国水资源开发利用

2.2.1　水资源开发利用成就

我国是世界上人口最多的农业大国,又是世界上水旱灾害最严重的国家之一,除水害、兴水利,历来是治国安邦的大事。在我国历史上,从远古到近代,不仅有许多抗御水旱灾害的传说,更有许多重大史实和杰出水利人物的真实记载,在五千年中华文明史上占有非常重要的一页,同时也给我们留下了灵渠、都江堰、芍陂、大运河、关中古灌区、黄河大堤、洪泽湖大堤、荆江大堤、浙江海塘等著名的古代水利工程。但是,由于受自然条件、社会制度、生产力水平、科学技术水平等诸多因素的制约,直至20世纪前半叶,我国水利工程数量有限且年久失修,抗灾减灾能力低下,既无法减免洪水灾害所造成的大量人员伤亡和财产损失,也不能有效减轻干旱灾害,解决不了4亿多人口的吃饭问题。我国真正意义上的近现代水利,在1949年以后才有了突飞猛进的发展。新中国成立之初,就把水利作为农业的命脉和国民经济的命脉,组织亿万人民开展大规模的水利建设。近20年来进一步把水利放在基础设施建设的突出位置,不断加大投入力度,加快发展速度,使水利基础设施建设有了跨越式的发展,取得了举世瞩目的巨大成就。

(1)水库建设。

截至2008年底,全国已有大、中、小型水库8.64万座,总库容6 924亿m^3,约为1949年的20多倍。其中大型水库(库容大于1亿m^3)529座,总库容5 386亿m^3,占全国总库容的77.8%,中型水库(库容1 000万~1亿m^3)3 181座,总库容910亿m^3,占全国总库容的13.1%。

(2)江河堤防。

到2008年底,我国已有各级堤防28.7万km,共保护耕地6.86亿亩(1亩=1/15 $hm^2 \approx 666.7\ m^2$),保护人口5.73亿人。特别是1998年大洪水之后,国家对长江、黄河、淮河、珠江、松花江、辽河、海河等主要江河的堤防进行加高加固,防洪标准进一步提高。

(3)水闸。

截至2008年底,我国累计建成各类水闸4.38万座,其中大型水闸504座。

(4)机电井。

机电井是开发利用地下水的主要工程设施。截至2008年底,我国共有机电井522.6万眼,其中配套机电井474万眼,装机容量46 571 MW,机电井排灌面积5.9亿亩。

(5)机电排灌站。

2008年底我国共有机电排灌站50万处,装机容量45 378 MW。

(6)灌区建设。

2008年底全国总灌溉面积9.62亿亩,其中有效灌溉面积8.77亿亩,旱涝保收面积6.3亿亩。全国共有万亩以上的灌区5 869处,灌溉面积约4.2亿亩。

(7)引水、提水工程。

截至2008年底,全国各类引水工程实际供水量1 851亿m^3,占总供水量的31.3%,大型引水工程主要分布在黄河流域、淮河流域、长江流域和西北地区。全国各类提水工程实际供水量1 194亿m^3,占总供水量的20.2%,大型提水工程主要分布在黄河流域、淮河流域、长江流域和珠江流域。

(8)跨流域调水工程。

2008年,水资源一级区之间跨流域调水量为131.1亿m^3。主要调水工程有引滦入津、引黄济青、引碧入连、引大入秦、西安黑河引水等。正在建设中的南水北调东、中线工程,是我国调水规模最大、线路最长的调水工程。

(9)城乡供排水设施。

截至2005年底,全国城市供水设施综合供水能力达到2.47亿t/d,供水普及率达到91.1%,供水管道总长达到37.9万km。全国共有乡镇供水设施3万多处,供水能力7 700万t/d,改善了3亿多人口的饮水条件。

(10)水力发电。

截至2007年底,全国已建大中小型水电站6 000多座,水电装机总容量已达1.45亿kW,居世界第1位。水电装机容量约占电力总装机容量的1/4,水电发电量约4 870亿kWh。

2.2.2 水资源开发利用状况分析

2.2.2.1 水资源开发利用程度

水资源开发利用程度是指现状年特定区域或流域内的水资源开发利用量与当地多年平均自产水资源总量之比。

1.全国水资源开发利用程度

我国1956~2000年多年平均水资源总量为2.84万亿m^3,其中地表水资源量2.74万

亿 m^3。2008 年全国总供水量 5 910 亿 m^3,水资源开发利用程度为 20.8%,其中地表水开发利用程度为 17.5%。

2.水资源一级区开发利用程度

根据各水资源一级区 2008 年用水情况,水资源开发利用程度最低的是西南诸河,仅为 1.9%,最高的是海河,为 100.3%,其次为淮河和黄河,分别为 66.7%和 53.4%。在内陆河地区,不少河流已超过 80%,黑河超过 110%,石羊河超过 150%。

3.省级行政区水资源开发利用程度

在全国各省级行政区中,2008 年水资源开发利用程度最低的是西藏,仅为 0.9%,最高的是宁夏,为 675%,其次是上海 428%,江苏 172%,天津 139%,均大于 100%。

2.2.2.2 供用水量与用水结构

1.供水量

供水量是指各种供水工程为用户提供的包括输水损失在内的总水量,按供水水源可区分为地表水供水量、地下水供水量和其他水源供水量(包括污水处理再利用、雨水集蓄利用和海水淡化)。地表水供水量按供水工程设施可区分为蓄水工程供水量、引水工程供水量、提水工程供水量、调水工程供水量。2008 年,全国供水总量 5 910 亿 m^3,其中地表水供水量 4 796 亿 m^3,占供水总量的 81.2%;地下水供水量 1 085 亿 m^3,占供水总量的 18.3%;其他水源供水量 29 亿 m^3,占总供水量的 0.5%。2008 年全国海水直接利用量 411 亿 m^3,比 2000 年增加 270 亿 m^3。

2.用水量

用水量是指供应给用户的包括输水损失在内的水量,按农业用水、工业用水、生活用水、生态用水四大类统计。2008 年,全国总用水量 5 910 亿 m^3,其中生活用水 729 亿 m^3(城镇生活占 58.8%,农村生活占 41.2%),占总用水量的 12.3%;农业用水 3 664 亿 m^3(农田灌溉用水占 90%),占总用水量的 62%;工业用水 1 397 亿 m^3,占总用水量的 23. 6%;生态用水 120 亿 m^3,占总用水量的 2%。

3.用水消耗量

用水消耗量是指在输水、用水过程中通过蒸腾、蒸发、土壤吸收、产品带走、居民和牲畜饮用等各种形式消耗掉而不能回归到地表水体或地下含水层的水量。2008 年,全国用水消耗总量为 3 110 亿 m^3,总耗水率为 53%(用水消耗量与用水量之比)。其中,农田灌溉耗水量 2 065 亿 m^3,占总耗水量的 66.4%,耗水率为 62%;林牧渔耗水量 259 亿 m^3,占总耗水量的 8.3%,耗水率为 72%;工业耗水量 333 亿 m^3,占总耗水量的 10.7%,耗水率为 30%;城镇生活耗水量 130 亿 m^3,占总耗水量的 4.2%,耗水率为 30%;农村生活耗水量 254 亿 m^3,占总耗水量的 8.2%,耗水率为 85%;生态耗水量 69.2 亿 m^3,占总耗水量的 2. 2%,耗水率为 57%。

4.用水指标

用水指标主要有人均综合用水量、万元 GDP 用水量、农田灌溉亩均用水量、万元工业增加值用水量、人均生活用水量等五类。

2008 年,全国人均综合用水量 446 m^3,比 2000 年增加 16 m^3;万元 GDP 用水量 193 m^3,比 2000 年减少 417 m^3;农田灌溉亩均用水量 435 m^3,比 2000 年减少 44 m^3;万元工业

增加值用水量 108 m^3，比 2000 年减少 180 m^3；城镇人均日生活用水量 212 L/d，比 2000 年减少 7 L/d，农村人均日生活用水量 72 L/d，比 2000 年减少 17 L/d。

由于自然条件的差异和经济社会发展水平的差别，全国各地的用水指标差别很大，不少地区的用水效率亟待提高。从整体水平看，中国的主要用水指标与世界平均水平还有一定差距，与先进国家相比差距更大。

2.3 中国水资源面临的形势与挑战

2.3.1 中国水资源短缺现状

我国水资源总量约占全世界的 6%，人口约占 21%，现状人均水资源量已不足 2 200 m^3，仅为世界人均值的 29%，只有西藏和青海的人均水资源量超过世界人均值。全国有 43%的国土面积年降水深小于 400 mm，属于干旱、半干旱地区。按照人均水资源量 3 000~2 000 m^3 为轻度缺水、2000~1 000 m^3 为中度缺水的衡量标准，我国到 2030 年前后的人均水资源量将减少到 1 700~1 800 m^3，加之水资源时空分布不均，北方大部分地区属于重度缺水和极度缺水地区。

2.3.1.1 流域水资源短缺现状

在全国 10 个水资源一级区中，北方地区 6 个水资源一级区（松花江、辽河、海河、黄河、淮河、西北诸河）的人均水资源量为 900 m^3，其中海河、淮河流域为极度缺水地区。北方地区的国土面积占全国的 64%，人口占 46%，耕地面积占 64%，但水资源仅占 19%。

2.3.1.2 区域水资源短缺现状

以省级行政区为单元，全国有 16 个省（区、市）的人均水资源量低于 2 000 m^3（中度缺水上限），其中有 10 个低于 1 000 m^3（重度缺水上限），9 个低于 500 m^3（极度缺水上限）。也就是说，我国有 9 个省（区、市）极度缺水，人口占全国的 31%，国土面积占全国的 9%；有 1 个省重度缺水，人口占全国的 3%，国土面积占全国的 1.6%；有 6 个省（市）中度缺水，人口占全国的 19%，国土面积占全国的 12%。

2.3.1.3 国民经济缺水现状

据初步估算，以 2000 年国民经济需水量为基数，近 50 年来我国多年平均国民经济缺水量约 350 亿 m^3，平均缺水率 6%左右。其中正常来水年份（$P=50\%$）缺水量约 240 亿 m^3，缺水率 4%；中等干旱年份（$P=75\%$）缺水量约 420 亿 m^3，缺水率 6.4%；特枯年份缺水量近 1 000 亿 m^3，缺水率约 14%。特别是海河流域，正常年份和中等干旱年份的缺水量达 70 亿 m^3 和 120 亿 m^3，缺水率分别为 17%和 24%。

2.3.2 水资源短缺造成的损失

2.3.2.1 缺水对农村饮水安全的影响

我国有近 8 亿人口生活在农村。由于自然条件、经济社会发展水平和基础设施建设等方面的差异，很多地方缺乏符合现代标准的供水设施，不同程度地存在着供水水源匮乏、供水能力不足、供水水质不合格和取水困难等方面的问题。近几年来，国家加大了对农村饮水解困工程的投入,已累计解决农村饮水困难人口6 000多万人。但按照国家制定的饮水安全标准,我国在2015年前还需要解决3亿多农村人口的饮水安全问题。

2.3.2.2　缺水对城市供水安全的影响

1950年以来,我国城市人口增加了8倍,城市生活用水量增加了约50倍,但城市缺水的问题仍越来越突出。据不完全统计,1950年以来全国共发生较大的城市缺水事件100多起,其中属于资源性缺水的约占65%,主要是北方缺水地区和沿海地区缺乏淡水资源的城市;属于工程性缺水的约占20%,属于混合型缺水的约占10%,属于水质型缺水的约占5%,主要是长江三角洲、珠江三角洲和淮河流域的城市。目前,全国660余座设市城市中有420多座不同程度缺水,其中约110座严重缺水。近几年来,我国每年受到生活缺水影响的城市人口都超过2 000万人。

2.3.2.3　缺水对农业的影响

农业是用水大户,也是受缺水影响最大的产业之一。1949~2000年,全国累计农田受旱面积150多亿亩,成灾60多亿亩,减产粮食约6.8亿t,年均受灾3.2亿亩,成灾1.3亿亩,减产粮食0.13亿t,其中2000年减产粮食6 000万t。2001年以来,全国农业旱灾损失仍呈现居高不下的态势:2001年,农田受旱面积5.77亿亩,绝收0.96亿亩,减产粮食5 500万t,经济作物损失538亿元,牧区草场受旱近10亿亩,受灾牲畜5 000多万头;2002年,农田受旱3.33亿亩,成灾1.99亿亩;2003年,农田受旱3.73亿亩,成灾2.17亿亩,减产粮食3 080万t;2004年,农田受旱2.59亿亩,成灾1.19亿亩,减产粮食2 310万t;2005年,受旱面积2.4亿亩,成灾1.27亿亩,减产粮食1 930万t,全国因旱灾造成的直接经济损失达1 986亿元,超过当年全国因洪涝灾害造成的经济损失(1 662亿元)。

2.3.2.4　缺水对工业的影响

工业用水占全国用水总量的20%左右,是仅次于农业的第二用水大户。目前工业在GDP中的比重占50%左右,单位用水量的GDP产出远高于农业,因而单位缺水量造成的经济损失也远大于农业。2005年,全国第一产业单位用水量所产生的增加值平均为6.44元/m^3,第二产业单位用水量所产生的增加值平均为75.5元/m^3,相差10倍以上。近几年全国工业年缺水量40亿~60亿m^3,按2005年水平估算,因缺水造成的工业直接经济损失为1 700亿~2 400亿元。

2.3.2.5　缺水对生态的影响

水是生命之源,水资源是维系生态系统的不可或缺的基本要素。水资源短缺将直接导致水环境恶化和生态系统衰败。如干旱缺水导致河道断流,湖泊湿地萎缩甚至干涸,地下水位下降,天然植被衰败,耕地和草原沙化,沙尘暴危害加剧。同时,由于干旱缺水,河川径流减少,纳污能力降低,水环境质量下降。因水资源短缺而引发的生态环境问题在北方地区特别是西北内陆河地区尤为严重,如塔里木河流域、黑河流域、石羊河流域等。在北方地区由于干旱缺水和国民经济挤占生态用水的双重影响,河道断流和湖泊湿地萎缩的现象十分普遍。黄河下游自1972年到1999年几乎年年断流,累计断流72次、1 051 d;海河流域常年有水的河流只占16%,常年断流的河流占45%,在枯水期更是“有河皆干、有水皆污”;辽河干流从1976年开始出现断流以来,断流频次也明显增加,其中2004年断流90 d,2005年断流80 d。河道断流不仅直接影响生活、生产用水,而且导致河床淤积,污染物积聚，水生动植物生境丧失，河谷生态与河口三角洲生态破坏，使北方地区本来就十分脆弱的生态系统更加恶化，沙漠化和沙尘暴危害不断加剧。

2.3.3　水资源面临的形势与挑战

21 世纪初期是我国实现社会主义现代化第三步战略的关键时期，根据国民经济和社会发展预测，以下几个因素成为水资源需求的主要驱动力：

（1）人口增长。2030 年我国人口将达到高峰，接近 16 亿人，预测 2030 年城镇生活用水定额为 218 L/（人·d），农村生活用水定额为 114 L/（人·d），则 2030 年生活用水量为 951 亿 m^3。

（2）城市化发展。2030 年城市化水平将达到 65%左右，城市工业和生活用水比例将进一步提高，农业用水基本维持现状水平。

（3）产业结构调整。2030 年国内生产总值将达到 53.8 万亿元，三次产业的结构调整为 7.9∶48.5∶43.6，预测 2030 年工业产值达到 106.8 万亿元，工业重心由南向北、由东向中西部转移，加重本已紧张的北方水资源形势，考虑产业结构的调整，2030 年工业需水量达到 1 911 亿 m^3。

（4）粮食安全。在粮食立足自给的基本国策下，按人均占有粮食 450 kg 计算，人口高峰时的粮食产量要达到 7 亿 t，通过节水措施提高农业用水有效利用率，农业灌溉用水维持在现状水平，每年 3 900 亿 m^3。

综上所述，到 2030 年，社会经济发展对水资源的需求低限将达到 7 100 亿 m^3，在现状供水能力的基础上增加 1 400 亿 m^3。经专家分析，扣除必需的生态环境需水后，全国实际可能利用的水资源量为 8 000 亿~9 000 亿 m^3，上述估计的用水量已经接近合理利用水量的上限，水资源进一步开发的潜力已经不大。国家防洪安全、生态安全、粮食安全，以及人民生活水平的提高和经济社会可持续发展对水资源保障提出了更高的要求。

第3章　水资源利用中存在的问题及原因分析

3.1　水资源利用中存在的问题

3.1.1　全球水资源利用面临的问题

2010年3月22日的世界水日前,联合国教科文组织于3月13日公布的《世界水资源开发报告》指出:"我们能否满足持续增长的全球用水需求,将取决于人们现有资源的有效管理",报告经分析后提出了水资源利用中存在9大问题:

(1)水资源的管理制度、基础设施建设不足。地球淡水资源由于管理不善、资源匮乏、环境变化及基础设施投入不足使得全球约有1/5的人无法获得安全的饮用水,40%的人缺乏基本卫生设施,统计显示,仅印度就有3亿多人口受不同程度的缺水困扰。以目前这种状况及改善速度,将很难达到联合国千年发展目标——在2015年前,全球没有安全饮用水的人口比目前减少50%。

(2)水质差导致生活贫困和卫生状况不佳。2020年,全球约有310万人死于腹泻和疟疾,其中近90%的死者是不满5岁的儿童。每年约160万人的生命原本是可以通过提供安全的饮用水和卫生设施来挽救的。

(3)90%的自然灾害与水有关。由于土地使用不当,大量砍伐森林用来生产木炭和燃料,造成水土流失和湖泊的消失,随着城市规模的不断扩大和工业化进程的加快,对河流、湖泊水体也带来了大量污染,可利用水资源的大量萎缩的过程往往伴随着各类洪涝灾害、泥石流、干旱等各类自然灾害的发生,也直接引发人类社会的用水危机。以非洲为例,乍得湖曾经是非洲的第二大淡水湖,但是,它现在的面积已经缩小了近90%,只有1960年的1/10还不到,原来丰富的鱼类、大片的湿地、生物的多样性正在逐步消失。日益严重的东非旱灾也是一个沉痛的实例,直接威胁着当地居民饮水安全和经济社会的发展。

(4)水力资源开发不足。发展中国家有20多亿人得不到可靠的能源,而水是创造能源的重要资源。欧洲开发利用了75%以上的水力资源,然而在非洲,60%的人还用不上电,水力资源开发率很低。

(5)大部分地区水质正在下降。有证据表明,淡水物种和生态系统的多样性正在迅速衰退,其退化速度大大快于陆地和海洋生态系统。当水受到污染,会危及水生生物生长和繁衍,甚至一些水生物会出现变异,如珊瑚礁鱼生活在被重金属污染的水中,出现了一种含有大量锌元素的变体。水污染造成了渔业的大幅度减产和损失,如黄河的兰州段原有18个鱼种现已绝迹,自1987年以来连续3次发生的死鱼事故,直接经济损失达1 000多万元。中国淡水捕捞量20世纪50年代为60万t,60年代为40万t,70年代为30万t。由于水体污染也会使鱼的质量下降,据统计每年由于鱼的质量问题造成的经济损失多达

300 亿元。

(6)农业用水供需矛盾更加突出。到 2030 年,全球粮食需求将提高 55%。这意味着需要更多的灌溉用水,而这部分用水已经占到全球人类淡水消耗的近 70%。

(7)城市用水紧张。截至 2007 年,全球有一半人口居住在城镇。到 2030 年,城镇人口比例会增加到近 2/3,从而造成城市用水需求激增。报告估计将有 20 亿人口居住在棚户区和贫民窟,缺乏清洁用水和卫生设施对这些城市贫民的打击最大。

(8)用于水资源的资金投入滞后。近年来,世界各国用于水务部门的官方发展援助资金平均每年约为 30 亿美元,世界银行等金融机构还会提供 15 亿美元贷款,但只有 12%的资金用在了最需要帮助的人身上,其中用于制订水资源政策、规划和方案的援助资金仅占 10%。此外,私营水务部门投资呈下降趋势,这增加了改善水资源利用率的难度。

(9)水资源浪费严重。世界许多地方因管道和渠沟泄漏及非法连接,造成 30%~40%甚至更多的水被白白浪费掉了。由于用水管理不严格,水资源浪费现象严重,内蒙古有万亩以上的灌区 198 处,灌渠 90%是土渠,渗漏严重,灌溉水有效利用率不足 40%。

3.1.2 中国水资源开发利用中存在的主要问题

(1)供需矛盾日益加剧。

首先是农业干旱缺水。随着经济的发展和气候的变化,中国农业,特别是北方地区农业干旱缺水状况加重。目前,全国仅灌区每年就缺水 300 亿 t 左右。20 世纪 90 年代年均农田受旱面积 4 亿亩,干旱缺水成为影响农业发展和粮食安全的主要制约因素;全国农村有 2 000 多万人口和数千万头牲畜饮水困难,1/4 人口的饮用水不符合卫生标准。

其次是城市缺水。中国城市缺水现象始于 20 世纪 70 年代,以后逐年扩大,特别是改革开放以来,城市缺水愈来愈严重。据统计,在全国 663 个建制市中,有 400 个城市供水不足,其中 110 个严重缺水,年缺水约 100 亿 t,每年影响工业产值约 2 000 亿元。

(2)用水效率不高。

目前,全国农业灌溉年用水量约 3 800 亿 t,占全国总用水量的近 70%。全国农业灌溉用水利用系数大多只有 0.3~0.4。发达国家早在 20 世纪 40~50 年代就开始采用节水灌溉,现在,很多国家实现了输水渠道防渗化、管道化,大田喷灌、滴灌化,灌溉科学化、自动化,灌溉水的利用系数达到 0.7~0.8。

其次,工业用水浪费也十分严重。目前我国工业万元产值用水量约 80 t,是发达国家的 10~20 倍;我国水的重复利用率为 40%左右,而发达国家就高达 75%~85%。

中国城市生活用水浪费也十分严重。据统计,全国多数城市自来水管网仅跑、冒、滴、漏损失率就高达 15%~20%。

(3)水环境恶化。

2000 年污水排放总量 620 亿 t,约 80%未经任何处理直接排入江河湖库,90%以上的城市地表水体、97%的城市地下含水层受到污染。由于部分地区地下水开采量超过补给量,全国已出现地下水超采区 164 片,总面积 18 万 km^2,并引发了地面沉降、海水入侵等一系列生态问题。

(4)水资源缺乏合理配置。

华北地区水资源开发程度已经很高，缺水对生态环境已造成了严重影响。目前黄河水资源供需矛盾日益严重，却每年调出 90 亿 t 水量接济淮河与海河。因此，对水资源的合理配置和布局，区域间的水资源的调配要依靠包括调水工程在内的统一规划和合理布局。

(5)经济发展与生产力布局考虑水资源条件不够。

在计划经济体制下，过去工业的布局，没有充分考虑水资源条件，不少耗水量大的工业却布置在缺水地区；耗水量大的水稻却在缺水地区盲目发展，人为加剧了水资源合理配置的矛盾。

3.2　水资源短缺的原因分析

中国及全球面临的水资源问题，可以归结为发展需求与可利用水资源之间的不平衡，造成这种不平衡的主要原因可以概括为以下三个方面的原因。

3.2.1　资源性缺水

资源性缺水是由于水资源量不足，城市和工农业需水量超过当地水资源承受能力所造成的缺水。主要原因分析如下。

3.2.1.1　气候原因

1.水资源时空分布不均导致资源性缺水

世界水资源的时空分布有自身的规律，与国家(区域)的人口、经济社会发展要求往往不相匹配，因而出现了国际(区域)间水资源的丰盈和短缺。据有关调查资料，在世界 180 个国家和地区中，有 10 个人均水资源拥有量不足 150 m^3/a，它们是一些储油丰富但异常干旱的海湾国家和地区；另有 10 个人均水资源拥有量超过 10 万 m^3/a，它们是一些位于寒带或热带、人口较少、经济相对落后的国家和地区。中国是一个水资源短缺的国家，人均拥有量约 2 200 m^3/a。区域分布不均，西南和南部超过 3 000 m^3/a，北部仅 995 m^3/a。在时间上，世界水资源的年际年内变化各地差异很大，如温带大陆性季风气候和温带大陆性气候带变差大，温带海洋性气候带则变差小。凡变化悬殊的国家(地区)，干旱年、干旱季的缺水就十分严重，相反则不缺水或少缺水。

2.大范围的海气活动导致资源性缺水

大范围的海气活动主要指“厄尔尼诺”和“拉尼娜”现象。“厄尔尼诺”指在热带东太平洋区域，由于大范围海水升温(比常年高 3~6 ℃)，引起水位上涨、暖流南流，并影响北极冷空气南下、正常洋流和东南信风活动，导致全球气候异常变化。“厄尔尼诺”是一种准周期性的自然现象，每隔 5~7 年出现一次。据统计，从 20 世纪 50 年代至世纪末，全球已发生了 13 次，其中 1982 年和 1997 年最为严重，1997 年的一次，其热水区面积扩大到通常的 300%，相当于美国领土的 2 倍，导致美国、墨西哥、南美洲一些国家大雨滂沱和严重洪涝，而非洲和亚洲一些国家长期无雨和严重干旱缺水。“拉尼娜”是与“厄尔尼诺”相反的另一种气候现象，指在赤道太平洋中东部海域，由于大范围海水降温影响气候变化，导致美国西南部各州及拉丁美洲西部地区出现持续干旱，而在澳大利亚、印度尼西亚和菲律宾等国则出现超常降雨。最近一次“拉尼娜”现象出现在2006年3月,时间早、形成速度异常迅猛,持续90～180 d,破坏了全球多个地区的正常气候模式。

3.气候变迁导致资源性缺水

区域气候既具有稳定性又具有变异性,持续时间不一。以中国为例,近5 000年来,曾出现过4次温暖期和4次寒冷期。在3 000年前,中原地区的气候比现在暖和得多,曾经生存着许多热带和亚热带的动植物,热带标准动物大象几乎随处可见。距今3 000年至今,温度波动明显,周期400～800年,年均温度振幅1～2 ℃。5 000年的旱涝状况与气候冷暖交替基本一致。有人将中国东南部地区近2 000年来旱涝记载进行分析,以公元1000年为分界线,前期干旱时间短,湿润时间长,而后期则相反。近500年来旱灾多于水灾,以南涝北旱为常见。其中16、17世纪旱灾多于涝灾,18、19世纪涝灾多于旱灾,20世经以来旱灾又明显多于涝灾,说明15世纪下半叶至17世纪末为干旱阶段,17世纪末至19世纪末是湿润阶段,而20世纪末又进入干旱时期,且干旱发生频次北方高于南方。

4.全球气候变暖导致资源性缺水

IPCC的全球第四次气候评估报告指出,在过去的100年里,地球表面温度上升了0.74 ℃。预测到2100年,全球气温还将比1980～1999年升高1.1～6.4 ℃。全球变暖对水资源的影响主要是:正常大气环流受阻、地区降水分布变异、极端水旱灾害频发、大量冰川融化、淡水储量减少、海平面上升、一些地区湿地大量减少等。以中国为例,2007年初发布的《气候变化国家评估报告》指出,近100年来,全国平均气温已上升了0.5～0.8 ℃,预测未来50～80年还将升高2～3 ℃。气候变暖对水资源影响的主要表现为:①西部冰川减少,据遥感监测调查,近30年来,青藏高原冰川总体呈明显减少趋势,周边冰川面积减少10%、腹地减少近5%,年均减少131.4 km^2,近年还有加速趋势。若不考虑全球气候加速变暖,预计到2050年,高原冰川面积将减到现有的72%,到2090年减到50%。②除松花江上游和黄河上游的径流有所增加外,其他主要流域的径流量都呈减少趋势。全国的各大湖泊,从20世纪60年代到21世纪初,绝大多数水量入不敷出,每年平均有20多个湖泊消失。③湿地面积大大减少。据统计,全国现有自然湿地面积3 620万 hm^2,人均0.028 hm^2(按13亿人计),约为世界人均0.213 hm^2(按60亿人计)的13%。东北三江平原1949年时,自然湿地面积534万 hm^2,到2000年降为95万 hm^2。④冻土全面持续退化,对冻土区的河湖水文、生态环境、工程环境产生重大影响。⑤近50年全海域海平面呈总体上升趋势,平均上升速率为2.5 mm/a,高于全球1.8 mm/a平均值。其中东海上升速率高于全国平均值,黄海持平,渤海和南海略低。

3.2.1.2　人为原因

1.人口过快增长,人均水资源拥有量快速减少

人口发展是连续的历史过程,在人类大部分历史中,世界人口增长是相当缓慢的,每10年增长率远低于1%。世界性人口膨胀曾有两个主要时期,第一次发生于1750～1950年,由工业革命引起,增长率最高地区发生在欧洲、北美洲及大洋洲,增长率很少超过每年1.5%。第二次发生于1950年以后的40年,人口增长集中于发展中国家,增长率每年达2%～4%。据联合国估计,1950～1990年,发达国家总人口增长了45%(8.2亿～11.9亿),而发展中国家却增长了143%(16.7亿～40.6亿)。由于人口膨胀,1950年后世界人均水

资源拥有量快速减少(见表 3-1)。可以看出,20 世纪后半叶,世界人均水资源拥有量减少了 1/2 以上。其中发展中国家下降了近 60%。中国由于从 20 世纪 70 年代开始狠抓计划生育,人口自然增长率和人均水资源减少率得到了有效控制。

表 3-1　世界人均水资源拥有量变化

年份	单位	世界	发达国家			发展中国家和地区		
			美国	日本	德国	中国	印度	非洲
1950	m^3/a	16 475	16 178	6 543	1 435	5 095	5 168	17 941
1990	m^3/a	7 740	9 836	4 429	1 208	2 458	2 187	7 512
下降率	%	53	39	32	16	52	58	58

注:①水资源总量不含入境水量;②德国 1990 年前人口数为原联邦德国与原民主德国之和。

2.传统经济增长方式大量浪费水资源

传统经济增长方式是人类社会在工业化过程中长期采用的模式。所谓"传统"是相对于现今正推行的循环经济增长模式而言,其特征是单纯靠增加资源投入扩大再生产,并不加任何处理向环境排放污染物和废弃物。这是一种"资源—产品—污染排放"的单向线性开放式经济增长模式,是以消耗资源、牺牲环境为代价的粗放模式。循环经济也称为资源闭环利用型经济,包括 3 个主要内容,即减少资源消耗、资源有效回收利用、发展资源再生。发展循环经济是建设资源节约型、环境友好型社会和实现人类可持续发展的重要途径。上述两种经济增长方式的利弊,人们虽然觉悟较早,但限于认识水平、经济力量和技术条件,新旧经济增长方式的转换长期步履艰难。中国循环经济的试点 2005 年才开始。正是这样,世界上大部分国家,一方面经济快速发展,一方面经济增长方式落后,因而大量消耗和浪费了有限的水资源及其他资源,并污染了环境。据统计,20 世纪全球人口增长了约 3 倍,而用水量增长了约 7 倍。这些用水量中,50%的饮用水白白流失。在发展中国家,60%的灌溉用水被浪费,90%的弃水没有得到再生利用。中国是世界发展中大国,改革开放 30 多年来经济快速增长,水资源浪费十分严重:①农业用水,平均 1 m^3 灌溉水生产粮食约 1 kg,而世界先进水平(如以色列)可达 2.5~3.0 kg,全国节水灌溉面积占有效灌溉面积的比例为 35%,而先进国家一般在 80%以上,目前灌溉水有效利用系数为 0.4~0.5,而以色列为 0.7~0.8。②工业用水,重复利用程度较低,2004 年万元 GDP 用水量 399 m^3,约为世界平均水平的 4 倍;万元工业增加值用水量 196 m^3,而发达国家一般在 50 m^3 以下,工业用水重复利用率为 60%~65%,而发达国家一般在 80%~85%。③生活用水,公众节水意识不高,节水器具使用率普遍偏低,跑冒滴漏的自来水约 100 亿 m^3/a。北京是首都,各方面条件好,而 2006 年节水器具普及率,单位虽达 90%,而家庭仅为 30%。

3.2.2　水质性缺水

水质性缺水是由于水资源受到污染,水质达不到用水标准而造成的缺水。主要原因是受污染的水体逐年增加,而水污染控制措施却相对滞后,使得水资源短缺加剧。

水污染起源于工业社会,随着经济发展而日益严重和获得治理,现已成为世界重大水问题之一。据调查,目前全世界约有 200 万 t/d 垃圾被倒进水域,有超过 4 200 亿 m^3/a 的污水排入江河湖海，污染了约14%的淡水，加剧了世界水资源短缺。当今世界水污染的形势可归结为以下3点：一是发达国家全面好转。历史上，发达国家的水污染，曾随着工业化、城市化、现代化的发展历经三代。第一代为以英国泰晤士河黑臭缺氧为代表的有机污染，第二代为以重金属和有毒化学品为代表的污染，第三代为以营养元素超量为代表的污染。大体规律是像"环境库兹湟茨曲线"总结的那样，前期上升中期严重，到人均GDP达到0.6万~1万时出现转折。发达国家现已普遍进入后工业化阶段，水环境已全面好转，只是在这一过程中的损失和治理代价不小。二是发展中国家普遍污染严重，特点是：①由于历史上工业化、城市化滞后，获得机遇后经济快速发展，传统的经济增长方式使发达国家分期出现的三代污染集中出现，面广量大；②经济力量薄弱、技术水平有限，治理难度大；③公众意识有待提高、法制不健全、管理滞后，久治不见成效。三是新的污染物不断出现，危害大。新的污染物主要指近20年来发现的POPs，译为持久性有机污染物(Persistent Orgnic Pollutants)。这是由人类合成、能长期存在于环境中，通过生物食物链(网)累积，对人类健康有害的化学物质。2001年5月23日，由127个国家代表通过的《斯德哥尔摩公约》中，提出了这类物质的首批受控名单，共3类12种，如滴滴涕、六氯苯、多氯联苯、二噁英类等。据统计，近几十年来，全世界已发生了60多起严重的POPs污染事件，导致40万~50万人生病，10多万人死亡。调查发现，北极土著居民母乳中也测到了POPs。专家认为，这来自他们捕食的鱼类体内。《斯德哥尔摩公约》是继1987年《保护臭氧层的维也纳公约》之后第二个对发展中国家具有强制性减排的国际公约。2004年6月，中国批准了该公约，11月正式在中国生效。

联合国致力于水资源工作的23个社团、机构和委员会，共同为第三届世界水论坛会议起草的世界水资源报告显示：①50%以上的发展中国家面临已被污染的水资源危险；②发达国家依然存在水污染，只是管理和治理较好，污染程度较轻；③按水质指数对世界122个国家排名，位于前10位(水质好)的是：芬兰、加拿大、新西兰、英国、日本、挪威、俄罗斯、韩国、瑞典和法国，排在后10位(水质差)的是：卢旺达、中非、布隆迪、布基纳法索、尼日尔、苏丹、约旦、印度、摩洛哥和比利时。可见，当今世界水污染最严重的是亚洲和非洲的发展中国家。

中国的水污染，从20世纪80年代随着经济快速发展日益严重，虽经治理，但成效不理想。全国每年的工业废水和城镇生活污水排放总量已达到631亿t，这相当于我们每人每年排放40多t的废污水，而其中大部分未经处理就直接排入了江河湖海。根据环境部门对全国河流、湖泊、水库的水质状况的监测，由于近年来工业废水和城镇生活污水的排放等，我国主要水系的水体都遭到了不同程度的污染。我国7大水系污染程度从重到轻依次为：海河、辽河、黄河、淮河、松花江、长江和珠江。其中407个重点监测断面中，只有38.1%的断面满足国家《地表水环境质量标准》(GB 3838—2002)规定的Ⅰ~Ⅲ类水质要求。目前形势是：①全国3亿多农村人口存在饮用水不安全，113个重点城市222个地表饮用水水源地，平均达标率只有72%。②重点流域40%以上监测断面的水质没有达到治理规划要求。南方城市总缺水量的60%~70%是由于水污染造成的，一些地区有水皆污。③全国大中城市浅层地下水不同程度地遭受污染，约一半城市市区地下水污染较为严重，大中城市的中心地带、城镇周围区、排污河道两侧、引污灌区的污染尤为严重。河北平原和长三角等区域,浅层地下水已呈面状污染态势。④不少化工、石化等重污染行业布局在江河沿岸,有的建在饮用水水源地附近和人口密集区,很多企业建厂早、设备旧、管理落后、治污设施不健全,极易造成水污染。⑤部分流域水资源开发利用程度过高,水污染事故频繁发生。⑥许多地区污染物排放总量,明显超过水环境容量,且治理率低。全国水污染正从东部向西部发展、从支流向干流延伸、从城市向农村蔓延、从地表向地下渗透、从区域向流域扩散,大大加剧了水资源短缺。

以长江流域为例,在废污水排放中,工业废水和生活污水分别占75%和25%左右,在流域涉及的18个省(区、市)中,四川、湖北、湖南、江苏、上海和江西6省(市)的废污水排放量占流域总量的84.6%,是废污水的主要产生地。主要污染物为悬浮物、有机物、石油类、挥发酚、氰化物、硫化物、汞、镉、铬、铅、砷等。在21个干流城市中,上海市排放的废污水量约占21个城市排放总量的30.7%,武汉市占18.1%,南京市占15.8%,重庆市占8.8%,四大城市合计占73.4%,是长江最主要的污染源。由于污染严重,长江岸边形成许多污染带,在干流21个城市中,重庆、岳阳、武汉、南京、镇江、上海6市累计形成了近600 km的污染带,长度占长江干流污染带总长的73%。上海市依湖靠海,人均淡水量为全国人均占有量的1.7倍,但由于种种原因,目前上海符合饮用水水源国家标准的地表水已经只剩下1%。按照国家标准,地表水水质分为Ⅰ~Ⅴ类,其中作为饮用水水源的水质必须达到Ⅲ类水以上。但是,根据上海市水务局组织的历时两年的详细调查,目前上海市陆域水系已经没有Ⅰ类水,Ⅱ类水和Ⅲ类水也仅占陆域水系的1%。而低于饮用水水源水质标准的Ⅵ类水、Ⅴ类水却占30.4%,其余69.6%的水质更劣于Ⅴ类水。据此计算,上海人均可利用的饮用水源为1 000多t,仅为全国人均的一半,是一个典型的水质性缺水城市。

3.2.3　工程性缺水

工程性缺水是当地有一定的水资源条件,由于缺少水源工程和供水而造成的缺水。一般是由于特殊的地理和地质环境存不住水,缺乏水利设施留不住水。就此种情形来看,地区的水资源总量并不短缺,但由于工程建设没有跟上,造成供水不足,这种情况主要分布在中国长江、珠江、松花江、西南诸河流域以及南方沿海等地区,尤以西南诸省较为严重。

新中国成立以来,我国兴建了大量水库,但水源工程建设投资额大,投资回报率不高,难以吸引更多建设资金,这是造成工程性缺水的主要原因。为了解决北方水资源短缺、优化我国水资源时空配置,避免全国大范围的工程性缺水,我国实施了南水北调工程,这是解决我国北方水资源严重短缺问题的特大型基础设施项目,是未来我国可持续发展和整个国土整治的关键性工程,对解决我国北方地区一系列因水资源短缺而产生的生态环境问题,对我国尤其是北方地区宏观经济和社会的发展起着十分关键的决定性作用。但是,由于工程浩大,工程战线长,工程建设难度也较大,仅中线工程投资规模就将超千亿元,工程建设周期近5年,工程建设成本和运行成本均较高。

第4章　非传统水资源利用的现状、必要性及可行性

随着经济社会的不断发展和人口的急剧增长,水资源供需矛盾显得日益突出,为了解决水资源不足带来的诸多问题,多渠道开发利用非传统水资源,已成为受世界各国普遍关注的可持续的水资源利用模式。近年来,发达国家通过大量研究和应用实践,已取得了巨大的收益,并积累了一些成功的经验。随着我国经济社会的迅速发展,非传统水资源的利用也已受到社会各界广泛的关注,传统水资源和非传统水资源的耦合互补利用,不仅能缓解城市供用水的矛盾,而且还能改善水环境、减少水灾害,具有巨大的社会效益、经济效益和生态环境效益。

4.1　非传统水资源的分类

非传统水资源的开发利用本是为了补充传统水资源的不足,但已有的经验表明,在特定的条件下,它们可以在一定程度上替代传统水资源,或者可以加速并改善天然水资源的循环过程,使有限的水资源发挥出更大的生产力。目前非传统水资源开发利用主要包括以下几种类型:①雨洪水;②再生水;③海水;④苦咸水;⑤空中水。这些水资源的突出优点是可以就地取材,而且是可以再生的。

4.1.1　雨洪利用

雨洪利用就是把从自然或人工集雨面流出的雨水进行收集、集中和储存,是从水文循环中获取水为人类所用的一种方法,是解决城市缺水和防洪问题的一项重要措施。现有利用途径主要有三种:

第一种是收集雨水用于人畜饮用和农业生产。干旱和半干旱地区雨水利用技术的着眼点主要是解决作物生长关键期干旱缺水的问题。即把雨水资源人为地加以控制利用,解决正常年景下由于土壤缺水引起的干旱问题。雨水高效利用是由相互关联、功能互补的降雨径流集蓄工程技术、节水有限补灌技术和集水高效利用的农业生产技术等组成的集成配套的有机整体。雨水汇集方式及配套技术包括雨水汇集工程设计、集流场地的规划设计、集流场地地表处理技术及集流工程系统的管理与维护技术;雨水存储与净化技术包括雨水存储设施设计与施工技术、雨水存储设施防渗防冻技术和存储雨水保鲜净化技术;蓄存雨水的高效利用技术,包括选择、改造和完善适宜于利用集蓄雨水灌溉的小型配套农机具,存储雨水合理调蓄技术和提高雨水利用效率的综合技术等。通过雨水资源的蓄集和各种节水灌溉技术的有机结合,可有效地缓解目前水资源紧张的现状,将天上水、地下水、地表水充分利用,可为作物的高产、高效提供条件,扩大雨养农业区的灌溉面积,同时在部分干旱山区还可提供人畜饮水及发展庭院经济。为提高雨水集蓄利用工程的建

设质量和管理水平，促进农村供水、节水灌溉和社会经济的发展，水利部制定了《雨水集蓄利用工程技术规范》(SL 267—2001)。本规范适用于地表水、地下水缺乏或开采利用困难，且多年平均降水量大于250 mm的半干旱地区和经常发生季节性缺水的湿润、半湿润山丘地区，以及海岛和沿海地区雨水集蓄利用工程的规划、设计、施工、验收与管理。

第二种是进行城市中的雨水集蓄。城市中雨水利用和收集有三种方式：如果建筑物屋顶硬化，雨水应该集中引入绿地、透水路面，或引入储水设施蓄存；如果是地面硬化的庭院、广场、人行道等，应该首先选用透水材料铺装，或建设汇流设施将雨水引入透水区域或储水设施；如果地面是城市主干道等基础设施，应该结合沿线绿化灌溉建设雨水利用设施。此外，居民小区也将安装简单的雨水收集和利用设施，雨水通过这些设施收集到一起，经过简单的过滤处理，就可以用来建设观赏水景、浇灌小区内绿地、冲刷路面，或供小区居民洗车和冲马桶，这样不但节约了大量自来水，还可以为居民节省大量水费。为了提高城市雨水利用工程的建设质量和管理水平，使雨水利用工程做到安全可靠、经济适用，国家建设部颁布了国家标准《建筑与小区雨水利用工程技术规范》(GB 50400—2006)，江苏省建设厅颁布了地方工程建设标准《雨水利用工程技术规范》(DGJ 32/TJ 113—2011)，北京市颁布了城市雨水利用的地方标准《城市雨水利用工程技术规程》(DT 11/T 685—2009)，深圳市颁布了城市雨水利用的地方标准《雨水利用工程技术规范》(SZDB/Z 49—2011)。

第三种是利用现有水利工程进行洪水资源化。洪水资源的利用因其风险性而与传统资源的利用方式不同。洪水资源化特别强调了洪水资源的利用方式。具体来说，洪水资源化是指在特定的区域经济发展状况及水文特征条件下，以水资源利用的可持续发展为前提，以现有水利工程为基础，通过现代化的水文气象预报和科学管理调度等手段，在保证水库及下游河道安全的条件下，在生态环境允许的情况下，利用水库、湖泊、蓄滞洪区、地下水回补等工程措施调蓄洪水，减少洪水入海量，以提高洪水资源的利用率。从1995年以来，全国各个大中型水库先后进行了汛期防洪限制水位的分析论证工作，在保障防洪安全的前提下，尽可能在汛期分期抬高防洪限制水位，以提高水库的蓄满率，实现洪水资源化。从实际运行情况来看，都取得了巨大的供水、发电效益。

4.1.2 再生水(中水)利用

再生水是污水处理厂处理后的达标水(一般达到二级以上处理标准)，具有不受气候影响、不与临近地区争水、就地可取、稳定可靠、保证率高等优点。再生水即所谓“中水”，一般可以用于一些水质要求不高的场合，如冲洗厕所、冲洗汽车、喷洒道路、绿化等。再生水工程技术可以认为是一种介于建筑物生活给水系统与排水系统之间的杂用供水技术。再生水的水质指标一般低于城市给水中饮用水水质指标，但高于污染水允许排入地面水体的排放标准。再生水是城市的第二水源。城市污水再生利用是提高水资源综合利用率、减轻水体污染的有效途径之一。再生水合理回用既能减少水环境污染，又可以缓解水资源紧缺的矛盾，是贯彻可持续发展的重要措施。污水的再生利用和资源化具有可观的社会效益、环境效益和经济效益，已经成为世界各国解决水问题的必选措施。

我国城镇污水再生利用的主要途径以《城市污水再生利用 分类》(GB/T 18919—2002)为基础。分类标准主要有：①《城市污水再生利用 农田灌溉用水水质》(GB

20922—2007)、《城市污水再生利用 城市杂用水水质》(GB/T 18920—2002)、《城市污水再生利用 工业用水水质》(GB/T 19923—2005)、《城市污水再生利用 景观环境用水水质》(GB/T 18921—2002)、《城市污水再生利用 地下水回灌水质》(GB/T 19772—2005)。为配合中国城市开展城市污水再生利用工作,建设部和国家标准化管理委员会编制了《城市污水处理厂工程质量验收规范》(GB 50334—2002)、《污水再生利用工程设计规范》(GB 50335—2002)、《建设中水设计规范》(GB 50336—2002)、《城市污水水质检验方法标准》(CJ/T 51—2004)、《城市污水再生利用技术政策》(建科[2006]100号)、《城镇污水再生利用技术指南(试行)》(建城[2012]197号)等污水再生利用系列标准,为有效利用城市污水资源和保障污水处理的质量安全,提供了技术支撑。

4.1.3 海水利用

海水利用包括海水淡化、海水冷却、海水化学资源提取、大生活用海水、海水综合利用等五个方面,本书重点涉及海水淡化、海水冷却两部分内容。

海水淡化即利用海水脱盐生产淡水,现在所用的海水淡化方法有海水冻结法、电渗析法、蒸馏法、反渗透法,目前应用反渗透膜的反渗透法以其设备简单、易于维护和设备模块化的优点迅速占领市场,逐步取代蒸馏法,成为应用最广泛的方法。

海水冷却是针对目前我国城市用水中工业冷却水比重较大的情况,用海水代替淡水作为工业冷却用水的一项技术,是解决我国沿海城市和地区淡水资源危机问题的重要途径之一。海水冷却技术包括海水直流冷却技术和海水循环冷却技术,目前我国基本具备了具有自主知识产权的海水(直流、循环)冷却关键技术。

海水淡化和海水冷却技术实现了水资源开源增量,不受时空和气候影响,水质好、价格渐趋合理,可以保障沿海居民饮用水和工业锅炉补水等稳定供水。

随着海水利用技术的发展,其标准化工作也取得了一定进展。20世纪70年代,针对微孔滤膜、超滤膜、反渗透膜等水处理装置、组件和相关检测技术开展了企业标准、行业标准的制定工作。20世纪80年代初,完成了《电渗析技术》系列行业标准的制定。目前,在海水利用领域已发布《膜法水处理 反渗透海水淡化工程设计规范》(HY/T 074—2003)、《电渗析技术》(HY/T 034.3—1994)、《中空纤维反渗透技术》(HY/T 054.1—2001)、《卷式超滤技术》(HY/T 073—2003)、《微孔滤膜孔性能测定方法》(HY/T 039—1995)等27项行业标准。

4.1.4 苦咸水利用

西北干旱内陆地区,由于降水稀少、蒸发强烈、水资源天然匮乏,作为主要供水水源的地下水,普遍含盐、含氟量高,大部分地区又没有可替代的淡水资源。当水体中溶解性固体含量>1.5 g/L时,称为苦咸水,氟含量大于1.2 mg/L时,称为高氟水。我国苦咸水主要分布在北方和东部沿海地区,农村饮用苦咸水的人口有3 800多万人。苦咸水主要是口感苦涩,很难直接饮用,长期饮用导致胃肠功能紊乱,免疫力低下。长期饮用高氟水会引起机体慢性中毒,主要影响人体的硬组织,包括牙齿、骨骼,对其他一些软组织也有损伤,当然临床表现最明显的还是氟斑牙和氟骨症。

苦咸水利用主要是对其进行淡化后利用，淡化的方法主要有蒸馏法、电渗析法和反渗透法。蒸馏法就是把苦咸水或海水加热使之沸腾蒸发，再把蒸汽冷凝成淡水的过程。电渗析法是利用离子交换膜在电场作用下，分离盐水中的阴、阳离子，从而使淡水室中盐分浓度降低而得到淡水的一种膜分离技术。反渗透法是利用反渗透装置，使高压浓溶液的离子逆自然渗透方向，通过半透膜，达到淡化处理的技术，可以从水中除去90%以上的溶解性盐类和99%以上的胶体微生物及有机物等。

目前，苦咸水利用还没有专门的行业标准，其标准参考海水利用标准。

4.1.5　空中水利用

空中水利用主要是通过人工增雨措施开发利用云水资源。人工增雨是通过各种人工催化方式，把空中的固、气、液态水更多地转化成降水落到地面。人工增雨技术需要认真研究降水的演变规律。

据气象资料显示，我国西北地区降水及形成降水的云系主要集中在阿尔泰山、天山、祁连山、昆仑山等山区迎风坡，其中祁连山区的空中水汽资源极其丰富，但水汽总输送量中，只有15%左右形成降水，其余的水汽越界而过，也就是说，仅仅15%的降水养育着河西走廊千百万的人民。如果能有效利用祁连山区空中云水资源，进行科学的人工增雨（雪）作业，每年为河西走廊一带内陆河流域增加10%~15%的降水即成为可能，年增加降水约7亿m^3，这是个不容忽视的数字。

为了加强对人工影响天气工作的管理，合理开发利用空中云水资源，保护和改善生态环境，防御和减轻气象灾害，保障人民群众生命和财产安全，促进经济社会可持续发展，根据《中华人民共和国气象法》，经2002年3月13日国务院第56次常务会议讨论通过了《人工影响天气管理条例》（中华人民共和国国务院令第348号）。中国气象局科技教育司组织制定了《人工影响天气作业术语》（QX/T 151—2012）、《飞机人工增雨（雪）作业业务规范（试行）》和《高炮人工防雹增雨作业业务规范（试行）》、《人工影响天气安全管理规定》、《空中云水资源气象评价方法》等技术标准。

4.2　国内外非传统水资源的开发利用现状

开发非传统水资源，正在被世界各国放在重要地位进行研究并已付诸实践，取得了巨大的收益。随着我国经济社会的迅速发展，非传统水资源的利用已经受到社会各界广泛的关注。传统水资源和非传统水资源的耦合互补利用，不仅能缓解城市供用水的矛盾，而且还能改善水环境、减少水灾害，具有巨大的社会效益和生态效益。对于城市而言，非传统水资源的开发利用主要包括城市雨水利用、污水资源化（再生水利用）及海水利用三方面。发达国家如美国、日本、德国、新加坡以及中东国家在非传统水资源的开发利用方面已经有多年的历史并积累了宝贵的经验。

4.2.1　雨水利用

广义的雨水利用包括水资源利用的各个方面，具有极大的广泛性。狭义的水资源利用是指有目的地采用各种措施对雨水资源进行保护和利用,主要包括收集、储存和净化后的直接利用;利用各种人工或自然水体、池塘、湿地或低洼地对雨水径流实施调蓄、净化和利用,通过各种人工或自然渗透设施使雨水渗入地下,补充地下水资源,集流补灌的农业雨水利用等。

4.2.1.1 国外雨水利用

发达国家 20 多年前就开始了雨水综合利用的研究与实践。特别是德国、日本、美国等国家,城市化进程较早,城市雨水利用发展得也比较快。

1.德国

德国是欧洲开展城市雨水利用最好的国家之一,自 1989 年制定了屋面雨水利用设施标准(DIN1989)以来,德国的雨水利用技术已经进入产业化、标准化阶段,并逐步向集成化发展。德国的雨水利用主要有屋面雨水集蓄系统、雨水屋顶花园利用系统、雨水截污与渗透系统及生态小区综合利用系统。其中通过屋面集蓄的雨水主要用于家庭、公共和工业三方面的非饮用水,道路雨水则主要排入下水道或渗透补充地下水。此外,德国还制定了一系列有关雨水利用的法律法规。如目前德国在新建小区之前,无论是工业、商业还是居民小区,均要设计雨水利用设施,若无雨水利用措施,政府将征收雨水排放设施费和雨水排放费等。

2.美国

美国的雨水利用主要是以提高雨水的入渗能力为主要目的,并将其作为土地规划的一部分在新的开发区实施。美国相继在加利福尼亚州富雷斯诺市和芝加哥分别兴建了著名的地下蓄水系统,以解决城市防洪和雨水利用问题。此外,美国还通过立法来支持雨水利用,规定新开发区的暴雨洪水洪峰流量必须保持在开发前的水平,所有新开发区必须实行强制的“就地”滞洪蓄水。除此之外,各级政府还采取了一系列的优惠政策,如政府补贴、联邦贷款等鼓励人们采用新的雨水处理办法。

3.日本

日本的城市雨水利用在亚洲先行一步,1980 年日本建设省就开始推行雨水储留渗透计划,1988 年成立“日本雨水储留渗透技术协会”,1992 年颁布《第二代城市用水总体规划》,正式将雨水渗沟、渗塘及透水地面作为城市总体规划的组成部分,要求新建和改建的大型公共建筑群必须设置雨水就地下渗设施,有效地促进了城市雨水资源化进程。值得一提的是,日本不仅集雨自给,还向阿拉伯国家出口雨水,效益可观。

综上所述,国外发达国家城市雨水利用的主要特点是:雨水利用技术比较成熟、系统,雨水利用进入了产业化、标准化阶段;国家对雨水利用给予政策上的支持,制定了一系列有关雨水利用的法律法规;收集的雨水主要用于冲厕所、洗车、浇庭院、洗衣服等非饮用水及回灌地下水。

4.2.1.2 我国雨水利用

我国雨水利用历史悠久,4 000 年前的周代,农业生产中就利用中耕技术增加降雨入渗,提高作物产量。1995 年在甘肃省东部干旱地区实施了“121 雨水集流工程”,内蒙古则实行了“112 集雨节水灌溉工程”,山西、河南、河北、江苏、浙江、贵州进行了雨水利用的试验研究。

我国的城市雨水利用起步较晚,20 世纪 80 年代末到 90 年代中,北京、上海、大连、哈尔滨、西安等许多城市相继开展城市雨水利用研究。北京市节水办和北京建筑工程学院从 1998 年开始立项研究,从城市雨水水质、雨水收集利用方案等诸多方面进行技术研究;北京市水务局和德国埃森大学的"城市雨洪控制与利用"示范小区雨水利用合作项目于 2000 年启动,建立示范小区 6 个,并于 2005 年 2 月项目完成并通过鉴定;2001 年,国务院批准了包括雨洪利用规划内容在内的《21 世纪初期首都水资源可持续利用规划》;在政府部门的支持下,目前北京市已建和在建的雨水利用工程 100 多个,雨水再利用在北京已经进入了实施推广阶段。深圳市于 2006 年颁布了《深圳雨洪利用规划研究》,规划包括城区雨洪资源利用体系在内的 5 个体系及相关的管理体系。2006 年 10 月,国家"十一五"科技支撑计划重点项目"雨洪资源利用技术研究及应用"正式启动,该项目将在技术、政策、理论等方面对我国的雨洪利用提供支撑。

与发达国家相比较,我国的雨水利用技术已取得了较大的进步,但是由于起步较晚,缺乏相应的法律措施的支持、优惠政策的激励以及技术立法和相应的规范与标准。

4.2.2 城市污水资源化(再生水利用)

城市污水资源化是指城市污水和工业废水经过适当处理达到一定的水质标准,使之变为城市水源的一部分,达到充分利用水资源和减轻环境污染负荷的目的,这部分水又叫再生水。再生水与雨水相比,水源比较稳定、可靠,受季节的影响较小。再生水可以广泛地用于补充水源、工业用水、环境用水、城市杂用水等。再生水让人想起现在被广泛关注的中水。"中水"一词来源于日本,因"中水道"而得名,其水质介于上水和下水之间,强调建筑物或建筑群内就地处理,就地回用,中水回用是污水资源化的一个重要方面,是再生水的重要组成部分。

4.2.2.1 污水资源化利用现状

1.美国

美国政府从 20 世纪 70 年代就开展大规模的污水处理,强调开发水资源的工程建设;从 80 年代后期起,开始大量投入人力、资金和技术力量,对污水资源化等相关科学问题进行专题研究,着眼于如何向当代社会提供足够的水资源,确保当代社会用水需求得到满足;20 世纪 90 年代之后的可持续水管理阶段围绕可持续发展主题强调水资源的可持续利用,着眼于构筑支撑社会可持续发展的水系统。据不完全统计,2000 年美国有 357 个城市使用了再生水,其中回用于工业占 40.5%,全美每年回用污水量达到 9.37 亿 m^3。农作物灌溉、回灌地下水、景观与生态和环境用水以及工业用水,是目前美国城镇污水回用的几项最主要用途。

美国污水资源化成功的经验在于:①建立了较为完备的管理体制,设有专门的管理资源再利用机构,联邦政府和地方政府都有水回用的专项贷款和基金。②20 世纪末期,美国在水领域的总体战略目标发生了转变,由单纯的水污染控制转变为全方位水环境可持续发展。③管理理念的转变促进了污水处理技术路线的发展,污水处理由单项技术转变为技术集成。

2.日本

日本年人均降雨量为世界平均水平的1/5，属于资源性缺水国家。日本政府很重视对水资源的高效利用，污水资源化也得到了较快的发展，日本污水资源化最典型的是中水道。日本20世纪60年代起就开展中水回用实践，70年代已初见规模，90年代初日本在全国范围内进行了中水回用的调查研究和工艺设计。到1993年全国有1 963套中水利用设施投入使用，中水使用量为27.7万 m^3/d。1996年，全国有中水设施2 100套投入使用，用水量达32.4万 m^3/d，占全国生活用水量的0.8%。

日本在污水资源化方面积累了丰厚的经验：①法律法规的支持，如1973年东京市政府颁布了有关节约水资源的新政策，同时开始提倡污水的回收和再利用，1984年东京市政府又制定了污水回用指南及相应的技术处理措施。②设置中水道系统采取奖励政策，而且通过减免税金、提供融资和补助金等手段大力加以推广与普及。③污水处理技术先进，开发了很多污水深度处理工艺，采用了新型脱氮、脱磷技术，膜分离技术，膜生物反应器技术等，并且在这些方面取得很大进展。

3.中国

与发达国家相比，我国将污水处理回用于城市生活和工业生产起步较晚，20世纪80年代末，随着大部分城市水资源紧缺的加剧和污水处理回用技术的日趋成熟，污水处理回用的研究与实践才得以加速发展。"六五"、"七五"、"八五"、"九五"、"十五"国家科技攻关课题开展的一些攻关项目，积累了污水处理回用的许多实践经验并有了较完善的科学理论研究成果，同时还取得了成套技术成果，为我国城市污水处理回用提供成熟的技术和工程经验。1985年北京市环境保护科学研究所在所内建成了第一项中水工程。此后，天津、大连、青岛、济南、深圳、西安等大城市相继开展了污水回用的试验研究，有些城市已经建成或拟建一批中水回用项目。

北京是我国中水回用发展较快的城市，北京市政府及有关部门相继颁布了《北京市中水设施建设管理试行办法》和《关于加强中水设施建设管理的通告》，有力推动了北京市中水设施建设的步伐。2001年底北京市已建成中水设施100余个，日处理水量约2万 m^3。根据北京市"十一五"规划纲要报告，计划"十一五"期间，中心城再生水利用率达到50%。随着中央及地方各政府对城市污水再生利用的重视，我国的城市污水再生利用前景广阔。

4.2.2.2 国外污水资源化的成功经验

美国和日本等发达国家污水资源化的成功经验在于：①严格污水资源化的立法和执法，健全的法律、法规对于规范污水资源化的发展作用毋庸置疑。②合理的污水资源化运行机制。污水资源化的发展不仅要有政府的支持，也要有企业的积极参与，建立适宜的市场运行机制，为企业的发展创造经济效益，吸引企业的资金投入到污水资源化的建设中来，这样才能使污水资源化的发展步入良性发展的轨道。③将污水资源化作为整个水管理系统的一个组成部分。④重视污水资源化相关技术的科学研究。

4.2.3 海水利用

海水利用就是以海水为原水，通过各种工程、技术手段，用海水作为淡水的替代品，来增加淡水的资源量或减少淡水的使用量。海水利用包括海水的直接利用和海水淡化两方面。

4.2.3.1　海水直接利用

海水直接利用是直接采用海水代替淡水以满足工业用水和生活用水的需求。据统计，用海水代替淡水作为工业冷却用水，可使城市总的淡水用量减少约一半，这对缓解城市淡水资源短缺意义重大，国外在这方面非常重视。海水直接利用历史较久的国家有日本、美国、俄罗斯和西欧六国，主要用于火力发电、核电、冶金、石化等企业。日本冷却用海水每年达 3 000 多亿 m^3，欧盟海水年用量达 2 500 亿 m^3，美国工业用水的 1/3 为海水，每年达 1 000 亿 m^3。

与发达国家相比，我国的海水直接利用量较少。2000 年我国直接利用海水 141 亿 m^3，比 1995 年增加 1.2 倍；2004 年我国工业中海水及苦咸水的利用量达到 256 亿 m^3 左右，主要用于火（核）电的冷却用水，海水的利用量与发达国家相差甚远。海水作为大生活用水，英、美、日、韩等已经有多年的历史。我国香港地区也有成熟的海水直接利用经验。香港从 20 世纪 50 年代就开始用海水冲厕，至今冲厕海水的用量已经占到冲厕用水的 2/3 左右。我国大生活用海水技术经过“九五”、“十五”国家科技攻关课题，掌握了包括海水冲厕系统的防腐和防生物附着技术、海水净化技术、大生活用海水的后处理技术等在内的大生活用海水成套技术。目前，由国家海洋局天津海水淡化与综合利用研究所主持的胶南海之韵住宅小区大生活用海水工程正在建设之中。

4.2.3.2　海水淡化

1.海水淡化

海水淡化是运用科技手段使海水变为淡水，从而增加淡水资源量。1950～1985 年的 36 年间，海水淡化的发展经历发现阶段、开发阶段和商业化阶段。在这期间研究开发的主要精力集中在蒸馏、冷冻、电渗析和反渗透。目前工业上采用的方法主要有多级闪蒸（MSF）、反渗透（RO）、多效蒸馏（ME）等，全世界的海水淡化生产能力达到 3 500 万 m^3/d，从地区分布来讲，海水淡化的生产能力大多集中在中东国家（约占 2000 年全世界海水淡化能力的 52%），但美国、日本和欧洲国家为了保护本国的淡水资源也竞相发展海水淡化产业。

我国的海水淡化技术研究始于 1958 年，经过国家“六五”、“七五”、“八五”、“九五”、“十五”科技攻关计划的支持，技术和装置都有了较大提高，基本具备了产业化条件。海水淡化常用的电渗析、反渗透和蒸馏法等均已在国内已建和在建的十几项大型海水和苦咸水淡化工程中广泛应用。我国最大的日产 1.8 万 m^3 苦咸水淡化工程在河北沧州建成投产，而海水反渗透膜的生产线也在这期间成功投产，这标明我国的 RO 技术已经步入成熟时代。

2.海冰淡化

海水淡化的另一新领域是海冰淡化。海冰的盐度大大低于海水的盐度，经过简单的处理，可以较低的成本将其转变为淡水。史培军等通过试验研究，采用二次成冰脱盐和离心脱盐等方法，分析了渤海海冰经进一步人工淡化的可能性，王静爱等对环渤海地区通过开发利用渤海海冰作为淡水资源的可行性进行了论证。

4.2.3.3　海水利用的国内外差距

我国与发达国家在海水开源方面的差距主要是：①对海水淡化技术发展资金的投入

不足，在一定程度上限制了海水淡化技术水平的发展、淡化规模和设备国产化率的提高，不利于海水淡化成本的进一步降低；②国家和地方海水淡化相关的法规政策不健全，缺少鼓励海水淡化的激励性政策；③自来水水价偏低，阻碍了海水淡化的发展。

4.2.4 微咸水利用

微咸水指矿化度为2~5 g/L的含盐水，在一定的技术条件下，这部分水资源是可以利用的。微咸水利用在以色列、美国、意大利、法国、奥地利等国家已有很长时间，其利用技术也日臻完善。最为典型的是以色列，海水淡化技术已逐步步入工厂化生产阶段，可供利用的微咸水和咸水总储量为589.0亿m^3。经过科学合理的开发，采用先进的计算机系统，使微咸水和淡水混合为生活饮用水及农林业灌溉用水。美国贝兹维尔地区干旱时，利用一些被海水浸没的含盐水源灌溉草莓和蔬菜，没有导致植物死亡；加利福尼亚州采用明沟、暗管和竖井排水，将排出水与淡水混合后，对矿化度不超过2.0 g/L的水用于灌溉获得了成功。中亚、阿拉伯特别是北非地区，在有良好排水和淋洗条件的沙壤土上，利用3~8 g/L的咸水进行农田灌溉。日本在灌溉用水不足的地方引用含盐度0.7%~2.0%的微咸水灌溉农田，意大利长期利用2~5 g/L的微咸水进行灌溉，均取得了良好的效果。突尼斯不仅用矿化度4.5~5.5 g/L的地下水灌溉小麦、玉米等谷类作物获得成功，而且在撒哈拉沙漠排水和灌水技术条件方便的地区用矿化度1.2~6.2 g/L的地下水灌溉玉米、小麦、棉花、蔬菜等作物，也取得了良好效果。

我国在微咸水资源化方面已积累了大量的成功经验，从20世纪60年代和70年代开始进行微咸水利用方面的研究，但总体而言，国内对微咸水的利用研究目前尚处于探索阶段，研究成果还未得到普遍推广应用。目前全国地下微咸水资源200.0亿m^3/a，其中可开采微咸水资源130.0亿m^3/a。微咸水主要用于缺水地区的农田灌溉。中国科学院西北水土保持研究所对宁南微咸水灌溉区的研究表明，用不同水质的微咸水灌溉农田，土壤盐渍化程度不同，生产中可以根据微咸水的矿化度高低来决定利用方式。轻度咸水（矿化度为2.0~3.0 g/L），在地下水位较深的地区，采取增施有机肥、合理密植、减少土壤蒸发量等农业措施，可灌溉一般作物，灌水数年后冲洗1次；中度咸水区（矿化度为3.0~5.0 g/L），在地下水位深、排水良好、透水性强的壤土地，种植耐盐作物，在作物生长期再适时灌水压盐，每年冲洗1次，农业灌溉均取得了较好效果。重度咸水区在地下水位深、排水好、易脱盐的沙质地，应增大灌水定额和灌水次数，引洪漫地压盐，选用耐盐极强的作物和牧草，实行草田轮作或轮歇，均可达到较好的效果。此外，相关试验研究也表明，在对土壤盐分进行控制的基础上，微咸水可以用于缺水地区的玉米、小麦及棉花种植，对产量影响不明显。吴忠东等对冬小麦的试验研究表明，3 g/L的微咸水可以作为冬小麦的灌溉用水，但连续使用会造成土壤表层盐分的累积，尤其在降水量偏少的年份会使作物受到盐分胁迫。拔节期应尽量避免使用微咸水，且不宜连续使用微咸水进行灌溉，组合灌溉最好采用咸淡交替的方式；综合土壤的积盐状况和冬小麦产量分析，淡（拔节水）—淡（抽穗水）—咸（灌浆水）的组合灌溉顺序为最优方案。降水量偏少的年份应尽量避免连续用微咸水进行灌溉。

水的利用关键在于控制作物根系土层的盐分，使土壤能够满足植物生长的需要。在作物生育期,特别是敏感期,将根系附近的土壤溶液浓度控制在作物耐受范围内,尽量减少微咸水灌溉对作物的不良影响,同时关注长期微咸水灌溉是否会影响土壤理化性质,造成土壤离子不良变化,使土壤团粒结构离散化,降低土壤水肥能力。此外,微咸水灌溉过程中,往往需要频繁进行土壤淡化—积盐过程,这一过程往往会造成土壤碱化。因此,控制土壤碱化也是微咸水灌溉的一个重要研究内容,需要进行长期的试验和进一步观察。

4.2.5　存在问题

尽管非传统水资源的优越性越来越得到人们的认可,但是在具体的实施过程中仍然遇到很多问题:

(1)目前具体的技术探索较多,但是系统的理论研究很少。

(2)非传统水资源利用技术的区域适应性和标准化都有待完善提高。

(3)非传统水资源利用存在生产规模小、利用数量少、产业化进程慢等问题,已难以适应日趋严峻的水资源供需形势。

(4)非传统水资源利用目前还存在设施投资大、系统不稳定、运行费用高、管理水平低等问题。

(5)支持非传统水资源利用的公众意识还有待提高。公众在非传统水资源的利用方面还存在着顾虑,特别是再生水和雨水的利用,对其水质存在着疑虑。所以政府应该加强宣传力度,普及非传统水资源利用的基本知识,让公众充分意识到水资源紧缺的严重性和紧迫性,对非传统水资源有更深的了解。另外,政府还应加大投资,建立更多的示范小区,组织公众参观,让公众从心理上接受非传统水资源。

(6)缺乏配套的法律、法规及激励政策,尚不能做到依法推广非传统水资源的利用。我国与发达国家在法律法规的制定及相应的激励措施的完善方面还存在一定的差距。发达国家在非传统水资源利用方面都制定了完善的法律法规体制和相应的激励措施,依法办事,奖罚严明,对非传统水资源的推广起到了决定性的作用。我国在非传统水资源的应用推广方面还处于起步阶段,法律、法规及激励措施还不完善,奖惩不严。

(7)市场化运作不成熟。非传统水资源的推广需要充分发挥市场的作用,逐步完善市场运营机制,鼓励企业的参与,将企业的资金吸引到非传统水资源的开发利用上来,逐步建立政府引导、企业为主的运行机制,逐步向集成化、集约化方向发展。

(8)水价机制不合理,阻碍非传统水资源的利用。在我国,城市供水水价长期偏低,属于国家补贴的福利水价,这已经成为非传统水资源开发利用的制约因素,要使非传统水资源真正得到普及,必须适当提高水价,使非传统水资源的价格在成本与供水水价之间变动,让公众体会到非传统水资源在经济上的优越性,提高非传统水资源的竞争力。

4.3　非传统水资源利用的必要性

4.3.1　对解决当前水资源短缺和水环境污染具有重要意义

联合国在南非约翰内斯堡举行的可持续发展首脑会议明确指出,水资源是人类在21

世纪中面临的一大挑战，水资源的短缺、水环境的污染是全球水资源存在的主要问题。我国人口众多，近20年来经济发展迅猛，这两项问题尤为突出。联合国开发署公布的《2002年中国人类发展报告：使绿色发展成为选择》指出，"通过正确的选择和行动，中国有可能不经过许多西方国家曾经经历过的痛苦的阶段，直接跳跃至环境保护与经济发展的协调。这不仅将有利于中国人民，也将对世界带来好处"。胡锦涛同志在党的十七大报告中曾指出，应"开发和推广节约、替代、循环利用和治理污染的先进适用技术，发展清洁能源和可再生能源，保护土地和水资源，建设科学合理的能源资源利用体系，提高能源资源利用效率"。随着经济和社会的快速发展，非传统水资源的开发利用，对有效缓解我国水资源短缺和水环境污染具有重要意义，主要体现在以下方面：

（1）非传统水资源利用是解决我国水资源短缺，尤其是北方地区缺水状况的重要途径。

我国缺水的形势非常严峻，同时大量的再生水资源、雨洪水资源等没有得到合理有效地利用。目前，我国仅每年处理的污水量已经达到250亿 m^3 的规模，而真正得到利用的再生水资源不足10%，可开发利用的空间非常大。另外，污水再生利用资源、城市雨水资源等相对可靠，是开辟新水源的有效措施，尤其是解决农业灌溉缺水、城市景观用水的重要途径。

（2）非传统水资源利用是实现水资源循环利用、减轻水体污染的重要环节。

污水再生循环利用、雨洪水等非传统水资源的开发利用，即减少了使用清洁水资源的量，也就减少了污水的产生和排放量；同时通过再生水的利用，使得水体中的污染物质在使用过程中得到了降解，减少了这些污染物进入天然水体的量，是减轻水污染的重要举措。我国目前每年废水排放总量达550亿 m^3，其中生活废水300多亿 m^3，各种废水中COD含量近1 400万t，氨氮含量130多万t。但我国的污水处理程度还不高，而且即使通过污水处理厂集中处理，也会有20%左右的污染物不能够得到有效去除，这部分污染物将会随着污水处理厂尾水的排放进入天然水体造成二次污染。如果这些尾水得到合理有效的利用，尤其是利用于农业灌溉，水体中的营养物质、氮、磷等元素都将通过植物的吸收得到有效去除，同时还能促进作物的生长。

（3）非传统水资源利用是促进城市水污染治理、改善水生态环境的重要举措。

城市水污染治理，根本在治、关键在用。只有将治理后的中水资源真正利用起来，才能建立起下游用户对上游水污染治理的倒逼监督机制，促进水污染治理工作的开展。再生水作为工业用水、农业灌溉用水、城市景观用水，其必须达到相应的水质排放标准，如果水质不达标，将会直接危害到下游用户的切身利益。这样，一方面可以带动广大人民群众增强污染治理和环境保护的意识，另一方面可发挥出对上游城市污水处理厂、点源污染治理等"治"的环节的监督作用，为各项治污措施的长期有效运行提供了保障，确保生态环境得到有效改善。

4.3.2 非传统水资源利用是水资源可持续利用的必然趋势

解决水资源短缺矛盾的传统模式是首先无节制地开发地表水，江河流量不够就筑水坝、修水库，结果是上游用水得到了保证，而下游城市和居民用水更困难，造成上下游的关系很紧张。时至今日,已经出现了很多河流在某些季节断流的现象,这都是没有节制地开发地表水所造成的。

在地表水资源不足的情况下,人们往往转向地下水,造成地下水位普遍下降,地下水水质退化,城市地面塌陷,沿海城市海水入侵。这种情况下,进一步解决水资源不足的传统方法是跨流域调水,从小流域的调水到中等距离的调水、远距离调水,调水的距离越来越大,工程越来越复杂,投资越来越高,而最后的结果是城市水资源的自给能力越来越低,受制于他人或受制于天。我们认为,这种传统模式不是可持续的水资源利用模式。

而非传统水资源的开发利用,增加了水资源总量,提高了水资源利用率,有效保护了常规水资源的开发利用,是水资源可持续利用的必然趋势。

4.4　非传统水资源利用的可行性

4.4.1　雨水资源利用较为广泛

雨水利用在不少国家已经得到广泛采用,其规模可大可小,用途多种多样,方式千变万化,好处不胜枚举。美国加利福尼亚州建设了十分庞大、完善的“水银行”,可以将丰水季节的雨水和地面水通过地表渗水层灌入地下,蓄积在地下水库中,供旱季抽取使用。日本、德国城市中大力发展屋顶及居住区地面的雨水收集系统,供楼房及城市生活杂用水及绿地灌溉之用。至于农田和农村中的各种雨水收集及储存系统,就更为普遍。我国雨水在时间和空间上的分布都很不均匀,如果能够把雨季和丰水年的水蓄积起来,既可以防涝防洪,又可以解决旱季和枯水年的缺水之苦。我国西部、北部地区的一些省份在建设农田水窖方面积累了一些经验,但总的来看,我国在雨水利用方面还是处于十分落后的地位,还应提高认识,加强研究,把它列入水资源开发利用的议事日程。

4.4.2　净化后的城市污水可成为新的水资源

城市废水是污染源,必须进行净化处理,但应看到,净化后的城市废水可以成为新的水资源,而且是不受季节、降雨影响的稳定的水资源。再生的城市废水可以回用作工业冷却水、农业灌溉水、市政杂用水等。城市废水的回用可以一箭双雕,既缓解城市水资源短缺的矛盾,又减轻对水环境的污染。

世界上一些国家十分重视处理后城市废水的利用,如以色列城市废水回用率高达95%,美国缺水的西部地区的城市废水处理厂都被称为城市废水再生厂,其出水的回用率很高。我国城市废水处理率还处于很低的水平,城市废水的回用更未得到应有的重视。还应指出,我国尚缺少必要的法规政策和经济激励措施来促进城市废水的再利用,也需要开发研究因地制宜的经济适用技术。总之,城市废水的处理和利用,应该是水资源管理中不可缺少的重要组成部分。

再生废水的利用能否成功,关键在于水质控制。要防止因为水质达不到要求而造成不良的卫生影响,以及对农业、工业生产的影响。应该逐步完善不同回用目的的水质标准,还应该进行正确的规划和经济效益分析。根据废水处理厂位置、周边地区的用水户、用水性质及用水规律,对再生废水的回用出路、回用前必需的处理及回用系统等作出周密的规划、设计。应尽可能使水量达到平衡,如农业灌溉是有季节性的,对于非灌溉季节再生水的出路要有安排。

还应尽可能将再生水用于对水质要求较低的用途,使废水再生处理的程度不致太高,对再生水处理与利用进行经济效益分析,可以帮助方案的选择和制订。

4.4.3　海水利用在沿海地区有重要地位

海水利用在沿海地区的水资源管理中,具有举足轻重的地位。海水可以用于工业冷却水,用于生活冲洗厕所水,经过淡化还可以用作生活饮用水。由于技术的进步,海水淡化的成本已经降低到 7 ~ 8 元/t,甚至更低的水平,这使其竞争力大大增强。香港的厕所冲洗水全部是海水,对于这个淡水资源依靠广东供给的城市,利用海水无疑是经济效益极高的措施。

4.4.4　开发空中水资源是一条有效途径

空中水资源,在适当的气候条件下进行人工增雨,将空中的水资源化作人间的水资源,已经被国内外的经验和理论证明是开发水资源的一条有效途径。对于降雨量少和降雨过于集中的地区,这种非传统水资源可以大大缓解水资源的紧缺现象。

非传统水资源的开发利用本是为了补充传统水资源的不足,但已有的经验表明,在特定的条件下,它们可以在一定程度上替代传统水资源,或者可以加速并改善天然水资源的循环过程,使有限的水资源发挥出更大的生产力。污废水的处理、再生和利用,更可以收到控制水污染、提供稳定水资源的“双赢”效果,是世界各国缺水地区普遍采用的措施。开发利用资源的优先次序,应根据当地条件和技术经济分析决定,以便用较少的钱达到相同的目的。一般情况下,传统水资源和几种非传统水资源的配合使用,往往能够缓解水资源紧缺的矛盾,收到水资源可持续利用的功效。

水资源是人类生活、生产、发展须臾不能缺少的自然资源,人类只有珍惜水资源,保护水资源,合理利用水资源,科学管理水资源,才能确保水资源的可持续利用,促进人类的可持续发展。

4.5　本书的技术分析重点

在目前非传统水资源开发利用的类型中,再生水和雨水由于具有以下特点而得到了极大重视。

4.5.1　地区适应性广泛

城市污水再生利用与开发其他水源相比具有优势。首先城市污水数量巨大、稳定、不受气候条件和其他自然条件的限制,并且可以再生利用。污水作为再生利用水源与污水的产生基本上可以同步发生,就是说,只要城市污水产生,就有可靠的再生水源。同时,污水处理厂就是再生水源地,与城市再生水用户相对距离近,供水方便。污水的再生利用规模灵活，既可集中在城市边缘建设大型再生水厂，也可以在各个居民小区、公共建筑内建设小型再生水厂或一体化处理设备，其规模可大可小，因地制宜。

在农村，雨水可以利用田间工程和水利工程截蓄利用；在城市，雨水可以利用屋面收集。雨水的水质明显比一般回收水的水质好，初期降雨带入的收集面污染物或泥沙是最大的问题，可以采用弃流处理，为其进一步处理利用创造条件。雨水经过景观的附属构筑物及绿化和人工滤层的截留、过滤，再进行集中处理，简化了常规机械处理的流程，由此减少了投资，提高了系统实施的可行性。

4.5.2　技术发展成熟

在技术方面，再生水在城市中的利用不存在任何技术问题，目前水处理技术可以将污水处理到人们所需要的水质标准。城市污水所含杂质少于0.1%，可以采用常规污水深度处理，例如滤料过滤、微滤、纳滤、反渗透等技术。经过预处理，滤料过滤处理系统出水可以满足生活杂用水，包括房屋冲厕、浇洒绿地、冲洗道路和一般工业冷却水等用水要求。微滤膜处理系统出水可满足景观水体用水要求。反渗透系统出水水质远远好于自来水水质标准。

国内外大量污水再生回用工程的成功实例，也说明了污水再生回用于工业、农业、市政杂用、河道补水、生活杂用、回灌地下水等在技术上是完全可行的，为配合中国城市开展城市污水再生利用工作，建设部和国家标准化管理委员会编制了《城市污水处理厂工程质量验收规范》（GB 50334—2002）、《污水再生利用工程设计规范》（GB 50335—2002）、《建设中水设计规范》（GB 50336—2002）、《城市污水水质检验方法标准》（CJ/T 51—2004）等污水再生利用系列标准，为有效利用城市污水资源和保障污水处理的质量安全，提供了技术支撑。经过几十年的发展，再生水和雨水利用技术、政策、法规逐步趋于成熟和完善。

为提高雨水集蓄利用工程的建设质量和管理水平，促进农村供水、节水灌溉和社会经济的发展，水利部制定了《雨水集蓄利用工程技术规范》（SL 267—2001）。为了提高城市雨水利用工程的建设质量和管理水平，使雨水利用工程做到安全可靠、经济适用，国家建设部颁布了国家标准《建筑与小区雨水利用工程技术规范》（GB 50400—2006），江苏省建设厅颁布了地方工程建设标准《雨水利用工程技术规范》（DGJ 32/TJ 113—2011），北京市颁布了城市雨水利用的地方标准《城市雨水利用工程技术规程》（DT 11/T 685—2009），深圳市颁布了城市雨水利用的地方标准《雨水利用工程技术规范》（SZDB/Z 49—2011）。

4.5.3　经济性

加大污水处理和再生水利用力度符合城市水资源可持续利用要求和国家（地方）水资源利用政策。同时，研究表明，与开发其他水资源相比，城市再生水利用在经济上具有比较优势。

4.5.3.1　比远距离引水便宜

城市污水资源化就是将污水进行二级处理后，再经深度处理作为再生资源回用到适宜的位置。基建投资远比远距离引水经济，据资料显示，将城市污水进行深度处理到可以回用作杂用水的程度,基建投资相当于从 30 km 外引水,若处理到回用作高要求的工艺用水,其投资相当于从 40~60 km 外引水。南水北调中线工程每年调水量 100 多亿 m^3,主体工程投资超过 1 000 亿元,其单位投资 3 500~4 000 元/t。因此,许多国家将城市中水利用作为解决缺水问题的选择方案之一,也是节水的途径之一,从经济方面分析来看是很有价值的。实践证明,污水处理技术的推广应用势在必行,中水利用作为城市第二水源也是必然的发展趋势。

4.5.3.2　比海水淡化经济

城市污水中所含的杂质小于 0.1%,而且可用深度处理方法加以去除,而海水中含有 3.5%的溶盐和大量有机物,其杂质含量为污水二级处理出水的 35 倍以上,需要采用复杂的预处理和反渗或闪蒸等昂贵的处理技术,因此无论基建费或单位成本,海水淡化都高于再生水利用。国际上海水淡化的产水成本大多在每吨 1.1~2.5 美元,与其消费水价相当。中国的海水淡化成本已降至 5 元/t 左右,如建造大型设施可能降至 3.7 元/t 左右。即便如此,价格也远远高于再生水不足 1 元/t 的回用价格。

4.5.3.3　成本日趋降低

城市再生水的处理实现技术突破前景仍然非常广阔,随着工艺的进步、设备和材料的不断革新,再生水供水的安全性和可靠性会不断提高,处理成本也必将日趋降低。

再生水利用工程规模越大,基建和运行费单价越便宜。参考《中国缺水城市污水回收与再用探讨》,某小区再生水回用基建和运行费统计情况见表 4-1。可见,当再生水回用规模达到 5 万 t/d 以上后,再生水回用成本在 0.5 元/m^3 左右,规模越大,成本越低。另据郑州市五龙口污水处理厂再生水处理情况统计,该厂一期工程污水处理规模 10 万 t/d,其中二级处理 5 万 t/d,三级处理 5 万 t/d。二级处理再生水水源成本约为 0.4 元/m^3,三级深度处理成本约为 0.8 元/m^3。

表 4-1　中水回用成本统计

水量(m^3/d)	基建投资(元/m^3)	年运行费(万元)	回用水成本(元/m^3)
100	9 074.0	7.8	2.14
500	5 690.0	22.4	1.23
3 000	3 384.5	94.5	0.87
5 000	2 918.2	134.2	0.74
10 000	2 386.8	222.9	0.61
50 000	1 496.6	829.4	0.454

注:资料引自王宝贞《中国缺水城市污水回收与再用探讨》。

因此,从长远来看,随着再生水处理技术的发展和再生水回用规模的扩大,再生水利用成本将逐渐降低。

城市雨洪利用通过国内外实践证明是行之有效的,已经形成了成熟的技术和产业化。发达国家通过制定一系列有关雨水利用的法律法规,建立完善的屋顶蓄水和由入渗池、井、草地、透水组成的地面回灌系统,收集雨水用于冲厕所、洗车、浇庭院、造景观、洗衣服和回灌地下水。因此,雨水利用在技术上是具有可行性的。

根据北京市雨水资源利用经验,单方雨水集蓄利用的成本为0.5～5.8元,通过公园、绿地等增加降水入渗的雨水利用方式成本较低,收集利用成本较高。雨水利用工程建设投资约200元/m^3,收集和处理污水(中水利用)的运行费用约为0.6元/m^3,因此雨水利用的经济性十分突出。

4.5.4　社会共识逐步形成

再生水资源利用符合发展循环经济、走资源节约型发展道路和建设节水型社会的要求,是国家倡导、鼓励和支持的水资源利用方式。《城市污水再生利用技术政策》提出,"城市景观环境用水要优先利用再生水,工业用水和城市杂用水要积极利用再生水,农业用水要充分利用城市污水处理厂的二级出水"。目前,在我国许多缺水地区,再生水(雨洪)资源利用正得到越来越多的重视和发展。北京市是国内再生水利用最早的城市之一。经过多年的实践,北京市2005年再生水利用量达到2.6亿m^3,已经用于工业冷却、城市灌溉、市政杂用等多个方面。2010年,北京市再生水利用率达到60%。

在水资源日益紧缺的今天,将处理后的水回用于绿化、冲洗车辆和冲洗厕所,减少了污染物排放量,从而减轻了对城市周围水环境的影响,增加了可利用的再生水量,这种改变有利于保护环境,加强水体自净,并且不会对整个区域的水文环境产生不良的影响,其应用前景广阔。污水回用为人们提供了一个非常经济的新水源,减少了社会对新鲜水资源的需求,同时也保持优质的饮用水源,这种水资源的优化配制无疑是一项利国利民、实现水资源可持续发展的举措。当今世界各国解决缺水问题时,城市污水被选为可靠且可以重复利用的第二水源,多年来,城市污水回用一直成为国内外研究的重点,成为世界不少国家解决水资源不足的战略性对策,得到了很多国家和社会公众的普遍重视,在我国已作为重要的专业规划逐步纳入城市总体规划中。

雨水资源对调节、补充城市水资源及改善城市自然生态系统具有重要的作用。城市雨水资源利用可以起到改善城市水体水质、补充城市发展需水和促进城市自然生态系统的良性循环的作用。《中华人民共和国水法》第二十四条明确指出,"在水资源短缺的地区,国家鼓励对雨水和微咸水的收集、开发、利用和对海水利用、淡化"。可见,缺水城市雨水资源利用符合国家水资源利用政策,是国家和地方所鼓励的水资源利用方式。城市雨水利用是一项系统工程,首先应纳入城市总体规划。因此,应加强宣传,提高认识,转变观念,把城市雨水利用与城市建设、水资源优化配置、生态建设统一考虑,把集水、蓄水、处理、回用、入渗地下、排水等纳入城市建设规划之中。

4.5.5　综合效益明显

再生水利用是城市开源节流、减轻水体污染、改善生态环境、缓解水资源供需矛盾和促进城市经济社会可持续发展的有效途径,不仅可以节约水资源,减轻城市供水压力,而且可以减轻环境压力,是实现水资源可持续利用的重要措施,具有显著的经济效益、社会效益和环境效益。

利用城市滞洪区、绿地、湿地等地形条件,通过增加雨水入渗和拦蓄部分汛期径流等方式,积极利用市区雨水资源,既可增加市区水资源可利用量,又能减轻汛期排涝压力。

再生水和雨水利用具有显著的社会、经济、生态环境效益,理应得到推广。

鉴于上述原因,本书将重点介绍再生水和雨水利用技术,同时对其他非传统水资源开发利用的类型也予以简单介绍。

第二篇　再生水利用篇

第5章　概　述

5.1　污水再生利用概况

5.1.1　国外污水回用研究概况

从世界范围来看,水资源再生利用近年来越来越受到各国的重视。在日本,由于日本国土狭小,人口众多,人均年降水量仅为世界平均降水量的1/5,水资源严重缺乏,因此污水回用起步较早。日本1962年就开始回用污水,70年代已初见规模,90年代初日本在全国范围内进行了废水再生回用的调查研究与工艺设计,严重缺水的地区广泛推广污水回用,使日本近年来的取水量逐年减少,赖沪内海地区污水回用水量已达到该地区淡水用量的2/3,新鲜水取水量仅为淡水用量的1/3。经过大量污水回用的示范工程后,日本又开发了污水深度处理工艺,在新型脱氮、脱磷技术,膜分离技术,膜生物反应器技术等方面取得很大进展,建立了以赖沪内海地区为首的许多水再生工厂。中水道系统是日本污水回用的典型代表,中水道再生水主要用于冲洗厕所、冲洗马路、浇灌城市绿地、工业冷却水和其他杂用水,日本的中水回用率高,中水回用技术成熟,并且相应制定了各种不同回用水用户的水质指标和管理法规。

美国是世界上水资源丰富的国家之一,人均水资源拥有量约为10 000 m^3,是我国人均水资源拥有量的4倍。但在城市生活污水作为水资源的再利用方面抓得很紧,进展很快。根据USEPA的资料,1990年美国全国污水再利用水量为360万m^3/d,而2000年则为1 840万m^3/d,再利用率达到4.4%,其中California州的污水回用量约占全国总量的27%。全国城市污水回用于污水灌溉、景观用水、工艺用水、工业冷却水、地下水补给及娱乐养殖等多种用途。其中工业占总用水量的30%,城市生活等其他方面占总用水量的10%,农业灌溉占60%。USEPA非常重视污水回用的系统性研究和技术规范化工作,从20世纪80年代后期起,投入人力、资金和技术力量对相关科学问题进行专题研究。以这些研究成果为基础,在1992年制定了污水回用指南,强调用水管理、节水措施、污水回用等多个环节的规范化管理和技术指导。其目的有缓解部分地区水源不足的一面,但更主要的是加强环境和资源的保护,同时减少实施大规模水资源工程的需要。联邦政府基本上已冻结了任何大型水资源项目的计划,强调用节水和污水再利用的方法解决水资源的供需矛盾。由于美国工业废水的回收利用大都在工业企业内部解决,回收利用率已经很高,排放量呈逐年下降的趋势,因此水资源再生利用主要注重于城市污水的资源化和再利用。

在干旱缺水国家中,水资源再生利用最为出色的是以色列。再生水已成为该国家的重要水资源之一,把回用所有污水列为一项国家政策。以色列处于年平均降水量350 mm的沙漠地区,人均水资源占有量仅为300 m^3。以色列从1948年建国起就充分预计到水资源不足的问题,从水资源开发利用政策着手,强化水资源统一管理,推行生活节水技术、节水灌溉技术和水的再生利用。尽可能使用非饮用水源(如地下苦咸水);生活用水在保证生活水平的前提下已通过普及节水用具等措施,最大限度地避免浪费;给水管网漏水率为世界最低水平;农业灌溉的单产用水量为世界最低水平;城市集中下水道的生活污水全部进行二级以上处理,污水再生利用率达到72%,其中有一半的水量实际上已处理到生活用水的水质,可以满足任何使用目的。这一切保证了以色列利用有限的水资源达到了高速度发展,其经验受到全世界瞩目。

其他国家如韩国、印度、南非和西欧各国的污水回用事业也很普遍。

5.1.2　我国污水回用研究概况

我国20世纪50年代开始采用污水灌溉方式回用污水,而将污水经深度处理后回用于城市生活和工业生产仅有20年的历史。20世纪80年代末,随着我国大部分城市水危机的频频出现和污水再生回用技术的成熟,污水再生回用的研究与实践才得以快速发展。我国北方城市水资源紧缺,迫切需要把城市污水作为非常规水源加以利用。为此,国家组织了城市废水资源化工艺的科技攻关,天津、沈阳、深圳、太原、青岛、大连、北京等城市相继建立了污水回用工程。如大连的春柳废水处理厂的二级处理出水经深度处理后用于冷却水;太原杨家堡废水处理厂采用生物陶粒接触氧化—过滤处理二级出水后回用于冷却水;北京高碑店污水厂的二级排放水经投加石灰等深度处理后回用于电厂循环冷却水,还有长春、石家庄、西安、秦皇岛等城市也建立了污水再生回用工程。我国污水再生回用工程常采用二级出水经混凝沉淀、过滤、消毒作为再生处理流程是常规处理方式,简单适用,适合我国国力和技术水平状况,至于活性炭、反渗透、离子交换、电渗析、膜处理等技术费用高,我国尚不具备经济实力。建筑中水也是污水再生回用的一种形式,1980年以后我国中水事业发展很快,一些省市、地区相继建立了中水回用工程。青岛市将中水作为市政及其他杂用水,以缓解其面临的淡水危机问题;北京中水建设已初具规模,如首都机场、国际贸易中心等中水工程,但在建成的中水工程中,有些设施不能正常运行。究其原因,一方面是污水再生技术的实用性存在一定的问题;另一方面,在中水回用的配套设施、节水政策及管理制度方面还不够完善。

归纳起来,在污水资源化方面,我国进行的主要课题研究和取得的成果包括以下几项内容。

“七五”科技攻关项目“水污染防治及城市污水资源化技术”，下设7个子专题，其中城市污水资源化系统分析及影响污水污染物控制研究，对污水再生工艺、不同回用对象的回用技术、经济政策进行了系统研究。

“八五”科技攻关项目“污水净化与污水资源化技术”之“城市污水回用技术”，下设5个专题，分别以大连、太原、天津、泰安、燕山石化为依托工程，开展工程性试验，建立了污水回用工程，涵盖了污水回用的大部分领域。

“九五”科技攻关项目“污水处理与水工业关键技术研究”，其专题“城市污水处理技术集成化与决策支持系统建设”主要包括回用技术集成化研究、城市污水地下回灌的深度处理技术研究。

我国污水回用起步晚，重点放在回用处理技术，仅对个别城市的污水回用系统进行了研究，如邯郸、太原、青岛等。这些研究中污水回用的范围较小，没有形成对整个城市在污水回用方面的宏观管理模式。与国外的一些国家和地区相比，我国无论是在污水再生回用处理技术上还是在系统规划上都缺乏较深入的研究，尚未形成适合我国国情和地方特点的污水再生技术和污水回用系统规划的管理模式。

5.2　污水利用的途径与水质要求

5.2.1　污水再生利用途径

《城市污水再生利用 分类》(GB/T 18919—2002)在宏观上确定了污水再生利用的主要途径，是城市污水再生利用系列标准的基础。根据该标准及其完善情况，我国城镇污水再生利用分为5大类，分类标准主要有：①《城市污水再生利用 农田灌溉用水水质》(GB 20922—2007)；②《城市污水再生利用 城市杂用水水质》(GB/T 18920—2002)；③《城市污水再生利用 工业用水水质》(GB/T 19923—2005)；④《城市污水再生利用 景观环境用水水质》(GB/T 18921—2002)；⑤《城市污水再生利用 地下水回灌水质》(GB/T 19772—2005)。根据我国城市再生水利用系列规范，可以确定我国城镇污水再生利用主要途径如表5-1所示。

5.2.2　水质指标要求

再生水水质指标可分为物理指标、化学指标、生物化学指标、毒理学指标、细菌学指标和其他指标，考虑到再生水的回用途径和可能的影响途径，再生水水质指标应至少满足如下要求：

(1)再生水的水质应符合国家和行业的有关水质标准；

(2)对公众健康不产生不良影响；

(3)满足用户对水质的要求，回用于生产时，应对产品质量无不良影响；

(4)环境安全和生态安全不受影响，再生水的使用应不污染土壤、地表水、地下水，不对周围地区的动植物、水体产生不良影响；

(5)满足用户的感官要求，对于冲厕用水、绿地灌溉、景观水体补充水，与市政给水有

相同的要求,使用时在臭和味上没有不快感;

(6)再生水使用的管道、设备等不产生腐蚀、堵塞、结垢等损害。

表 5-1　城镇污水再生利用类别

序号	分类	范围	示例
1	农、林、牧、渔业用水	农田灌溉	种籽与育种、粮食与饲料作物、经济作物
		造林育苗	种籽、苗木、苗圃、观赏植物
		畜牧养殖	畜牧、家畜、家禽
		水产养殖	淡水养殖
2	城市杂用水	城市绿化	公共绿地、住宅小区绿化
		冲厕	厕所便器冲洗
		道路清扫	城市道路的冲洗及喷洒
		车辆冲洗	各种车辆冲洗
		建筑施工	施工场地清扫、浇洒、灰尘抑制、混凝土制备养护、施工中混凝土构件和建筑物冲洗
		消防	消火栓、消防水炮
3	工业用水	冷却用水	直流式、循环式
		洗涤用水	冲渣、冲灰、消烟除尘、清洗
		锅炉用水	中压、低压锅炉
		工艺用水	溶料、水浴、蒸煮、漂洗、水力开采、水力输送、增湿、稀释、搅拌、选矿、油田回注
		产品用水	浆料、化工制剂、涂料
4	环境用水	景观娱乐	景观娱乐性河道、湖泊及水景
		观赏性用水	观赏性景观河道、湖泊及水景
		湿地用水	恢复自然湿地、营造人工湿地
5	补充水源水	补充地表水	河流、湖泊
		补充地下水	水源补给、防止海水入侵、防止地面沉降

5.2.3　分项指标要求

5.2.3.1　农田灌溉用水

再生水应用于农田灌溉用水时,必须满足以下几方面的要求:应不传染疾病,确保使用者及公众的卫生健康;不破坏土壤的结构和性能,不使土壤盐碱化;土壤中重金属和有害物质的积累不超过有害水平,或通过食物链积累于作物中;不危害农作物,不影响产品的产量和质量;不污染地下水等。

根据《城市污水再生利用 农田灌溉用水水质》(GB 20922—2007)标准规定,水质基本控制项目和选择控制项目及其指标最大限值应分别符合表 5-2 和表 5-3 的规定。

表 5-2　基本控制项目及水质指标最大限值　(单位:mg/L)

序号	基本控制项目	灌溉作物类型			
		纤维作物	旱地谷物、油料作物	水田谷物	露地蔬菜
1	生化需氧量(BOD_5)	100	80	60	40
2	化学需氧量(COD_{Cr})	200	180	150	100
3	悬浮物(SS)	100	90	80	60
4	溶解氧(DO)≥	0.5			
5	pH 值	5.5~8.5			
6	溶解性总固体(TDS)	非盐碱地区 1 000,盐碱地区 2 000			1 000
7	氯化物	350			
8	硫化物	1.0			
9	余氯	1.5		1.0	
10	石油类	10		5.0	1.0
11	挥发酚	1.0			
12	阴离子表面活性剂(LAS)	8.0		5.0	
13	汞	0.001			
14	镉	0.01			
15	砷	0.1		0.05	
16	铬(六价)	0.1			
17	铅	0.2			
18	粪大肠菌群数(个/L)	40 000			20 000
19	蛔虫卵数(个/L)	2			

5.2.3.2　城市杂用水

城市杂用水包括冲厕、道路清扫、消防、城市绿化、车辆冲洗、建筑施工用水等。再生水使用过程中,与人体直接接触的机会较多,尤其在冲洒道路、绿化浇灌、车辆冲洗、建筑施工过程中,除与使用人员发生直接接触外,喷洒形成的水雾及气溶胶等飞扬到空气中,有可能与公众发生直接接触。因此,需进行严格的消毒,保证余氯含量,控制微生物数量,抵制致病菌的滋生。

表 5-3 选择控制项目及水质指标最大限值 （单位：mg/L）

序号	选择控制项目	限值	序号	选择控制项目	限值
1	铍	0.002	10	锌	2.0
2	钴	1.0	11	硼	1.0
3	铜	1.0	12	钒	0.1
4	氟化物	2.0	13	氰化物	0.5
5	铁	1.5	14	三氯乙醛	0.5
6	锰	0.3	15	丙烯醛	0.5
7	钼	0.5	16	甲醛	1.0
8	镍	0.1	17	苯	2.5
9	硒	0.02			

根据《城市污水再生利用 城市杂用水水质》（GB/T 18920—2002）标准规定，城市杂用水的水质应符合表 5-4 的规定。混凝土拌和用水还应符合《混凝土用水标准》（JGJ 63—2006）的有关规定，见表 5-5。绿地灌溉水质应满足《城市污水再生利用 绿地灌溉水质》（GB/T 25499—2010）标准的规定，见表 5-6 和表 5-7。

表 5-4 城市杂用水水质标准

序号	项目	冲厕	道路清扫、消防	城市绿化	车辆冲洗	建筑施工
1	pH 值	6.0~9.0				
2	色（度）≤	30				
3	臭	无不快感				
4	浊度（NTU）≤	5	10	10	5	20
5	溶解性总固体（mg/L）≤	1 500	1 500	1 000	1 000	—
6	生化需氧量（BOD_5）（mg/L）≤	10	15	20	10	15
7	氨氮（mg/L）≤	10	10	20	10	20
8	阴离子表面活性剂（mg/L）≤	1.0	1.0	1.0	0.5	1.0
9	铁（mg/L）≤	0.3	—	—	0.3	—
10	锰（mg/L）≤	0.1	—	—	0.1	—
11	溶解氧（mg/L）≥	1.0				
12	总余氯（mg/L）	接触 30 min 后≥1.0，管网末端≥0.2				
13	总大肠菌群（个/L）	3				

表 5-5　混凝土拌和用水水质标准

项目	预应力混凝土	钢筋混凝土	素混凝土
pH 值	≥5.0	≥4.5	≥4.5
不溶物(mg/L)	≤2 000	≤2 000	≤5 000
可溶物(mg/L)	≤2 000	≤5 000	≤10 000
Cl^-(mg/L)	≤500	≤1 000	≤3 500
SO_4^{2-}(mg/L)	≤600	≤2 000	≤2 700
碱含量(mg/L)	≤1 500	≤1 500	≤1 500

表 5-6　绿地灌溉用水基本控制项目及限值

序号	控制项目	单位	限值
1	浊度	NTU	≤5(非限制性绿地),10(限制性绿地)
2	臭	—	无不快感
3	色度	度	≤30
4	pH 值	—	6.0~9.0
5	溶解性总固体(TDS)	mg/L	≤1 000
6	生化需氧量(BOD_5)	mg/L	≤20
7	总余氯	mg/L	0.2≤管网末端≤0.5
8	氯化物	mg/L	≤250
9	阴离子表面活性剂(LAS)	mg/L	≤1.0
10	氨氮	mg/L	≤20
11	粪大肠菌群	个/L	≤200(非限制性绿地),1 000(限制性绿地)
12	蛔虫卵数	个/L	≤1(非限制性绿地),2(限制性绿地)

5.2.3.3　工业用水

理想的再生水工业用户应该具有用水量大且水质要求相对较低的特点。城镇污水回用于工业按照回用途径分类,主要有冷却用水、洗涤用水、锅炉补给水、工艺用水、产品用水等,尤其是工业冷却水在工业用水中占有重要地位,几乎所有工业生产中都有冷却用水系统。由于冷却用水水量大、对水质的要求相对较低,是城镇污水回用的重要用户和首选对象。

对于以城市污水为水源的再生水,除应满足表 5-8 中各项指标外,其化学毒理学指标还应符合《城镇污水处理厂污染物排放标准》(GB 18918—2002)中“一类污染物”和“选择控制项目”各项指标限值的规定。

表 5-7　绿地灌溉用水选择控制项目及限值　　（单位：mg/L）

序号	选择控制项目	限值	序号	选择控制项目	限值
1	钠吸收率（SAR）	≤9	12	钼	≤0.5
2	镉	≤0.01	13	镍	≤0.05
3	砷	≤0.05	14	硒	≤0.02
4	汞	≤0.001	15	锌	≤1.0
5	铬（六价）	≤0.1	16	硼	≤1.0
6	铅	≤0.2	17	钒	≤0.1
7	铍	≤0.002	18	铁	≤1.5
8	钴	≤1.0	19	氰化物	≤0.5
9	铜	≤0.5	20	三氯乙醛	≤0.5
10	氟化物	≤2.0	21	甲醛	≤1.0
11	锰	≤0.3	22	苯	≤2.5

表 5-8　再生水用作工业用水水源的水质标准

序号	控制项目	单位	冷却用水		洗涤用水	锅炉补给水	工艺与产品用水
			直流冷却水	敞开式循环冷却水系统补充水			
1	pH 值	—	6.5~9.0	6.5~8.5	6.5~9.0	6.5~8.5	6.5~8.5
2	悬浮物	mg/L	≤30	—	≤30	—	—
3	浊度	NTU	—	≤5	—	≤5	≤5
4	色度	度	≤30	≤30	≤30	≤30	≤30
5	生化需氧量（BOD_5）	mg/L	≤30	≤10	≤30	≤10	≤10
6	化学需氧量（COD_{Cr}）	mg/L	—	≤60	—	≤60	≤60
7	铁	mg/L	—	≤0.3	≤0.3	≤0.3	≤0.3
8	锰	mg/L	—	≤0.1	≤0.1	≤0.1	≤0.1
9	氯离子	mg/L	≤250	≤250	≤250	≤250	≤250
10	二氧化硅（SiO_2）	mg/L	≤50	≤50	—	≤30	≤30
11	总硬度（以 $CaCO_3$ 计）	mg/L	≤450	≤450	≤450	≤450	≤450
12	总碱度（以 $CaCO_3$ 计）	mg/L	≤350	≤350	≤350	≤350	≤350
13	硫酸盐	mg/L	≤600	≤250	≤250	≤250	≤250
14	氨氮（以 N 计）	mg/L	—	≤10	—	≤10	≤10

续表 5-8

序号	控制项目	单位	冷却用水		洗涤用水	锅炉补给水	工艺与产品用水
			直流冷却水	敞开式循环冷却水系统补充水			
15	总磷(以P计)	mg/L	—	≤1	—	≤1	≤1
16	溶解性总固体	mg/L	≤1 000	≤1 000	≤1 000	≤1 000	≤1 000
17	石油类	mg/L	—	≤1	—	≤1	≤1
18	阴离子表面活性剂	mg/L	—	≤0.5	—	≤0.5	≤0.5
19	余氯(管网末梢值)	mg/L	≥0.05	≥0.05	≥0.05	≥0.05	≥0.05
20	粪大肠菌群	个/L	≤2 000	≤2 000	≤2 000	≤2 000	≤2 000

5.2.3.4　景观环境用水

景观环境水体包括人体非全身接触的娱乐性景观环境用水和人体非直接接触的观赏性景观环境用水。

再生水回用于景观水体存在的主要问题是水体富营养化、容易产生泡沫和滋生细菌。首先要求在感官上给人舒适的感觉，要求回用后水体清澈、透明度较高，不出现浑浊、富营养化以及黑臭现象；其次要求考虑对人体健康及生态环境可能造成的影响，尤其是娱乐性景观水体，要与人体有所接触，因此水中不能含有对人体健康有害的物质。

根据《城市污水再生利用 景观环境用水水质》(GB/T 18921—2002)标准规定，水质基本控制项目和选择控制项目及其指标最大限值应分别符合表 5-9 和表 5-10 的规定。

表 5-9　景观环境用水的再生水水质标准　（单位：mg/L）

<table>
<tr><th rowspan="2">序号</th><th rowspan="2">项目</th><th colspan="3">观赏性景观环境用水</th><th colspan="3">娱乐性景观环境用水</th></tr>
<tr><th>河道类</th><th>湖泊类</th><th>水景类</th><th>河道类</th><th>湖泊类</th><th>水景类</th></tr>
<tr><td>1</td><td>基本要求</td><td colspan="6">无漂浮物、无令人不愉快的臭和味</td></tr>
<tr><td>2</td><td>pH 值</td><td colspan="6">6.0～9.0</td></tr>
<tr><td>3</td><td>生化需氧量(BOD_5)≤</td><td>10</td><td colspan="2">6</td><td colspan="3">6</td></tr>
<tr><td>4</td><td>浊度(NTU)≤</td><td>—</td><td>—</td><td>—</td><td colspan="3">5</td></tr>
<tr><td>5</td><td>悬浮物(SS)≤</td><td>20</td><td colspan="2">10</td><td>—</td><td>—</td><td>—</td></tr>
<tr><td>6</td><td>溶解氧≥</td><td colspan="3">1.5</td><td colspan="3">2.0</td></tr>
<tr><td>7</td><td>总磷≤</td><td>1.0</td><td colspan="2">0.5</td><td>1.0</td><td colspan="2">0.5</td></tr>
<tr><td>8</td><td>总氮≤</td><td colspan="6">15</td></tr>
<tr><td>9</td><td>氨氮(以N计)≤</td><td colspan="6">5</td></tr>
<tr><td>10</td><td>粪大肠菌群(个/L)≤</td><td colspan="2">10 000</td><td>2 000</td><td colspan="2">500</td><td>不得检出</td></tr>
<tr><td>11</td><td>余氯≥</td><td colspan="6">0.05</td></tr>
</table>

续表 5-9

序号	项目	观赏性景观环境用水			娱乐性景观环境用水		
		河道类	湖泊类	水景类	河道类	湖泊类	水景类
12	色度(度)≤	30					
13	石油类≤	1.0					
14	阴离子表面活性剂	0.5					

表 5-10　选择控制项目最高允许排放浓度(以日均值计)　(单位:mg/L)

序号	选择控制项目	标准值	序号	选择控制项目	标准值
1	总汞	0.01	26	总铜	1.0
2	烷基汞	不得检出	27	总锌	2.0
3	总镉	0.05	28	总锰	2.0
4	总铬	1.5	29	总硒	0.1
5	六价铬	0.5	30	苯并(a)芘	0.000 03
6	总砷	0.5	31	挥发酚	0.1
7	总铅	0.5	32	总氰化物	0.5
8	总镍	0.5	33	硫化物	1.0
9	总铍	0.001	34	甲醛	1.0
10	总银	0.1	35	苯胺类	0.5
11	硝基苯类	2.0	36	间-二甲苯	0.4
12	有机磷农药	0.5	37	乙苯	0.1
13	马拉硫磷	1.0	38	氯苯	0.3
14	乐果	0.5	39	对-二氯苯	0.4
15	对硫磷	0.05	40	邻-二氯苯	1.0
16	甲基对硫磷	0.2	41	对硝基氯苯	0.5
17	五氯酚	0.5	42	2,4-二硝基氯苯	0.5
18	三氯甲烷	0.3	43	苯酚	0.3
19	四氯化碳	0.03	44	间-甲酚	0.1
20	三氯乙烯	0.3	45	2,4-二氯酚	0.6
21	四氯乙烯	0.1	46	2,4,6-三氯酚	0.6
22	苯	0.1	47	邻苯二甲酸二丁酯	0.1
23	甲苯	0.1	48	邻苯二甲酸二辛酯	0.1
24	邻-二甲苯	0.4	49	丙烯腈	2.0
25	对-二甲苯	0.4	50	可吸附有机卤化物	1.0

5.2.3.5　地下水回灌

根据操作方式的不同,再生水进行地下水回灌可分为喷洒法和注入法;根据不同用途,含水层可分为饮用含水层和非饮用含水层。

对于回灌进入饮用含水层的再生水,其水质至少应达到地下水饮用水源水质标准,采用喷洒法补充含水层时,可适当降低再生水的水质要求。

根据《城市污水再生利用　地下水回灌水质》(GB/T 19772—2005)标准规定,适用于以城市污水再生水为水源,在各级地下水饮用水源保护区外,以非饮用为目的,采用地表回灌和井灌的方式进行地下水回灌。其水质基本控制项目和选择控制项目及其指标最大限值应分别符合表5-11和表5-12的规定。

表5-11　城市污水再生水地下水回灌基本控制项目及限值

序号	基本控制项目	单位	地表回灌	井灌
1	色度	稀释倍数	30	15
2	浊度	NTU	10	5
3	pH值	—	6.5~8.5	6.5~8.5
4	总硬度(以$CaCO_3$计)	mg/L	450	450
5	溶解性总固体	mg/L	1 000	1 000
6	硫酸盐	mg/L	250	250
7	氯化物	mg/L	250	250
8	挥发酚类(以苯酚计)	mg/L	0.5	0.002
9	阴离子表面活性剂	mg/L	0.3	0.3
10	化学需氧量(COD)	mg/L	40	15
11	生化需氧量(BOD_5)	mg/L	10	4
12	硝酸盐(以N计)	mg/L	15	15
13	亚硝酸盐(以N计)	mg/L	0.02	0.02
14	氨氮(以N计)	mg/L	1.0	0.2
15	总磷(以P计)	mg/L	1.0	1.0
16	动植物油	mg/L	0.5	0.05
17	石油类	mg/L	0.5	0.05
18	氰化物	mg/L	0.05	0.05
19	硫化物	mg/L	0.2	0.2
20	氟化物	mg/L	1.0	1.0
21	粪大肠菌群数	个/L	1 000	3

表 5-12　城市污水再生水地下水回灌选择控制项目及限值　（单位：mg/L）

序号	选择控制项目	限值	序号	选择控制项目	限值
1	总汞	0.001	27	三氯乙烯	0.07
2	烷基汞	不得检出	28	四氯乙烯	0.04
3	总镉	0.01	29	苯	0.01
4	六价铬	0.05	30	甲苯	0.7
5	总砷	0.05	31	二甲苯	0.5
6	总铅	0.05	32	乙苯	0.3
7	总镍	0.05	33	氯苯	0.3
8	总铍	0.000 2	34	1,4-二氯苯	0.3
9	总银	0.05	35	1,2-二氯苯	1.0
10	总铜	1.0	36	硝基氯苯	0.05
11	总锌	1.0	37	2,4-二硝基氯苯	0.5
12	总锰	0.1	38	2,4-二氯苯酚	0.093
13	总硒	0.01	39	2,4,6-三氯苯酚	0.2
14	总铁	0.3	40	邻苯二甲酸二丁酯	0.003
15	总钡	1.0	41	邻苯二甲酸二(2-乙基己基)酯	0.008
16	苯并(a)芘	0.000 01	42	丙烯腈	0.1
17	甲醛	0.9	43	滴滴涕	0.001
18	苯胺	0.1	44	六六六	0.005
19	硝基苯	0.017	45	六氯苯	0.05
20	马拉硫磷	0.05	46	七氯	0.000 4
21	乐果	0.08	47	林丹	0.002
22	对硫磷	0.003	48	三氯乙醛	0.01
23	甲基对硫磷	0.002	49	丙烯醛	0.1
24	五氯酚	0.009	50	硼	0.5
25	三氯甲烷	0.06	51	总 α 放射性	0.1
26	四氯化碳	0.002	52	总 β 放射性	1

第6章　再生水回用系统的组成

城市污水再生回用是一个涉及工程技术、社会、环境等多个领域的系统问题，它除与水资源的再生回用技术、措施直接有关外，还与再生水需水量、回用方向、回用水水质、区域人口规模、地理特点、水资源开发利用状况、工业布局与结构、城市规划、政策等多方面因素密切相关。对于这一复杂系统需要应用系统论观点进行研究，分析其系统构成，以达到研究系统的目的。

6.1　系统论原理

6.1.1　系统的概念

系统是由具有特定功能的、相互之间有机联系的诸多要素所构成的整体。一般系统论创始人贝塔朗菲(L. V. Bertalanffy)把系统定义为相互作用的诸要素的综合体；美国著名学者阿柯夫(R. L. Ackoff)认为系统是由两个以上相互联系的任何种类的要素所构成的集合，是一个不可分的整体。概括起来讲，系统是由相互区别、相互作用的各部分有机地连接在一起，为同一目的而完成某种功能的集合体。系统具有以下基本特征：

(1)整体性。系统是由多个相互区别的要素构成的具有特定功能的整体。系统的整体性表现为系统的整体功能。

(2)相关性。系统内各要素按一定的方式或要求结合起来，各要素之间存在相互作用、相互依存的内在联系。

(3)目的性。设计系统或改造系统是为了实现一定的目的。系统的目标就是系统目的的具体化、数量化。

(4)层次性。一个系统是由不同等级层次的子系统组成的。在进行系统与结构分析时可以应用分解原理。

(5)适应性。系统与它所处的外部环境之间存在着相互联系，它必须适应环境的变化，同时它对环境也有反作用，环境往往表现为对系统及其组成要素的约束。

6.1.2　系统分析及其特点

系统分析就是对研究对象进行有目的、有层次的探索和分析的过程，是对相关信息、数据采用的分析手段，对系统的目的、功能等进行科学的研究方法。

采用系统分析的方法对事物进行探讨时，决策者可以获得对问题的综合和整体的认识，既不忽略内部各因素的相互关系，又能顾全外界环境变化所可能带来的影响。特别是通过系统的信息，及时反映系统的作用状态，随时了解和掌握新形势的发展，在已知的情况下，以最有效的策略解决复杂问题，以期顺利地达到系统的各项目标。

系统分析应遵循下列四条原则：

(1) 内部因素与外部条件相结合；

(2) 当前利益与长远利益相结合；

(3) 局部利益与整体利益相结合；

(4) 定量分析与定性分析相结合。

6.2 城市污水再生回用系统

6.2.1 城市污水再生回用系统描述

以系统论观点看，污水再生回用系统与社会、经济、政策、科技、法律等系统密切联系，相互进行着能量与信息的交流。它涉及社会因素、经济因素和环境因素，具体地讲，包括人口数量、人口素质、政策法规、民众意识、工业布局、工业结构、水资源开发利用程度等因素，见图 6-1。因此，研究污水再生回用系统的发展趋势，就必须在社会、经济、环境及资源领域中进行综合研究。污水再生回用系统可根据研究目的、影响因素分解为多个子系统，各级子系统又分为二级子系统，各子系统之间相互作用、相互影响，形成系统的复杂性和多层次性。同时，系统还与外界环境相适应，与环境协调发展。

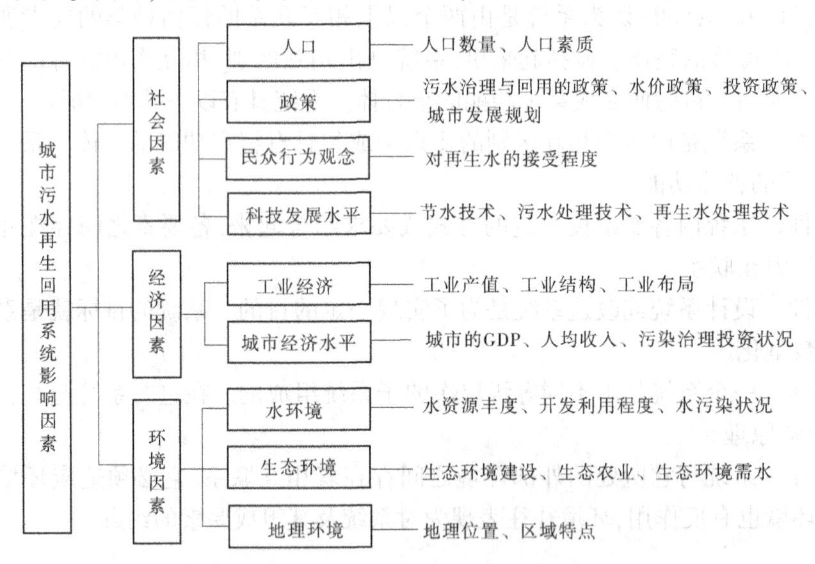

图 6-1　城市污水再生回用系统影响因素分类

以上因素都是随时间变化的动态变量，各因素之间存在着相互制约的交互作用和大量的信息反馈过程，其中影响污水再生回用系统的重要因素有以下几个：

(1) 人口。人口是城市重要的组成要素，是随时间变化的变量。预测城市用水人口总数的发展趋势是对污水回用方案设计中最基本的工作，人口数量的变化会影响城市用水量，也影响到城市的再生水回用量。

(2) 工业结构。工业是城市用水大户，工业产值的提高通常会导致城市用水量增加，但是随着工艺的改进、技术的提高以及节水管理机制的健全,单位产值的用水量会减少。工业结构调整,一方面会影响到工业用水量,另一方面还会改变再生水的回用方向和回用水量。

(3)政策法规。城市应依据国家政策进行建设和发展,遵守国家法律法规。政策的制定将会对再生水回用产生直接的影响。随着国家环保产业的发展与水污染防治等相关法律、法规、政策的制定和完善,必将对污水再生回用起到促进作用。生态环境保护与建设、城市基础设施建设作为西部大开发的重要战略任务,首先要解决好水的问题,污水再生回用是其重要的组成部分和研究内容。国家在城市污水处理与污水资源化方面的有关规定,以及对自来水价格的提高和再生水价格的合理确定,都将促进再生水的回用。

(4)城市规划。城市规划的内容很全面,污水回用项目应与城市规划相协调。城市规划中的用地布局、道路管网规划、工业布局等将影响到污水回用方向、回用管线的布置和回用工程的可行性。

(5)区域特点。区域特点与人们的生活习惯、用水水平都有很大的关系,而且还关系到再生处理工艺的选择和回用方向。如西北地区生态环境脆弱,再生水可作为生态环境用水。

(6)用户接受程度。对于再生水的回用,用户组成有两种情况:一种是通过采取强制性措施,另一种是自愿使用。更适宜的做法是使用户自愿地接受再生水,通过加强多种形式的宣传,提高公众对再生水的认识和再生水回用的意义。以此得到更多的用户,扩大回用范围和规模。另外,用户的接受程度还受水质、水价、地区缺水程度、用户的教育水平、居民环保意识等几方面的影响。

(7)经济发展水平。经济发达的城市,其基础建设投入大,污水处理设施较为完善,污水处理量大,能提供充足的回用水水源。经济发展水平高,用于污水再生水回用工程的资金多,扩大了污水再生回用规模,促进城市可持续发展。

(8)水资源开发及水环境污染状况。水资源短缺和水污染严重的地区,水的问题制约了该地区经济的发展。水资源开发程度高,生态环境恶化,污水再生回用需求迫切,也非常必要。

以上各因素之间相互作用,使这个整体成为一个复杂的系统,这些因素直接或间接地影响着这个系统。

6.2.2　城市污水再生回用系统构成

城市污水再生回用系统分为再生水供水子系统、再生水需水子系统、城市供需水子系统三个子系统。具体结构如图 6-2 所示。

在这个大系统中,再生水供水子系统是再生水回用的基础和再生水的来源,又可把此子系统分为二级处理和再生处理二级子系统。再生水需水子系统通过再生水的回用方向来确定再生水的需水量,以求得再生水的供需达到平衡。再生水需水子系统可分为城市市政杂用水、工业用水、城市生态用水等二级子系统。再生水供水和再生水需水这两个系

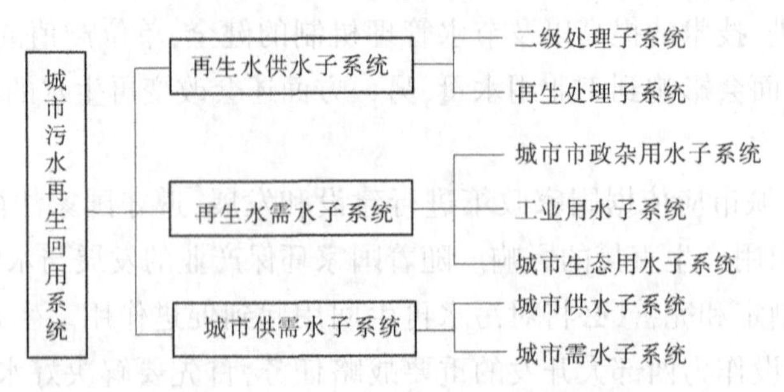

图 6-2　城市污水再生回用系统构成

统是污水再生回用系统的主体部分。城市供需水子系统可以考察城市用水状况和城市的缺水程度,城市供需水子系统又可分为城市供水系统和城市需水系统。城市的供需水量的差值即为缺水量,缺水量一方面影响着城市用水,另一方面还影响到回用量的大小,从而影响着城市的供水量,缺水程度是联系再生水供水子系统和城市供需水子系统的纽带。这三个子系统是相互关联、相互作用的。

6.3　子系统构成

6.3.1　再生水供水子系统

再生水供水子系统包含二级处理、再生处理两个二级子系统,见图 6-3。

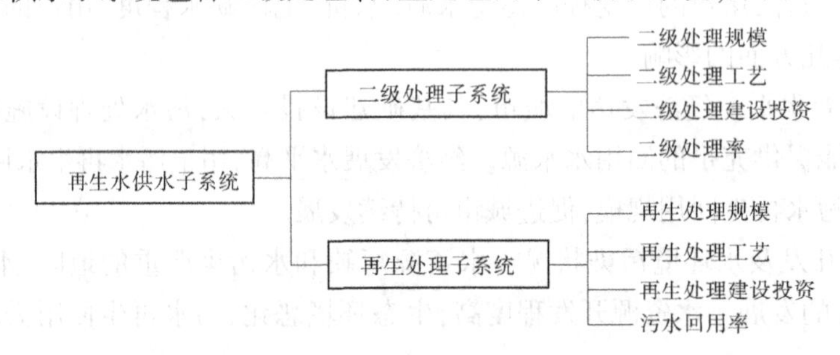

图 6-3　再生水供水子系统二级子系统

再生水供水子系统是以城市污水、二级出水、再生回用为主线,确定再生水的供水量。通常,城市污水为城市供水量的 80%,污水收集起来通过污水处理与再生处理后约 70% 可以安全回用,那么再生水水量能达到城市供水量的 56%左右,也就是说,可以节约等量的洁净水供水量。所以,再生水的开发是极具潜力的。

再生水处理是在污水二级处理基础上进行的,污水回用量与污水二级处理量有关,同时还受其他因素影响,污水二级处理量又与污水量有关。城市污水量决定于城市用水量,城市污水量通常根据用水量乘以污水排放率,排放系数依据城市特点而定,可从表 6-1 中选取。随着城市的发展,污水治理工程建设步伐也会大大加快。污水处理率的提高,为污水再生回用奠定了基础。

表 6-1 城市污水排放率

污水性质		排放率
城市污水		0.75~0.90
城市生活污水		0.85~0.95
工业废水	一类工业	0.80~0.90
	二类工业	0.80~0.95
	三类工业	0.75~0.95

城市的污水二级处理量受城市现有处理能力、城市规划目标、投资因素等几方面的影响,城市污水处理率的提高将会增大污水二级处理量。污水二级处理量是污水再生回用的基础,再生水回用量还受政策和投资、再生水需水量等几方面的影响。还需根据再生水回用方向和用户用水水质要求,确定再生处理工艺。同时在这个系统中还可以考察城市污水和污染物的排放情况,通过污水排放量和二级出水排放量,可得出污染物 COD 的排放总量,以考察污染物排放对水环境的影响,再生水供水子系统各元素的相互关系见图 6-4。

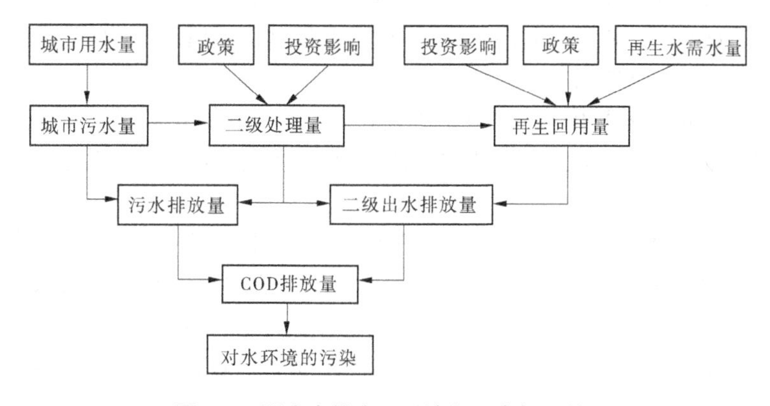

图 6-4 再生水供水子系统各元素相互关系

6.3.2 再生水需水子系统

再生水需水系统主要包括再生水回用方向和再生水需水量的确定。城市污水回用系统,主要回用于城市用水,按回用方向可分为城市市政杂用水、工业用水、城市生态用水等方面,具体分类如图 6-5 所示。

6.3.2.1 城市市政杂用水

城市市政与居民生活用水中,冲厕用水、浇洒道路用水、园林绿化用水、建筑施工、冲洗车辆、消防以及公共设施冲厕和清扫卫生用水完全可以用再生水替代。随着人民生活质量的不断提高,市政建设的绿化用水、浇洒道路的用水量逐年加大,再生水水质达到杂用水标准就可以作为市政、园林公园、运动场等用水。

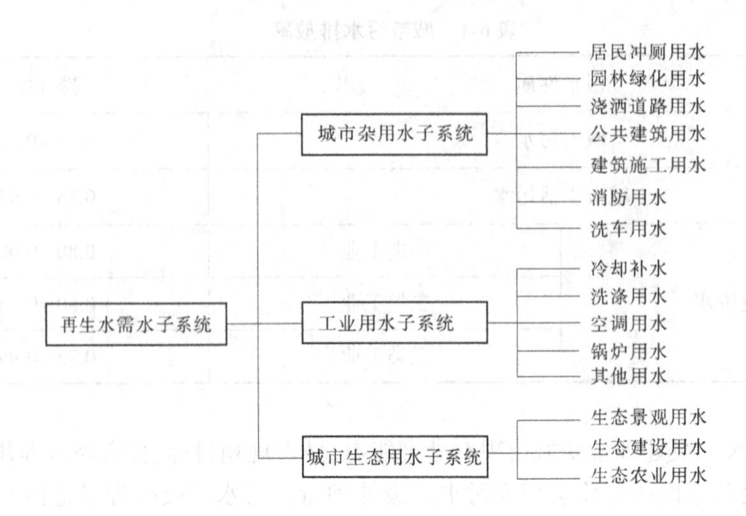

图 6-5　再生水需水子系统

1.居民冲厕用水

居民冲厕用水通常占居民生活用水的 30%～40%,冲厕用水量与卫生器具及设备有关,随着节水措施加强,节水卫生器具的普及,冲厕用水的比例会有下降的趋势,日本冲厕用水只占到居民用水量的 25%。居民生活用水是随着居民生活水平与用水人数增加而增加的,用水人数取决于城市供水管网普及率,大多数城市的管网普及率接近 100%。

2.城市园林绿化和道路用水

随着人民生活质量不断提高,城市基础建设加快,城市绿化和道路建设速度也在加快,绿化和道路用水大幅度提高,这类用途的用水水质不高,应该优先考虑使用再生水。

3.公共建筑用水

公共建筑用水包括办公楼、机关、学校、医疗卫生部门、文化娱乐场所、体育运动场馆、宾馆旅馆以及各种商业服务业用水,其大部分水是作为清扫卫生和冲厕用水,这部分用水可以用再生水替代。公共建筑用水占城市生活用水量的比例主要视城市具体情况和特点而不同,一般在 40%～50%以下,公共建筑用水中有 30%～60%的水量用于冲厕和打扫卫生。

4.其他用水

城市其他用水如消防用水、洗车用水、建筑工地用水由于其用水水质不高,均可用再生水替代。

6.3.2.2　工业用水

工业用水在城市用水中所占的比例很大,工业用水中的冷却水、洗涤冲洗水以及其他工艺的低质用水可用再生水替代,较为适合的是在冶金、电力、石油、化工、煤炭业等工业部门的利用。

不同工业部门中,电力、冶金、石油、化工行业主要为冷却水,机械行业主要为冷却用水和洗涤用水,纺织行业主要为空调用水和洗涤用水,造纸行业主要为洗涤用水,此外,电子行业主要为空调用水,煤炭行业主要为洗选用水。各种工艺用水占总用水量的比例见表 6-2。

表 6-2　工业部门各种工艺用水占总用水量的比例　(%)

工业部门	冷却补水	锅炉用水	洗涤用水	空调用水	其他用水
电力	99.0	1.0			
石油	90.1	3.9	2.8	0.6	2.6
化工	87.3	1.5	5.9	3.2	2.1
冶金	85.4	0.4	9.8	1.7	2.7
机械	42.8	2.7	20.7	12.8	21.0
纺织	5.0	5.1	29.7	51.8	8.4
造纸	9.9	2.6	82.1	1.3	4.1
食品	48.0	4.4	30.4	5.7	5.5

各类工业用水使用再生水的可行性叙述如下。

1.洗涤用水

用于去除生产工艺所产生的有毒气体和洗涤原材料、物料及产品中所含的无机、有机杂质,如造纸、电镀、印染等行业的漂洗水,化工、洗煤、煤气、焦化等行业的洗涤水,这部分水对水质的要求不高,大多可以使用再生水。

2.冷却补水

工业生产过程中,有 70%~80%的用水是冷却水,而冷却水中的 70%~80%又是间接冷却水。间接冷却水与被冷却介质之间被热交换器或设备隔开,可以用再生水替代;直接冷却水是产品或半成品冷却所用并与之直接接触的,除食品、玻璃行业不可采用再生水外,其他行业原则上可以用再生水替代。

3.锅炉用水

锅炉用水包括锅炉化学用水、水膜除尘用水和冲灰用水,锅炉化学用水对水质要求较高,再生水回用于锅炉化学用水的可能性不大,锅炉水膜除尘和冲灰用水水质要求较低,可以用再生水替代。

4.其他用水

其他工业用水,如空调用水和其他工艺低质用水,空调用水主要是用水调节工作环境内的温度、湿度,减少尘埃。一般有两种形式:喷雾冷却、蒸发冷凝。原则上可使用再生水,但与人体直接接触时,建议不使用,如纺织行业中纺纱车间和织布车间。

综上所述,在工业部门的用水中,相当一部分用水可用再生水替代。

6.3.2.3　城市生态用水

生态环境是人类生存和发展的基本条件,是经济社会发展的基础。保护和建设好生态环境,是实现可持续发展和我国现代化建设中必须始终坚持的基本方针。

关于生态用水的评价,国内外认为,应以生态环境现状作为评价生态用水的起点,而不是以天然生态环境为尺度进行评价。因此,狭义的生态环境用水是指为维护生态环境不再恶化并逐渐改善所需要消耗的水资源量。

通常区域用水紧张程度与生态用水之间的关系可用表 6-3 表述。

表 6-3　用水紧张程度分类

用水紧张程度	用水与可用淡水之比	分类描述
A 低度紧张	<10%	用水不是限制因素
B 中度紧张	10%～20%	可用水量开始成为限制因素，需增加供给，减少需求
C 中高度紧张	20%～40%	需要加强供水和需水两方面的管理，确保水生生态系统有充足的水流量，增加水资源管理投资
D 高度紧张	>40%	供水日益依赖地下水超采和咸水淡化，急需加强供水管理。严重缺水已成为经济增长的制约因素，现有的用水格局和用水量不能持续下去

城市生态用水分为生态建设用水、生态景观用水、生态农业用水。

1.生态建设用水

生态建设用水主要指城市周边人工生态林（如林地草地、防护林、绿化带等）建设用水。城市化水平的提高，对城市周边环境也提出了更高的要求。城市规划中生态建设也受到了足够的重视，城市周边种植防护林、绿化带，城市附近山上植树造林等，尤其是在西北地区，由于降水量小，生态建设需水量更大。国内外的研究表明，城市污水处理后对各类乔木、灌木的灌溉是可行的，水源、肥源几乎可以不受限制地被利用，还可以改善土壤结构；农学家认为经适当处理含有一定氮、磷和有机质的城市污水，是最理想的植树造林用水。国内外也有不少定性的报道，提出把经过一级处理后的城市污水作为不受限制的林业灌溉用水。污水中的病原体、寄生虫卵等，在林业灌溉中，只要人不与污水直接接触，一般不会对人的健康造成不利的影响。城市二级出水经过消毒处理，比城市污水或一级出水水质好，含有一定量的氮、磷和有机质，杀灭了水中的病毒和细菌，完全能够满足生态用水要求，能更安全地用来浇灌生态林。

2.生态景观用水

城市生态景观用水包括人工湖泊、景观河道、景观池塘等城市人文景观用水的补充水。随着城市的发展和人民生活质量的提高，加强城市环境和人文景观的建设，为居民提供良好的生活环境，使居民生活得舒适、健康，逐渐成为城市发展的共识。城市修建的人工河流和湖泊这些娱乐性水体，由于水面面积大，蒸发量大，要维持水体的生态平衡，需要常常向这些水体补水。这类用水一般较少与人体接触，用水性质也比较单一，二级处理后再通过深度处理，一般都是生物处理加物化处理，可以达到其水质要求。再生水作为人工水体补水主要考虑的是有机污染、富营养化和卫生问题，但这些非自然的河道、湖泊水体并不是全部由再生水组成，而且景观水体为流动水体，一定程度上能稀释水中的污染物，水体流动过程中不断复氧，在水体生态系统的作用下，将一定程度地维持水体的环境容量，即轻度的富营养化不会很快使流动的水体形成黑臭腐化现象。再生水可以回用于城市景观用水，这些人工河流、湖泊、瀑布和喷泉等水体既美化了城市，又可作为储水池，附近的道路、绿化和清洁用水可以很方便地利用其储存的水量。

景观河流、湖泊的生态需水量可以通过以下公式计算：

补充水量=水面面积×(蒸发系数×水面蒸发量-降水量+渗漏量)

3.生态农业用水

为配合都市农业的发展，建设生态城市，有些城市还在城市附近建设了生态农业基地，用来种植蔬菜、水果、花卉等，还有水产养殖业。这些产业用水与农业经济作物水质相近，可用再生水替代。生态农业的发展，对建设生态城市具有重要的作用。

综合以上的分析，再生水回用方向及回用水量确定概括如表6-4所示。

表6-4　城市再生水回用系统各回用方向及水量计算

	一级分类	二级分类	三级分类	水量确定
再生水回用方向	城市市政杂用水	城市生活杂用水	居民冲厕用水	用水人数×生活用水标准×$\eta_{冲厕比例}$
			园林绿化	绿地面积×浇灌用水标准
			浇洒道路	道路面积×浇洒用水标准
		公共设施	冲厕、清扫卫生	公共设施用水总量×$\eta_{比例}$
		建筑施工	工地施工	
		洗车	冲洗车辆	车辆数×洗车用水标准
		消防		
	工业用水	冷却用水	冷却补水	用水总量×$\eta_{冷却}$×(1-$\eta_{循环}$)
		洗涤用水	工艺洗涤	用水总量×$\eta_{洗涤}$
		工艺用水		
		锅炉用水	除尘、冲灰	
		其他用水	空调、清扫卫生	
	生态用水	生态建设	林地	林地面积×灌溉定额
			草地	草地面积×灌溉定额
			绿化带	绿化面积×灌溉定额
			防护林	防护林面积×灌溉定额
		生态景观	景观河流	水面面积×(蒸发系数×水面蒸发-降水量+渗漏量)
			景观湖泊	水面面积×(蒸发系数×水面蒸发-降水量+渗漏量)
			喷泉、瀑布	
		生态农业	各类作物	作物面积×灌溉定额

6.3.3　城市供需水子系统

城市水资源系统由供需两大方面组成。一般地，“供”是指在一定自然和社会条件下，水资源系统提供的水量，对于大多数水资源供需矛盾突出、开发程度较高的区域来说，水资源系统供水量的多少主要取决于区域天然水资源量的多少,水资源开发工程设施已不再是主要的约束因素,本书的供水量是指城市供水工程提供的水量。"需"则是指人类生存和社会发展对水资源的需求量,主要取决于人口、经济以及节水状况等社会经济技术因素。城市供需水量之差以缺水程度来表示。城市供需水系统构成见图 6-6。

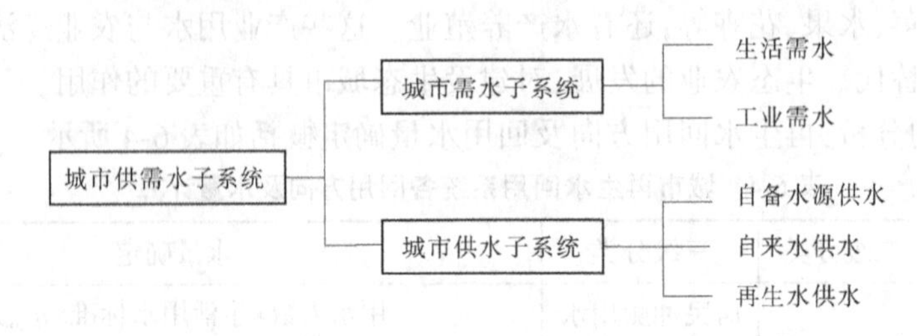

图 6-6 城市供需水子系统

城市需水系统主要包括城市生活用水和工业用水。城市供水系统包括常规水资源的供水量,如自备水源、自来水供水量,还包括再生水供水量。城市生活用水和工业用水中有一部分用水可用再生水替代。现阶段,我国污水回用尚不普及,理论上的最大回用量还很难实现,但可作为一个目标在未来逐步实现,尤其在西北干旱、半干旱地区,更应该大力发展污水回用事业,以解决城市的缺水和生态用水问题。

6.3.3.1 城市需水子系统

城市需水包括城市生活需水和工业需水。

1.城市生活需水

城市生活用水包括居民生活用水和市政公共用水。一方面,随着城市人口增长及城市化进程加快,我国城市生活用水量以 4%~5%的速度逐年递增;另一方面,同国外相比,我国城市生活用水水平特别是住宅生活用水水平偏低,以特大城市为例,国外人均城市生活用水量为 250 L/(人·d),明显高于我国北方特大城市 177 L/(人·d)的水平;欧洲各国人均住宅生活用水量约为 183 L/(人·d),也远远高于我国北方城市人均住宅生活用水量 97 L/(人·d)的水平。显然,我国城市发展、人均生活和居住水平偏低。从现有的状态看,今后我国城市生活用水发展趋势将体现在以下几个方面:

(1)随着城市住宅卫生设施条件的逐步改善和生活水平的提高,居民住宅用水量标准将持续提高。

(2)随着第三产业特别是商贸服务业的发展,公共建筑用水尤其是商贸服务业的用水量会较快增长。

(3)城市市政建设规模的扩大,用于浇洒道路、公共卫生、园林绿化用水量亦将增加。在城市生活用水量中市政用水量的比例也将随之提高。

因此,人均生活用水定额将会逐渐提高,但应控制在 250 L/(人·d)左右。随着我国城市化和工业化的迅速发展,城市人口也将迅速增加,预测到 2020 年我国城镇人口将达到总人口的 60%。西部大开发战略的实施,城市化进程的加快,城市人口的增加,使得城市生活用水还会大幅度提高。

城市生活用水量在一定范围内其增长速度是有一定规律的,可用趋势外延法推求用水量,考虑的主要因素是人口和用水定额,计算公式如下:

$$Q=P_0(1+\varepsilon)^n \cdot K$$

式中　Q——未来某一水平年的城市生活需水量;

P_0——现状人口;

ε——人口增长率;

n——预测年限;

K——某一水平年拟定的城市生活需水定额。

2.工业需水

工业需水量预测涉及的因素较多,与未来工业发展的布局、产业结构的调整、生产工艺水平的改进等有关。工业需水量预测一般是根据工业产值和万元产值需水量估算。随着城市的发展,工业产值是逐年递增的;万元产值用水量随着重复利用率、工业技术的提高逐年下降。工业需水量的计算公式如下:

$$Q=Wq$$

式中　Q——未来某一水平年的工业需水量;

W——工业产值;

q——万元产值需水量;

其中,万元产值需水量 q 可表示为:

$$q_2=q_1 \cdot (1-a)^n \cdot (1-\eta_1)/(1-\eta_2)$$

式中　q_1、q_2——预测始、末年的万元产值需水量;

η_1、η_2——预测始、末年的重复利用率;

n——预测年限;

a——工业技术进步系数(各行业不同),一般取值为0.02~0.05。

6.3.3.2　城市供水子系统

城市供水量主要考虑自备水源、自来水供给量和污水回用量。自来水供给量受水体污染程度、水资源开发利用程度和水利工程投资等几方面的影响。供水量或供水能力是在考虑现阶段水资源开发程度的基础上,根据现有供水工程和新建的供水工程确定的;城市自备水源供水量在城市供水总量中的比例也很可观,但为了水资源统一管理,今后城市水管理部门不再提倡企业开采、使用自备水源,自备水源将被逐步归入自来水供水系统,由水管理部门统一管理。城市供水量的预测可通过趋势外推法如固定递增型(投资约束型)、指数增长型、给水投资增长等方法来估算。

6.3.3.3　城市用水供需平衡分析

城市水资源系统分析要从供需两方面着手,尽可能使其在总体上达到平衡,解决供需矛盾。即一方面从不同的途径增加供水量,能缓解城市缺水状况,其中污水回用就是一条解决供水的途径;另一方面,通过城市节水,减小城市需水量。图6-7给出了供需水平衡反馈关系。

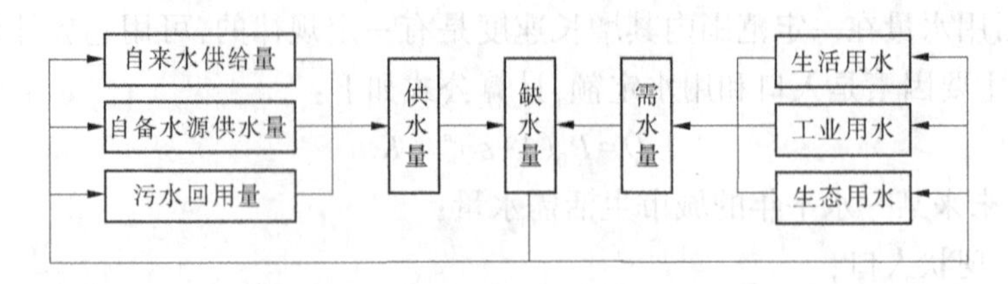

图 6-7　城市供需水平衡反馈机制图

6.4　城市污水再生回用系统特点

综上所述，城市污水再生回用系统包含的三个子系统以及多级子系统是相互联系、相互制约的，具有整体性、目的性、相关性、层次性、动态性的特点。城市供需水子系统一方面通过污水量与再生水供水子系统联系起来，另一方面通过城市用水量与再生水需水系统联系起来；再生水供水子系统是城市供水系统的组成部分；回用量既取决于污水处理的二级出水量，同时又取决于再生水需水量；城市缺水量、再生水回用量、再生水需水量等成为系统主要元素。城市污水再生回用系统的特点可概括如下：

(1)污水再生回用系统影响因素众多且相互联系、相互作用，并组成一个有机整体。系统中存在许多的因果关系，例如人口影响到城市用水量，城市用水量又会影响到再生水用量；工业产值影响到工业用水以及再生水用量。这些因果关系是很直观的，但长时间和大空间的因果关系，往往不被人们所意识，如由于城市的发展，会增加城市需水量，造成城市缺水；城市规划中用地布局会影响到再生水回用方向和回用管线的铺设，以及再生水利用对环境的影响等；此外，系统还涉及政策、城市规划以及人的决策等主观因素。

(2)城市污水再生回用系统具有多层次和相互嵌套性。系统中主要包括再生水需水系统、再生回供水系统和城市供需水系统三个子系统，每个子系统又可分为二级子系统，如再生水需水系统可分为城市生活再生水需水、工业再生水需水、生态建设需水等，二级子系统还可分为三级子系统，层次性很强。同一个原因可能来自于不同的层次、不同的子系统或次子系统，不同的多种原因又可能共同作用于同一个结果。

(3)污水再生回用系统是一个含有反馈结构的系统。反馈表现为一个结果不但对系统前几级的输出产生影响，而且对系统前几级的输入也产生影响。在该系统中，各子系统和二级子系统以及各影响因素之间存在着多条反馈回路，如再生水回用量如果没有达到再生水需水量，系统将通过信息传递到再生水供水量，希望增大回用量，直到达到再生水需要量，形成一个正反馈回路；再生水回用量与城市缺水量形成负反馈回路。

(4)污水再生回用系统是一个随时间变化的动态系统。系统中的因素或参数有许多是随时间变化的，例如人口、再生水价格、污水处理率、政策等，这些因素的变化都会直接或间接影响到整个系统的变化。

第7章　污水再生利用技术

7.1　概述

7.1.1　污水再生利用技术发展现状和方向

从世界范围来看，污水回用的研究在处理工艺及技术、回用方向、用水水质等方面基础上，又开始了污水回用系统的规划与研究。把污水回用作为一个系统来研究始于20世纪70年代初期，其中美国在污水回用系统规划发展得最快。

20世纪70年代，美国建立了区域供水系统与城市污水系统相结合的模型，该模型将污水作为一种水源，建立了一组多水源的区域水量平衡约束，把污水处理厂的规模作为一个决策变量。随后，又提出了非线性目标规划模型，将水源开发、给水、污水处理和污水回用综合考虑，用以解决区域水资源开发与利用中的多目标协调问题。随着系统规划技术的发展，又开发了区域污水回用的动态规划模型，该模型由水量最优化分配动态规划和区域污水优化治理动态规划两部分组成，在可行的污水治理方案范围内，求出最优化回用水量，然后根据最佳回用量作出最优化污水处理方案。以上这些模型通常是把污水回用作为水资源中的一部分并与水资源的供给综合考虑，而没有对污水回用系统进行更详细的分析。

20世纪90年代至今，对污水回用系统的研究更加深入，美国着重研究污水回用的影响因素，如经济、政策、法规、公众接受意愿等，开始更注重公众的参与和接受程度、法规的制定，通过对用户调查、工程经济评价，进行了再生水的市场评估；建立了二级处理与深度处理作为一体的优化模型，以二级出水的污染物含量为控制变量来考虑污水回用的水质问题，并使运行费用最低。污水回用在水资源规划中占有一定位置，并起着重要的作用，在许多国家越来越受到重视。

我国政府已将水资源可持续利用作为经济社会发展的战略问题，城市污水回用作为提高水资源有效利用率、有效控制水体污染的主要途径已越来越受到包括政府在内的社会各界的高度重视，并针对这一问题开始了具体行动。我国已把污水回用列入了国家科技攻关计划，近10年来，国家对城市污水资源化组织科技攻关，就污水回用的再生技术、回用水水质指标、技术经济政策等进行大量试验研究和推广普及，并取得了丰硕成果。与此同时，我国还兴建了若干示范工程，我国第一个污水回用工程已在大连运行8年，成功地向周围工厂供工业用水，解决了这些厂的用水问题，污水处理厂本身也得到收益。此外，北京、天津、青岛、太原等地污水回用工程也相继投入运行。随着我国城市化进程的推进，我国城市污水资源化会在全国各地更加蓬勃发展；随着水处理技术的发展和进步，高效率低能耗的污水深度处理技术的产生和推广，再生水处理费用的降低，再生水水质可以满足更多更广的再生水用户需要,污水再生回用的回用范围将日益得到扩大。

虽然我国城市污水回用的整体规划正处于初步探索研究阶段,但是已经有不少城市和地区开始进行这部分的研究工作。如天津市已委托天津市市政局,开始着手编制《天津市污水回用规划》;北京市目前已开始研究小区污水回用规划,其规定新建的居民区和集中公共建筑区,在编制各种市政专业规划的同时编制污水再生规划。

《国民经济和社会发展第十个五年计划纲要》中规定:重视水资源的可持续利用,坚持开展人工增雨、污水处理利用、海水淡化。首次将污水回用明确写入发展计划中,对我国污水再生回用事业的发展起到积极的推动作用。

随着我国各级政府对污水资源化工作的重视和有关部门加大对污水再生利用工程项目的支持力度,可以预见,在未来的数年内,污水回用工程以及相应的管网规划和建设,将成为城市基础设施建设的重要内容之一。再生水由于其自身的特点,推广普及再生水技术利用,已经成为了推动城镇节水减排、改善人居环境的重要途径。根据《"十二五"全国城镇污水处理及再生利用设施建设规划》,"十二五"期间,全国规划建设污水再生利用设施规模 2 676 万 m^3/d。其中,设市城市 2 077 万 m^3/d,县城 477 万 m^3/d,建制镇 122 万 m^3/d;东部地区 1 258 万 m^3/d,中部地区 706 万 m^3/d,西部地区 712 万 m^3/d。全部建成后,我国城镇污水再生利用设施总规模接近 4 000 万 m^3/d,其中设市城市超过 3 000 万 m^3/d,有效缓解用水矛盾,城镇污水再生利用,已经提升到了政策高度。

7.1.2　城市污水处理厂二级出水中残留污染物对污水再生利用的影响

7.1.2.1　城镇污水处理厂二级出水中的残留污染物

《城镇污水处理厂污染物排放标准》(GB 18918—2002)根据污染物的来源及性质,将污染物控制项目分为基本控制项目和选择控制项目两类。基本控制项目主要包括影响水环境和城镇污水处理厂一般处理工艺可以去除的常规污染物,以及部分一类污染物,共19 项。选择控制项目包括对环境有较长期影响或毒性较大的污染物,共计 43 项。

根据城镇污水处理厂排入地表水域环境功能和保护目标,以及污水处理厂的处理工艺,将基本控制项目的常规污染物标准值分为一级标准、二级标准、三级标准。一级标准分为 A 标准和 B 标准。

一级标准的 A 标准是城镇污水处理厂出水作为回用水的基本要求。当污水处理厂出水引入稀释能力较小的河湖作为城镇景观用水和一般回用水等用途时,执行一级标准的 A 标准。具体水质基本控制项目见表 7-1 和表 7-2。

表 7-1　城镇污水处理厂出水基本控制项目最高允许排放浓度(日均值)　(单位:mg/L)

序号	基本控制项目	一级标准		二级标准	三级标准
		A 标准	B 标准		
1	化学需氧量(COD)	50	60	100	120
2	生化需氧量(BOD_5)	10	20	30	60
3	悬浮物(SS)	10	20	30	50

续表 7-1

序号	基本控制项目	一级标准		二级标准	三级标准
		A 标准	B 标准		
4	动植物油	1	3	5	20
5	石油类	1	3	5	15
6	阴离子表面活性剂	0.5	1	2	5
7	总氮(以 N 计)	15	20	—	—
8	氨氮(以 N 计)	5(8)*	8(15)*	25(30)*	
9	总磷(以 P 计) 2005 年 12 月 31 日前建设的				
	总磷(以 P 计) 2006 年 1 月 1 日起建设的				
10	色度(稀释倍数)	30	30	40	50
11	pH 值	6~9			
12	粪大肠菌群数(个/L)	10^5	10^4	10^4	—

注：* 括号外数值为水温>12 ℃时的控制指标，括号内数值为水温≤12 ℃时的控制指标。

表 7-2　部分一类污染物最高允许排放浓度(日均值)　（单位：mg/L）

序号	项目	标准值
1	总汞	0.001
2	烷基汞	不得检出
3	总镉	0.01
4	总铬	0.1
5	六价铬	0.05
6	总砷	0.1
7	总铅	0.1

7.1.2.2　二级出水中的残留污染物对污水再生利用的影响

城市污水处理厂二级出水中典型残留污染物及其对污水再生利用的影响见表 7-3。

表 7-3　污水处理厂二级出水中典型残留污染物及其对污水再生利用的影响

残留污染物	对污水再生利用的影响
1.无机及有机胶体物和悬浮固体	
(1)悬浮固体	影响出水的透明度
	可能影响消毒
	使污水的 BOD 和 COD 升高
(2)胶体物	增加出水浊度

续表 7-3

残留污染物	对污水再生利用的影响
(3)有机质(颗粒)	降低消毒效果;也会引起水体缺氧
2.溶解性有机物	
(1)总有机碳	可能引起水体缺氧
(2)难降解有机物	对人体有毒性,并可能致癌
(3)挥发性有机化合物	对人体有毒性,并可能致癌,也可形成光化学氧化剂
(4)药用化合物	对水生生物有害
(5)表面活性剂	易产生泡沫,进而影响混凝作用
3.溶解性无机物	
(1)氨	增加耗氧量
	对铜制品和锌的合金有腐蚀作用
	在水中可转化为硝酸盐,需要消耗氧
	与磷一起可引起水体的富营养化
	高浓度时,对鱼或者其他水生动物有毒害作用
(2)硝酸盐	刺激藻类和水生植物的生长
	可能引起蓝婴儿综合征
(3)磷	刺激藻类和水生植物的生长
	会干扰混凝的效果
	会削弱石灰-苏打的软水效果
(4)钙和镁	会增加水体的硬度和溶解性总固体含量
(5)硫酸盐	与 Ca^{2+} 形成垢;硫酸根被还原,产生硫化氢
(6)氯化物	使水的腐蚀性增加
(7)溶解性总固体	干扰农作物生物和工业回用
4.微生物	
(1)细菌	可致病
(2)原生动物孢囊和卵囊虫	可致病
(3)病毒	可致病

7.1.3　污水再生利用技术分类

城镇污水处理厂出水再生利用的过程中,由于二级出水中仍残留有部分污染物,单一技术很难保证出水达到再生水水质要求,常需要多种水处理技术的合理组合。

7.1.3.1　按作用分类

污水处理按照其作用可分为物理法、生物法和化学法三种。

（1）物理法：主要利用物理作用分离污水中的非溶解性物质，在处理过程中不改变化学性质。常用的有重力分离、离心分离、反渗透、气浮等。物理法处理构筑物较简单、经济，用于村镇水体容量大、自净能力强、污水处理程度要求不高的情况。

（2）生物法：利用微生物的新陈代谢功能，将污水中呈溶解或胶体状态的有机物分解氧化为稳定的无机物质，使污水得到净化。常用的有活性污泥法和生物膜法。生物法处理程度比物理法要高。生物处理中采用的处理工艺有氧化塘法、Carrousel、交替式、Orbal、Phostrip 法、Phoredox 法、SBR 法、AB 法、生物流化床法、ICEAS 法、DAT-IAT 法、CASS（CAST，CASP）法、UNITANK 法、MSBR 法、A/O 法、A2/O 法、A3/O 法、UCT 法、VIP 法、UASB 法、一体化生化法、好氧污水处理、生物流化床污水处理、固定化细胞技术污水处理、生物铁法、投加生长素法、集成生化加过滤法、增加流动载体法、深井曝气法、生物滤池法、生物转盘法、塔式生物滤池的生物膜法等的城市污水一级、二级、深度处理法。

（3）化学法：是利用化学反应作用来处理或回收污水的溶解物质或胶体物质的方法，多用于工业废水。常用的有混凝法、中和法、氧化还原法、离子交换法等。化学处理法处理效果好、费用高，多用作生化处理后的出水，作进一步的处理，提高出水水质。

7.1.3.2　按处理程度分类

现代污水处理技术，按处理程度划分，可分为一级、二级和三级处理，一般根据水质状况和处理后的水的去向来确定污水处理程度。

（1）一级处理：主要去除污水中呈悬浮状态的固体污染物质，物理处理法大部分只能完成一级处理的要求。经过一级处理的污水，BOD 一般可去除 30%左右，达不到排放标准。一级处理属于二级处理的预处理。

（2）二级处理：主要去除污水中呈胶体和溶解状态的有机污染物质（BOD、COD 物质），去除率可达 90%以上，使有机污染物达到排放标准，悬浮物去除率达 95%，出水效果好。

（3）三级处理：进一步处理难降解的有机物、氮和磷等能够导致水体富营养化的可溶性无机物等。主要方法有生物脱氮除磷法、混凝沉淀法、砂滤法、活性炭吸附法、离子交换法和电渗析法等。

下面各节针对具体的处理技术进行详细介绍。

7.2　混凝沉淀法

混凝沉淀法也称为化学澄清法，该工艺是由混凝、絮凝、沉淀三个不同操作的处理过程组成的，可部分去除污水中的浊度、BOD、色度和大肠菌群数。

混凝是向原水中投加化学药剂，用机械或者水力搅拌的方式使混凝剂与污水快速混合，使药剂均匀分散在污水中，通过电性中和及吸附架桥作用，使污水中的胶体粒子及悬浮性污染物脱稳并凝聚形成大的可沉絮体；絮凝是悬浮物通过聚集，形成颗粒由于重力作用而发生沉降的过程；沉淀则是悬浮固体由于重力作用与污水产生分离的过程。

混凝设施主要有:①管式混合,其中管道静态混合器应用较多;②机械搅拌混合池,水力停留时间一般为10~60 s;③水泵混合,利用水泵叶轮产生的涡流实现搅拌混合过程,药剂投加在水泵的吸水管中。

絮凝设施主要有隔板絮凝池、折板絮凝池、机械絮凝池、栅条絮凝池、穿孔漩流絮凝池、波形板絮凝池等。絮凝池设计中最普遍的控制指标是水体流速、絮凝时间和速度梯度。隔板絮凝池絮凝时间一般为20~30 min,起端流速为0.5~0.6 m/s,末端流速为0.2~0.3 m/s。机械絮凝池絮凝时间一般为15~20 min,搅拌机线速度需通过计算确定。折板絮凝池絮凝时间一般为6~15 min,三段流速分别为0.25~0.35 m/s、0.15~0.25 m/s、0.10~0.15 m/s。穿孔漩流絮凝池絮凝时间一般为15~25 min,起端流速为0.6~1.0 m/s,末端流速为0.2~0.3 m/s。

沉淀设施主要有竖流式沉淀池、辐流式沉淀池、平流式沉淀池和斜板(管)沉淀池。

采用该处理方法产生的污泥,其浓缩和脱水性能稍差。与给水混凝处理有所不同,污水再生利用的处理对象为污水处理厂二级出水,由于出水中生物微粒的存在,絮凝过程可以在较短时间内完成。在处理对象为污水处理厂二级出水的低浊度水时,该工艺已逐渐为微絮凝-过滤法取代。混凝沉淀的工艺流程如图7-1所示。

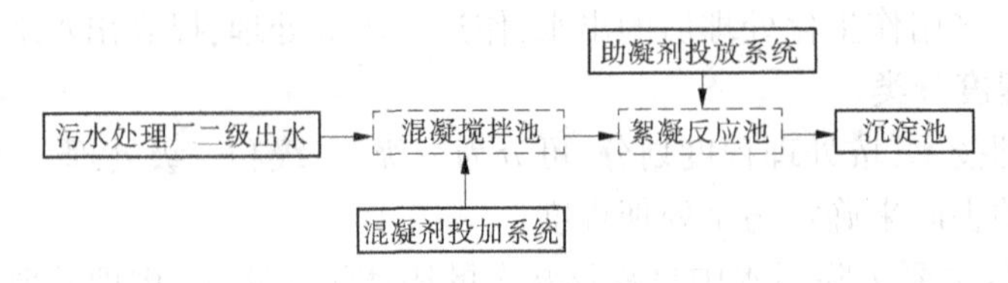

图7-1　混凝沉淀法工艺流程

7.3　微絮凝-过滤法

该工艺去除对象与混凝沉淀法相同,均主要针对污水中的浊度、BOD、色度和大肠菌群数。与混凝沉淀过滤的传统处理工艺相比,其特点是二级处理出水与混凝剂在反应池内快速混合后直接进入砂滤池,省略了搅拌池和沉淀池,使絮凝反应部分在反应池内进行,部分移至滤池中进行,然后经砂过滤去除浊度、色度和磷等。

该工艺主要适用于城市污水处理厂二级出水悬浮物较低的情况。当二级处理出水水质较差时,混凝剂的投加率将上升,将增加砂滤池的反冲洗频率。

滤池采用均质滤料,滤料粒径在1.2~1.8 mm,滤速可高达20~30 m/h,滤床深度可达3 m。

传统铝盐、铁盐仍是微絮凝-过滤工艺主要采用的絮凝剂。其中,聚合氯化铝仍是较常用的絮凝剂,同时采用阳离子型和非离子型有机高分子絮凝剂作为助凝剂。

由于过滤运行过程中所需的最佳化学条件与絮凝反应池中的最佳化学条件相一致,因此过滤操作单元中絮凝剂投加量可以通过烧杯实验来确定。可根据工程设计的实际情况,必要时可在絮凝反应池入口处预加氯。

该工艺还可以和消毒处理单元组成回用水处理流程,出水水质好,应用范围广泛。对于有特殊要求的回用水，由于该工艺具有设计简单、节约占地、投资和运行费用少等特点，常作为其他处理工艺的预处理单元。微絮凝-过滤法工艺流程如图 7-2 所示。

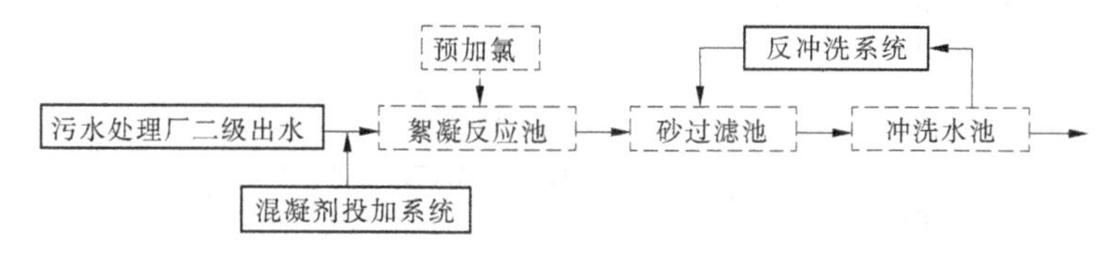

图 7-2　微絮凝-过滤法工艺流程

7.4　气浮

气浮法是固液分离或者液液分离的一项技术。它是通过某种方法产生大量的微气泡，使其与废水中密度接近于水的固体或液体污染物微粒黏附，形成密度小于水的气浮体，在浮力的作用下，上浮至水面形成浮渣，进行固液或液液分离。

气浮法可主要用于去除密度小、浓度高的细小悬浮物及疏水性物质，对于亲水性物质，需要投加合适的混凝剂或者破浮剂，以改变颗粒的表面性质。

根据产生气泡方式的不同，气浮可以分为电解气浮、散气气浮和溶气气浮等，其中溶气气浮法中的加压溶气气浮法在污水再生处理中应用最为广泛。该工艺的主要原理是在一定压力下，将大量空气溶解于水中，形成溶气水，作为工作介质，通过释放器骤然减压，快速释放，将大量空气溶解于待处理的水中，产生大量的微细气泡黏附于经过混凝反应后的污水絮粒上，使絮体上浮形成浮渣，通过定期刮渣或者溢渣的方式去除。

和沉淀处理工艺相比，气浮的主要优点是：沉降缓慢或者很轻的颗粒能在较短的时间内较完全地去除。另外，气浮法还兼具充氧曝气的作用，可以去除色、臭，增加水中的溶解氧含量，采用气浮处理，对污水中絮体颗粒尺寸的要求有所降低，进而缩短絮凝时间。全溶气和部分溶气气浮法工艺流程如图 7-3 和图 7-4 所示。

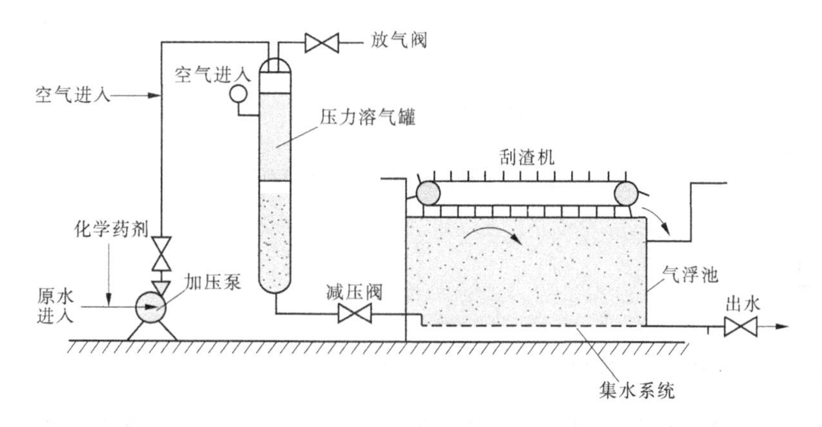

图 7-3　全溶气气浮法工艺流程

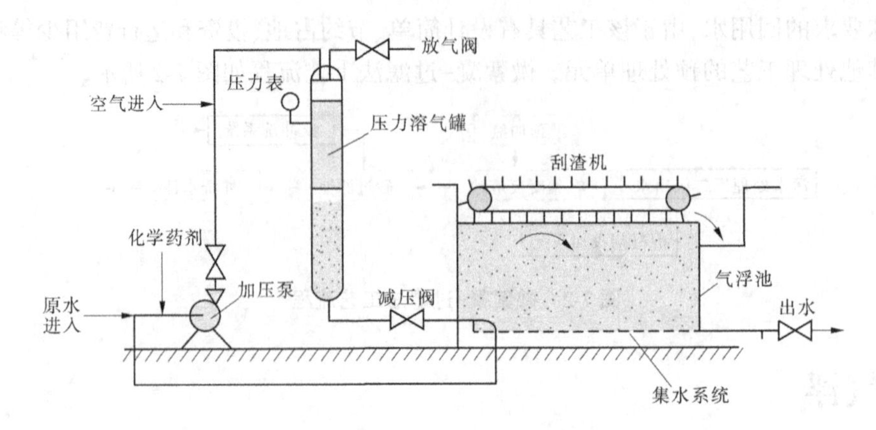

图 7-4　部分溶气气浮法工艺流程

7.5　石灰处理

该工艺属混凝沉淀法的一种，将作为混凝剂的石灰乳调好后送到快速搅拌池中，用立式机械搅拌器搅拌 0.5~1.0 min，然后进入絮凝池，用空气搅拌 4.5~5.0 min，再进入沉淀池沉淀。该工艺也可以用机械搅拌澄清池代替，将调好的石灰乳与二沉池出水混合进入澄清池第一反应室进行接触反应，然后经叶轮提升至第二反应室继续反应，最后通过导流室进入分离室进行沉淀分离。

用石灰作为混凝剂，可以使溶解性磷酸盐降至 1 mg/L 以下，还能去除某些重金属和钙、镁、硅石及氟化物等物质，对去除细菌和病毒也特别有效。

在原水中投加足够的石灰，会使 pH 值增高，并使重碳酸盐和碳酸盐转化为氢氧化物。这一过程完成后，需在原水中投加 CO_2，使其 pH 值下降。

石灰处理法工艺流程如图 7-5 所示。

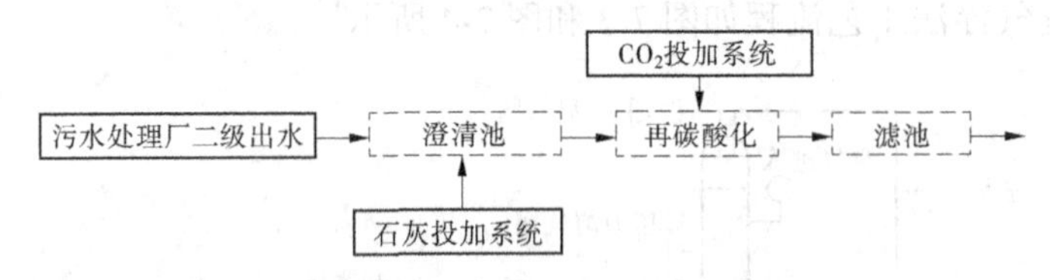

图 7-5　石灰处理法工艺流程图

7.6　过滤

7.6.1　曝气生物滤池(BAF)

该工艺是生物膜法的一种。在生物滤池中，原水长期经滤料表面而形成生物膜，栖息在生物膜上的微生物群体对水中的污染物进行吸附和氧化，从而达到去除污染物的目的。由于生物降解的同时，还结合有物理过滤作用，在达到 BOD_5 和氨氮高去除率的同时，固体颗粒也被截留。

曝气生物滤池主要由滤池、滤料、支撑层、供气装置、反冲洗进气装置、反冲洗进水装置、排泥系统等主要部件组成，是集生物接触氧化与滤床截留于一体的高效处理工艺，与单独过滤法相比，不仅具有物理过滤作用，还有生物降解有机物的作用，可减轻后续构筑物的压力，节省二沉池与污泥回流。

在对 BAF 工艺不断实践的基础上，当前又发展推出了 UBAF 和 DBAF 两种技术。UBAF 为上向流与同向流过滤，进水从底部进入，与生物滤料充分接触并向上部流动，上向流与同向流过滤，可促使气、水均布，防止负水头、沟流、短流现象发生，提高滤料的截污深度及纳污率，延长运行周期；DBAF 为下向流与异向流性恒水头过滤，进水从上部进入，配水后与生物滤料接触并向下部流动，DBAF 工艺可以高效去除有机物、氨氮等。

曝气生流滤池工艺流程如图 7-6 所示。

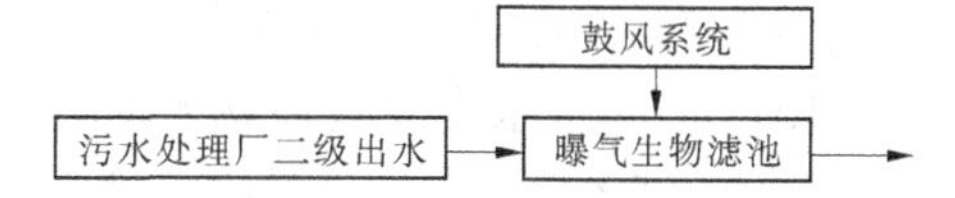

图 7-6　曝气生流滤池工艺流程

7.6.2　快滤法

该工艺是一种简单而又实用的处理方法，它是使水通过粒状滤料滤床，以分离水中悬浮状胶体杂质的一种物理化学过程，其主要目的是去除水中呈分散悬浮状的无机物和有机物，也包括各种浮游生物、细菌、漂浮油和浮化油等。

快滤池由滤料层、承托层、配水系统、集水渠和反冲洗系统组成。

滤料的种类、性质、形状和级配是决定滤层截留杂质能力的重要因素。选用具有足够机械强度、化学稳定性好，对人体无害的分散颗粒材料作为滤料，如石英砂、无烟煤、矿石粒以及人工生产的陶粒、瓷粒、纤维球、塑料颗粒等。当前快滤池中应用最广泛的为石英砂和无烟煤。

快滤池的运行主要是过滤和冲洗两个过程的交替循环。当水流阻力增大、出水水质接近超标时，进行反冲洗。一般滤池工作周期应大于 12 h。用于处理二级出水的单层砂滤池滤料粒径通常为 1~2 mm，滤层厚度为 1~3 m。常用的单层滤料的滤速一般是 8~12 m/h。同时，应校核 1~2 个滤池停产时工作滤池的强制滤速，单层滤料的强制滤速一般为 10~14 m/h。可采用水单独反冲，冲洗强度 13~16 L/(m^2·s)、冲洗时间 6 min，亦可采用气水联合反冲。

该工艺亦可与消毒处理单元组成一套较为简单的回用水处理系统，其回用水应用范围较广，但主要针对水质要求不高的回用水。本工艺同时还具有运行经验丰富、运行管理问题少的特点。快滤法工艺流程如图 7-7 所示。

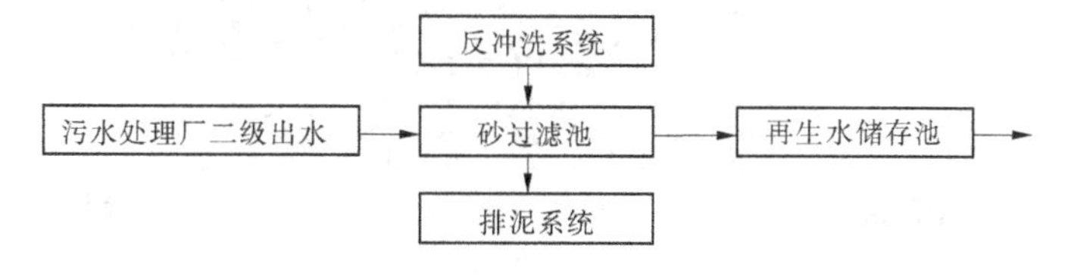

图 7-7　快滤法工艺流程

7.6.3　超高速过滤器

超高速过滤器的工艺流程为：原水和混凝剂（微絮凝）由水泵进口同时吸入，再由泵的出口经阀门直接送入过滤器的顶部，经过滤器内布水器分散到滤床上进行过滤。初滤水经阀门回到原水池，重新处理。对初滤水及时进行检验，待水质合格后，可将清水池注满，以备反冲洗时使用。然后，切换阀门，将合格水送出。直至出水水质不达标，即为一个工作周期，然后进行反冲洗再生，反冲结束后，过滤再重新运行。反冲洗时，清水由泵吸入，送至过滤器的底部，对滤床进行松动约 1 min，后停止进水，改进风，气冲 3~5 min，再气、水同时反冲洗 8~10 min，最后水洗 3 min，反洗结束。

该超高速过滤器采用的过滤材料为一种创新型的过滤材料，其显著的特征是其不对称结构和分形结构。它具有纤维滤料过滤精度高和截污量大的特点，同时也具有颗粒滤料反冲洗净度高和耗水量少的优点。但在下列条件下不得使用该过滤器：①连续使用温度超过 100 ℃；②进水中强酸强碱浓度高；③进水中有机溶剂浓度高。

超高速过滤器工艺流程如图 7-8 所示。

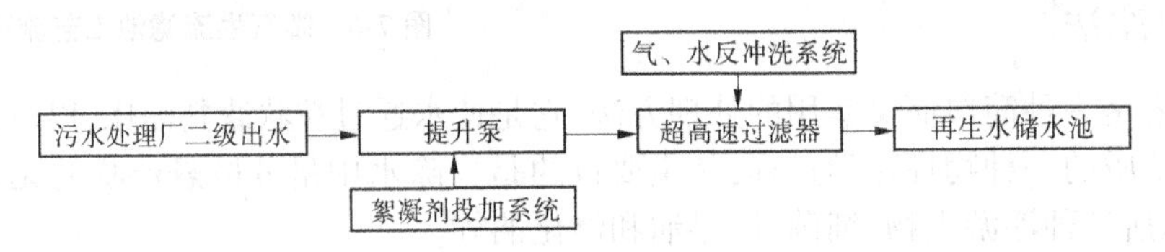

图 7-8　超高速过滤器工艺流程

7.6.4　转盘滤布滤池

转盘滤布滤池是于 20 世纪 90 年代在美国迅速发展起来的一种微过滤工艺，其在国内污水处理厂深度处理工程、提标改造、中水回用等领域得到了广泛应用。与其他过滤工艺相比较，转盘滤布滤池除具有出水水质好、运行能耗低的特点外，还是当前占地面积最小、运行维护最为简便的过滤工艺。

盘式滤布滤池系统结构如图 7-9 所示。

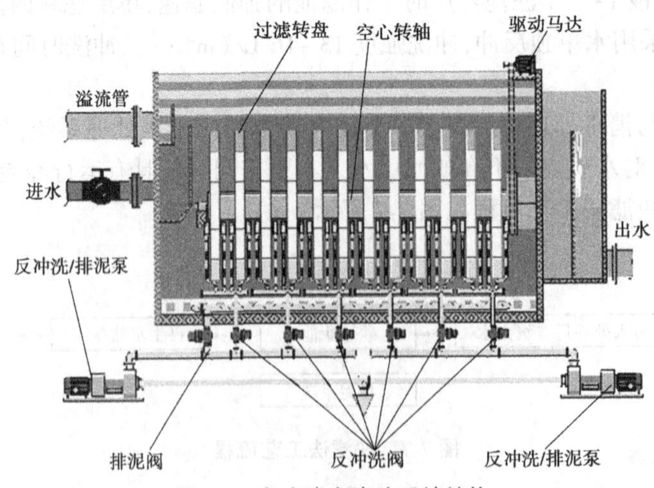

图 7-9　盘式滤布滤池系统结构

7.7　膜分离

7.7.1　微滤法(MF)

微滤法是一种压力驱动膜过滤技术。与传统的过滤技术的最大不同在于膜可以在离子或分子范围内进行分离,并且该过程是物理过程,不发生相的变化,并且不需要添加助剂,具有能耗低、单级分离效率高、过程简单、无环境污染、经济性好、可在常温条件下连续操作等特点。

微滤是通过压力(操作压力一般是0.7~7 kPa)使溶液中的水通过膜的处理技术。可以有效去除原水浊度、悬浮性固体、细菌和大肠菌群,还能去除部分溶解性物质,包括总磷、总氮和氨氮等,同时还能降低色度。

当前常用的微滤系统一般均由微滤膜柱、压缩空气系统、反冲洗系统和控制系统组成,且多采用恒速过滤。

微滤所采用的膜一般是由合成高分子材料制成的,其孔径比较均匀,过滤精度高、滤速快、阻力小,滤膜的厚度一般为0.1~0.15 mm,吸附容量小,过滤过程中无介质脱落,但膜易被堵塞。

膜组件主要包括卷式、管式、中空毛细管纤维、中空细纤维、圆盘式与盒式。对于大规模的再生水处理,多采用管式和中空纤维膜。

微滤法已广泛应用于城市污水处理回用中,它不仅可以与消毒单元组成完整的处理流程,还可作为反渗透单元的前置处理单元。

微滤法工艺流程如图7-10所示。

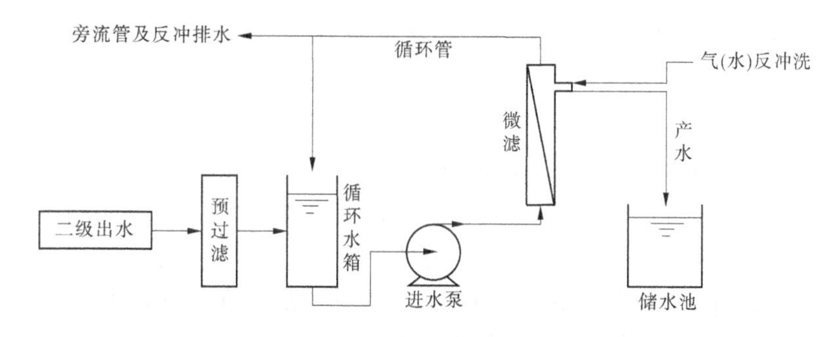

图7-10　微滤法工艺流程

7.7.2　超滤法(UF)

超滤法同样是一种压力驱动膜过滤技术。其过滤精度介于微滤与纳滤之间。超滤膜所截留分子的分子量在500~50 000,相应的孔径在5~100 nm,渗透压很小,几乎可以忽略。超滤膜的操作压力较小,一般为0.1~0.6 MPa。

该工艺可以有效地去除浊度、悬浮性固体、细菌和大肠菌群,还能去除部分溶解性物质,包括总磷、总氮和氨氮等,同时还能降低色度。

当前超滤法常采用中空纤维系统,由膜组件、循环泵系统、反冲洗系统和控制系统组成。对于处理回用水一般采用二级系统,对污染膜需要进行反冲洗,且第一级的反冲洗水可通过第二级膜回收,两级的回流率分别约为85%和13%。

超滤系统有两种运行方式:直流式和错流式。直流式适用于轻度污染的原水,错流式能获得稳定的过滤速度。

超滤系统所采用的超滤膜一般由有机聚合物和无机材料制成,无机膜主要为陶瓷膜。与有机膜相比,无机膜的特点主要为管理费用低、适应 pH 值范围广、耐高温、水通量高、压力最高可达 2 MPa、孔径比较均匀、抗污染能力强等。

超滤法已广泛应用于城市污水处理回用中,它不仅可以与消毒单元组成完整的处理流程,还可作为反渗透、纳滤单元的前置处理单元。

超滤法工艺流程如图 7-11 所示。

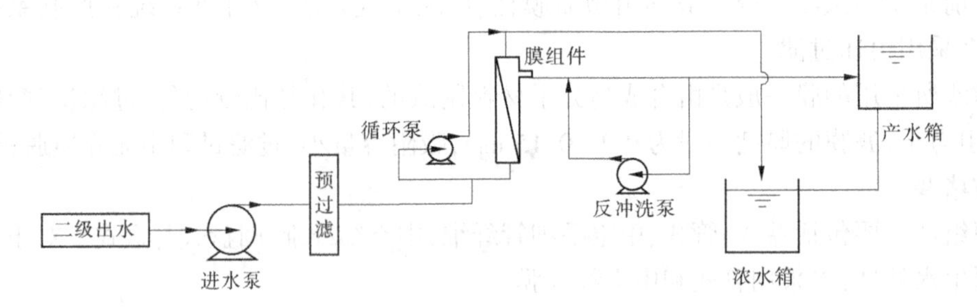

图 7-11　超滤法工艺流程

7.7.3　反渗透法(RO)和纳滤法(NF)

反渗透和纳滤工艺是膜分离法的一种,是通过压力(1~10 MPa)使溶液中的水通过反渗透膜达到分离、提取、纯化和浓缩等目的的处理技术。当前,膜工业把反渗透过程分成三类:高压反渗透(5.6~10.5 MPa,海水淡化领域)、低压反渗透(1.4~4.2 MPa,苦咸水的脱盐)、纳滤(0.3~1.4 MPa,部分脱盐、软化)。

反渗透和纳滤均主要以去除水中盐类和离子状态的物质为目标,还可以部分去除有机物质、胶体、细菌和病毒。高压与低压反渗透具有脱盐率高的特点,对 NaCl 的去除率可达 95%~99.9%,水的回收率 75%左右,BOD 和 COD 的去除率在 85%以上。

由于城市污水处理厂二级出水含有大量的微细颗粒和悬浮物质,因此管式和中空纤维膜较适用于再生水处理,应用较多的是中空纤维膜。

反渗透和纳滤工艺流程如图 7-12 和图 7-13 所示。

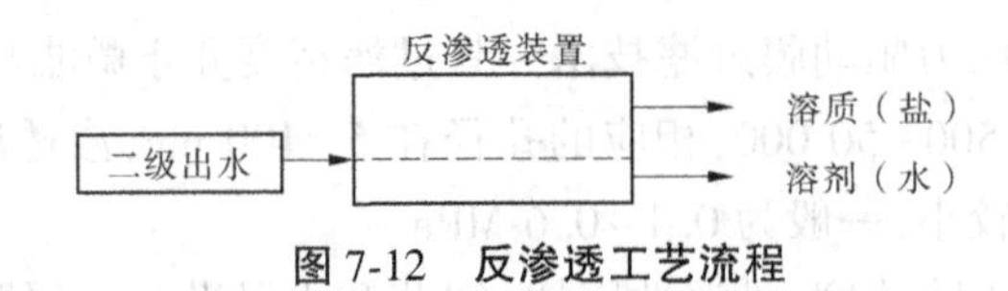

图 7-12　反渗透工艺流程

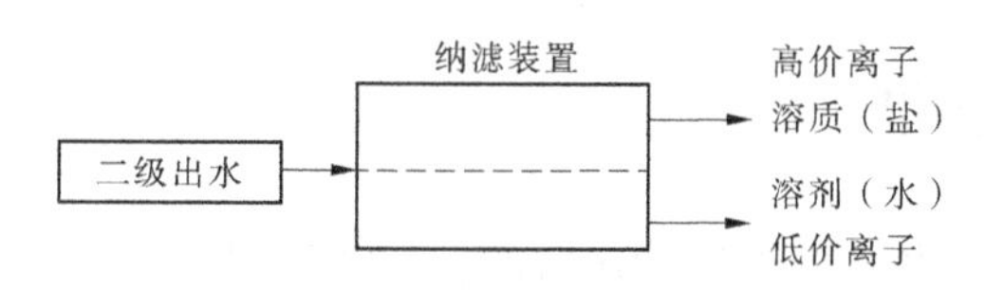

图 7-13　纳滤工艺流程

7.8　膜生物反应器

膜生物反应器（MBR）是将生物处理技术和膜分离技术相结合，利用生物反应对污水中有机物进行生物降解，利用膜作为分离介质替代常规重力沉淀进行固液分离，获得优质而稳定的出水，并能改变反应进程和提高反应效率的污水处理方法。

MBR 中使用的膜一般为微滤膜和超滤膜，从材料上分类包括有机高分子膜和无机膜。基于膜的用途不同，MBR 工艺可以分为固液分离 MBR、无泡曝气 MBR 和萃取 MBR 三类，再生水工程中较多采用固液分离 MBR。

MBR 工艺与其他污水再生利用工艺相比，具有下列优点：①MBR 采用微滤膜的公称直径在 0.1～0.4 μm，能高效地进行固液分离，出水中悬浮固体、浊度、BOD、TSS 和细菌水平很低，出水经消毒后能够达到直接回用的水平；②由于膜的高效截留作用，MBR 可以在低 HRT 和较长的 SRT 条件下操作，而不引起生物反应器中通常的污泥流失问题，使反应器内能维持高浓度的微生物量，MBR 系统操作时，MLSS 的浓度（8～10 g/L）比常规活性污泥法高得多；③SRT 长，有利于增殖缓慢的微生物（如硝化细菌）的生长，系统硝化效率得以提高，也可以延长一些难降解有机物在系统中的水力停留时间，有效地将分解难降解有机物的微生物滞留在反应器内，有利于难降解有机物降解效率的提高，有利于减少污泥产量；④处理装置容积负荷高，占地面积省；⑤易于实现污泥自动控制，操作管理方便。

MBR 工艺存在的不足主要是：①MBR 在操作中最常见的问题是膜污染。膜污染限制了膜通量，并且对清洗要求较高，还有 MBR 系统的高微生物浓度也可能会带来曝气问题，大部分的供气被用来维持细胞的生命而不是用来进行好氧降解。在浸没式 MBR 系统中，曝气还用于对膜表面进行冲刷。当污染浓度超过 25 g/L 时，污泥的黏度就会变大。②膜的造价高、寿命短，定期更换费用高。

膜生物反应器工艺流程如图 7-14 所示。

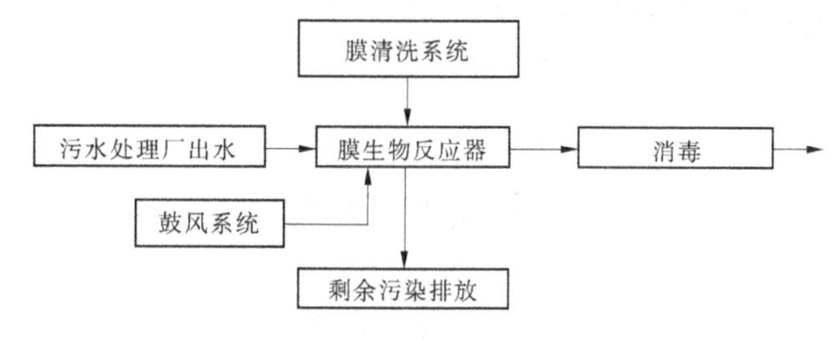

图 7-14　膜生物反应器工艺流程

7.9 人工湿地处理

人工湿地是为处理污水而人为设计建造的，是20世纪七八十年代发展起来的新型废水处理工艺。人工湿地原理是根据自然湿地生态系统中物理、化学、生化反应的协同作用来处理废水，是一种人工建造和监督控制的与沼泽类似的地面，一般由人工基质（一般为碎石）和生长在其上的水生植物（如芦苇等）组成，是一个独特的基质—植物—微生物生态系统。

基质、植物、微生物在整个人工湿地系统中均对污染物的去除有较大贡献，其净污原理主要如下。

7.9.1 基质净污原理

基质主要是通过吸附完成净污过程，而吸附过程依靠的是固液吸附体系，固液吸附体系至少有三组分，即固体（吸附剂）、溶质和溶剂。因此，一个真正的固液相吸附理论必须同时考虑吸附剂—溶质、吸附剂—溶剂、溶质—溶剂三对相互作用之间的竞争，而且还要照顾到表面不均匀性和分子在表面的定向可能引起的影响。由于固体在溶液中的吸附，溶质和溶剂都会被吸附，所以测定吸附前后溶质的浓度差，从而计算单位固体溶质的吸附量，得到的只能是表观吸附量。吸附等温线也是表观的，常称为复合等温线。在溶质浓度或溶剂吸附的少时，可认为溶质的表观吸附量与其真实吸附量大致上是相等的。

溶质吸附量的大小和溶质与溶剂之间以及溶质与吸附剂固体之间的相对亲和力大小有关。固—液吸附同样存在物理吸附和化学吸附，因此固体自溶液中吸附的吸附量不仅与吸附剂的表面条件、吸附物的功能团、溶剂种类的不同，以及温度、溶液浓度等因素有关，还与吸附剂的活化条件和含水程度有关。

设以 C_0 和 C 分别代表吸附前后的浓度，溶质的吸附量 G 为：

$$G=V(C_0-C)/m$$

式中 V——溶液的体积；

m——吸附剂质量。

7.9.1.1 Freundlich 公式

设固体和纯溶剂的界面自由能是 γ_0，界面吸附了单分子层溶质后的界面自由能是 γ_m，则界面为溶质分子覆盖的分数为 θ 时界面自由能是：

$$\gamma=\gamma_0(1-\theta)+\gamma_m\theta$$

因 $\theta=G/G_0$，故：

$$\gamma=\gamma_0-\frac{G}{G_0}(\gamma_0-\gamma_m)$$

根据 Gibbs 公式

$$\Gamma=-\frac{C}{RT}\frac{\partial\gamma}{\partial C}$$

对于稀溶液

$$\Gamma = G/S$$

S 为固体的比表面积。可得：

$$G = \frac{SC}{RT}\frac{(\gamma_0-\gamma_m)}{G_0}\frac{dG}{dC}$$

对上式积分，可得：

$$\ln G = \frac{G_0 RT}{(\gamma_0-\gamma_m)S}\ln C + \ln K$$

式中，K 是常数。令

$$\frac{1}{n} = \frac{G_0 RT}{(\gamma_0-\gamma_m)S}$$

即得 Freundlich 公式的常见形式：

$$G = kC^{1/n}$$

7.9.1.2　Langmuir **公式**

在达到平衡的过程中，固体表面 n 个吸附部位逐渐被水分子或被吸附的物质颗粒所占据，但其中是一个吸附和脱落的可逆过程。在达到平衡时，固体表面的所有吸附部位都被占据，从而存在下列关系：

n_2 未被吸附的物质颗粒$+n_1^s$ 被吸附的水分子$\rightleftharpoons$

n_2^s 被吸附物质的颗粒$+n_1$ 未被吸附的水分子

故平衡常数 K 为：

$$K = \frac{n_2^s \cdot n_1}{n_1^s \cdot n_2}$$

已知 $n_1^s + n_2^s = n$，代入上式得：

$$\frac{K}{n_1}n_2(n-n_2^s) = n_2^s$$

设 b' 代表常数 K/n_1，由上式得：

$$n_2^s = \frac{b'n_2 n}{1+b'n_2}$$

两边同时除以 Avogadro 常数 L，得：

$$\frac{x}{m} = \frac{b(x/m)^0\frac{n_2}{L}}{1+b\frac{n_2}{L}}$$

式中，$b = b'L$；n_2/L 代表未被吸附物质分子的物质的量，相当于平衡浓度 ρ_e。因此，Langmuir公式为：

$$\frac{x}{m} = \frac{b(x/m)^0\rho_e}{1+b\rho_e}$$

7.9.2　植物净污原理

植物是湿地不可或缺的组成部分。人工湿地中的植物像其他所有光合自养的有机体一样,能利用太阳能从空气中吸收无机物合成有机物,为异养生物提供能量,同时其还具有分解和转化有机物及其他物质的能力。另外,湿地植物可使湿地床表面更加稳固,并提供良好的物理过滤条件,它使垂直流通系统不受阻碍,防止冬季湿地表面冻结并为微生物生长提供了巨大的表面支撑,还可以通过光合作用和根系的渗透作用将氧传输到根圈基质。

7.9.2.1 污染物的吸收利用、富集

氮、磷是植物生长的必需元素,废水中的无机氮(包括氨氮和硝氮)及无机磷可转化成植物机体的组成部分,在吸收同化作用下,均可被人工湿地中的植物吸收,合成植物蛋白质,最后通过植物收割的方式将其从人工湿地的废水中去除。

植物不能利用空气中的氮气,仅能吸收化合态的氮。植物可以吸收氨基酸、天冬酰胺和尿素等有机氮化物,但是植物的氮源主要是无机氮化物,而无机氮化物中又以铵盐和硝酸盐为主。植物吸收铵盐后,即可直接利用它去合成氨基酸。

植物还能吸附、富集一些有毒有害物质,如重金属 Pb、Cd、Hg、As、Cr、Ni、Fe、Mn、Zn 等,其吸收积累能力为沉水植物>漂浮植物>挺水植物,不同部分吸附作用也有所不同,一般为根>茎>叶,各器官的累计系数随污水浓度的上升而下降。

7.9.2.2 微生物的附着及强化作用

湿地中植物发达的根系为微生物提供了大量繁殖、栖息的场所,同时植物根系也对微生物的活性有促进作用。

7.9.2.3 根区的输氧作用

人工湿地中植物能将光合作用产生的氧气通过气道输送至根区,在植物根区的还原态介质中形成氧化态的微环境。这种输氧作用的过程主要是热渗透:由于冷的根系与暖和的内部叶片之间的温度不同,热渗透导致气体分子通过气孔进入新生树叶(其气孔比老叶片的要小)。叶片更加温暖的内部导致气体因布朗运动而扩散,此限制了通过叶片气孔返回的可能性。叶片内形成的超压用于弥补植物中的气体传输组织。这样,气体分子通过植物直接传输到最深的根茎。植物系统的补偿压力最终由通过根部和有更大气孔的老叶片释放的气体而获得。这种根区有氧区域和缺氧区域的共同存在,为微根区的好氧、兼氧以及厌氧微生物提供了各自适宜的微环境,使不同的微生物各得其所,发挥相辅相成的作用。

7.9.2.4 改善水力传输性能

在潜流型人工湿地中,基床中的水流一般是通过根和根区形成的沟道及基质间孔隙流动。当根和根区生长时,它们疏松了基质;当根和根区死亡腐烂后,留下一些孔或沟(大孔),被认为在一定程度上增加和稳定了土壤的水力传导性。

据报道,即使较为板结的土壤,在 2~5 年之内,经过植物根系的穿透作用,其水力传输能力可与沙砾、碎石相当。植物的生长能加快天然土壤的水力传输程度,且当植物成熟时,根区系统的水容量增大;即使当植物的根和根系腐烂时,剩下许多的空隙和通道,也有利于土壤的水力传输。

7.9.3 微生物净污原理

人工湿地处理废水时,有机物的降解和氮化合物的脱氮作用、磷化合物的转化等主要

是由微生物活动来完成的。在基质氧化区,废水中大部分的有机物质被好氧微生物分解成为二氧化碳和水,氨则被硝化细菌硝化;而在还原区,厌氧细菌经发酵作用将有机物质分解成二氧化碳和甲烷释放到大气中,反硝化细菌将硝态氮还原成氮气。

氨化指在微生物作用下,将有机氮转化为氨氮。好氧和厌氧环境皆可产生氨化作用,但由于厌氧环境中异养菌分解效率较低,因此氨化作用较慢。但无论是好氧还是厌氧环境,氨化均较硝化快。因此,湿地中沿水流方向会产生氨的积累。氨化的适宜 pH 值范围为 6.5~8.5,其他因素如温度、C/N 比、营养物、土壤条件等也会产生不同影响。

硝化作用分为两步:亚硝化和硝化,表述如下。

$$NH_4^+ + 1.5O_2 = NO_2^- + 2H^+ + H_2O$$

$$NO_2^- + 0.5O_2 = NO_3^-$$

$$NH_4^+ + 2O_2 = NO_3^- + 2H^+ + H_2O$$

硝化细菌利用氧气,通过氧化氨氮和亚硝酸盐获得能量,并利用 CO_2 合成新细胞。硝化作用受诸多因素影响,如温度、溶解氧、pH 值、碱度、碳源、微生物和氨氮浓度。一般温度低于 4 ℃时,硝化作用基本停止。

反硝化作用发生在缺氧环境,反硝化菌将硝酸盐还原为 NO、N_2O 和 N_2。一般情况下,终极产物为 N_2。反硝化过程表述如下:

$$6CH_2O + 4NO_3^- = 6CO_2 + 2N_2 + 6H_2O$$

与传统的污水处理厂不同,人工湿地可以同时发生硝化和反硝化作用。污水流过植物的根系区,进入微氧环境,在这里发生硝化作用。植物根系也为硝化细菌的栖息提供了丰富的表面。当污水流出根系区而进入纯土层(缺氧和厌氧环境),反硝化作用就会发生。因此,影响氮去除的主要限制过程是氨的硝化作用,而冬季较低的气温抵制硝化作用和植物根系放氧作用时,这种限制会更大。

污水中含有无机磷和有机磷,但经微生物氧化后,多以无机磷存在,天然湿地中,通过泥炭沉积可使磷得到长期存储。但在人工湿地中,介质吸收是主要的除磷机制。

人工湿地工艺流程如图 7-15~图 7-17 所示。

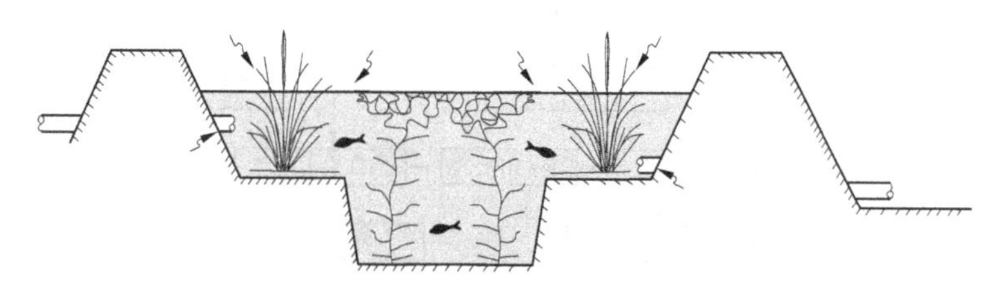

图 7-15　表面流人工湿地污水处理系统

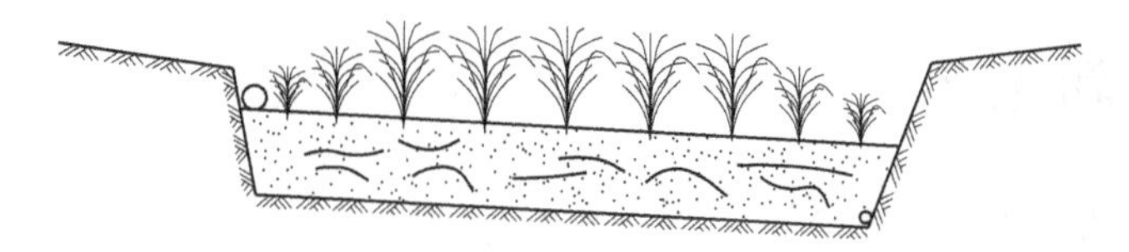

图 7-16　水平流人工湿地污水处理系统

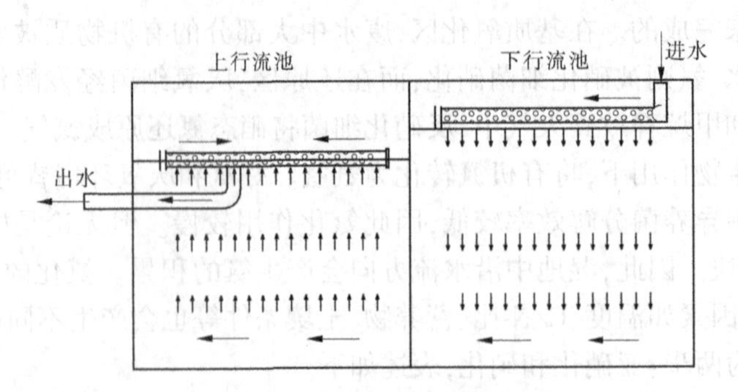

图 7-17 复合垂直流人工湿地处理系统

7.10 活性炭吸附

该工艺的主要特点是利用活性炭自身丰富的细孔结构和巨大的比表面积,通过物理、化学的吸附作用去除二级处理出水中经常规混凝、沉淀、过滤仍不能去除的残余的难降解的有机污染物,其不仅能有效地去除 COD、BOD,还可以去除色度、臭气和某些无机物(包括部分重金属)等。

在各种改善水质处理效果的处理技术中,活性炭吸附是去除常规处理工艺难以去除的水中有机污染物最成熟有效的方法之一。

活性炭处理工艺应根据水质情况,进行不同滤速的活性炭柱净水试验,以达到技术经济的最优化。

活性炭吸附法常与其他处理方法联用,例如砂滤-活性炭法、臭氧-活性炭法、混凝-活性炭法、活性炭-硅藻土法等。活性炭吸附法与其他处理方法的联用,不仅使活性炭的吸附周期明显延长、用量减少,还可使处理效果和范围大幅提高。

活性炭吸附池可采用普通快滤池、虹吸滤池、双阀滤池等。

活性炭吸附法工艺流程如图 7-18 所示。

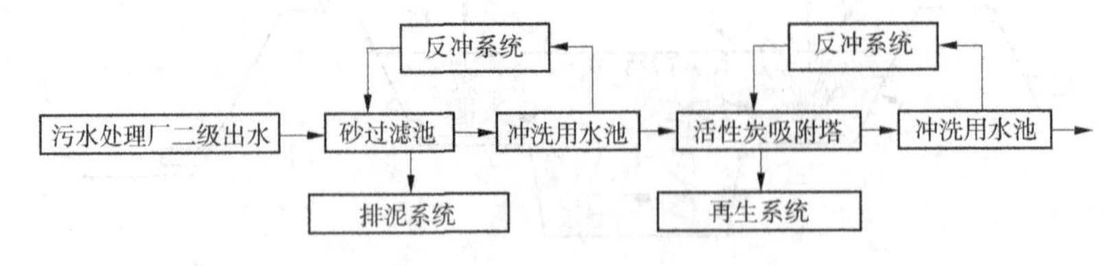

图 7-18 活性炭吸附法工艺流程

7.11 其他新工艺

以下主要介绍超磁分离技术。

超磁分离水体净化技术专为水中难沉降悬浮物的处理而开发设计,与普通的沉淀和过滤相比,具有无反冲洗、分离悬浮物效率高、工艺流程短、占地少、投资省、运行费用低等特点。主要应用于市政水、矿井水、河道水、油田采出水、景观水以及水污染事故的处理。在中水回用方面，可以用作景观水、河道水的处理工艺。通过去除水中的悬浮物以快速清澈水体、恢复水体功能，同时可除藻、除磷，防治富营养化。

超磁分离净化设备由一组强磁力稀土磁盘打捞分离机械组成。当流体流经磁盘之间的流道时，流体中所含的磁性悬浮絮团受到强磁场力的作用，吸附在磁盘盘面上，随着磁盘的转动，逐渐从水体中分离出来。磁盘转速为 1～3 r/min，待悬浮物脱去大部分水分，运转到刮渣条时，形成隔磁卸渣带，由刮渣刨轮刮入“螺旋输送机”，产生的废渣输入渣池。被刮去渣的磁盘又重新转入水体，形成周而复始的超磁分离净化水体的全过程（如图 7-19 所示）。

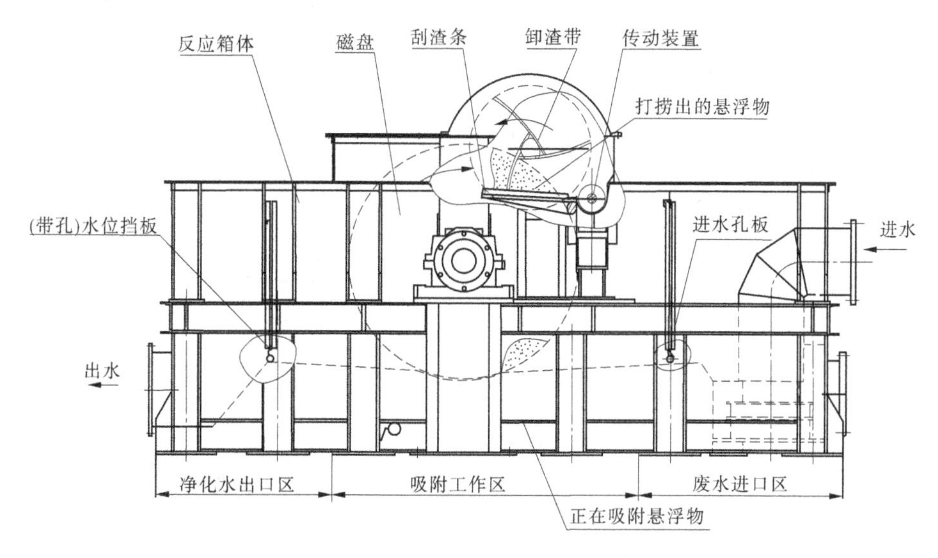

图 7-19 超磁分离机主体结构

超磁分离水体净化工艺流程如图 7-20 所示。该工艺净化流程主要包括以下三个流程。

（1）废水的净化主流程。

经过预处理除掉较大悬浮物及杂质后的废水，被提升至混凝系统（HHN）中，在混凝系统中投加磁种、PAC 和 PAM 三种物质实现对废水的净化，在混凝系统后段生成以磁种作为“核”的悬浮物混合体，包含磁种的悬浮物（称为磁性絮团）流经超磁分离机（PSMD），利用超磁分离机里稀土永磁产生的高强磁力实现磁性絮团与水的快速分离。

（2）磁种的回收流程。

磁性絮团被收集后自流到磁种回收系统（HCG）中，磁性絮团通过分散机（SWFS）后再流经磁分离磁鼓，在磁分离磁鼓中磁种被筛选出来，剩余污泥从磁鼓的底部排污阀（110）流出，排出的污泥被收集送至污泥处理系统中。筛选出来的磁种被再次配制成一定浓度的溶液，配制磁种所需的补充水由补水电磁阀（LCV01）根据磁种液位的高低，自动控制补充；磁种溶液通过磁种计量泵泵组（P01A/B）以一定的量投加到混凝系统（HHN）中，磁种在此完成循环回收及利用。

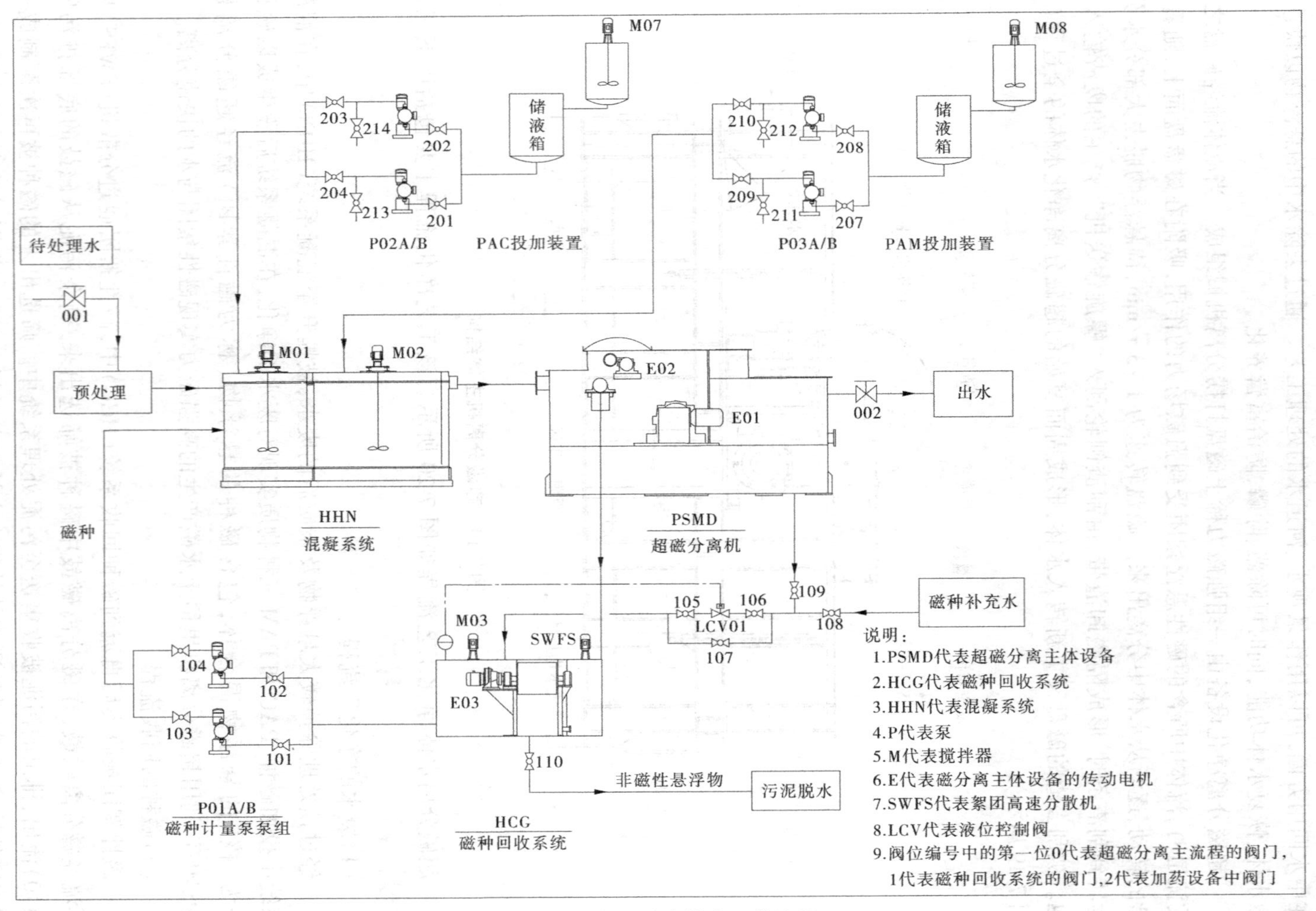

图7.20 超磁分离技术工艺流程

(3)药剂投加流程。

在混凝系统中需要的PAC及PAM首先通过药剂制备装置,被配置成一定的浓度。配制完毕的PAC经过PAC计量泵泵组(P02A/B)定量地投加到混凝系统(HHN)的第一级搅拌箱,配制完毕的PAM经过PAM计量泵泵组(P03A/B)定量地投加到混凝系统(HHN)的第二级搅拌箱。

超磁分离系统出水水质指标见表7-4。

表7-4　超磁分离系统出水水质指标

控制标准	标准值	单位
感官效果	感官效果好	/
SS	≤20	mg/L
总磷	≤0.3	mg/L
COD	去除率:30%~60%	/

第 8 章　再生水的利用方式与典型流程

8.1　生活杂用

8.1.1　回用方式

近几年,随着工业迅速发展,城市人口逐渐增加,我国许多城市面临着严峻的水资源短缺难题。城市再生水回用作为一个切实可行的缓解水资源和防治污染的办法,已经逐步为人们所重视。小区生活污水作为城市再生水回用的一部分,其不同于包括部分工业废水的城市污水,其水质和水量的特征为:水质、水量小时变化系数较大,污染物浓度通常比城市污水低,污水可生化性好,处理难度较小,由于其污染来源比较简单,从处理技术和处理成本角度考虑,具有相当的技术可行性和很高的回用价值。资料显示,以生活用水为例,不与人体直接接触的生活杂用水,如冲厕用水、小区绿化浇灌用水、空调冷却水、地面冲洗水以及车辆清洗等用水均可归入生活杂用水的范畴,并无高水质要求,这种用水分布为小区生活污水的回用去向提供了可能。因其水质指标低于城市给水但又高于污水允许排入地面水体排放标准,其水质居于生活饮用水水质和允许排放污水水质之间,故称为"中水"。

为建设节约型社会,实现水资源可持续利用。建设部制定了《城市中水设施管理暂行办法》,办法指出:凡在城市规划区内新建、扩建、改建建设项目,需要城市供水的(含自建供水设施供水),都应当配套建设中水设施。如果新建住宅小区的污水直接排入市政管网,不仅加大了市政基础设施的投资,而且还加重了对排放城市内水系的污染。小区排放的污水经过处理净化后,再生水水质完全可以达到居民冲厕、小区绿化、浇洒道路、景观用水等要求。因此,小区污水的再生水回用,实现了就地处理就地回用,减少了污水排放量,同时还节约了自来水用量,促进小区的生态环境建设。再生水应用是生态住宅小区规划、建设的重要内容之一,是水环境工程设计与建设的重要部分,是实现以合理的投资达到最佳居住环境综合效益的重要手段,符合可持续发展的战略思想。

小区生活污水回用的去向主要为生活杂用水和非接触观赏性景观用水等。因此,必须尽量减少可能有毒或者有害非生活污水进入小区生活污水处理站,以防破坏小区生活污水处理站的正常运行或者影响出水水质。从卫生和健康角度考虑,还必须对回用水进行严格的消毒处理。另外,小区生活污水回用在作为绿化用水时,尽量不要采用喷灌;作为景观用水时也不宜作为瀑布和喷泉等易形成水雾的景观用水。因此,在实际工程设计时,必须根据小区生活污水水质、水量以及小区功能和环境要求,选择合理、可靠的处理工艺;并要考虑能长期安全可靠地运行。小区生活污水回用技术通过多年的研究与发展已经逐步完善。

8.1.2　水质标准

生活杂用水主要有冲厕用水、冲洗用水、绿化用水等。根据《城市污水再生利用 城市杂用水水质》(GB/T 18920—2002)标准的规定,城市杂用水的水质应符合第 5 章 5.2 节表 5-4的规定。绿地灌溉水质应满足《城市污水再生利用 绿地灌溉水质》(GB/T 25499—2010)标准的规定,详见第 5 章 5.2 节表 5-6 和表 5-7。

8.1.3　典型流程

再生水处理工艺是否合理直接影响到处理效果、出水水质、运转稳定性、投资及运转成本和管理水平等。结合建筑小区实际情况,通常采用 CASS 工艺进行再生水处理,CASS 工艺是传统 SBR 工艺的改良,克服了 SBR 工艺间断进水、间断排水的不足,在传统的 SBR 池前设选择器和厌氧区,相当于厌氧、缺氧、好氧阶段串联起来,脱氮除磷效果好。CASS 在反应阶段要进行曝气,微生物处于好氧状态,在沉淀和排水阶段不曝气,微生物处于缺氧甚至厌氧状态。因此,反应池中溶解氧是呈周期性变化的,氧浓度梯度大、转移效率高,这对于提高脱氮除磷效率、防止污泥膨胀及节约能耗都是有利的。CASS 工艺具有流程简单、占地面积小、投资较低、沉淀效果好、运行灵活、抗冲击能力强、不易发生污泥膨胀、适用范围广等优点。CASS 工艺流程见图 8-1。

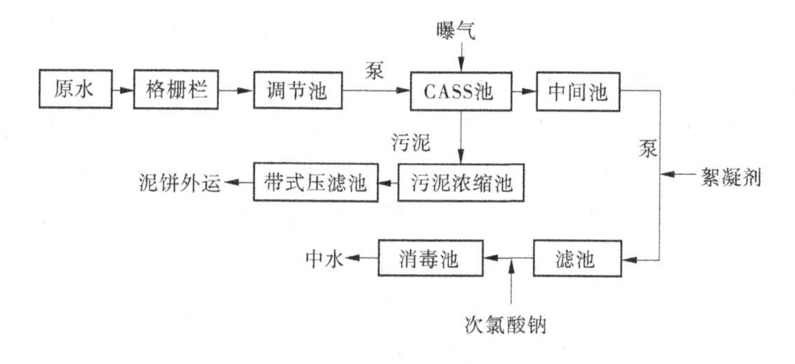

图 8-1　CASS 工艺流程

8.1.3.1　污水处理流程

综合生活污水经机械格栅的拦截,自流进入调节池,经过调节、均衡后用潜水泵提升至 CASS 池,经过曝气、沉淀、滗水等处理阶段后进入中间水池,然后进入高效滤池进行微絮凝过滤,过滤后的水进入消毒池,投加次氯酸钠消毒液进行消毒处理,最后至清水池储存。为了保证处理出水的总磷小于 0.5 mg/L,污水在进入高效过滤池前,设计投加铁盐进一步化学除磷。滤池反洗水排到调节池重新处理。

8.1.3.2　污泥流程

CASS 池的污泥经排泥泵排至污泥浓缩池,浓缩后的污泥经泵送入带式压滤机,压成泥饼后外运作肥料或填埋。

8.2 工业回用

8.2.1 回用方式

再生水的工业回用包括作为冷却水、锅炉及沸腾炉用水补充，生产过程中的工艺用水、除垢及大型建筑用水（土壤夯实、尘控制、冲洗、搅拌混凝土、凝结）等。工业回用除要注意在应用过程中对操作人员的危害外，还要防止细菌再生而产生黏泥、泡沫等，尽量减轻一些微量元素造成的腐蚀、生垢、沉淀或堵塞。

一般来说，农业灌溉用水、城市的市政用水、以绿化和景观水体补水为主的环境用水的需水量都与季节或气候有关，很难成为再生水稳定供水的对象，与此相比，工业用水的需水量往往不随季节变化，能够成为再生水的稳定用户。因此，在全国各地推进城市污水再生利用，致力于提高再生水利用率的过程中，将工业用水纳入再生水回用的主要途径是非常必要的。关于再生水的不同利用途径，人们广泛关注的问题是再生水的水质及其回用的安全可靠性，同样，这也是影响再生水工业回用的重要问题。

8.2.2 水质标准

对于城市污水再生利用，我国已制定了一系列国家标准：《城市污水再生利用 分类》（GB/T 18919—2002）、《城市污水再生利用 城市杂用水水质》（GB/T 18920—2002）、《城市污水再生利用 景观环境用水水质》（GB/T 18921—2002）、《城市污水再生利用 工业用水水质》（GB/T 19923—2005）、《城市污水再生利用 农田灌溉用水水质》（GB 20922—2007）。从这些标准中可以看到，再生水用作工业用水水源的水质标准的基本水质指标多于其他用水目的。以用作锅炉补给水或工艺与产品用水的水质指标为例，如果把这些指标分为两类来考虑，则第一类的常规指标（即污水再生处理和一般回用所关注的指标，如 COD_{Cr}、BOD_5、石油类、阴离子表面活性剂、氨氮、总磷、色度、粪大肠菌群、浊度等）的要求并不特殊，处理水达到《城镇污水处理厂污染物排放标准》（GB 18918—2002）一级 A 排放标准，即能满足再生水作为工业用水水源的要求；第二类的指标是没有列入污水处理和一般回用水水质标准中的水质指标（如铁、锰、氯离子、总硬度、硫酸盐、溶解性总固体等），其要求与《生活饮用水卫生标准》（GB 5749—2006）水质项目的限值是相同的，表明再生水作为工业用水水源时对水中的一些无机离子浓度有更高的要求。此外，GB 18918—2002 中还规定了水中二氧化硅浓度和总碱度的标准值，这两项不属于饮用水水质项目的范畴，可认为是对再生水作为工业用水水源的特殊水质要求。再生水用作工业用水水源的水质标准详见第 5 章 5.2 节表 5-8。

8.2.3 典型流程

再生水生产的原水是城市生活污水，因此二级生物处理一般情况下是污水再生处理的基本流程。在二级生物处理基础上发展起来的各种生物脱氮、除磷处理法已普遍用于城市生活污水处理。近年来，将生物处理与膜过滤相结合的膜生物反应器技术也在污水处理尤其是以再生水生产为目的的污水处理中越来越多地得到应用。生物处理的污染物去除对象主要集中在有机物、悬浮物、氮、磷、色度等方面，同时膜生物反应器本身对水中的微生物也有良好的去除效果。然而，对于水中的各种溶解性无机物，这些生物处理都不能有效去除，需要考虑其他深度处理的方法。

图 8-2 是某再生水厂以污水厂二级处理水为原水，通过深度处理提供工业用再生水的处理流程，主体处理流程为混凝沉淀（机械加速澄清）和过滤，通过在机械加速澄清池前投加次氯酸钠，完成原水的预氧化，从而强化对色度和铁、锰的去除。经该系统处理后的再生水中有机物、浊度、色度、磷等浓度均明显下降，且由于前期的二级生物处理已强化了对氨氮的去除，总硬度、总碱度、溶解性总固体等在二级处理出水中均不超标，多年运行的结果表明，该混凝沉淀过滤与预氧化组合的工艺能够保障再生水工业回用的水质要求。

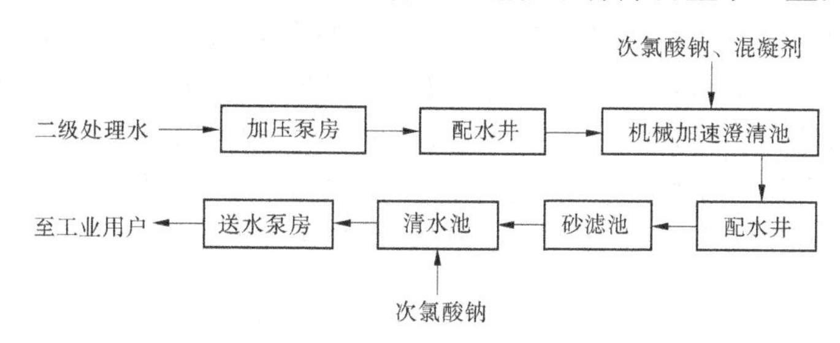

图 8-2　再生水工业回用的混凝沉淀过滤处理流程

图 8-3 是提供包括工业用水在内的多种回用目的的另一再生水处理工艺流程。该工艺仍以二级处理水为原水，主体工艺为混凝—臭氧氧化—气浮—过滤，其中臭氧氧化与气浮通过图 8-3 中的一体化臭氧气浮设备得以完成，特点是利用回流水与臭氧混合产生的微气泡，一方面扩大气水接触界面，达到高效臭氧氧化的目的，另一方面利用微气泡完成气浮分离。一体化臭氧气浮设备巧妙利用容器内水位的定时升降，将上部积累的浮渣自动排除。利用臭氧的氧化作用，水中残余的有机物得到进一步氧化，与此同时，也强化了对色度和铁、锰的去除，还达到了去除病原体的目的。

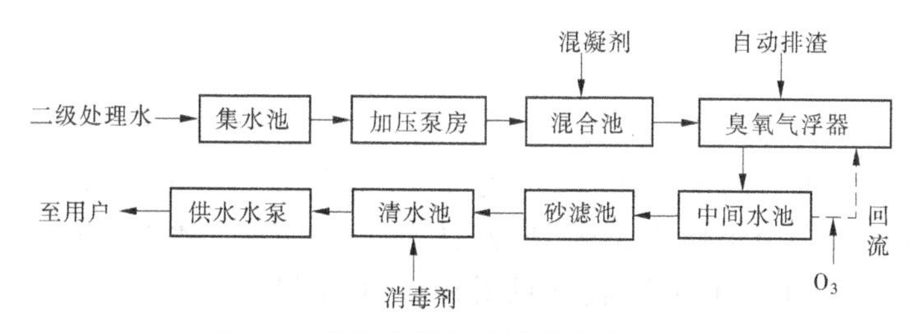

图 8-3　臭氧气浮组合再生水生产流程

在水中硬度、其他阴阳离子、溶解性固体超标的情况下，采用以氧化与混凝、沉淀（气浮）、过滤组合的再生水生产工艺往往难以达到再生水工业回用的水质要求，需要考虑采用纳滤、反渗透或其他处理工艺（如离子交换、电渗析等）。纳滤或反渗透用于再生水生产在国外已比较普遍，国内也已有应用实例。当再生水用作锅炉用水时，还需要根据锅炉用水的要求在企业内进行必要的软化、脱盐处理。因此，反渗透、离子交换、电渗析这样的工艺目前在我国的再生水厂还用的很少。根据工业回用的具体要求，在技术经济分析的基础上，通过再生水厂与用水企业的合理分工和合作，选择可行的再生水生产与企业内水质深度处理的技术工艺就显得非常必要，是推进城市污水再生水工业回用的主要策略。

8.3 农业回用

8.3.1 回用方式

城市污水经过二级处理后用于农田灌溉，既可以提高水资源的利用率，为污灌区农业提供稳定的水源，同时也减轻了污水处理的投资，特别是把二级处理也难以去除的氮、磷等营养物质，既用来作为农作物的肥料，又避免了水体的富营养化。污水灌溉是具有环境风险的，污水中含有污染物质，可见的如悬浮物，不可见的有重金属元素、致病的微生物，过量的氮、磷和盐等，这些物质会损害环境、人体健康、土壤含水层和农作物等。农业是国民经济的基础，在我国农业是用水大户，污水农业回用对水质要求较低，从节省污水处理费用和回用费用，利用污水水源、肥源等有利因素看，污水农业回用利多弊少。

8.3.2 水质标准

为了控制污水灌溉引发一系列环境问题，制定灌溉用水水质标准是十分必要的。农田灌溉水质标准应包括病原微生物、重金属、有机污染物、盐分、悬浮物、营养物质等几个方面。灌溉水质的适宜性应从灌水后对土壤、作物及环境卫生的影响三大方面去考虑。在制定灌溉水质标准时，要考虑以下因素：作物种类，土壤类型（包括土壤质地和耕作方式），土壤水分状况（如地下水深度），气候条件（主要指降水），灌溉水量，灌溉方法。不同国家考虑本国城市污水处理技术和经济承受能力，都制定了适合本国的污水农田灌溉水质标准，最大限度地防止污水灌溉可能带来的各种问题。如中国的《城市污水再生利用 农田灌溉用水水质》（GB 20922—2007），对污水灌溉提出较严格的要求，详见第5章5.2节表5-2和表5-3。

8.3.3 典型流程

按照有关水质标准对污水进行必要的处理，是其应用于农田灌溉的基本要求。发达国家利用污水灌溉农田历史悠久，经验丰富，工艺也较成熟。例如美国加利福尼亚州规定，粮食作物灌溉的污水再生处理流程（见图8-4），对于果园只能在水果未成熟期采用地表灌溉，利用一级出水灌溉。

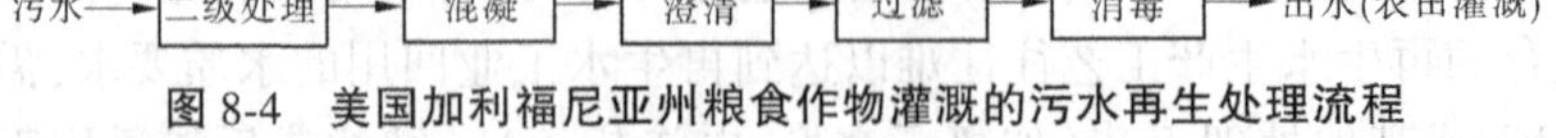

污水→二级处理→混凝→澄清→过滤→消毒→出水(农田灌溉)

图8-4 美国加利福尼亚州粮食作物灌溉的污水再生处理流程

我国北方少数城市的污水经适当处理后，出水已成为当地郊区农田灌溉用水的主要水源，如北京高碑店污水处理厂一期工程，工艺流程见图8-5。

城市污水经适当处理后用于农田灌溉，在满足农田灌溉水质标准的前提下，为降低基

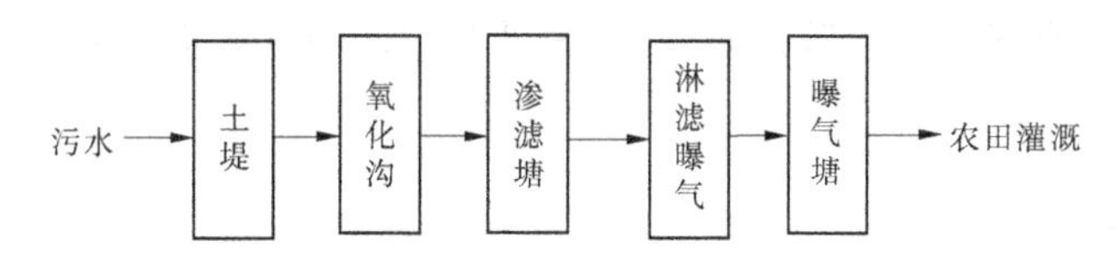

图 8-5　北京高碑店污水处理厂一期工程工艺流程

建投资和处理成本,用于农灌的污水水质没有必要一定要达到污水综合排放标准的要求。因为有机污染物进入土壤后,由于土壤微生物的作用,可转化为无害的二氧化碳、水和氮的无机物,使污水得到净化,同时,有机物可以增进土壤肥力,达到除害兴利的目的。所以,污水处理厂的工艺设计可以采用两段处理法,在农灌季节启动第一段的一级强化处理工艺,仅满足农田灌溉水质要求,节省运行费用;在非农灌季节同时启动两段处理工艺,出水满足污水综合排放标准的要求,其污水处理流程见图 8-6。

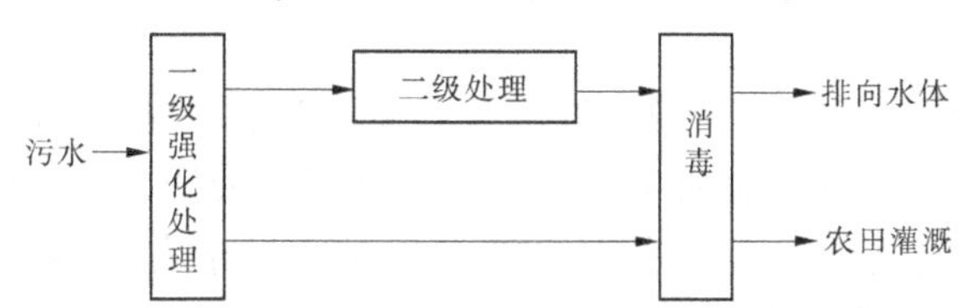

图 8-6　城市污水两段处理工艺流程

我国不少学者提出利用生态工程处理污水,实现污水资源化。污水生态处理系统包括稳定塘系统和土地处理系统。我国的环境保护技术政策也指出:城市污水处理,应推行污水处理厂与氧化塘、土地处理系统相结合的政策。污水生态处理能有效地控制我国水体污染的进一步恶化,并能把净化后的城市污水开辟为第二水源,而且该处理方法低投资、低能耗、低成本、设备简单、易于管理,尤其适合于中小城镇的污水处理。王宝贞提出利用生态农业系统处理废水,基本处理流程为:一级处理—兼性塘—农业灌溉。颜京松、杨景辉也提出了相似污水生态处理系统。污水经过该系统处理后,出水水质达到甚至高于二级生物处理水平。污水土地处理是实现污水资源化的另一个生态处理方法。该方法是通过土壤—生物的过滤、吸收、吸附、生物净化作用去除污水中的有害物质,其出水水质也可达到常规二级生物处理水平。城市污水生态处理系统除具有占地面积大的缺点外,还会影响周围的环境卫生。因此,处理地点应选择在城市郊区还有一定距离的下风向一侧,并且要防止塘底漏水,污染地下水。

8.4　市政杂用

8.4.1　回用方式

市政杂用需水量大、水质要求不高。在城市系统当中,城市污水回用于市政杂用主要有冲厕、洗车及清扫、空调、消防、景观灌溉(公园、墓地、高尔夫球场、学校操场、住宅草坪、公共绿地等城市绿化带)、道路广场喷洒等用水。由于市政杂用贴近人们生活,涉及的限定水质也比较严格,应注重在日常生活中的累积所造成的后果。首先要避免危害公众健康,尤其是气雾或气溶胶会散播病原体,另外要限制引起水垢、腐蚀、微生物滋生或淤塞的回用水成分。

8.4.2　水质标准

有资料统计,市政杂用水占正常生活用水的1/2左右,因此市政杂用将成为回用水的大市场,我国已经对各回用方向的水质(包括消防、景观灌溉、道路广场喷洒等)制定了详细的标准,有利于此类回用的拓展,详见第5章5.2节表5-4、表5-6和表5-7。

8.5　景观水体回用

8.5.1　水质标准

再生水回用于景观环境是满足缺水城市对于娱乐性水环境需要而发展起来的一种再生水回用方式,也是完成水生态循环的自然修复与恢复的最佳途径。但是,城市再生水景观利用面临的主要问题是虽然再生水中污染物相对于污水有了本质上的降低,已满足《城市污水再生利用　景观环境用水水质》(GB/T 18921—2002)的要求(ρ(TN) = 15 mg/L,ρ(TP) = 0.5 mg/L,观赏性景观环境用水,湖泊类),但相对于天然水体《地表水环境质量标准》(GB 3838—2002)中的Ⅳ类水ρ(TN) = 1.5 mg/L,ρ(TP) = 0.1 mg/L,再生水中污染物本底值仍然较高;城市景观水体流动缓慢甚至完全静止;城市景观水体水深较浅,阳光易于投射。这些不利条件极易导致藻类过度生长,甚至暴发水华。

促进改善环境的污水再生回用涉及许多问题,其中主要有以下两方面:藻类的控制,泡沫的控制(泡沫生成物)。只有全面考虑这两方面才能制定完备的水环境补充与恢复的再生水标准。我国的环境用水标准与目前的回用要求还有一定差距,在藻类的控制方面体现为氮、磷等指标值过高,对无机碳未作限定,如地表Ⅴ类水体要求含NH_3-N、总磷分别为1.0、0.2 mg/L,Ⅴ类湖泊水库的总氮、总磷为1.2、0.12 mg/L。可见,我国规定的回用水氮、磷指标远不能起到约束作用。从悬浮物浓度和叶绿素a浓度关系得知,为使悬浮物浓度<20 mg/L、叶绿素a的浓度<100 μg/L,要求相关的总磷浓度<0.1 mg/L,相关的氮浓度<1.5 mg/L,无机碳浓度<10 mg/L,这样才能抑制藻类的生长。在泡沫生成物的控制方面,我国的限定较为模糊。据经验,导致泡沫生成的表面活性物质(如亚甲基蓝活性物质)的含量<0.3 mg/L,同时COD_{Mn}<10 mg/L时方可抑制泡沫生成。另外,回用指标中余氯等项目欠缺,常规污染指标(如BOD_5等)限定值较高。因此,要由再生水恢复和维系城市健康水环境,必须严格限定此类回用水标准的指标值。我国的污水再生回用于环境水体指标要根据城市二级污水处理能力和健康水质的对比分析求得出水限值,使其在回用中真正起到指导作用。

8.5.2　主要处理方法

一般来说,景观水处理需要达到《地表水环境质量标准》(GB 3838—2002)中Ⅳ类水的要求,Ⅳ类水主要是适用于一般工业用水区及人体非直接接触的娱乐用水,较多使用的处理方式有以下几种:传统生化技术、气浮技术、电磁法处理技术、过滤技术、动植物生态处理技术、人工湿地技术、杀藻仪、加药系统等,具体实施中通常这几种方法也会组合起来使用。

传统的生化技术已为人熟知,以下重点介绍景观水处理中较多使用的生物膜法中的接触氧化法。即在生物接触氧化池内设置填料,填料淹没在水中,填料上长满生物膜,水在与生物膜接触过程中,水中的有机物被微生物吸附、氧化分解和转化为新的生物膜。从填料上脱落的生物膜,随水流到二沉池后被去除,从而得到净化。在接触氧化池中,通过鼓风曝气不断向水中补充失去的溶解氧,以保证水生物的生命活动及微生物氧化分解有机物所需的氧量,同时达到搅拌水体使之循环的目的。另外,采用曝气的方法给封闭水体充氧,在一定程度上也可以对维持水体的生态平衡起到一定的作用。接触氧化法具有处理效率高、水力停留时间短、容积负荷大、耐冲击负荷、不产生污泥膨胀、运行稳定等优点。但如果氮、磷等植物营养物质大量进入水体,将促进各种水生生物主要是藻类的活性,刺激它们异常增殖,藻类的过度生长,会造成水中溶解氧的急剧下降,能在一定时间内使水体处于严重缺氧的状态。故接触氧化法只能延缓水体富营养化的发生,但不能从根本上解决富营养化的问题。因此,传统的生化处理对防治水体的黑臭有着较好的效果,特别是有天然外河道补水的情况,但对藻类的控制和处理并不理想,必须以其他方法作补充。

8.6　地下水回灌

8.6.1　回用方式

地下水回灌指为补充地下水、防止海水入侵(或防咸水扩散)、防止地面下沉而进行的回用水地下回灌的处置或利用途径。回用水要经过地下岩土层的渗滤返回到地下水源,作为新的地下饮用水源被开发。微量有机物的毒性作用和总溶解固体、金属、病原体的污染是其主要问题,相应的水质要求高(起码不污染地下水)和循环周期长是其主要特点。另外,作为再生水间接回用的一个方面,回灌水质对其他的间接回用也有一定参考价值。

美国环保局(1992)规定,回灌于地下水含水层上的回用水通过地下水位线以上地层渗透之后要适合饮用水标准,经过饮用水层后水质要满足美国一级和二级饮用水标准;佛罗里达州规定,无论是直接注入地下水、注入快滤盆地或地质水文条件不好地区的回用水都要达到美国一级和二级饮用水标准。由此可见,地下回灌的回用水质标准较高,应重点限制重金属等微量污染物对地下水的影响,同时也应考虑常规有机污染和生物污染,污染指标应全面限定而且指标值要严格。因此,二级处理水只有经过超深度处理才能满足上述要求。我国在保证不污染地下水质的前提下,结合对污水超深度处理的能力制定了地下回灌水质标准《城市污水再生利用 地下水回灌水质》(GB/T 19772—2005),详见第5章5.2节表5-11和表5-12。

8.6.2　典型流程

目前国内外关于回灌前深度处理的研究很多,越来越多高效的水处理方法被应用于地下水回灌中。常用的深度处理工艺是混凝、沉淀、过滤，当对水质要求更高时采用活性炭吸附、膜过滤、离子交换、高级氧化等技术。上述工艺各有利弊，混凝、沉淀等主要去除大颗粒有机物，一般需与其他工艺结合使用。活性炭可有效降低水中的有机酸、腐殖质、三卤甲烷前体物等物质，粉末活性炭可吸附有机卤素，去除效果很好。纳滤、反渗透等高效的膜工艺，对回灌水中的各种有机物都有较好去除效果，同时具备良好的脱盐性能。但活性炭污染负荷的适应性差、再生复杂，纳滤反渗透工艺能耗大、成本高、易受污染，这些问题制约了其在回灌水预处理工艺中的广泛使用。

磁性离子交换树脂（MIEX）是以聚丙烯为母体的季铵型离子交换树脂。MIEX 对天然有机物（NOM）有明显的去除效果，尤其是对于具有较强紫外吸收的 NOM。MIEX 能有效去除中间相对分子质量段（500～1 500）的 DOC，根据水质条件不同，MIEX 对 DOC 的去除率可达 30%～70%。作为阴离子交换树脂，MIEX 可与水中带负电的有机物或无机盐发生交互反应，去除一些难降解的有机物，是一种非常有前景的水处理技术，可用于回灌前的预处理。

近年来，臭氧氧化技术在水处理中得到了广泛的应用，较低投加量的臭氧氧化就可以有效地氧化难降解有机物，去除 UV 吸收物等。超滤膜可分离胶体大分子、颗粒物、细菌病毒以及微生物等，且具有节能高效、无二次污染、产水量大等优点。我国的许多水厂使用超滤（UF）作为水处理工艺，研究 UF 作为回灌前处理工艺有较大的现实意义。

水处理中将不同工艺组合起来往往能够发挥协同作用。如活性炭-膜技术，能够互补去除更多的有机物，亦能缓解活性炭与膜的堵塞。磁性离子交换树脂-混凝沉淀，既可更有效去除有机物，也能节约磁性离子交换树脂与混凝剂的用量。磁性离子交换树脂作为前处理，可以去除一些难降解的有机物，以及中间相对分子质量段（500～1 500）的 NOM，可减少后续臭氧氧化的臭氧投加量。同样，UF 可去除一些大分子量有机物，可减轻后续臭氧氧化负担。将 MIEX、UF 分别与臭氧组合作为预处理工艺，并与单独工艺的处理效果进行对比，探索组合工艺作为回灌预处理工艺的优势。

上述各种再生水深度处理技术，在去除污染物方面各具特色，但各种工艺与土壤含水层净化效果的互补性还不清楚，其作为再生水回灌前的预处理工艺的优劣还不能确定。因此，选择磁性离子交换树脂、臭氧、超滤以及其组合工艺用于再生水回灌前的预处理，尤其是磁性离子交换树脂，将其作为回灌前预处理工艺的研究还非常少，值得开展相关研究。通过长期研究考察各套工艺对再生水的净化效果，及其与土壤含水层净化能力的互补性，确定适宜的再生水回灌预处理工艺。

8.7　其他回用

城市再生水回用方式还有娱乐性景观用水（娱乐性蓄水池、冲浪）和恢复自然湿地或营造人工湿地用水。随着城市的发展，许多城市采用橡胶坝拦蓄等方式营造人工河流改善环境，这类水体一般较少与人体直接接触，可使用再生水作为补充水源。控制得当，这些人工河流、湖泊等既可美化环境，又可作为附近绿化、清扫用水的水源。

污水处理厂工艺选择从环境保护的角度应采用资源利用率高、污染物产生量少、有利于综合利用、能够达到城市水污染控制目标的清洁生产工艺。污水处理厂清洁生产的量化指标包括处理单位水量占地面积、处理单位水量能耗(包括电、燃煤或燃气燃油、蒸汽、压缩空气)、自用水率、污泥产生率等。具体来说,即要符合以下几个基本原则:

(1)处理流程合理,工艺技术先进,设备效率高;

(2)对污水水质变化适应能力强,出水水质稳定达标;

(3)污泥产生量少,易于处理或再利用;

(4)占地面积小,工程总造价低,处理每千克 BOD 电耗省,运行成本低;

(5)维护管理简单,操作运行可靠,数据收集处理完善。

城市污水处理厂一般采用二级生物处理工艺。日处理能力在 20 万 m^3 以上的污水处理设施,可采用常规活性污泥法。此法对 BOD 和 SS 有很好的去除效果。主要优点是:工艺成熟,运行效果可靠,出水水质稳定,有成熟的管理经验,运行成本低。缺点是工艺流程较长,易发生污泥膨胀、中毒问题,污泥量大,对氮和磷去除程度不高,基建投资较大。日处理能力在 20 万 m^3 及以下的污水处理设施,可选用氧化沟法、SBR 法、水解好氧法、AB 法。对于封闭或半封闭的受纳水体,为防止富营养化,城市污水应进行二级强化处理,增强除磷脱氮的效果。常用的方法有氧化沟法、SBR 法、AB 法、A/O 法、A2/O 法和 UNITANK工艺。如在苏州市城区污水处理厂的规划中,针对当地水体污染的现状和水环境保护的要求,对所有规划建设的污水处理厂均推荐了具有除磷脱氮效果的二级强化工艺。对于工业废水比重较大的污水处理厂推荐采用 AB 法,对于临近阳澄湖的湘城污水处理厂推荐采用出水水质更高的 UNITANK 工艺。

第 9 章　再生水利用系统的规划与设计

9.1　再生水利用系统规划

9.1.1　城市污水再生利用技术政策

为推动城市污水再生利用技术进步，明确城市污水再生利用技术发展方向和技术原则，指导各地开展污水再生利用规划、建设、运营管理、技术研究开发和推广应用，促进城市水资源可持续利用与保护，积极推进节水型城市建设，2006 年建设部、科学技术部联合制定了《城市污水再生利用技术政策》。该技术政策适用于城市污水再生利用（包括建筑中水）的规划、设计、建设、运营和管理，包括城市污水再生利用的目标与原则、再生水利用规划、再生水设施建设、再生水设施运营与监管、再生水利用安全保障、再生水利用的技术创新、再生水利用保障措施等内容。

城市污水再生利用应与水源保护、城市节约用水、水环境改善、景观与生态环境建设等结合，综合考虑地理位置、环境条件、经济社会发展水平、现有污水处理设施和水质特性等因素。国家鼓励城市污水再生利用技术创新和科技进步，推动城市污水再生利用的基础研究、技术开发、应用研究、技术设备集成和工程示范。

城市污水再生利用的总体目标是充分利用城市污水资源、削减水污染负荷、节约用水、促进水的循环利用、提高水的利用效率。2010 年北方缺水城市的再生水直接利用率达到城市污水排放量的 10%～15%，南方沿海缺水城市达到 5%～10%；2015 年北方地区缺水城市的再生水直接利用率达到城市污水排放量的 20%～25%，南方沿海缺水城市达到 10%～15%。其他地区城市也应开展此项工作，并逐年提高利用率。资源型缺水城市应积极实施以增加水源为主要目标的城市污水再生利用工程，水质型缺水城市应积极实施以削减水污染负荷、提高城市水体水质功能为主要目标的城市污水再生利用工程。城市景观环境用水要优先利用再生水；工业用水和城市杂用水要积极利用再生水；再生水集中供水范围之外的具有一定规模的新建住宅小区或公共建筑，提倡综合规划小区再生水系统及合理采用建筑中水；农业用水要充分利用城市污水处理厂的二级出水。国务院有关部门和地方政府应积极制定管理法规与鼓励性政策，切实有效地推动城市污水再生利用工程设施的建设与运营，并建立有效的监控监管体系。

《城市污水再生利用技术政策》针对再生水利用规划提出了以下指导意见：

（1）国家和地方在制定全国性、流域性、区域性水污染防治规划与城市污水处理工程建设规划时，应包含城市污水再生利用工程建设规划。

（2）城市总体规划在确定供水、排水、生态环境保护与建设发展目标及市政基础设施总体布局时，应包含城市污水再生利用的发展目标及布局；市政工程管线规划设计和管线综合中,应包含再生水管线。

(3)城市供水和排水专项规划中应包含城市污水再生利用规划,根据再生水水源、潜在用户地理分布、水质水量要求和输配水方式,经综合技术经济比较,合理确定污水再生利用设施的规模、用水途径、布局及建设方式;缺水城市应积极组织编制城市污水再生利用的专项规划。

(4)城市污水再生利用设施的规划建设应遵循统一规划、分期实施,集中利用为主、分散利用为辅,优水优用、分质供水,注重实效、就近利用的指导原则,积极稳妥地发展再生水用户、扩大再生水应用范围。

(5)确定再生水利用途径时,宜优先选择用水量大、水质要求相对不高、技术可行、综合成本低、经济和社会效益显著的用水途径。

(6)城市污水再生利用系统,包括集中型系统、就地(小区)型系统和建筑中水系统,应因地制宜,灵活应用。集中型系统通常以城市污水处理厂出水或符合排入城市下水道水质标准的污水为水源,集中处理,再生水通过输配管网输送到不同的用水场所或用户管网。就地(小区)型系统是在相对独立或较为分散的居住小区、开发区、度假区或其他公共设施组团中,以符合排入城市下水道水质标准的污水为水源,就地建立再生水处理设施,再生水就近就地利用。建筑中水系统是在具有一定规模和用水量的大型建筑或建筑群中,通过收集洗衣、洗浴排放的优质杂排水,就地进行再生处理和利用。

(7)鼓励不同类型再生水系统的综合应用,优化和保障再生水的生产、输配和供给。城市污水处理厂的邻近区域,用水量大或水质要求相近的用水,可以采用集中型再生水系统,如景观环境用水、工业用水及城市杂用。远离城市污水处理厂的区域,或者用户分散、用水量小、水质要求存在明显差异的用水,可选用就地(小区)型再生水系统。城市公共建筑、住宅小区、自备供水区、旅游景点、度假村、车站等相对独立的区域,可选用就地(小区)型再生水系统或建筑中水系统。

(8)再生水管网应与污水再生处理设施同步规划,优化管网配置,缩短供水距离。

9.1.2　污水再生利用工程设计规范

在我国水资源利用日益紧缺的形势下,如何科学高效地利用再生水源,开展污水再生利用工程规划具有十分重要的现实意义,污水再生利用工程规划应当是与城市发展总体规划和其他专项规划衔接紧密的重要规划,为制定各个时期的回用计划提供依据。

2003年,在广泛的调查研究,认真总结我国污水回用的科研成果和实践经验,同时参考并借鉴国外有关法规和标准的基础上,建设部颁布了国家标准《污水再生利用工程设计规范》(GB 50335—2002)。本规范主要规定的内容有:方案设计的基本规定,再生水水源,回用分类和水质控制指标,回用系统,再生处理工艺与构筑物设计,安全措施和监测控制。

9.1.2.1　**系统组成**

城市污水再生利用系统一般由污水收集、二级处理、深度处理、再生水输配、用户用水管理等部分组成,污水再生利用工程设计应按系统工程综合考虑。

9.1.2.2　方案设计

污水再生利用工程的方案设计,是设计过程中的基础性工作。在我国污水再生利用的初期阶段,方案设计工作更显得重要。方案设计要翔实可靠,特别要把用户落实工作做好,为工程审批提供充分依据。在污水回用工程方案规划设计阶段,应以城市社会经济发展规划、排水规划、供水规划以及其他专项规划和相关的法律法规为依据,通过现场查勘、资料收集、调查研究、技术经济分析等手段,经综合比较后,选择再生水回用途径、落实回用用户的水质水量要求、提出可行的污水回用方案。

根据《污水再生利用工程设计规范》(GB 50335—2002),污水再生利用工程方案设计应包括:①确定再生水源、确定再生水用户、工程规模和水质要求;②确定再生水厂的厂址、处理工艺和输送再生水的管线布置;③确定用户配套设施;④进行相应的工程估算、投资效益分析和风险评价。

9.1.2.3　再生水水源的设计水质

排入城市排水系统的城市污水,可作为再生水水源。再生水水源的设计水质,应根据污水收集区域现有水质和预期水质变化情况综合确定,应符合现行的《污水排入城市下水道水质标准》(JC 3082—1999)、《室外排水设计规范》(GB 50014—2006)和《污水综合排放标准》(GB 8978—2002)的要求。当再生水厂水源为二级处理出水时,可参照二级处理厂出水标准,确定设计水质。

9.1.2.4　用户的确定

作好再生水用户调查,取得用户理解和支持,使用户愿意接受再生水,是落实污水再生利用的重要环节。这样确定再生水设计水量和水质才能符合实际,最大限度地发挥污水再生利用工程的效益。再生水用户的确定可分为调查、筛选和确定三个阶段。

1.调查阶段

调查阶段的主要工作是收集现状资料,确定可供再生利用的全部污水以及使用再生水的全部潜在用户。这一阶段需要和当地供水部门讨论主要潜在用户的情况,然后与这些用户联系。与供水部门和潜在用户建立良好的工作关系是很重要的。潜在用户关心再生水水质、供水可靠性、政府对使用再生水的规章制度,以及有无能力支付管线连接费或增加处理设施所需费用。这阶段应予回答的问题主要有:

(1)再生水在当地有哪些潜在用户?

(2)与污水再生利用相关的公众健康问题如何解决?

(3)污水再生利用有哪些潜在的环境影响?

(4)哪些法律、法规会影响污水再生利用?

(5)哪些机构将审查批准污水再生利用计划的实施?

(6)再生水供应商和用户承担哪些法律责任?

(7)现在新鲜水的成本是多少?将来可能是多少?

(8)有哪些资金可支持污水再生利用计划?

(9)污水再生利用系统哪些部分会引起用户兴趣与得到用户支持?

2.筛选阶段

按用水量大小、水质要求进行筛选。经济上的考虑对上阶段被确认的潜在用户分类排队，筛选出若干个候选用户。筛选用户的主要标准应是：

(1)用水量大小。这是因为大用水户的位置常常决定再生水管线的走向和布置，甚至规模也可大致确定。

(2)用户分布情况。用户集中在一个区域内或一条输水管沿线会影响再生水厂选址和输水管布置。

(3)用户水质要求。通过分类排队可以发现一些明显有可能的用户。筛选时，除比较各用户的总费用外，还应在技术可行性、再生水与新鲜水成本、能节约多少新鲜水水量、改扩建的灵活性、投加药剂和消耗能源水平等方面进行比较。经过上述比较，可从中挑选出若干个最有价值的候选用户。

3.确定阶段

这个阶段应研究各个用户的输水线路和蓄水要求，修正对这些用户输送再生水所需的费用估算；对不同的筹资进行比较，确定用户使用成本；比较每个用户使用新鲜水和再生水的成本。需要处理的问题有：

(1)每个用户对再生水水质有何特殊要求？他们能容忍的水质变化幅度有多大？

(2)每个用户需水量的日、季变化情况。

(3)需水量的变化是用增大水泵能力，还是通过蓄水来解决？如何确定蓄水池大小及设置地点？

(4)如果需对再生水作进一步处理，谁拥有和管理这些增加的处理设施？

(5)区域内工业污染源控制措施如何？贯彻这些控制措施，能否简化再生水处理工艺？

(6)每个系统中潜在用户需水的“稳定性”如何？他们是否会搬迁？生产工艺会不会有变化，以致影响污水再生利用？

(7)农业用户使用再生水是否需改变灌溉方法？

(8)潜在资助机构进行资助的条件和要求是什么？

(9)在服务范围内的用户如何分摊全部费用？

(10)如用户必须投资建造处理构筑物等设施，他们可接受的投资回收期是多少年？每个系统中的用户须付多少连接再生水管的费用？

在对上述问题进行技术经济分析后，可确定用户。

9.1.2.5　用户的水质要求

《城市污水再生利用 分类》(GB/T 18919—2002)在宏观上确定了污水再生利用的用户类别。根据该用户分类，分类水质标准主要有：①《城市污水再生利用 农田灌溉用水水质》(GB 20922—2007)；②《城市污水再生利用 城市杂用水水质》(GB/T 18920—2002)；③《城市污水再生利用 工业用水水质》(GB/T 19923—2005)；④《城市污水再生利用 景观环境用水水质》(GB/T 18921—2002)；⑤《城市污水再生利用 地下水回灌水质》(GB/T 19772—2005)。另外，根据用户的特殊要求，还应符合相应的专业水质要求，比如，混凝土拌和用水还应符合《混凝土用水标准》(JGJ 63—2006)的有关规定，绿地灌溉水质应满足《城市污水再生利用 绿地灌溉水质》(GB/T 25499—2010)标准的规定。

9.1.2.6 再生水厂的布局

根据各用户的水量水质要求和具体位置分布情况，确定再生水厂的规模、布局，再生水厂的选址、数量和处理深度，再生水输水管线的布置等。再生水厂宜靠近再生水水源收集区和再生水用户集中地区。再生水厂可设在城市污水处理厂内或厂外，也可设在工业区内或某一特定用户内。再生水生产设施可由已建成的城市污水厂改扩建，增加深度处理部分来实现；也可在新建污水处理厂中包括污水再生利用部分；或单独建设污水完全再生利用的再生水厂。从污水再生利用角度出发，再生水厂不宜过于集中，可根据城市规划，考虑到用户位置分散布局。

9.1.2.7 风险评价

风险评价主要是从卫生学、生态学和安全角度，就再生水对人体健康、生态环境、用户的设备和产品等方面的影响作出评价。

9.1.2.8 方案比选

对回用工程各种方案应进行技术经济比选，确定最佳方案。技术经济比选应符合技术先进可靠、经济合理、因地制宜的原则，保证总体的社会效益、经济效益和环境效益。

9.1.3 城镇污水再生利用技术指南

再生水由于其自身的特点，推广普及再生水技术利用，已经成为了推动城镇节水减排、改善人居环境的重要途径。2012年12月28日，住房和城乡建设部发布了《城镇污水再生利用技术指南（试行）》（建城[2012]197号）。《城镇污水再生利用技术指南（试行）》（简称《技术指南》）主要从再生水的规划和设施的建设、运行、维护及管理，进一步规范城镇污水再生利用。整个城市污水再利用的核心问题，是用户安全利用，围绕着这个问题，《技术指南》在单元处理技术、组合工艺、工程建设与设施运行维护以及风险管理等各个方面，都作了相关的规定。也就是说，为了进一步规范城镇污水再生利用，推动城镇节水减排，编制本指南，从而提出我国城镇污水再生利用的原则框架，用于指导我国城镇污水处理再生利用的规划，设施建设、运行、维护及管理。

《技术指南》主要分为六大部分，分别是总则、城镇污水再生利用技术路线、城镇污水再生处理技术、城镇污水再生处理工艺方案、再生利用工程建设与设施运行维护、城镇污水再生利用风险管理。下面根据这六大部分，进行简单的介绍。

9.1.3.1 总则

总则部分主要包含以下三部分的内容。

1.适用范围

《技术指南》适用于城镇集中型污水处理再生利用技术方案选择，涵盖城镇污水从收集、处理到再生利用全过程的管理，指导城镇污水再生利用的规划以及设施的建设、运行、维护和管理。

2.总体目标

城镇污水再利用的总体目标是，要充分利用城镇污水资源、削减水污染负荷、促进水的循环利用，缓解区域水资源短缺，推动城镇节水减排，提升我国城镇水资源综合利用效率和水平，从而推动资源节约型和环境友好型社会的建设。

3.指导思想

《技术指南》的指导思想可以概括为:结合相关政策的要求和现有城镇污水再生利用设施的运行实践,体现系统性、整体性、合理性、前瞻性和水质安全性,科学确定城镇污水再生利用规划以及设施建设、运行、维护和管理的技术要求。

9.1.3.2　污水再生利用技术路线

有关技术路线主要有四方面的内容,包括城镇污水再利用的基本原则、再生水利用需求分析、规划布局以及单元技术选择。

1.基本原则

对于基本原则来说,核心问题是,城镇污水再利用的规划应以系统的调研和现状为基础。其规模与布局应根据城镇自身特点和客观需求确定。应用原则应优先用于需求量大、水质要求相对较低等途径。

2.再生水利用需求分析

进行再生水需求分析时,要充分考虑现状分析,包括水源、排放与处理情况、生产、使用等方面的分析。而对水质水量需求分析,则要依据不同用途来进行。

3.规划布局

再生处理设施规模和技术的选择,不仅要满足近期需求,同时也要兼顾远期需求。城镇污水处理厂的建设应充分考虑再生利用的需求。而再生处理、储存、输配设施布局,则应综合考虑水源和用户分布。

4.单元技术选择

单元技术选择包含两个核心问题:①不同利用途径应重点关注的再生水水质指标;②污水再生利用主要单元技术功能和特点。利用表9-1、表9-2可以更清晰地了解这两个核心问题的重点。

城镇污水再生利用主要途径包括工业、景观环境、绿地灌溉、农田灌溉、城市杂用和地下水回灌。水质要求分别详见有关国家标准GB/T 19923—2005、GB/T 18921—2002、GB/T 25499—2010、GB 20922—2007、GB/T 18920—2002、GB/T 19772—2005。不同用途应重点关注的水质指标见表9-1。

为了达到不同用途的水质要求,需要将各种污水再生处理单元技术进行有机组合。主要单元技术功能和特点见表9-2。

9.1.3.3　城镇污水再生处理技术

城镇污水再生处理技术主要包括常规处理、深度处理和消毒。常规处理包括一级处理、二级处理和二级强化处理。主要功能为去除SS、溶解性有机物和营养盐(氮、磷)。深度处理包括混凝沉淀、介质过滤(含生物过滤)、膜处理、氧化等单元处理技术及其组合技术,主要功能为进一步去除二级(强化)处理未能完全去除的水中有机污染物、SS、色度、臭、味和矿化物等。消毒是再生水生产环节的必备单元,可采用液氯、氯气、次氯酸盐、二氧化氯、紫外线、臭氧等技术或其组合技术。

《技术指南》中提出,城市污水再生处理系统应优先发挥常规处理在氮磷去除方面的功能,一般情况下应避免在深度处理中专门脱氮。

表 9-1　不同利用途径应重点关注的再生水水质指标

主要用途		重点关注的水质指标
工业	冷却和洗涤用水	应重点关注氨氮、氯离子、悬浮物(SS)、色度等指标
	锅炉补给水	应重点关注溶解性总固体(TDS)、化学需氧量(COD)、SS 等指标
	工艺与产品用水	应重点关注 COD、SS、色度、臭、味等指标
景观环境	观赏性景观环境用水	应重点关注营养盐及色度、臭、味等指标
	娱乐性景观环境用水	应重点关注营养盐、病原微生物、有毒有害有机物及色度、臭、味等指标
绿地灌溉	非限制性绿地	应重点关注病原微生物、浊度、有毒有害有机物及色度、臭、味等指标
	限制性绿地	应重点关注浊度、臭、味等感官指标
农田灌溉	直接食用作物	应重点关注重金属、病原微生物、有毒有害有机物、色度、臭、味、TDS 等指标
	间接食用作物	应重点关注重金属、病原微生物、有毒有害有机物、TDS 等指标
	非食用作物	应重点关注病原微生物、TDS 等指标
城市杂用		应重点关注病原微生物、有毒有害有机物、浊度、色度、臭、味等指标
地下水回灌	地表回灌	应重点关注重金属、TDS、病原微生物、SS 等指标
	井灌	应重点关注重金属、TDS、病原微生物、有毒有害有机物、SS 等指标

9.1.3.4　城镇污水再生处理工艺方案

在污水再生处理工程中单独使用某项单元技术很难满足用户对水质的要求,应针对不同的水质要求采用相应的组合工艺进行处理。在《技术指南》中,根据国内外城镇污水再生处理与利用研究成果和实践经验。针对不同再生水利用途径推荐相应的主要组合工艺。

1.工业利用

在工业利用方面,常见的方式有冷却和洗涤用水、锅炉补给水、工艺与产品用水。各种利用方式的指标有很大不同,针对各种用途的差别,《技术指南》也对各工业利用用水进行了相应的工艺建议。

表 9-2　污水再生利用主要单元技术功能和特点

单元技术			主要功能及特点
常规处理	一级处理		去除 SS,提高后续处理单元的效率,主要包括格栅、沉沙池和初沉池
	二级处理		去除易生物降解有机污染物和 SS,主要为生物处理工艺,如传统活性污泥法
	二级强化处理		强化营养盐(氮、磷)的去除,如厌氧/缺氧/好氧(AAO)工艺
深度处理	混凝沉淀		强化 SS、胶体颗粒、有机物、色度和 TP 的去除,保障后续过滤单元处理效果
	介质过滤	砂滤	进一步过滤去除 SS、TP,稳定、可靠,占地和水头损失较大
		滤布滤池	进一步过滤去除 SS、TP,占地和水头损失较小
		生物过滤*	进一步去除氨氮或总氮以及部分有机污染物
	膜处理	膜生物反应器	传统生物处理工艺与膜分离相结合以提高出水水质,占地小,成本较高
		微滤/超滤膜过滤	高效去除 SS 和胶体物质,占地小,成本较高
		反渗透	高效去除各种溶解性无机盐类和有机物,水质好,但对进水水质要求高,能耗较高
	氧化	臭氧氧化	氧化去除色度、臭、味和部分有毒有害有机物
		臭氧-过氧化氢	比臭氧具有更强的氧化能力,对水中色度、臭、味及有毒有害有机物进行氧化去除
		紫外-过氧化氢	比臭氧具有更强的氧化能力,对水中色度、臭、味及有毒有害有机物进行氧化去除。比臭氧-过氧化氢反应时间长
消毒	氯消毒		有效灭活细菌、病毒,具有持续杀菌作用。技术成熟,成本低,剂量控制灵活可变。易产生卤代消毒副产物
	二氧化氯		现场制备,有效灭活细菌、病毒,具有一定的持续杀菌作用。产生亚氯酸盐等消毒副产物
	紫外线		现场制备,有效灭活细菌、病毒和原虫。消毒效果受浊度的影响较大,无持续消毒效果
	臭氧		现场制备,有效灭活细菌、病毒和原虫,同时兼有去除色度、臭、味和部分有毒有害有机物的作用。无持续消毒效果

注:* 将生物过滤也包括在介质过滤中。

(1)冷却和洗涤用水:应考虑防止结垢、腐蚀、生物滋生等,重点关注氨氮、氯离子、SS、色度等指标,循环冷却水应考虑盐度和硬度的控制(见表 9-3)。

表 9-3 冷却和洗涤用水建议工艺

工艺	处理效果	特点
城镇污水→二级处理/二级强化处理出水→(臭氧)→消毒	一般;使用臭氧可去除色、臭	投资运行成本低;出水可以用于直流冷却水和一般洗涤用水
城镇污水→二级处理/二级强化处理出水→(混凝沉淀)→介质过滤→(臭氧)→消毒	使用介质过滤对 SS 有一定去除效果;使用臭氧可去除色、臭	投资运行成本低
城镇污水→二级处理/二级强化处理出水→(混凝)→超滤/微滤→(臭氧)→消毒	使用超滤/微滤对 SS 去除效果好;使用臭氧可去除色、臭	投资运行成本较高;需关注膜污染和膜寿命
城镇污水→膜生物反应器出水→(臭氧)→消毒	使用膜生物反应器对 SS 去除效果好;使用臭氧可去除色、臭	投资运行成本较高;膜生物反应器占地面积小;运行过程需关注膜污染和膜寿命

(2)锅炉补给水:应考虑防止结垢、腐蚀等,重点关注 TDS、COD、SS 等指标。用于锅炉补给水的水质与锅炉压力有关,锅炉蒸汽压力越高对水质要求越高(见表 9-4)。

表 9-4 锅炉补给水建议工艺

工艺	处理效果	特点
城镇污水→二级处理/二级强化处理出水→混凝沉淀→介质过滤→消毒	使用介质过滤对 SS 有一定去除效果	投资运行成本低
城镇污水→二级处理/二级强化处理出水→(混凝)→超滤/微滤→消毒	使用超滤/微滤对 SS 去除效果好	投资运行成本较高;需关注膜污染和膜寿命
城镇污水→膜生物反应器出水→消毒	使用膜生物反应器对 SS 去除效果好	投资运行成本较高;膜生物反应器占地面积小;运行过程需关注膜污染和膜寿命
城镇污水→二级处理/二级强化处理出水→(混凝)→超滤/微滤→反渗透→消毒	使用反渗透对无机盐和各种污染物均有良好的去除效果	投资运行成本高;适用于高品质再生水的生产要求;需关注膜污染、膜寿命及浓盐水排放

(3)工艺与产品用水:不同工艺与产品用水水质需求差异较大,通常需关注 COD、SS、色度、臭、味等指标(见表 9-5)。

表 9-5　工艺与产品用水建议工艺

工艺	处理效果	特点
城镇污水→二级处理/二级强化处理出水→(混凝沉淀)→介质过滤→(臭氧)→消毒	使用介质过滤对 SS 有一定去除效果;使用臭氧可去除色、臭	投资运行成本低
城镇污水→二级处理/二级强化处理出水→(混凝)→超滤/微滤→(臭氧)→消毒	使用超滤/微滤对 SS 去除效果好;使用臭氧可去除色、臭	投资运行成本较高;需关注膜污染和膜寿命
城镇污水→膜生物反应器出水→(臭氧)→消毒	使用膜生物反应器对 SS 去除效果好;使用臭氧可去除色、臭	投资运行成本较高;膜生物反应器占地面积小;运行过程需关注膜污染和膜寿命
城镇污水→二级处理/二级强化处理出水→(混凝)→超滤/微滤→反渗透→(臭氧)→消毒	使用反渗透对无机盐和各种污染物均有良好去除效果	投资运行成本高;适合用于高品质再生水的生产要求;需关注膜污染、膜寿命及浓盐水排放

2.景观环境用水

景观环境用水包含观赏性景观用水和娱乐性景观用水,两者在推荐工艺上也有很多不同。

(1)观赏性景观环境用水:应重点关注营养盐及色度、臭、味等指标。

(2)娱乐性景观环境用水:应考虑人体接触的健康风险及水体富营养化的风险,因此应重点关注营养盐、病原微生物、有毒有害有机物及色度、臭、味等指标。

3.绿地灌溉利用

绿地灌溉利用主要分为非限制性绿地用水和限制性绿地用水。非限制性绿地是对公众完全开放的环境,所以其重点关注的指标与限制性绿地会有所区别,在推荐工艺上也有很多差别。

(1)非限制性绿地用水:应重点关注病原微生物、浊度、有毒有害有机物及色度、臭、味等指标。

(2)限制性绿地用水:应重点关注浊度、臭、味等感官指标。

4.农田灌溉利用

农田灌溉利用主要分为直接食用作物、间接食用作物和非食用作物,在《技术指南》中,也根据各作物种类的不同,对处理工艺作了不同的推荐。

(1)直接食用作物:应重点关注重金属、病原微生物、有毒有害有机物、色度、臭、味、TDS 等指标。

(2)间接食用作物:应重点关注重金属、病原微生物、有毒有害有机物、TDS 等指标。

(3)非食用作物:应重点关注病原微生物和TDS等指标。

5.城市杂用

城镇污水再生水作为城市杂用有以下用途:冲厕、道路清扫、车辆冲洗等。应重点关注病原微生物、有毒有害有机物、浊度、色度、臭、味等指标。《技术指南》根据水质的不同要求,推荐了相应的工艺。

6.地下水回灌

地下水回灌分为地表回灌和井灌,针对水质要求的不同,《技术指南》中也有不同的推荐工艺。其中,井灌要求较高,推荐工艺也相应有许多要求。

(1)地表回灌:应重点关注重金属、TDS、病原微生物和SS等指标。

(2)井灌:应重点关注重金属、TDS、病原微生物、有毒有害有机物、SS等指标。

9.1.3.5 城镇污水再生利用工程建设与设施运行维护

1.城镇污水再生利用工程建设

(1)再生处理设施建设:从选址、设计、设备选型、施工与验收等方面进行了规定。

(2)储存设施建设:从分类、标识等方面进行了规定。

(3)输配管网建设:再生水管材特性及选择建议方案。

2.设施运行维护管理

(1)再生处理设施运行维护管理。

(2)储存设施及输配管网运行维护管理。

《技术指南》对常用再生水管的各项性能指标都作了规定(见表9-6)。

表9-6 常见再生水管材特性及选择建议方案

管材类型	抗腐蚀性能	水质适应性	机械性能	应用情况	建议管径范围
球墨铸铁管	用于再生水输配需作内外防腐蚀处理	水泥内衬不适合低pH值、低碱度水和软水,环氧树脂涂层可提高其水质适应性	承压能力强,韧性好,施工维修方便	广泛应用于饮用水和再生水的输配	DN300~DN1200
钢管	用于再生水输配需做内外防腐蚀处理	环氧树脂涂层可提高其水质适应性	机械性能好,施工维修方便	用于大口径输水管道,局部施工较复杂	≥DN600
预应力钢筒混凝土管(PCCP)	具有较好的抗腐蚀性能	水泥砂浆与水接触,不适合低pH值、低碱度水及软水	承压能力强,抗震性能好,施工维修方便	一种新型的刚性管材,抢修、维护比较困难	≥DN1200

续表 9-6

管材类型	抗腐蚀性能	水质适应性	机械性能	应用情况	建议管径范围
高密度聚乙烯(HDPE)管	耐腐蚀	水质适应范围广	重量轻,易施工	新型管材,价格较高,适合DN300以下的管道	≤DN300
玻璃钢夹砂(RPMP)管	耐腐蚀	水质适应范围广	相对较轻,拉伸强度低于钢管、高于球墨管和混凝土管	适用于大口径输水管道	范围较广
硬聚氯乙烯(UPVC)管	耐腐蚀	水质适应范围广	重量轻,施工连接方便,强度相对较低	常用的输水管材,不适合承压大的施工环境,易脆	≤DN300

9.1.3.6 城镇污水再生利用风险管理

城镇污水再生利用风险管理应注意生产风险管理、终端用户风险管理以及加强科学研究和公众参与的管理。

9.1.4 其他相关规范

再生处理技术是跨学科技术,涉及给水处理和污水处理内容,与二者既有联系又有区别。在具体工程规划设计时,可同时参照《室外排水设计规范》和《室外给水设计规范》。对于冷却水来说,可参照《工业循环冷却水处理设计规范》。当城市再生水厂出水供给建筑物或小区使用时,可参照《建筑中水设计规范》。

9.2 再生水利用系统设计

9.2.1 未经处理的市政污水成分

污水收集系统所收集到的未经处理的市政污水,除供水时就存在的成分外,其他成分均产自于各个使用环节,根据用水对象的不同(如居民生活排污、商业用水排污和工业用水退水),其污水具体成分千差万别,但其主要类别如表 9-7 所示。

表 9-7 中的污水成分在污水回用的过程中可能都会影响到最终的回用效果,但现存所有单一污水处理工艺均不能去除所有污染物质,不同污染物质的去除需要采取相针对的处理工艺。

表 9-7　未经处理市政污水成分的主要类别及其物理性质

类别	组成成分描述
无机物	主要指水体中的无机组分,在很大程度上可影响到再生水的应用途径
致病菌	主要包括细菌、原生动物、寄生虫和病毒等
富营养化物质	主要指各种形态的氮和磷
微量成分	主要指水体具有极低浓度的组分,包括杀虫剂、重金属离子等
总溶解性固体	由无机物和有机物组成,能够直接决定再生水的可回用性

9.2.2　再生水利用技术

9.2.2.1　再生水处理系统所面临的问题

再生水利用对象不同、回用用途不同,所需要的处理工艺也不同,处理工艺应具有较高的可靠性。与传统的二级污水处理系统仅需满足出水水质达标不同,再生水处理系统首先应保证在污水回用的过程中不对公众健康和环境造成危害,因此污水再生利用系统存在的挑战更大。

(1)污水再生利用系统的水质目标更加严格,几乎不允许任何超过限值的情况出现。

(2)不同水质的再生水,应力争满足不同的用水需求,尽可能实现“优水优用”。

(3)需要制定严格的预防和应急措施以保障公众安全。

9.2.2.2　再生水处理技术

再生水处理技术更侧重于通常所述的二级、三级和深度处理工艺,根据用水对象对回用水质的要求,为实现不同成分的既定去除水平,常需要将不同的再生水处理技术组合使用。

图 9-1 和表 9-8 列出了再生水处理技术的主要操作和工艺流程,以及它们在污水再生处理过程中能够去除的组分类别。由图 9-1 和表 9-8 对比可以看出,工艺流程中处理工艺的数目取决于用水对象对水质的要求,如果对水质要求足够高,甚至可能需要无数个处理工艺才能完全实现它。

根据再生水用途的不同,再生水处理技术主要包括以下类别:

(1)二级处理中溶解性有机物、悬浮固体和营养物质的去除;

(2)二级出水中残留颗粒态污染物质的去除;

(3)残留的溶解性污染物质的去除;

(4)残留的痕量污染物质的去除;

(5)各类致病菌的灭活。

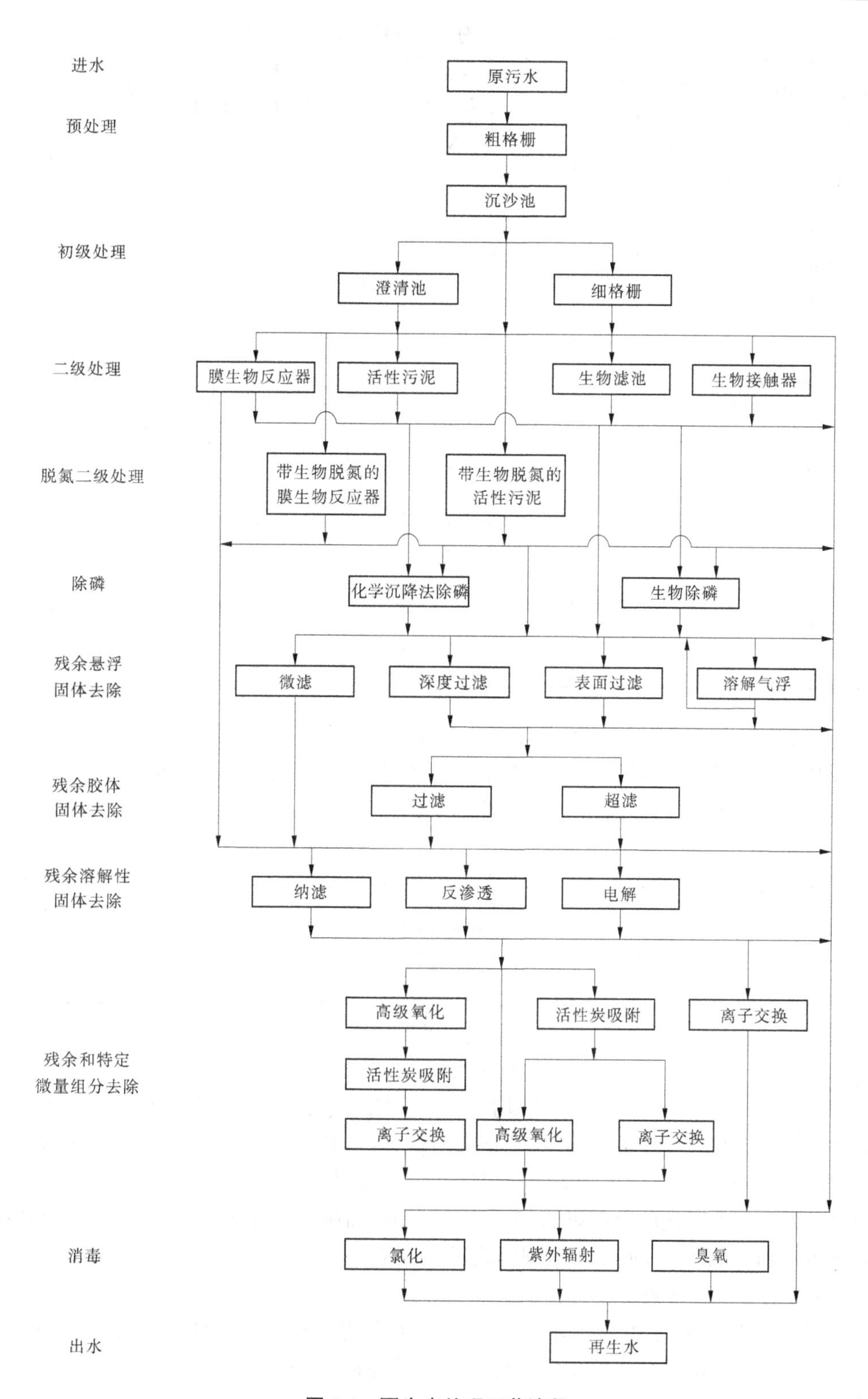

图 9-1　再生水处理工艺流程

表 9-8　再生水中污水组分分类去除的单元操作和对应工艺

单元操作或工艺	悬浮固体	胶体物质	颗粒态有机质	溶解态有机质	氮	磷	微量组分	总溶解态固体	细菌	原生动物	致病微生物
二级处理	√			√							
脱氮除磷二级处理				√	√	√					
深度过滤	√								√	√	
表面过滤	√		√						√	√	
微滤	√	√	√						√	√	
超滤	√	√	√						√	√	√
溶解性气浮	√	√	√							√	√
纳滤			√	√			√	√	√	√	√
反渗透				√	√	√	√	√	√	√	√
电渗析		√									
活性炭吸附				√			√				
离子交换					√		√	√			
高级氧化			√	√			√		√	√	√
消毒				√					√	√	√

1.二级处理中溶解性有机物、悬浮固体和营养物质的去除

污水二级处理中，多采用生化处理，污水的生化处理多用来去除有机污染，去除率介于 85%～95%。典型的二级生化处理工艺主要包括活性污泥法、膜生物反应器、生物滤池和生物转盘。

当前，越来越多的污水处理厂在传统的活性污泥法基础上，结合了厌氧、缺氧和好氧处理单元，实现了有机污染物去除及脱氮除磷的同时性。图 9-2 是典型的活性污泥法处理流程，图 9-3～图 9-5 是具有脱氮除磷和有机物去除的典型工艺流程图。

特别需要指出的是，由于生物除磷效率较低，对出水中磷含量要求极高时，通常采用化学沉降法，通过化学沉降和过滤组合工艺，可以极大地提高污水中磷的去除效率。

2.二级出水中残留颗粒态污染物质的去除

二级处理出水中悬浮物含量一般均达不到回用要求，同时，大量悬浮物存在时，对出水的杀毒效果也将产生较大影响，特别是采用紫外线（UV）消毒时，由于悬浮颗粒对光线的阻挡作用，将增大消毒设备的能耗并降低其杀毒效率。为使出水达到回用水水质标准，并削减对后续消毒工艺的负面影响，多采用膜过滤、加压气浮等深度处理工艺去除残留的颗粒态污染物。如图 9-6 所示为典型的膜过滤设备。

3.残留的溶解性污染物质的去除

溶解性物质（比如水中的盐分）在经过一系列常规处理后，其含量会随着处理流程的增加而不断增大。溶解性物质中的无机组成含量超标，可能会引起设备和管道系统的结垢或腐蚀，特别是对冷凝塔系统。

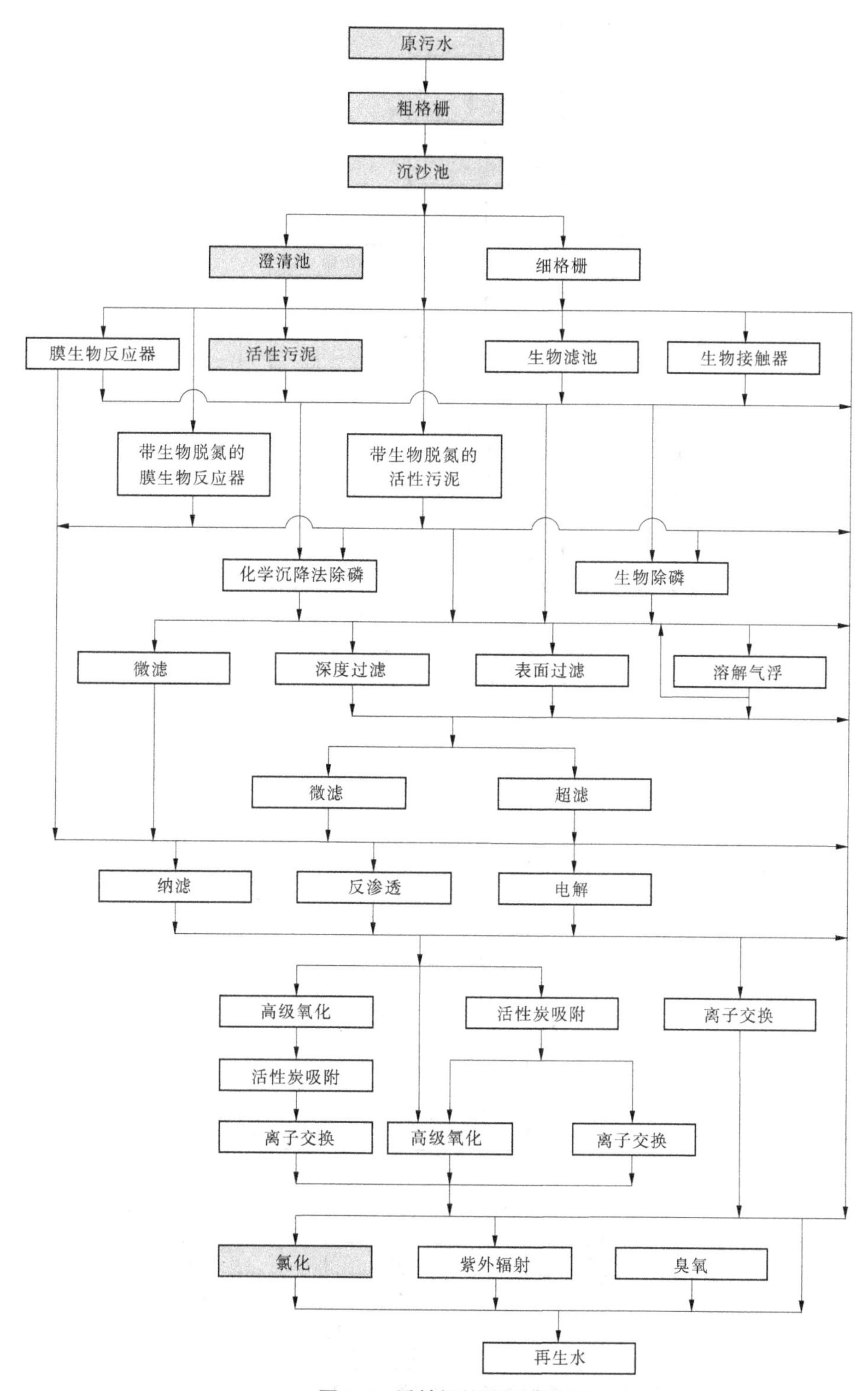

图 9-2　活性污泥法工艺流程

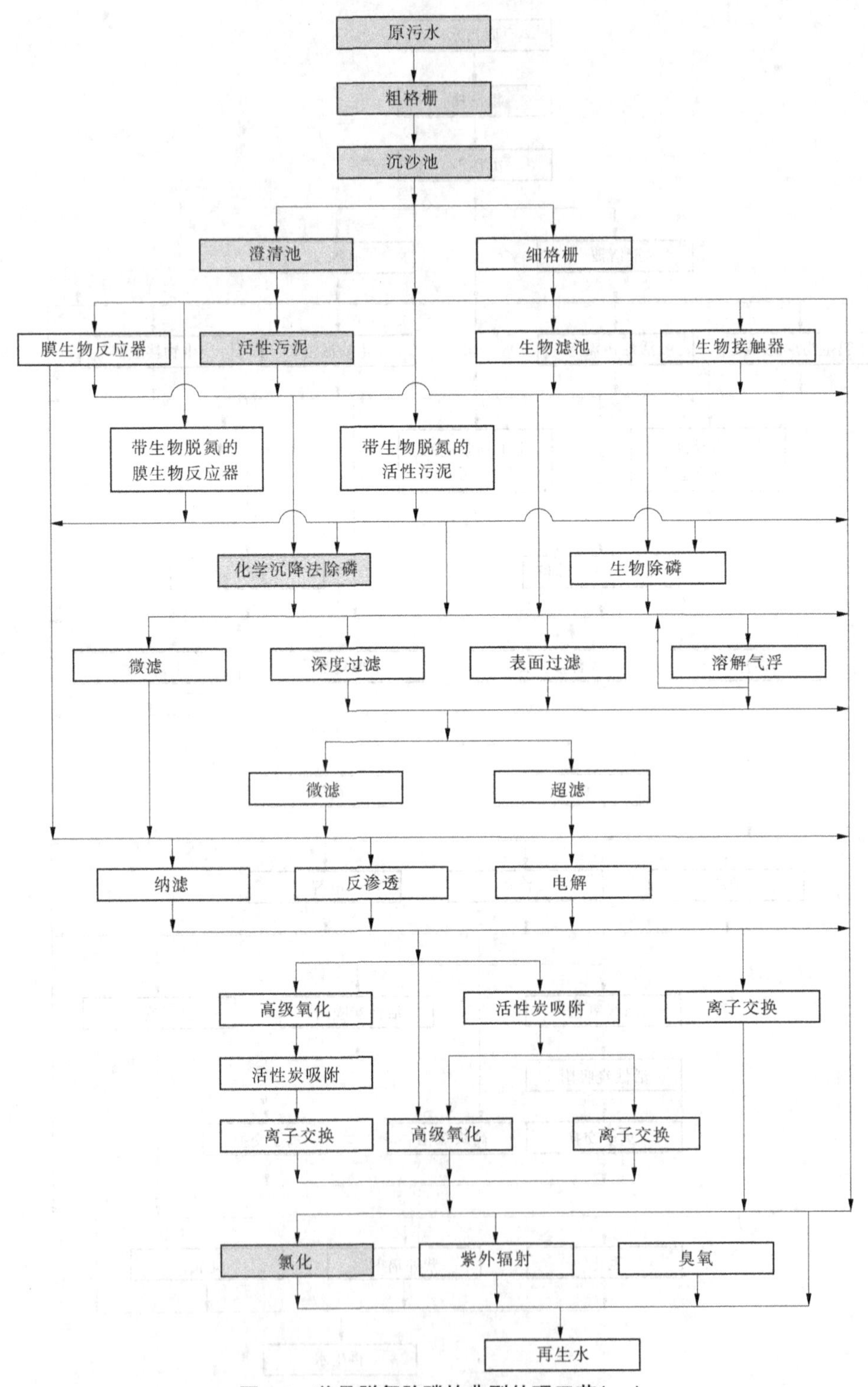

图 9-3　兼具脱氮除磷的典型处理工艺(一)

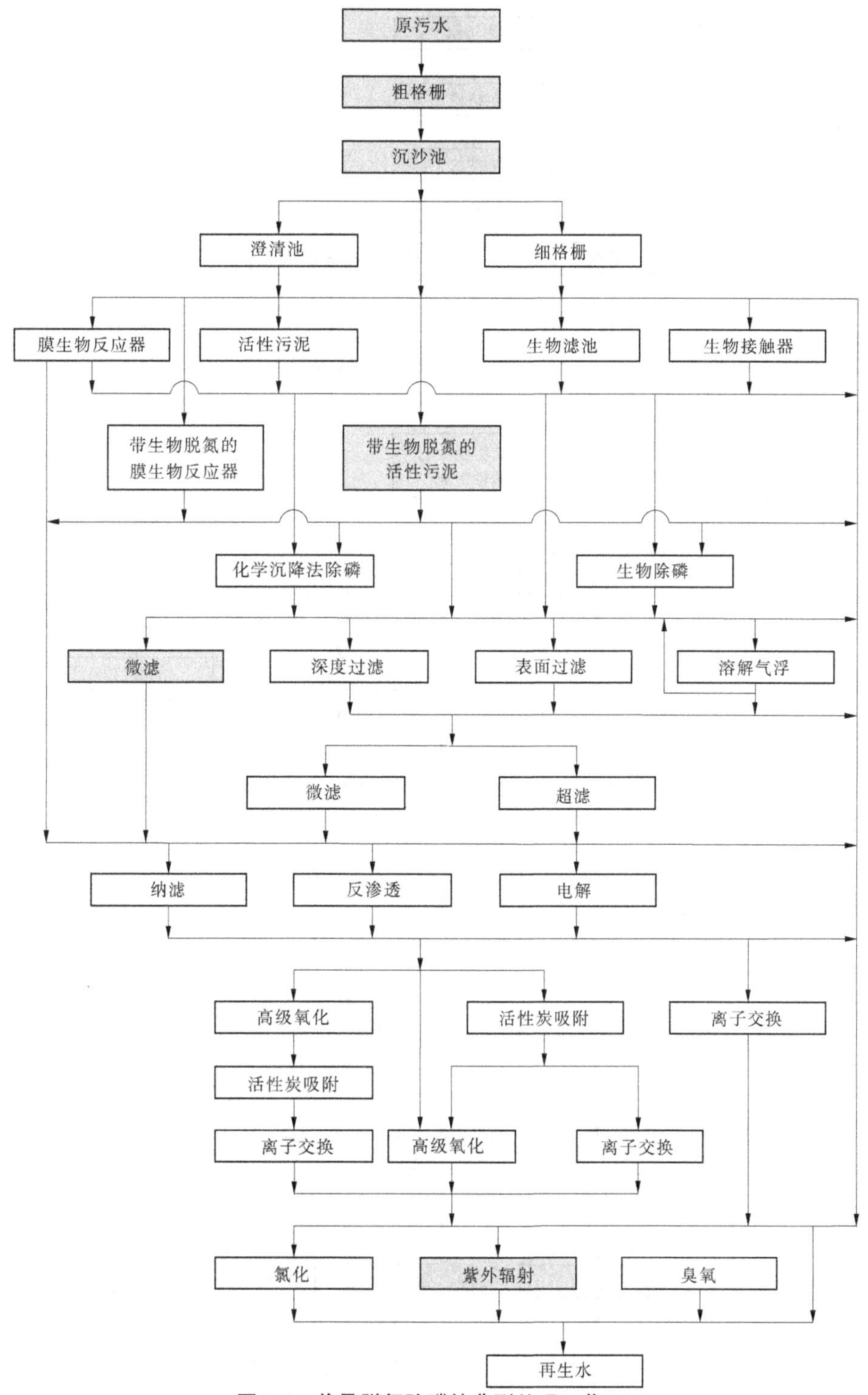

图 9-4　兼具脱氮除磷的典型处理工艺(二)

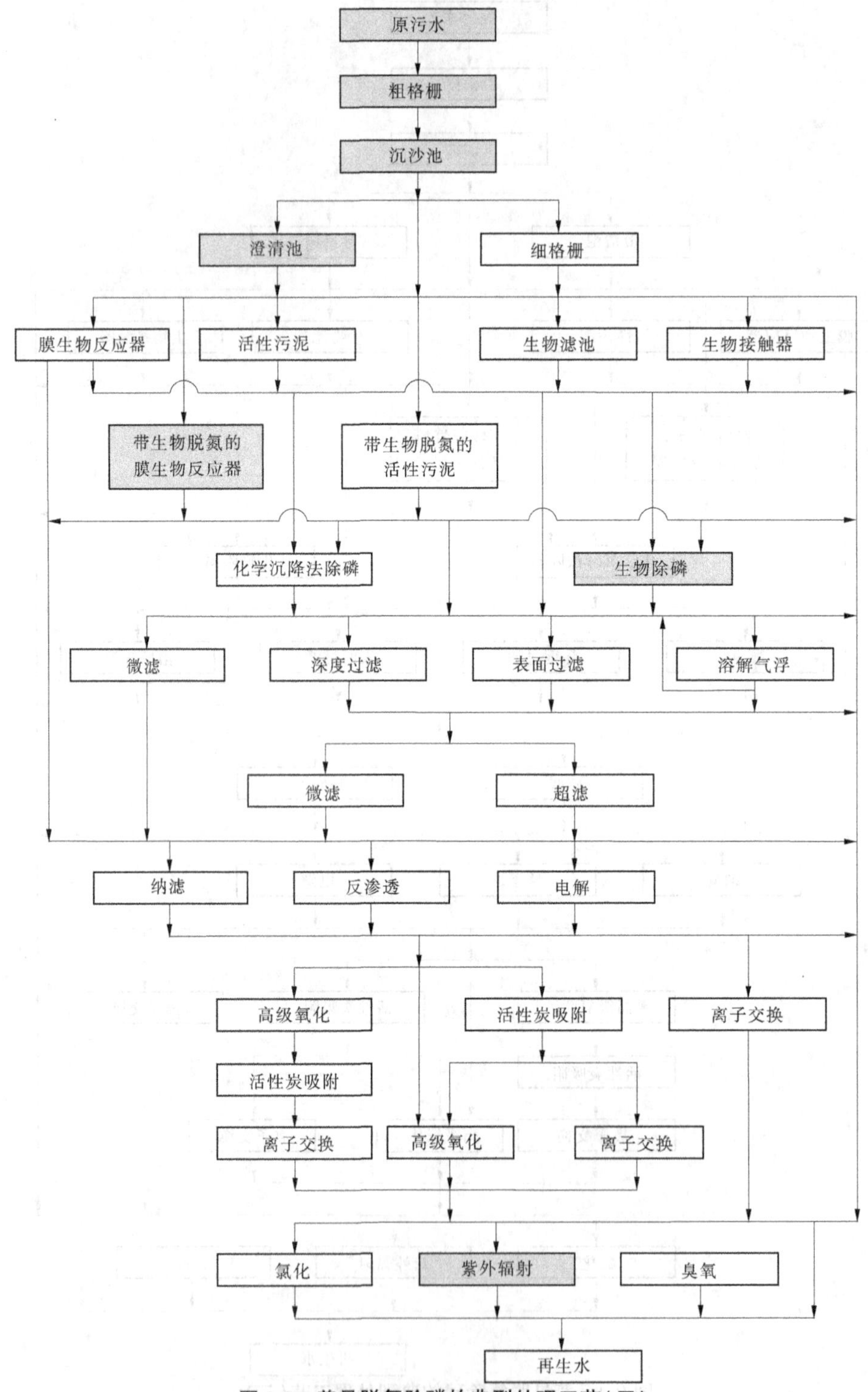

图 9-5　兼具脱氮除磷的典型处理工艺(三)

图 9-6　典型的膜过滤设备

污水中溶解性组分的来源主要包括以下几类：

(1)源水自身含有的高浓度矿物质；

(2)在使用过程中进入的矿物质；

(3)投加软化剂后形成的盐分；

(4)水回用过程中添加的化学物质,如次氯酸钠或混凝剂类。

溶解性无机组分的去除可以通过纳滤(NF)、反渗透(RO)或者电渗析(ED)来完成。图 9-7 和图 9-8 分别是包含 RO 和 ED 以去除溶解性组分的典型工艺流程。

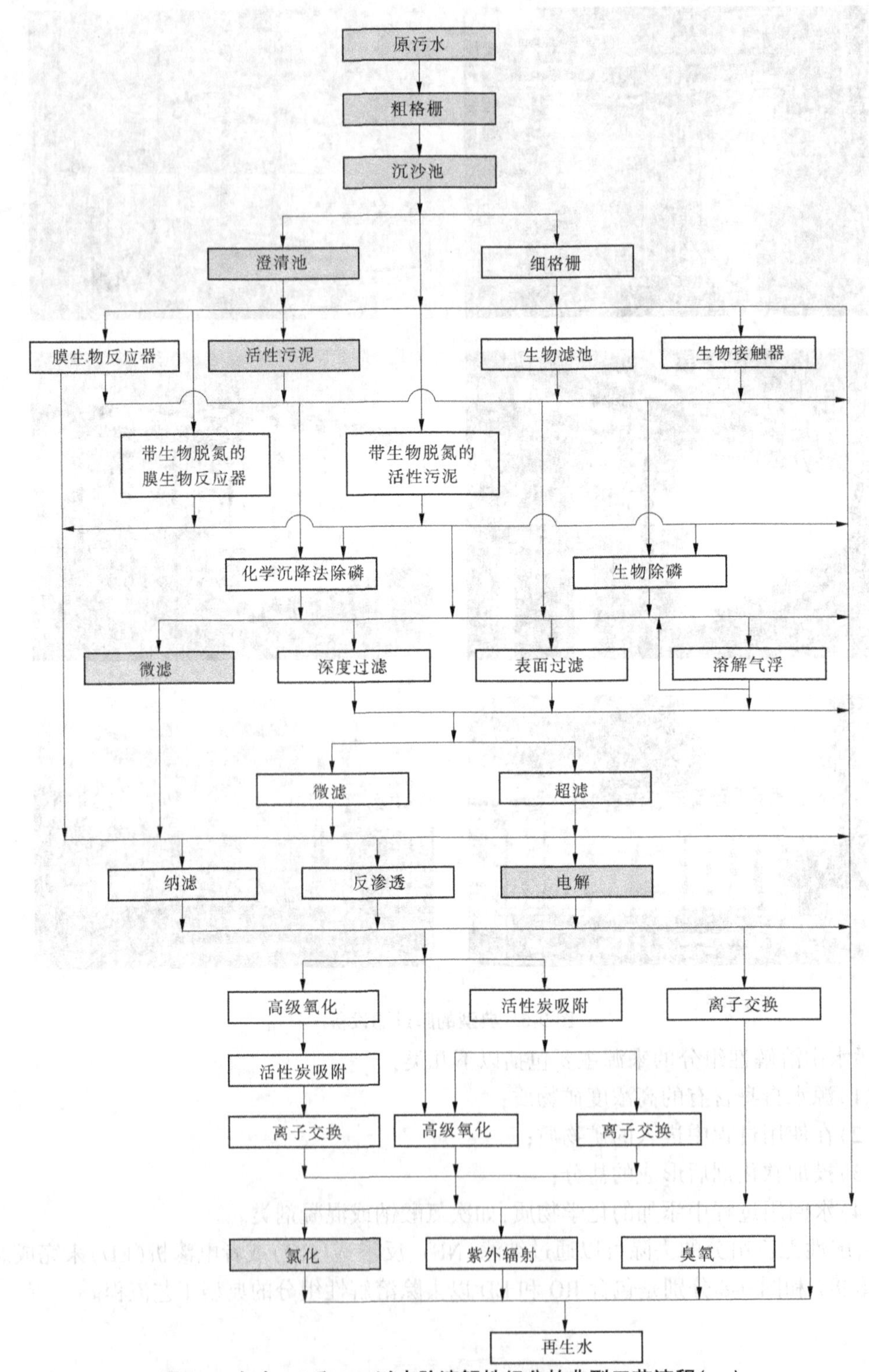

图 9-7　包含 RO 和 ED 以去除溶解性组分的典型工艺流程(一)

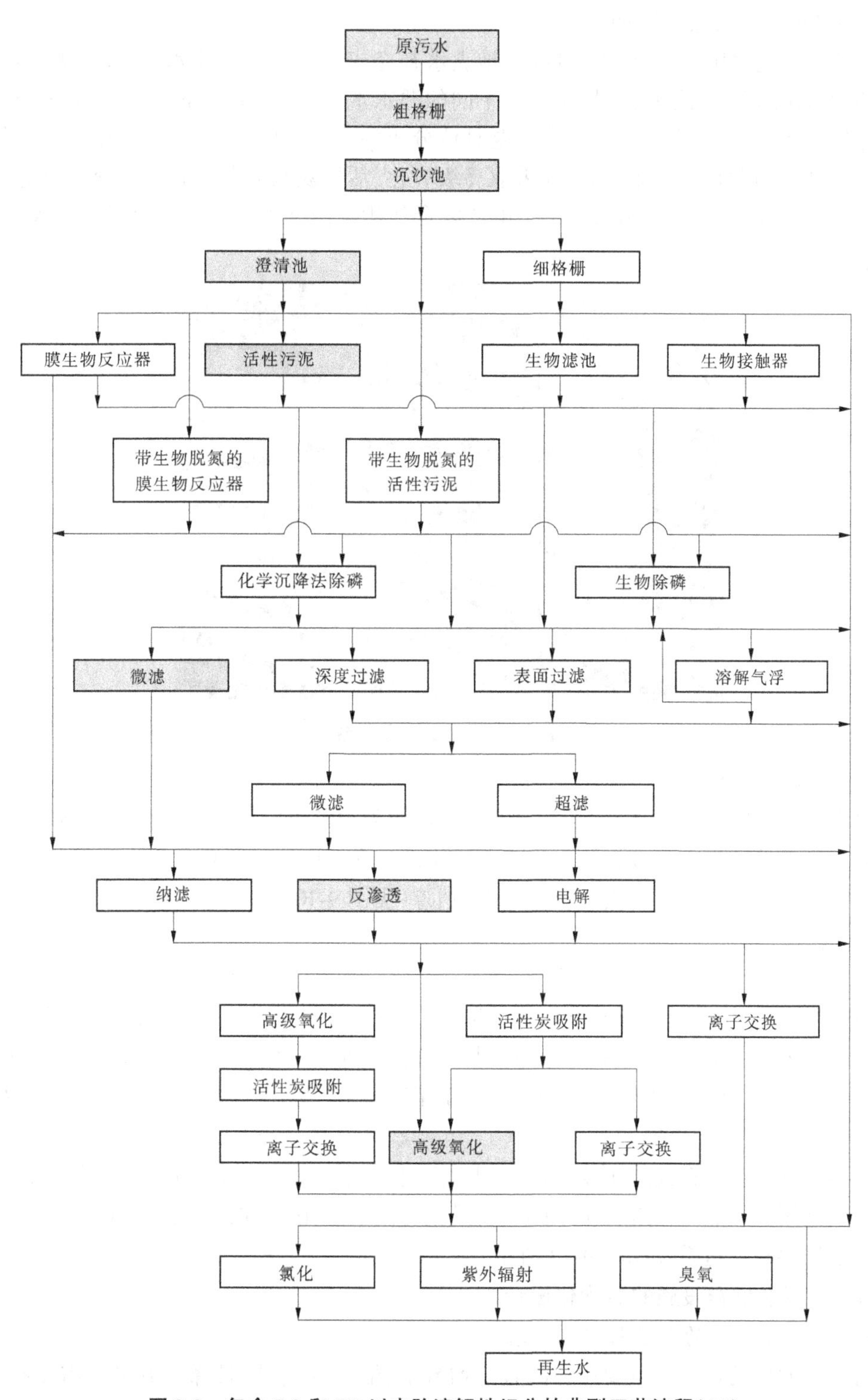

图 9-8 包含 RO 和 ED 以去除溶解性组分的典型工艺流程(二)

4.残留的痕量污染物质的去除

特殊的再生水用途,如地下水回灌、地表水补充或者工业生产用水,可能需要去除某种或多种微量组分。不同的回用用途和不同的源水水质,决定了微量污染物质的去除案例均是独一无二的,是真正需要具体问题具体分析的。如果所关注的微量元素经过传统和三级处理后仍没有被去除,则需要采取高级氧化、活性炭吸附甚至离子交换等工艺,有时往往还需要和纳滤(NF)或反渗透(RO)联合使用。图 9-9 是一个典型的离子交换反应器。

图 9-9　离子交换反应器

5.各类致病菌的灭活

再生水生产的一个极其重要的工序是消毒,因为消毒可以极大地减少致病菌的浓度,从而最大程度地减少由于接触到再生水而带来的公众健康风险。再生水生产工艺中采用的消毒工艺多为加氯或者采用紫外线(UV)消毒(见图 9-10、图 9-11)。

9.2.3　再生水的配送和储存

再生水水源、用水对象以及回用水量确定后,即可对再生水的配送和储存系统进行设计。在很多方面,再生水配送和储存系统与传统给水处理工程相类似,但由于再生水水质的特殊性,在设计再生水配水和供水设施时,需要将发生事故时可能产生的危害降到最低。

再生水配送和储存设施主要由以下因素决定:再生水处理厂的定位、再生水用水对象的位置及其用水特点。输送再生水的主要设施有储水池、配水泵站、输配水管路等。典型的再生水储存和配送系统如图 9-12 所示。

9.2.3.1　配送和储存设施的概念化设计

1.主要用水对象的水量与水压需求

再生水回用的每一个重要用户的日平均流量、最大日流量、时峰值流量均需要确定。对于用水连续性较好,用水系数变化不大的用水对象,其日平均流量、最大日流量的确定尤为重要;对于间断使用,例如农业灌溉、风景区绿化浇灌的用水过程,其时峰值流量是决

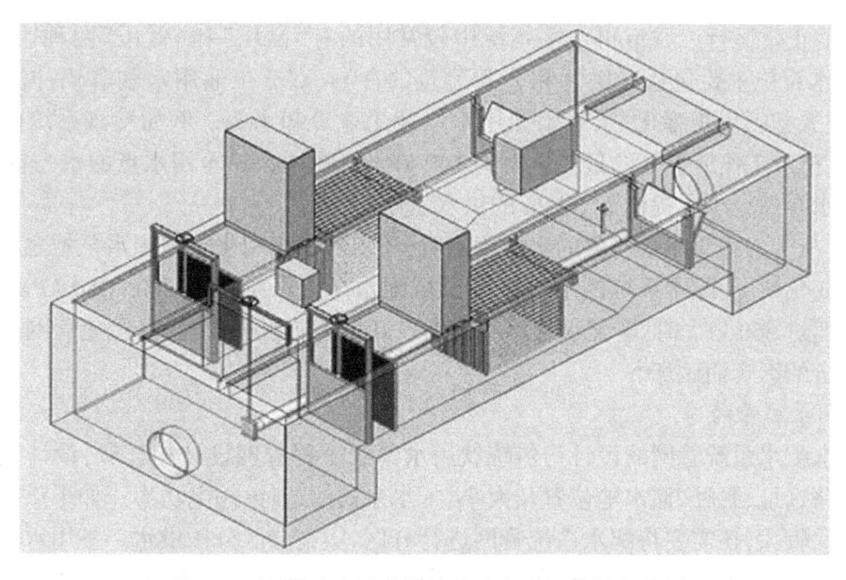

图 9-10　明渠式水平式紫外线消毒系统典型安装图

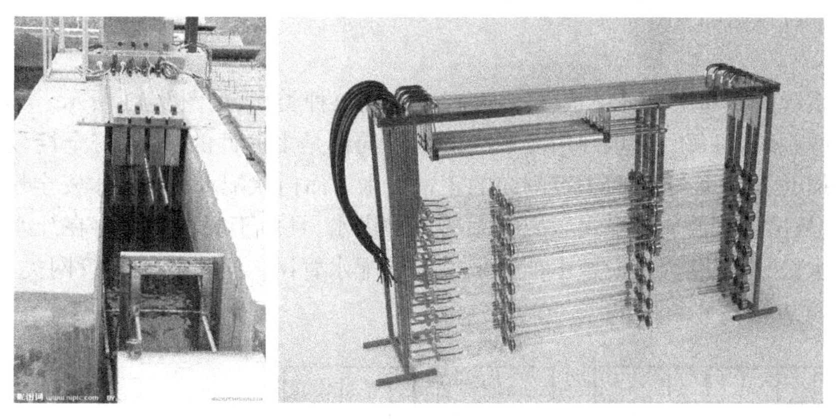

图 9-11　紫外线消毒渠及消毒设备

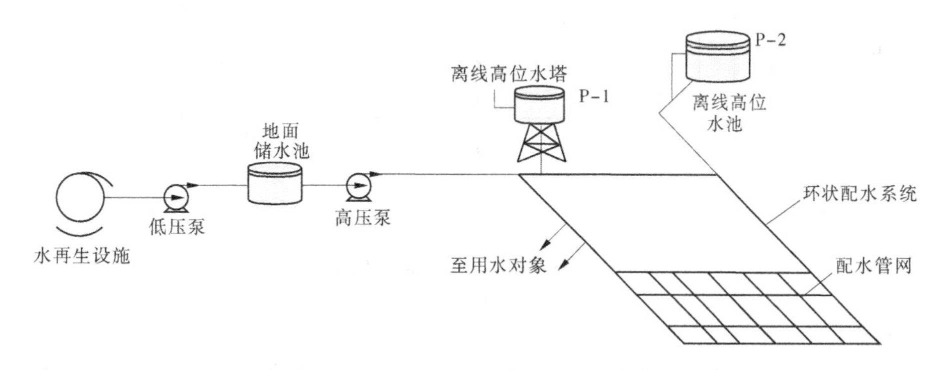

图 9-12　典型再生水储存和配水系统组成示意图

定配送和储存系统规模的关键因素。

除再生水量的要求外，用水对象对供水压力的需求也需要确定，以保障用水点位后续用水设施的正常运行。城市再生水系统中较常用的有“高压”和“低压”两种用水设施，“高压”用水设施主要包括居民区和公共建筑的冲厕、部分工业用水和车辆冲洗等；“低压”用水主要包括景观绿化、景观水体用水以及工业冷却水等。例如灌溉系统的喷水头等，喷水头正常工作所需要的最小压力为 140 kPa，若配水泵站至用水点的水力损失为 70 kPa，则配水泵站至少应提供 210 kPa 的供水水压。

此外，在考虑主要用水对象的水压要求时，还需要考虑用水点与配水泵站之间管路的埋设高程变化情况，配水系统的主要使用区域配水压力以维持在 280～350 kPa 为宜，当系统压力超过 560 kPa 时，输配水管路需要增设卸压和防水锤设施，以避免管网设施受到脉冲和水击的影响而破坏。

2.配水系统管网

再生水配水系统管网的设计与传统饮用水给水工程管网设计相类似，设计过程中需要考虑管路选址、管径、储水池位置及大小、配水泵站的选址、用电功率。如果供水区内现状地势起伏较大，还需要将配水系统管网进行分区，实施分区分压供水。各用水区均应设置足够的设施，以保障再生水在最大需求时段的供应。配水系统管网的可靠与否，将是再生水能否连续供给的关键。

a.管网

配水系统的管网主要有环状、格状和树状管网三种类型，如图 9-13 所示。其中，环状和格状管网系统内，每一个水回用区域的供水方向都是多向性的，供水安全性较高，当管网局部受损时，不会影响大面积范围内的正常用水。而树状配水系统供水安全性较低，当干管断流，故障处下游所有受水区域将无法正常供水，且由于树状管网存在死水端，死水端内再生水极易恶化，因此一般不推荐采用树状配水管网。再生水配水管网类型及其说明评价见表 9-9。

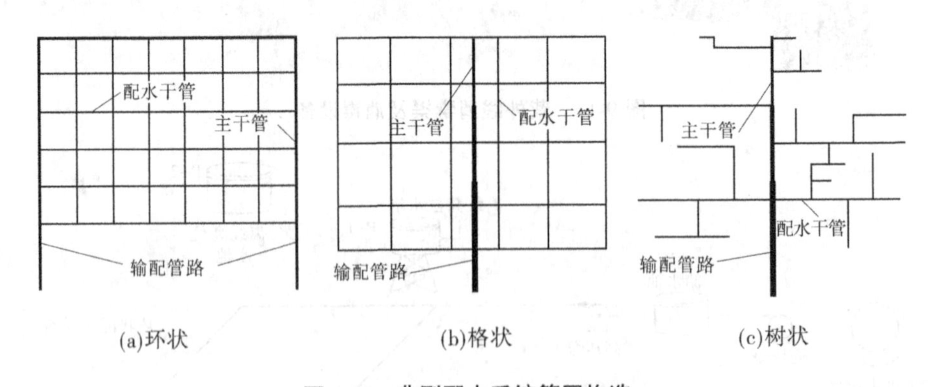

图 9-13　典型配水系统管网构造

b.配水储存

由于再生水的需求常具有明显的季节性，尤其是农业灌溉或者绿化灌溉用水，而再生水厂的生产却是稳定持续的，为了消除这种供求关系之间的矛盾，协调再生水生产和使用时间不完全匹配的问题，建设储水设施可以在一定程度上起到缓解的作用。

表 9-9 再生水配水管网类型

管网类型	说明	评价
环状	供水区域周边围绕大型主干管，内部由管径较小的交叉管路与主干管相连通	可以双向供水，系统可靠程度高。供水水损较小，且消除了死水端的存在，水质保障效果较好
格状	管网设置类似棋盘布置，配水管网管径随着配水距离的增加而减少	供水可靠性较环状管网低，但比树状管网高，相比环状管网，工程一次性投资较经济
树状	使用单一主干管，且管径随着距离增加而减少，所有支管均从主干管接出	主要应用在对可靠性要求不高的区域，为了去除死水端沉积物，需定期冲刷管道

储水设施根据用水对象的用水特点，可分为“短期”和“长期”两种，短期储水设施用于相对较短时间（一天或者一周）内调节再生水供求；而长期储水设施用于调节季节性变换的供求差异，用水时间跨度可能长达数月甚至数年。

常用的短期储水设施主要有：①配备有辅助水泵的地面储水池（可能是水泥罐体或者钢罐体，辅助水泵主要为由储水池供水时的动力装置）；②配备有辅助水泵的地下储水池（多为钢混结构）；③高位水箱（无需设置辅助水泵，依靠重力自流进行供给）。

长期储水设施由于需要调蓄的水体规模较大且周期较长，多采用蓄水池或蓄水湖来实现。对于地势较为平坦的区域，池塘或者水塘也可以作为长期储水设施。

配水储存设施的容量通常由有效储存量以及应急水量决定。当再生水需求量大于日最大生产水量时，可从储水池中取水供给，从而减少了配水系统的容量和原始泵站的供水设备。

为了提高再生水供给的保证率，在泵站或者配水管网维护修理阶段仍能正常供水，需建设应急储水设施，以提高整个再生水配水系统的可靠性。由于应急备用设施使用时间及周期的不确定性，水质难以保证，因此应急储存设施规模不宜过大。

储水池的选址需要与再生水厂以及再生水使用地区的分布相协调，储水池应尽可能远离再生水厂，形成再生水厂和储水池可以向受水区域双向供水的格局，可以大幅度提高再生水系统的供水可靠性。

c.压力分区

当受水区范围较大，且地势较起伏时，采用分区给水系统比较适宜。分区给水系统需要确定不同压力分区的压力范围、泵站数量及位置、储水池数量及位置。压力分区过程中，如果分区过小，则分区总数将增多，各区需配置的供水、储水设施将配套增加，将增大工程投资规模和建设成本；如果分区过大，则管网内部静压会过大，需要配备大量减压设备来避免水击造成的破管现象。常用的压力分区标准见表 9-10。

表 9-10　推荐压力分区标准

参数	单位	最小值	最大值
同区压差静水压	kPa	210	500
末端	kPa	210	350
源点	kPa	560	700

d.配水泵站

再生水配送水系统中,配水泵站的作用尤为重要,可以形容为整个输配水系统的“心脏”。配水泵站,尤其是为高压区供水的泵站的设计合理与否,将直接决定整个工程的运行可靠性和后期费用的高低。

配水泵站容量由泵的最大流量与最大工作压力决定,同时,泵站需要维持一定的再生水供应流量,以满足使用者的需求。因此,泵的最大流量可按最高日需水量来确定,并根据受水区用水特性和峰值因子等来分时调整。各种基于实践的再生水使用峰值因子见表 9-11。

表 9-11　再生水回用典型峰值因子

再生水回用方式	日最大流量/日均流量	时最大流量/日最大流量
农田灌溉	1.5~2.0	2.0~3.0
景观绿化灌溉	1.0~1.5	4.0~6.0
工业冷却用水	1.0~1.5	1.0~2.0

9.2.3.2　配送管道设计

再生水配送系统中配送管道的设计主要包括:①管道的定位(再生水管道与其他管道的相对位置关系);②管道的设计标准;③管材;④阀门;⑤附件等。

1.再生水管道的定位

再生水管道由于其供水的特殊性,在管道敷设时,应埋设于易于开挖维修的地方,应尽可能建在各类公共场所的公共管理区内,比如街道或公路等。同时,再生水管道与上、下水管道平行埋设时,三者水平间距应大于 0.5 m;交叉埋设时,中水管道应位于上、下水管道中间,且最小垂直净间距应大于 0.4 m。

2.再生水管道的设计标准

再生水管道首要设计要素为经济流速、工作水压和最大水压。一般情况下,再生水管道的经济流速取值范围介于 1.5~2.0 m/s,可使工程建设和运行成本相对经济。

各地区的经济流速值应按当地条件,如水管材料和价格、施工条件、电费等来确定,不能直接套用其他城市的数据。另外,管网中各管段的经济流速也不一样,须随管网图形、该管段在管网中的位置、该管段流量和管网总流量的比例等决定。因为计算复杂,可简化通过“界限流量表”确定经济管径(见表 9-12)。

表 9-12 界限流量

管径(mm)	界限流量(L/s)	管径(mm)	界限流量(L/s)
100	<9	450	130~168
150	9~15	500	168~237
200	15~28.5	600	237~355
250	28.5~45	700	355~490
300	45~68	800	490~685
350	68~96	900	685~822
400	96~130	1 000	822~1 120

由于实际管网的复杂性,加上情况在不断地变化,例如流量在不断增加,管网逐步扩展,诸多经济指标如水管价格、电费等也随时变化,要从理论上计算管网造价和年管理费用相当复杂且有一定难度。在条件不具备时,设计中也可采用由各地统计资料计算出的平均经济流速来确定管径,得出的是近似经济管径,见表 9-13。

表 9-13 平均经济流速

管径(mm)	平均经济流速 v_e(m/s)
100~400	0.6~0.9
≥400	0.9~1.4

在使用各地区提供的经济流速或按平均经济流速确定管网管径时,需考虑以下原则:

(1)一般大管径可取较大的经济流速,小管径可取较小的经济流速。

(2)首先定出管网所采用的最小管径,按 v_e 确定的管径小于最小管径时,一律采用最小管径。

(3)连接管属于管网的构造管,应注重安全可靠性,其管径应由管网构造来确定,即按与它连接的次要干管管径相当或小一号确定。

(4)由管径和管道比阻 α 之间的关系可知,当管径较小时,管径缩小或放大一号,水头损失会大幅度增减,而所需管材变化不多;相反,当管径较大时,管径缩小或放大一号,水头损失增减不很明显,而所需管材变化较大。因此,在确定管网管径时,一般对于管网起端的大口径管道可按略高于平均经济流速来确定管径,对于管网末端较小口径的管道,可按略低于平均经济流速来确定管径,特别是对确定水泵扬程影响较大的管段,适当降低流速,使管径放大一号,比较经济。

(5)管线造价(含管材价格、施工费用等)较高而电价相对较低时,取较大的经济流速,反之取较小的经济流速。

以上是指水泵供水时的经济管径确定方法,在求经济管径时,考虑了抽水所需的电费。重力供水时,由于水源水位高于给水区所需水压,两者的标高差 H 可使水在管内靠重力流动。此时,各管段的经济管径应按输水管和管网通过设计流量时,供水起点至控制点的水头损失总和等于或略小于可利用的水头来确定。

3.再生水管道管材

再生水输配水管道可采用多种管材,最常用的是球墨铸铁管(DIP)、钢管(SP)、聚氯乙烯管以及高密度聚乙烯管。这些管材的优缺点见表9-14。

表9-14　再生水输配水系统管道管材特性

管材种类	特性
球墨铸铁管	强度大; 需要特殊的基础处理来控制方向; 内外壁均需作防腐处理; 压力等级较低; 可采用承插、机械连接和法兰连接; 除法兰连接外,其他连接方式转弯时需有特殊连接方式
钢管	强度较球墨铸铁管更大; 需要特殊的基础处理来控制方向; 内外壁均需做防腐处理; 可承受的压力等级较高; 可采用机械和法兰连接
聚乙烯管(PVC)	质轻; 柔韧; 无需防腐处理; 压力等级较低; 只可采用承插连接; 转弯处需采用特殊连接方式
高密度聚乙烯管(PE)	质轻; 柔韧; 无需防腐处理; 压力等级较聚氯乙烯管高; 只可采用焊接处理

a.球墨铸铁管

球墨铸铁管利用离心力铸造成形,管壁质密,石墨形态为球状,基体以铁素体为主,伸长率大、强度高,性能与钢管相似,具有柔韧性,适应突发力强,且抗弯强度比钢管大,使用过程中管段不易弯曲变形,能承受较大负荷,材料耐蚀性好,一般不需作特殊防腐蚀处理,其接口为柔性接口,具有伸缩性和曲折性,适应基础不均匀沉陷,是比较理想的管材。

球墨铸铁管在生产工艺中经过熔化、脱硫、球化处理,孕育处理,离心铸造及退火处理等工艺,使管材具有良好的韧性和耐腐蚀性。无论在海水和不同的土壤中均优于钢管,其电阻抗比钢管大3倍。

球墨铸铁有接近钢的性能。球墨铸铁管耐压强度比钢管高。此外,还由于管子内壁涂有水泥砂浆和环氧沥青漆,所以长时间使用后,流量和流速几乎不会有什么变化。同时,根据配套条件可自由选择或配套各种厚度的管子和采用各种橡胶圈柔性接口及管配件,所以能够适应各种类型的地质条件。采用滑入式和机械柔性接口方式,施工简单,因而能适应各种施工条件(包括在管内施工作业),接口作业不仅所花时间短,而且安全牢靠,且接口作业完毕,可立即回填,从而节省时间。

球墨铸铁管的常用防腐做法是:在内表面衬水泥砂浆,外表面喷锌再涂沥青。

总的来说,球墨铸铁管有以下特点:

(1)球墨铸铁管内衬水泥砂浆,输水符合水质要求。

(2)球墨铸铁管承受内压力2.0 MPa以上,可以满足供水管道输送压力水的要求。

(3)球墨铸铁管具有较大的延伸率、刚度、抗拉强度,具有较强的承受土壤荷载及地面动荷载的能力。

(4)球墨铸铁管的管件规格齐全,能适应安装的需要。

(5)球墨铸铁管系柔性接口,拆装方便,承受局部沉陷能力好。

(6)球墨铸铁管耐腐蚀性好。

(7)球墨铸铁管使用寿命长。

b.钢管

钢管为管道工程常用管材,特别适应地形复杂的地段,但钢管的刚度小,易变形,衬里及外防腐要求严格,必要时需作阴极保护,施工过程中组合焊接工作量大,与其他管材相比,造价较高。

c.PVC和PE管

PVC和PE管内壁光滑,不结垢,不滋生细菌,耐腐蚀性能好,重量轻,使用寿命长,施工安装方便,连接安全可靠,在再生水回用领域有广阔的应用前景。

4.再生水管道接头和连接

再生水管道的接头和连接需要根据所采用的管材来选取,连接方式一般包括承插连接、法兰连接和焊接等。

5.再生水管道阀门

再生水管道阀门与市政工程上所使用阀门通用,主要用以连接、关闭和调节再生水,是再生水配送管道的重要组成部分,阀门根据所输送液体的功能不同而有许多种类。

阀门型号共有7个单元,其意义如下:

第1单元:用汉语拼音字母代表阀门类型,代号如表9-15所示。

表 9-15　阀门类型代号

类别	代号	类别	代号
闸阀	Z	旋塞阀	X
截止阀	J	止回阀	H
节流阀	L	安全阀	A
球阀	Q	减压阀	Y
蝶阀	D	泄水阀	S

第 2 单元:用数字表示阀门的驱动方式。对于手轮、手柄或扳手直接传动的阀门,本单元可省略,数字代号意义见表 9-16。

表 9-16　阀门驱动方式代号

代号	1	2	3	4	5	6
驱动方式	蜗轮	正齿轮	伞齿轮	气动	液动	电动

第 3 单元:用数字表示阀门与管道的连接方式,意义如表 9-17 所示。

表 9-17　阀门与管道的连接方式代号

代号	1	2	4	6	7	8	9
连接方式	内螺纹	外螺纹	法兰	焊接	对夹	卡箍	卡套

第 4 单元:用数字表示阀门结构型式,对于不同种类的阀门,数字代表含义也不同,现分别列出。

(1)闸阀数字意义见表 9-18。

表 9-18　闸阀结构型式代号

代号	闸阀结构型式		
1	杆	明杆	单闸板
2			双闸板
5		暗杆	单闸板
6			双闸板
3	平行式	明杆	单闸板
4			双闸板

(2)止回阀和底阀数字意义见表 9-19。

表 9-19　止回阀和底阀结构型式代号

<table>
<tr><td>代号</td><td colspan="2">结构型式</td></tr>
<tr><td>1</td><td rowspan="2">升降式</td><td>水平瓣</td></tr>
<tr><td>2</td><td>垂直瓣</td></tr>
<tr><td>4</td><td rowspan="2">旋启式</td><td>单瓣</td></tr>
<tr><td>5</td><td>多瓣</td></tr>
</table>

(3)安全阀数字意义见表 9-20。

表 9-20　安全阀结构型式代号

<table>
<tr><td>代号</td><td>0</td><td>1</td><td>2</td><td>3</td><td>4</td><td>5</td><td>6</td><td>7</td><td>8</td><td>9</td></tr>
<tr><td rowspan="5">结构</td><td colspan="9">弹簧式</td><td rowspan="5">先导式</td></tr>
<tr><td colspan="3">封闭式</td><td>不封闭式</td><td>封闭式</td><td colspan="4">不封闭式</td></tr>
<tr><td>带散热片</td><td rowspan="2">微启式</td><td rowspan="2">全启式</td><td colspan="2">带扳手</td><td rowspan="3">微启式</td><td>带控制机构</td><td colspan="2">带扳手</td></tr>
<tr><td rowspan="2">全启式</td><td>双弹簧微启式</td><td>全启式</td><td rowspan="2">全启式</td><td rowspan="2">微启式</td><td rowspan="2">全启式</td></tr>
<tr><td colspan="2">单杠杆</td><td colspan="2">双杠杆</td></tr>
</table>

(4)球阀数字意义见表 9-21。

表 9-21　球阀结构型式代号

<table>
<tr><td rowspan="3">浮动球</td><td>球阀结构型式</td><td>代号</td><td rowspan="3">固定球</td><td>球阀结构型式</td><td>代号</td></tr>
<tr><td>直通式</td><td>1</td><td>直通式</td><td>5</td></tr>
<tr><td>三通式</td><td>4</td><td>三通式</td><td>7</td></tr>
</table>

(5)蝶阀数字意义见表 9-22。

表 9-22　蝶阀结构型式代号

代号	0	1	2	3
结构	杠杆式	垂直板式	—	斜板式

(6)减压阀数字意义见表 9-23。

表 9-23　减压阀结构型式代号

代号	1	2	3	4	5	6	7
结构	薄膜式	弹簧膜式	活塞式	波纹管式	杠杆式	—	组合式

第 5 单元:用汉语拼音字母表示密封圈和衬里材料,表示方法见表 9-24。

表 9-24 密封圈和衬里材料代号

材质	代号	材质	代号
合金钢	H	衬橡胶	J
铜合金	T	衬搪瓷	C
巴氏合金	B	衬铅	Q
硬质合金	Y	氟塑料	F
渗氮钢	D	尼龙	N
橡胶	X	无密封圈	W

第 6 单元:用数字表示公称压力,单位为 10^5Pa。

第 7 单元:用汉语拼音表示阀体材料,见表 9-25。

表 9-25 阀体材料代号

代号	阀体材料	代号	阀体材料
Z	灰铸铁	C	碳素钢
K	可锻铸铁	I	铬钼合金钢
G	高硅铸铁	P	铬镍钛耐酸钢
Q	球墨铸铁	R	铬镍钼钛耐酸钢
T	铜和铜合金	V	铬钼钡合金钢

例如:Z15T-10 表示内螺纹暗杆楔式闸阀,公称压力为 1.0 MPa。其中,第 2 单元为手动(省略),第 7 单元阀体材料为灰铸铁(省略)。

6.再生水管道防腐

再生水管道常用的防腐蚀技术分为电化学法和物理法两种。电化学法能停止或减缓腐蚀反应的进行;物理法通过表面绝缘可把需保护的表面与腐蚀介质隔开。现有电化学法和物理法均可单独应用,但把两种防腐蚀方法结合起来效果将更理想。

a.物理防腐蚀法

物理防腐蚀法又称为覆盖防腐蚀法,分为有机材料涂层和无机材料涂层两种,有机材料涂层又分为两种:薄涂层和厚涂层。各种广泛使用的涂料和包扎薄带属于薄涂层,厚度为 100~500 μm;热敷沥青质膜,聚乙烯(PE)涂层,厚度>1 mm,属厚涂层。

在管道上应用的防腐涂料有石油沥青、煤焦油沥青、环氧沥青、聚氨酯石油沥青、煤焦油磁漆(CTE)、环氧粉末(FBE)、底胶加聚烯烃(POA)、环氧底漆加底胶加聚烯烃(POE)、环氧粉末加改性聚烯烃(POF)。国内现在主要防腐涂料是石油沥青、煤焦油沥青、聚氨酯石油沥青、煤焦油磁漆、FBE、IPN 以及内衬塑料等,国外目前常用的各类防腐涂料为 CTE、FBE、POA、POE、POF 等。

b.电化学防腐蚀法

电化学防腐蚀法是排流法和阴极保护法的总称,其中尤以排流法更为经济有效。

7.再生水管道的标示

如果再生水处置不当,将对公众健康产生不利影响。因此,再生水管道需进行特别的标示,以便与其他市政管路区分。与其他管线的区分,主要是通过采用特殊的管材颜色加以区别,如图 9-14 所示,美国再生水管道主要采取粉色材料。

图 9-14　再生水管道颜色标示

9.2.3.3　配水泵站设计

再生水配水泵站可以与再生水厂分别布置,也可以将配水泵站布置在再生水厂内,基于运行管理维护便捷的考虑,多将配水泵站与再生水厂整合布置。

配水泵站的设计应符合下列规定:

(1)满足机电设备布置、安装、运行和检修要求;

(2)满足结构布置要求;

(3)满足通风、采暖和采光要求,并符合防潮、防火、防噪声、节能、劳动安全与工业卫生技术规定;

(4)满足内外交通运输要求;

(5)注意配水泵站建筑造型,做到布置合理、适用美观,且与周围环境相协调。

1.配水泵站形式

配水泵站形式主要按水泵类型、泵房外形和水泵层设置位置进行分类,见表 9-26。

表 9-26　配水泵站形式

布置形式	名称
按水泵类型	卧式泵泵房 立式泵泵房
按泵房外形	矩形泵房 圆形泵房 半圆形泵房
按水泵层设置位置	地面式 半地下式 地下式 水下式

2.配水泵站水泵

再生水系统所能采用的水泵种类繁多,水泵性能范围广泛。配水泵站的主泵主要采用叶片式水泵。叶片式水泵有3种基本类型,即离心泵、轴流泵和混流泵。另外,配水泵站也多采用潜水泵。

3.配水泵站水锤防护

a.水锤的定义

水锤是指在压力管道中由于液体流速的急剧变化,造成管中的液体压力显著、反复、迅速地变化(例如水泵骤停、突然关闭阀门),由液体的压缩性和管道的弹性引起的输送系统中的压力波动,在压力急剧升高的位置产生破坏。水锤的破坏力惊人,对管网的安全平稳运行是十分有害的,容易造成爆管事故(见图9-15)。

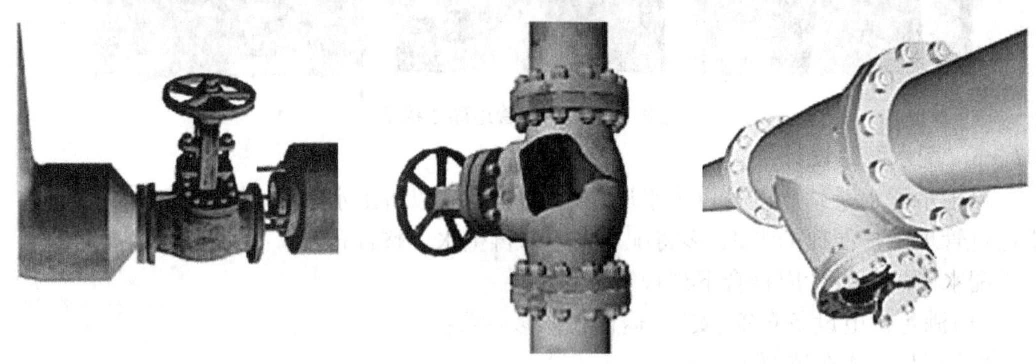

图9-15　水锤所造成的管道及管道连接处的破坏

b.水锤的危害

水泵启动和停机、阀门启闭、工况改变以及事故紧急停机等动态过渡过程造成的输水管道内压力急剧变化和水锤作用等,常常导致泵房和机组产生振动。由于水锤的产生,使得管道中压力急剧增大至超过正常压力的几倍甚至十几倍,其危害很大,会引起管道的破裂,影响生产和生活。因此,必须在长距离压力管段输送系统中安装安全装置。

水锤有正水锤和负水锤之分,它们的危害如下。

正水锤时,管道中的压力升高,可以超过管中正常压力的几十倍至几百倍,以致管壁产生很大的应力,而压力的反复变化将引起管道和设备的振动,管道的应力交替变化,将造成管道、管件和设备的损坏。

负水锤时,管道中的压力降低,应力交替变化,会引起管道和设备振动。同时负水锤时,管中产生不利的真空,造成水柱断流,与再次结合形成的弥合水锤,对管道破坏更为严重。

目前我国泵站相关设计规范(《室外给水设计规范》(GB 50013—2006),《泵站设计规范》(GB 50265—2010))对水锤防护的计算已经作了相应的规定。再生水配水泵站水锤防护设计同样需满足上述两规范。

c.水锤防护

在设计配水管网水锤防护过程中需要考虑预算和技术因素,包括运行成本、概算、建设地点和地形条件等因素。在设计管网和消除水锤设备中需要不断进行复杂的风险评估和方案比选,以降低建设成本和运行风险。通常管线规划在平坦地区。在这些系统中需要调整管线平面走向和剖面位置,防止管道在高点积气或压力过低。

低压给水管道系统比高压给水管道输水更容易发生水柱分离。钢管、PVC、聚乙烯管和薄壁金属管容易受水柱分离影响,任何管道在压力冲击下都会产生材料疲劳,管道腐蚀也会造成管道事故。在容易发生事故的低压管道中,往往采用高级别材质管道以消除事故。例如在高压大口径管道管网中钢管通常比铸铁或预应力混凝土管道经济,然而工程中往往倾向于选择预应力混凝土管或铸铁管道,因其相对安全和不需要采用额外保障设备。架空管道比埋地管道更容易受水锤破坏,基础和覆土的结构加强有利于保护埋地管道。

影响水锤的因素还有压力传递速度和流速。在较短的管道系统中选择较大的管径可以获得较低的流速以减少水锤的发生,然而在长距离输水管线中管径关乎投资和运行成本,所以必须设置水锤消除设备,水锤更容易发生在长距离、高流速,没有分支的主干管中。

采用复合式空气阀门消除断流和真空现象需要详细地分析水锤产生的可能性和情况,以选取合适的阀门型号。许多案例报道证明设计使用过小进气阀门会造成爆管。复合式空气阀门可提供可靠的水锤防护,同时阀门失灵造成的潜在的危险也应该引起充分的重视。

任何现行设计过程中都可以经过模型来模拟和调整,并且可以进行预先的演示。在方案和初步设计上考虑这些因素,更有利于项目的顺利进展。

目前控制压力波动有两种方法。首先在工程设计中提出适当的操作,避免紧急情况和非正常操作发生,力求压力波动发生可能性的最小化。其次是安装消除水锤的设备,消除断电和设备故障发生的潜在的事故危险。

在设计中采用防水锤措施时也要注意一些潜在的隐患,如调压井在紧急情况下或特殊操作时由于失效不会产生反制作用;在空气罐保护系统中,由于放气操作或压缩空气失效反而会造成水锤破坏。因此,必须评估紧急情况和故障并提出警示,以避免水锤发生。

d.水锤分析软件及其应用

目前国内常采用的停泵水锤的计算方法有图解法和数解法,电算法也在逐渐采用。Bentley Haestad Hammer 是一种功能强大但易于使用的软件,它能帮助设计人员分析复杂的水泵系统和管网从一个稳态过渡到另一稳态的瞬间变化。

使用 Hammer 可达到以下目的:

(1)减小瞬变损害的风险以尽可能增大操作者安全和减小维修中断频率。

(2)减少水泵和管道系统的日常磨损以尽可能增大基础设施的使用寿命。

(3)减小在瞬变负压过程中水污染的风险,在此过程中地下水和污染物可能被吸入水泵中。

(4)减少瞬变压力冲击造成的瞬变力的数目和严重性。瞬变力和压力可以使接合处松动或者出现裂缝,增加渗漏和未加考虑的水。

(5)用四象特性蜗轮模型完全分析水力系统去模拟卸载、加载和负荷变化的案例。

这里通过模拟一个水锤危害比较严重的长距离输水管道系统,来直观地介绍

Hammer。以水泵停泵为起始时间，水泵完全停止转动的延迟时间为 5 s。预计影响较大的水力波动将持续 2 min 20 s。可以通过 Hammer 进行相应的水力计算并得出结论。

管道系统由基本元素构成，包括低位水池、水泵、高位水池和输水管道，并在管道变化的相应位置设置节点。如图 9-16 所示，配水泵站设计流量 0.468 m^3/s，水泵转速 1 760 r/min；额定效率 85%；扬程 83 m；水泵飞轮矩 169 N · m^2；水泵比转速 25；输水管线管径为 DN600，管线长度 1 828 m，管道材料为钢管。模型建立后系统管路平面如图 9-16 所示。

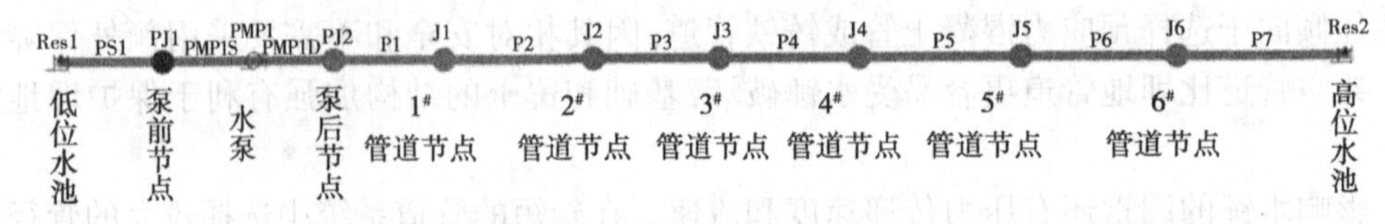

图 9-16　配水管道系统平面图

无水锤防护措施时，得到的模拟曲线和各节点数据如图 9-17 和表 9-27 所示。

在此基础上，Hammer 还可以模拟采取预防水锤发生的设备在管道系统中的设置和作用。在程序中 1# 节点设置一个空气罐，喉管孔径 0.305 m；进出水头损失比 2.5；调节容积 19.82 m^3。经过模拟计算得到的模拟曲线和各节点数据如图 9-18 和表 9-28 所示。

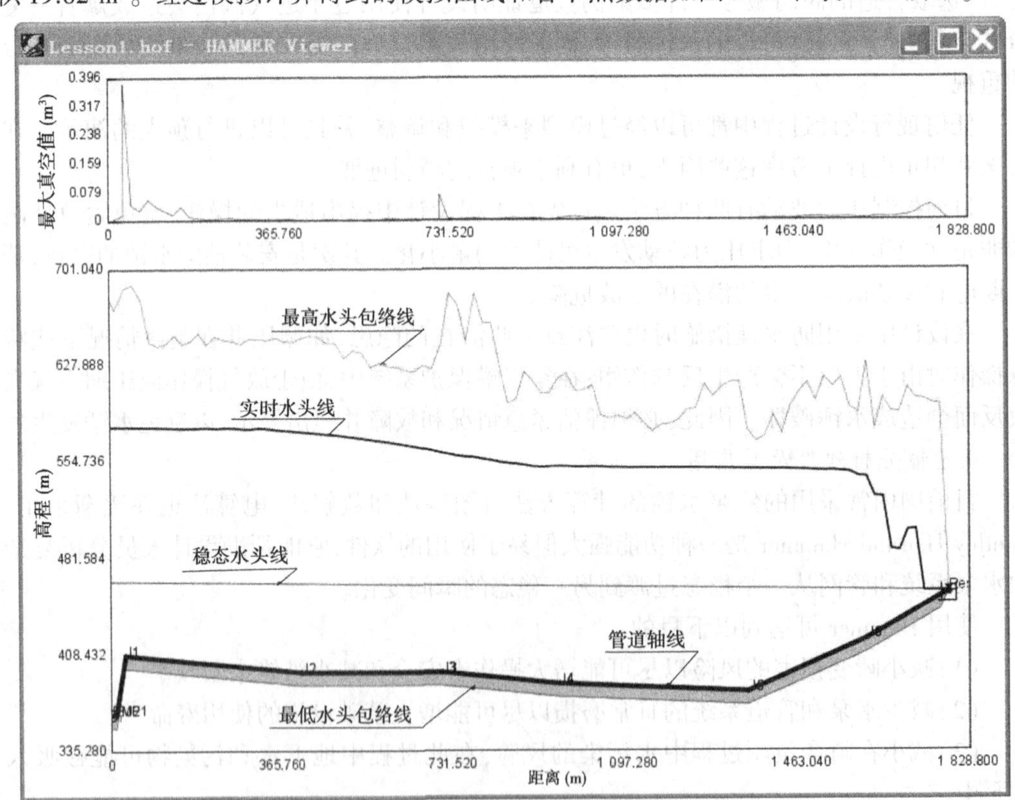

图 9-17　无水锤预防措施输水管道系统剖面和水头线

表 9-27　无水锤预防措施的节点数据

节点编号	高程(m)	最大水头(m)	最小水头(m)	最大管道压力(mH_2O)	最小管道压力(mH_2O)
PJ1	363	389.088	378.64	26.088	15.642
PJ2	363	670.317	353	307.317	-10
J1	408	686.757	398	278.758	-10
J2	395	648.116	385	253.116	-10
J3	395	642.727	385	247.727	-10
J4	386	617.467	376	231.468	-10
J5	380	578.116	370	198.117	-10
J6	420	629.719	410	209.72	-10
低位水池蓄水位(m)			383		
高位水池蓄水位(m)			456		

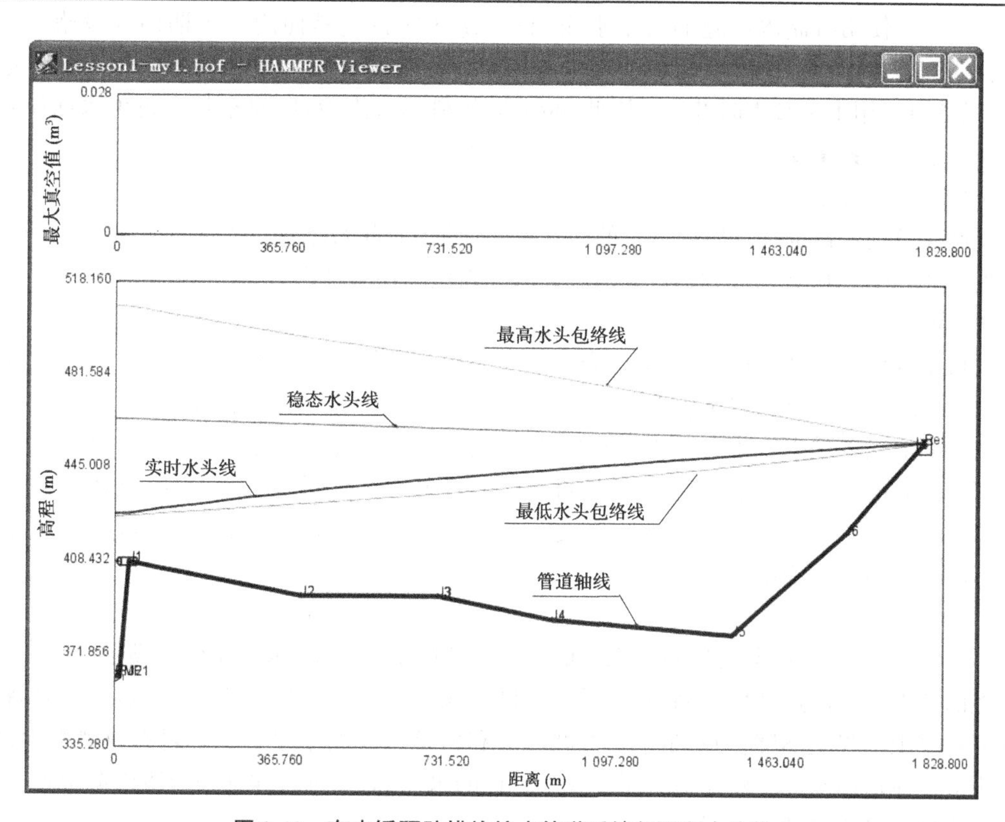

图 9-18　有水锤预防措施输水管道系统剖面和水头线

在空气罐的作用下,停泵压力波动被有效地控制在管道安全压力范围内,负压的消失很好地消除了管道中水柱断流。压力正向波动没有超过 1.5 MPa。在第 14.55 s 的压力线图也很好地反映出空气罐的抑制压力波动的作用,可以认为在此状态下水锤问题得到了满意的解决。

表 9-28 有水锤预防措施的节点数据

节点编号	高程(m)	最大水头(m)	最小水头(m)	最大管道压力(mH_2O)	最小管道压力(mH_2O)
PJ1	363	399.84	366.26	36.781	3.255
PJ2	363	508.466	426.047	145.236	62.947
J2	395	496.982	431.156	101.82	36.099
J3	395	489.23	435.325	94.08	40.261
J4	386	481.682	439.473	95.53	53.388
J5	380	469.609	446.481	89.467	66.376
J6	420	461.905	451.659	41.838	31.608
低位水池蓄水位(m)			383		
高位水池蓄水位(m)			456		

9.2.3.4 储存设施设计

在一个使用有储水设施的再生水输配水系统中(特别是使用了短期储水设施的系统),用水对象所需要的峰值流量通常均是由储水设施供给。如将夜间多余水量储存起来,以备白天用水量较大时补充。因此,储水池的科学合理设计,对于整个再生水回用系统顺利运行至关重要。

1.储存设施的选址

储存设施的选址设计所要考虑的因素主要包括:①有无合适的高程;②选址的地质和地形条件;③场地的可达性如何;④是否会造成强烈的视觉冲击。

a.高程条件

再生水储存设施的选址,应最优先考虑高程的合理性。如果在同一压力区有多个储水池,为便于协同运用,需将它们设置在同一高度上。若无法实现高程的统一,需要在高程较低的储水池进水管道上安装水位控制阀门,防止水量超过其池容而溢流。水位控制阀门需要有配套设置的水位计,水位计可以探测池中水深,并在池中水位达到设定值时关闭联动阀门。若储水池高程不统一,当受水区用水量低,将造成配水系统呈高压状态,低高程的蓄水池将无法出水。

b.地质和地形条件

选址的地质和地形条件,也是选择储水池位置的决定因素,地形条件应满足进行必要开挖的条件。若山边地形陡峭,则不适合建设。地质和土壤特性的确定也很重要,例如脆性岩石或土壤强度不够,则不足以支撑储水池和所蓄水体的重量。蠕动岩石或滑坡地区也不适合建造储水池。建在地震断层或其附近的水池,需要进行详细的地质构造调查,如有可能应尽可能避开上述区域。

c.场址的可达性

储水池由于需要进行正常的维护和管理,所以其道路交通条件应满足后期运行管理的需要。特别是应为车辆提供足够的进出空间。

d.视觉冲击

储水池对于周围环境的视觉冲击,也是一个影响其选址的重要因素。储水池设计时,应尽可能减少其对周边事物的视觉影响。必要时可对其进行景观美化或进行覆土。对于地面式的储水设施,可以通过在其外围加盖防护建筑,以削弱其视觉冲击。

2.储存设施的容量

a.再生水厂内的储存设施

再生水厂内部的水量调节与储存设施主要为与配水泵站相连通的储水池。再生水厂内一般在工艺流程的末端会设置储水池。储水池不仅可以调节回用对象的用水过程变化,还可以使前处理工序中投加的消毒剂与再生水保持足够长的接触时间,确保消毒效果(对采取紫外消毒工艺的再生水厂影响不大)。

再生水厂内储水池的有效储存容积主要包括调节水量容积、安全储水容积和再生水厂自用水量容积三部分。该储水设施的容量确定主要与用水对象的用水特征曲线有关,可参照《给水排水工程设计手册》第三册城镇给水中清水池设计的相关章节。

b.再生水输配水系统短期储水设施

一个典型的使用短期储水设施的配水系统中,管网的峰值流量多从储水池而非配水泵站获取。短期储水池容量需要保障日最大水量和时最大流量,某些情况下还需要保障受水区域的应急用水量。当所储水量可确保的最大水量高于日最大流量时,称之为有效储水量。

有效储水量的决定通常有两种方法:一种方法是假设工作的储水池和相应支流的日最大流量的比例关系,储水池有效储水容量通常为日最大水量的25%~50%。另外一种方法是累积平衡分析法,这种方法是计算24 h内,多采用高峰流量时段内供水流量与使用流量的积累结果,通过绘制时间与累积流量过程曲线图,求得两个流量积累的最大值(流量积累的最大正值和最大负值的绝对值),即为储水设施的有效容量。

c.再生水输配水系统长期储水设施

再生水输配水系统中的长期储水设施,主要由大型蓄水池和蓄水湖实现。在地形适合建设水坝和堤防的场地,多采用蓄水池和蓄水湖,储存季节性用水。对于储水规模较小或地势平坦的区域,池塘或水塘也可以作为长期储水设施。

长期储水设施的蓄水容量计算主要包含以下步骤(以农业灌溉为例):

(1)通过土壤水分蒸发蒸腾损失和沉淀数据,并根据地域情况选择下列公式之一计算月水力负荷率:

$$L_{w(1)} = \frac{NR}{E_i/100} = (ET_c - P) \times \left(1 + \frac{LR}{100}\right) \times \frac{100}{E_i}$$

式中　$L_{w(1)}$——设计年水力负荷,mm/a;

NR——净灌溉需求;

E_i——灌溉效率,根据地表径流和风漂移得到,%;

ET_c——农作物水分蒸发蒸腾损失量;

P——沉淀量;

LR——渗滤需求。

$$L_{w(2)} = (ET_c - P) + W_p + W_f + W_d$$

式中　$L_{w(2)}$——设计年水力负荷,mm/a;

W_p ——允许的渗漏量，m^3/a；

W_f ——地表径流导致的水量流失，m^3/a；

W_d ——蒸发损失的水量，m^3/a。

（2）确定再生水的供水能力。

（3）通过下式估算初期土地面积，忽略储水设施中水量的净变化量。根据估算的土地面积和水力负荷率，计算月需求量：

$$A_w = \frac{KQ_i + \Delta V_s}{L_w \times 10^{-3}}$$

式中　A_w ——灌溉土地面积，m^2；

K——一年天数，$K = 365$ d/a；

Q_i ——再生水日均产水量，m^3/d；

ΔV_s ——因蒸发、渗漏导致的损失水量，m^3/a；

L_w ——设计年水力负荷，mm/a。

（4）由供水能力减去需求水量，计算蓄水量月变化。

（5）计算累积蓄水体积（计算时，认为季节初始蓄水量为零）。

（6）考虑沉淀、蒸发作用而导致的损失储存水量，校核土地面积和蓄水量。

3.储存设施的结构材料

再生水储存设施通常采用钢结构或者钢筋混凝土结构。钢结构储水池功能与钢筋混凝土基本功能相似，但在具体的设计应用过程中，应根据这两种池体的优缺点及其适用范围进行设计，见表 9-29。

表 9-29　常用储存设施的结构材料及其适用范围

材料	优点	缺点	适用范围
钢结构	• 钢结构的焊接体可以有效防止泄漏； • 外界环境温度变化引起的热胀冷缩对结构整体性能影响较小； • 经过防腐处理的钢结构水池使用年限大于 50 年； • 钢结构储水池的工程一次性投资较钢筋混凝土结构小	• 只适用于地上结构； • 需设置阴离子防腐系统； • 需定期进行外表面防腐	• 只适用于地上结构； • 罐体直径一般在 30~45 m； • 罐高度一般在 10~15 m
钢筋混凝土结构	• 后期维护成本较小； • 可建在地上或者地下	• 需考虑热胀冷缩对池体结构的影响； • 工程一次性投资较高	• 可用于地下、地上或者半地下结构； • 池体直径可达 70 m

大型钢筋混凝土储水池可以做成方形或圆形结构（见图 9-19、图 9-20），一般当水池容积小于 2 500 m^3 时，以圆形较为经济，大于 2 500 m^3 时以矩形较为经济。

4.储存设施的防护涂层

储水设施中的钢结构水池，其内、外层均需要涂设防护层。而钢筋混凝土水池则不需

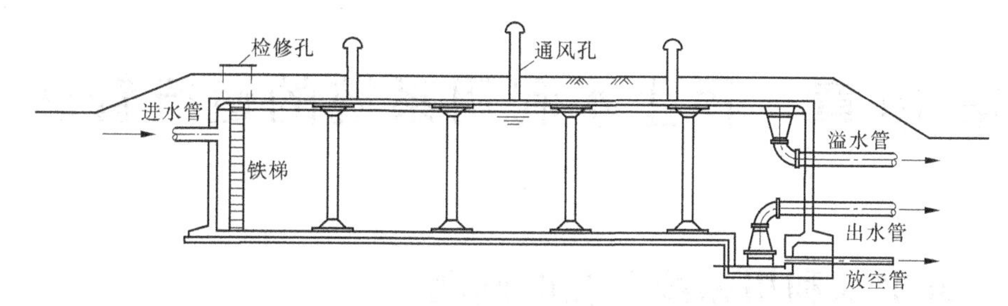

图 9-19　矩形钢筋混凝土储水池剖面图

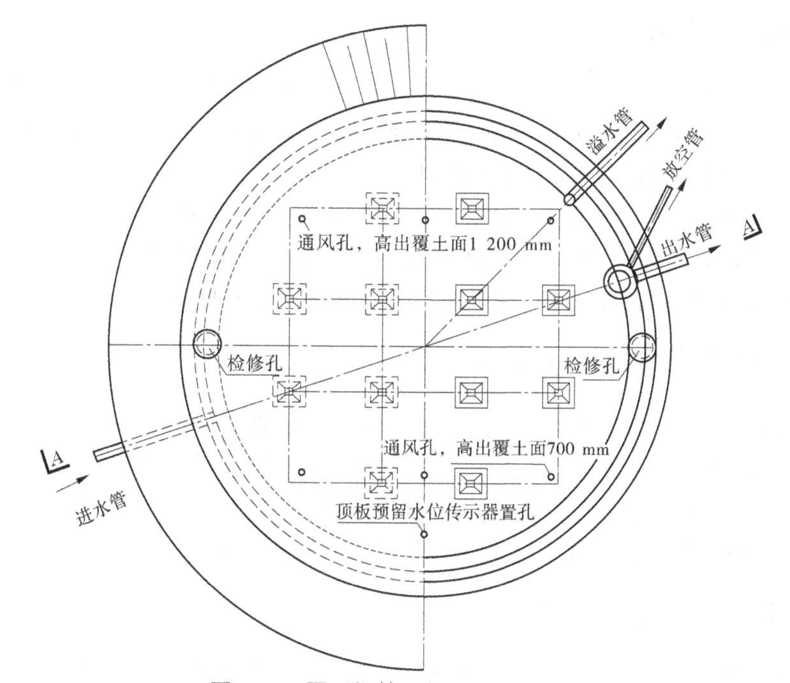

图 9-20　圆形钢筋混凝土储水池平面图

要专门涂设,因此本节内容主要针对钢结构水池。

a.内层防腐

储水池内层是与再生水直接接触的部分,因此其内部结构应能适应经消毒剂消毒处理后的水,且在长期浸泡接触的过程中不会溶出有机物或其他有毒有害物质。我国目前还没有颁布专门适应于再生水储水设施防护的标准,现有工程防护涂层的设计与施工均参照饮用水蓄水池防腐设计要求进行,最常用的防护内层涂料包括环氧树脂或聚氨酯涂料。

b.外层防腐

由于外层不与再生水直接接触,因此防腐要求可以比内层稍低,用于内层防腐的涂料也均可以用于外层防腐,但其涂刷级别可低于内层。由于外层长期暴露于太阳紫外线照射下,需要进行定期涂刷。

第 10 章 再生水利用系统的运行管理

10.1 再生水利用系统存在的问题

10.1.1 现行体制缺陷

(1)建设投资主体单一,无论是新增投资还是更新改造均基本依赖于财政拨款。

(2)缺乏竞争、管理僵化、冗员严重、工作效率低,其根源在于计划经济管理模式限制了人们的改革思路和对竞争机制的真正认识。

(3)由于对财政资金缺乏监控,容易产生浪费现象,污水处理厂的运行经费核拨大多都是参照往年的运行情况来确定,因此各污水厂为了保证次年的充足经费,必然产生一种“今年不多用,明年就吃亏”的心理,这是监控体制问题的症结所在。

10.1.2 资金实力和技术管理薄弱

一方面是资金实力薄弱,目前参与污水厂 BOT 建设的部分单位实力有限,难以保证建设进度和质量,中控室、实验室和在线监测等管理设施的建设严重滞后;另一方面是技术管理力量薄弱,现行污水处理厂运营管理人才十分缺乏,部分民营污水处理厂管理人员文化素质普遍较低,专业管理队伍也将成为我国新建污水厂正常运行的瓶颈。

10.1.3 污水管网建设严重滞后

城市污水的收集与处理是城市污水再生利用的重要前提条件,目前我国的城市污水管网建设严重滞后于城市发展,二级生物处理率不到 15%。因此,强化城市污水管网与污水处理工程设施的建设是推动城市污水再生利用的关键。

现在不少城市的污水集中处理率偏低,还有个别地区配套管网虽已建成,但是管网终端与污水处理厂的进水口对接却迟迟不能到位,使配套管网形同虚设,污水处理厂很难发挥作用。

10.2 污水再生处理设施的运行管理

10.2.1 建立规范化、制度化的管理制度

10.2.1.1 提高员工技能水平

许多污水处理厂的专业技术人员较少,员工的专业知识水平较低,具有专业知识的从业人才匮乏。为保证污水处理厂设备的正常运转和污水处理工艺的正常运行,污水处理

厂或行业主管部门应定期进行员工培训，提高职工的技能水平，提高应急处理能力。

培训方案应编制详尽，做到理论结合实践，并采用考试强化效果的模式。首先，进行污水处理工艺、水质化验等理论知识讲解，让学员对污水处理基础知识有初步认识。其次，进行实践操作，培训人员带领学员进行现场操作，通过实践操作加强学员对各个污水处理设施、设备的作用及原理的理解。再次，对岗位运行人员开展以事故预防为主要内容的安全教育，使职工牢固树立安全意识。培训结束后对学员进行理论和实践操作考试，巩固培训效果。

10.2.1.2　增强员工风险、危机意识

污水处理厂对员工进行危险源辨识、风险评价和风险控制培训，让员工对所有作业活动中可能存在的危险源加以辨识，然后评价每种危险源的危险程度，针对重大危险源要制定相关的应对措施。加强对重大事故隐患和重大危险源的治理与整改，降低职业安全风险，改善生产现场作业环境。

同时，通过模拟危机情势，培养员工对危机的应变能力，不断完善危机发生的预警与监控系统。定期进行员工的危机演习，演练各种可能在现实中遇到的问题，增强污水处理厂员工的危机意识。

10.2.1.3　完善的管理制度

1.意外事故上报制度

污水处理厂发生意外事故时，应立即逐级上报，各部门报告部门主管，然后由部门主管向污水处理厂领导汇报。如果出现人员伤亡（住院）事故，必须立即通知劳动安监部门协助调查，并在事故发生的第二天向政府提出书面报告。另外，污水处理厂相关人员应掌握一定的急救技巧，以便在发生人员伤亡事故时能够及时提供救援。

2.人员更换通报制度

污水处理厂如需要更换重要岗位人员，例如厂长和主要技术负责人，必须向主管部门提交报告，备案、得到批准后才能更换。新领导熟悉企业情况需要时间，新领导与老员工之间磨合需要时间，加之前后任领导认识问题的角度和处理问题的方法不同以及价值观的差异等因素，往往使企业文化发生变化，工作秩序也不可避免地经历一段紊乱期。人员更换通报制度，有助于主管部门加大对因人员更迭造成企业不良影响的重视，保障污水处理企业运营质量。

3.定期督查和考核

政府部门定期对污水处理厂进行评估和考核。污水处理厂每月按时向上级主管部门提交月报表，内容包括进出水水质参数、重大事故、运行维护记录等。年末由多部门组成的联合督察组对污水处理设施进行一次全面的评估和考核，建立奖惩制度，对先进单位予以表彰，对违规单位给予处罚。

4.定时进行设备检修、维护和更换

完善设备检修、维护和更换的制度，加强设备日常管理，减少设备事故的发生。

a.机械设备的管理

污水处理机械设备是按照工艺要求单独设计生产的，只有保证设备安全、正常运行，按照设计标准使用设备，才能使污水处理厂高效低耗地运行。机械设备的日常管理主要

做好以下工作:第一,确保机械设备技术性能达到原设计或满足生产工艺要求;第二,根据设备性能确定保养和维修周期;第三,设备的正常维护、维修应安排在洪水期进行。

b.自控仪表及化验设备的管理

自控仪表及化验设备的日常管理主要是:第一,巡视检查,检查仪表引压管道有无泄露;第二,定期清洗与清扫;第三,定期校验与检定。

c.做好设备档案管理

完善的设备档案由设备原始档案(说明书、图纸资料、合格证等)、运行档案(每日运行状况记录)及设备维修档案(大中修的时间、维修中发现的问题、处理方法等)三部分构成,对设备资料进行专人收集、保管和整理,每单台设备资料形成单份档案,分别对设备进行编号和设备现场的挂牌编号管理,形成设备档案、设备台账及设备资料库。

10.2.2 科学的监管体系

污水处理厂的正常运营是城市污水处理工程发挥环境效益的基础,加强污水处理厂监控管理,规范其运营机制,才能促使污水处理厂的运营管理达到经济效益和环境效益协调统一的良性循环。

(1)提升污染源监控水平,做好源头控制。加强纳入管网工业废水的水质、水量的监察力度,控制好城市污水处理厂进水水质和水量,为城市污水处理厂的正常运转提供良好的条件。要求纳入管网的重点工业污染源建设污染源自动化监控系统、企业污水处理运行监控系统,以及必要的预警系统,提升环境保护部门监控手段,严格控制一类污染物和其他有毒、难降解污染物的纳管浓度,杜绝排污单位的偷排、漏排现象。

(2)规范运营机制,完善过程控制。一是规范城市污水处理厂运营,建立完善的运行台账记录制度,制订污水处理应急预案;二是提高城市污水处理厂的自动化控制管理程度,优化运转参数,提高能源利用率,降低运营费用。

(3)健全监控体制,加强末端控制。明确污水处理厂运营责任,逐步建立完善的污水处理厂尾水和固体废弃物等监控体制。建立尾水水质、水量的监测和检查制度;加强对污水处理过程中产生废渣处理处置的监管力度,避免废渣排入水体,造成新的环境问题;加强运营过程中噪声、恶臭气体的监控。

10.2.3 设立备用电源

备用电源的设立问题,要考虑停电历史情况、停电时排放水质以及对设施安全的影响,然后再决定是否设置。此外,即使停电数小时,如果生物处理功能可以得到恢复,在没有其他更好的办法而决定设置自备发电机时,可仅考虑提升污水水泵的动力电源。

10.2.4 建立主要设备和主要零配件备用制度

建立主要设备和主要零配件备用制度,建立完善的主要设备和零配件备用品仓库。管理良好的备用品仓库能提高污水处理厂的维修质量和效率、降低维修成本。备用品仓库由具备机械设备基本知识和懂得本厂零配件的专业管理人员进行管理,实行以旧换新制度、进出仓制度以及完好的登记制度。

污水处理厂的备用制度要相对完善，其主要核心部件可以采取"一用三备"的措施，在不能及时维修的情况下，应确保设备及零配件得到及时更换，不会影响污水处理厂的正常生产。

10.3　再生水回用配套设施的维护管理

10.3.1　以管网调查为基础，掌握管道运行状况

定期管网普查，更新管道信息。管网普查是掌握排水设施结构与运行状况的主要手段，其普查内容为井盖、附属构筑物、水流充满度及速度、管道内气体、设施出现的问题、重要支户线等情况。定期地对管网普查可以及时跟踪排水设施信息，掌握设施状况，推测管道维护周期，制订维护计划。所有维护工作都围绕管网普查结果展开。

10.3.2　加强施工管理和质量意识

由于某些施工人员未经岗位培训，不熟悉施工工序和操作规程，质量意识差。管道开挖后基底平整不挂线，超挖后回填不夯实；施工夯垫层未达到一定的程度即敷设管材；回填管沟时不按规定分层夯实等。因此，要切实加强对施工单位施工人员的管理，健全质量保证体系，施工人员未经培训不得上岗。对已完成的工序必须经质检人员签字认可，方可转入下道工序施工。应督促施工员、质检员按照市政工程施工规范严格把好各道关口，避免管道因施工原因发生下沉破坏和其他损坏。

10.3.3　加强重视排水管道的巡查

包括平时的巡视检查和技术检查，排水泵站机组和设备的技术检查和鉴定，下雨后进行雨后检查等。对于排水管道的巡视检查，也应加强重视，检查井盖、井座是否损坏或丢失、地面有无沉陷、有无过重的外荷载、井内有无异变、水流是否正常、管内淤积情况、水深变化、地下水渗入情况、有无违章接入管线、有无堵塞物。对巡视检查人员，应进行专业培训，使他们能够掌握管道检查的基本技能，熟悉必要的业务知识。平时应加强对巡视人员的管理和专业知识教育。包括：主管人员应经常检查、巡视、填好检查记录表，并指出重点的检查地段，定期召开巡视检查人员会议，汇报工作和互相交流经验，规定巡视检查人员每天检查行走路线。

10.3.4　完善技术规范、制定一系列的作业流程

每一项维护作业都要依据技术规范和作业流程，有规范可循才能做到标准统一，质量得到保证。只有在规范的流程下才能保证作业安全，熟练作业方式，优化作业手段，提高作业效率。

10.3.5　总结年度维护工作，为下年度安排做规划

加强对管道健康的评估工作。技术调查是利用先进的科学技术和设备对排水设施进

行调查,准确定位管道病态位置,评估管道健康级别,准确制订维护计划,提高维护效率,并节约维护经费。及时对管道现状分析和与往年的比较,能推测出管道出现问题的周期,预测管道今后几年内使用性能的变化情况,以制订平日维护计划,并对管道全面、整体的维护进行规划。

10.3.6　加强地下排水管网的科学化管理,提升管理水平

建立城市排水管网的计算机网络监控系统和中央调配系统,合理调配污水资源,利用现代高科技管理手段对地下管道实时排查、诊断管道渗漏状况和渗漏区域,实现对地下排水管道故障的早发现、早预见、早排除;强化城市地下排水区域、水域、流域的网格化管理,在计算机网络监控系统建立前设专人巡视、连续跟踪。

10.3.7　加大技术和设备投入

城市排水管网的维护是复杂的系统工程,采用单一技术和单一工具,还不能有效地进行维护。因此,系统技术攻关和成套设备的研发以及设备的管理和维护等需要大量的资金做支撑。每一种技术都有自身的特点,每一种工具都有适用范围。成套技术、成套设备、技术的综合和设备的组合,才能提升城市排水管道维护水平。如有些城市进口了集射水和真空吸泥于一体的联合吸污车,有些还具备水循环利用的功能,将吸入的污水过滤后再用于射水,其效率高,但车型庞大,使用费昂贵,出现买得起、用不起的情况。

10.3.8　杜绝不文明使用排水管道

管道堵塞部分是人为因素造成的,如排水管内的剩余食物、细粒垃圾,或者往井内扔垃圾,倒含垃圾污水,私接乱接排水管道等,呼吁全社会都来关心和爱护公共排水设施,杜绝不文明行为发生。

第11章　城市污水再生回用系统的评价与对策

11.1　市场评价

城市污水处理厂是城市发展的产物。城市污水的早期处理是将污水收集后排放到自然水体，利用水体的稀释和自净作用将污水变成可以循环利用的资源。但随着城市经济发展规模的迅速增大，污水排放量持续增长，水质也越来越复杂，自然水体的自然净化能力已难以满足污水处理的需求。因此，为了控制水体污染，改善人类生存环境，世界各国不得不采取人工污水处理措施。大部分城市污水未经处理直接排入水体，已经造成了严重的水环境污染。有关监测结果表明，我国约63%的城市河段受到了中度或严重污染，97%的城市地下水受到了不同程度的污染。

我国是发展中国家，城市污水年排放量已经达到414亿 m^3，目前已建污水处理设施400多座，城市污水处理率达到30%，二级处理率达到15%。2010年城市排水量达到了600亿 m^3，预计未来几年全国设市城市的污水平均处理率不低于50%，重点城市污水回用处理率达70%。这就给污水回用创造了基本条件，如每座污水处理厂将二级达标水再次适当处理后回用，在水资源一定的情况下，城市用水量可增加50%以上，达到300亿 m^3 回用规模，足可以明显缓解一大批城市的供水紧缺，市场潜力巨大。依据国际经验，当一个国家用水超过其水资源可用量的20%时，就易发生水危机。我国现在每年用水约5 500亿 m^3，预计今后50年内会继续增加，最终达到8 000亿 m^3，占我国可利用水资源量的28%以上，超过了国际上公认的警界线。由于水对社会和区域经济发展影响的直接性，水危机及其所衍生的水质和生态问题，不仅将束缚和制约我国经济发展第三步战略目标的实现，而且将可能引发潜在的政治、社会和经济危机，进而影响国家安全格局。为保障国民经济的可持续发展和实现第三步战略目标，面对中国21世纪水资源严峻短缺的整体态势，实现再生水回用是水资源化发展战略的必然选择，是21世纪水利保障经济社会可持续发展的必然之路。

11.2　经济评价

污水再生回用不仅可获得一部分可利用淡水资源量，缓解缺水状况，还具有巨大的经济效益。城市污水回用的经济性主要体现在以下几个方面：

(1)再生水供水系统的建设费用低廉。

第一，与远距离引水相比，污水回用在经济上具有绝对的优势。对于污水再生回用而言,水源的获得基本上是就地取水。既不需要远距离引水的巨额工程投资,也无需支付大笔的水资源费,省去了大笔输水管道建设费用和输水电费,源水成本几乎为零。

第二,水厂建设费用低。用再生水替代工业、城市和生活中低质用水,因其水质要求低,其处理工艺远比自来水厂简捷,投资与维护费用都要节省。

(2)再生水供水系统的运行费用经济。

第一,污水深度处理流程与净水流程相比,不但不复杂,而且具有流程短、药耗少的特点。因为处理后出水水质有较大的差别,再生水的处理流程与自来水的净水流程相比要短得多,处理工艺简单,构筑物少,其成本自然要比自来水的低。

第二,再生水系统若设于二级污水处理厂内,则可以省去一系列的附属性工程。如变配电系统、办公化验室、机修等,这些构筑物可以与原二级污水处理厂共用,并且再生水厂的反冲洗系统和污泥处理也可并入二级污水处理厂系统之内,可以大幅度降低日常运行费用。

第三,如果再生水厂与二级污水处理厂合署办公,相应地亦可省去许多管理人员,减轻了再生水厂的负担,同时可以充分利用现有人员,提高了人力资源的利用率。

(3)变污水处理厂为再生水厂、工业水厂,视污水为城市"第二水源",可以带动污水厂的良好运行和维持财政收支平衡。

众所周知,正是污水处理、深度处理和超深度处理所需的昂贵费用,严重制约和阻碍着城市污水处理事业的发展,导致现有水资源不同程度地受到污染和破坏,水环境质量日趋恶化的不良局面。不仅仅是在我国,即使是在发达国家,污水处理的费用也是一个沉重的负担。如何有效、经济地提高污水处理的质量和效率,是全世界水务工作者不可回避的难题。而在这一方面,污水再生回用是被世界所公认的唯一优化途径。通过污水再生回用,将污水变成了"商品"或者是"产品",变公益性事业单位为经营单位,可以大大提高污水处理厂的处理效率和处理质量,同时通过出售再生水所得的收入,可以补贴污水处理的部分费用,维持污水处理厂的财务收支平衡,从而使污水处理厂的运行进入"生产—销售—再生产"的良性循环。

(4)污水再生回用具有巨大的环境效益,由此可带来显著的经济效益。

污水回用为我们提供了一个经济的新水源,减少了新鲜水的取用量,相应地也减少了排入市政污水管道的污水量,可以降低城市排水设施的投资和运行费用,减少排向城市周边水体的污水量,改善了自然水环境。由此带来的投资环境好转、旅游业繁荣、房地产业升温等一系列效益不可估量。

(5)污水再生回用的显著社会效益,对于城市社会经济的健康、持续发展具有重大的促进作用。

通过利用再生水浇灌草坪、绿地,复活城市小河流,可以调节城市的小气候。同时,由于小河、溪流的变清复活,可以减少蚊虫滋生的场所,降低疾病的传播可能性,促进居民的身心健康,提高居民生活质量,无疑为招商引资创造更有利条件,对促进社会经济发展的贡献,其效益之重大绝非寥寥数语可以阐明的。

11.3　安全评价

11.3.1　水源稳定

城市污水二级处理水是可贵的淡水资源,相比其他水源而言,城市污水水源具有以下特点:①方便易得。从风景秀丽的江南到寒风凛冽的北国,只要是有人类生存和活动的地方,就有污水的产生。因此,污水水源无异于就地取水,既无需远距离调水,也不需要集中从河湖上游取水。②不受洪枯水文年变化的影响。如前所述,污水是人类取水利用之后的排放水,污水的产生量是与用水人口和工业规模紧密相关的,不管是洪、枯水文年,只要人们生活水平不发生急剧的变化,排放的污水量就是相当稳定的。③比自然水源更为可靠,不易受自然变化和人为事故的影响。一般说来,城市污水从用水户排出以后通过污水管网收集送至污水处理厂,基本不受地面污染源和意外事故的影响。而地面自然水资源在发生有毒物质进入河流、山洪暴发等突发事件时,不但不能保证供水水源的可靠性,处理不当甚至会造成不可弥补的损失。

11.3.2　水质安全

11.3.2.1　确保再生水安全使用

我国目前再生水水质标准的选择是按照目前国内外制定的一些针对污水再生回用的规范和水质标准(1992 年美国环保局的《污水回用综合规范》,1989 年世界卫生组织颁布的《污水回用于农业的微生物含量标准》,我国 1989 年颁布的《生活杂用水水质标准》(CJ 25.1—89),以及中国工程建设标准化协会 1995 年颁布的《污水回用设计规范》)进行比较、分析的基础上确定的。

从水质指标上看,水质标准要满足建设部生活杂用水水质标准和国外相关标准,在细菌学指标上与生活饮用水标准相近,有些指标甚至比国外某些杂用水水质标准要求高得多。众所周知,国外的回用水标准大多是经过几十年的实践检验逐步完善的,因此选用的水质标准可以确保再生水安全使用。

11.3.2.2　选用的再生水处理工艺技术,可以满足再生水用户所要求的水质标准

一般而言,城市污水处理厂二级处理出水水质相对比较稳定,虽仍有一定波动,但是幅度并不大,对于这样小幅度的水质变化,所选用的处理工艺完全具有足够的抗冲击负荷能力,使再生水出水水质稳定,达到再生水水质标准。

11.3.3　供水系统安全可靠

再生水供水系统按高日高时设计,采用环状网与枝状网相结合的供水方式,既可以节省工程投资,又可以保证供水的安全可靠。每个再生水厂还设置蓄水调节容量,处理工艺设施自动化水平较高,机械设备均有备用,同时,在用户改造给水网络时,保留自来水供水管道,在再生水供应出现问题时可以临时改由自来水供应,不至于影响工业生产和生活的正常进行,确保供水系统的安全可靠。

总之,污水回用无论是水源、水质,还是供水系统都是相当安全可靠的。目前国内外污水回用工程不但将污水回用于工业、农业、市政杂用、景观、生活杂用等,甚至将处理后的污水用作生活饮用水源,运行数十年没有出现任何危害人体健康的问题,这充分说明了污水再生回用的安全可靠性。

11.4 城市污水再生回用对策

污水再生利用是一项系统工程,是介于给水和排水之间的一门新兴学科,需要有政策法规保障和各种有效措施。

11.4.1 完善法规和制度建设

首先必须制定再生水利用的强制性政策法规。要求在城市各项用水中,能够使用再生水的场合,必须强制使用再生水。制定合理的水价格体系,体现优水优价,适当拉大自来水与再生水之间的价格差,以引导市民的用水行为,体现使用再生水的经济效益,提高水资源的利用效率。

此外,应制定中水标准、中水设计和施工的法规和规范,推进城市污水资源化。例如制定再生水利用水质的标准,加强对工业废水排放进入城市下水道的水质控制,现行工业废水排放至下水道的水质标准要严格实施,要特别注意传统的污水处理工艺不可能去除的物质,必须在源头予以控制。应该促进工业清洁生产,减少废水量、降低污染负荷,推进环境友好的工业、生产工艺以保障污水利用的安全性。

11.4.2 正确进行污水处理厂的规划和设计

在编制各项市政专业规划时,必须同时编制污水再生利用规划,做到污水再生利用工程与其他工程同步设计、施工、验收。在编制城市道路市政管线综合规划时,必须预留再生水管道的位置,有条件的路段应预埋再生水管。污水处理厂和收集系统的规划要考虑废水再生利用的目标,废水的收集系统一定要与废水处理厂同时、同步建设。再生水处理设施的布局应集中与分散相结合,既体现规模效益,又减少利用水管道的投资,对于城市再生水管道供水困难的地区,应该鼓励建设中水设施。

做到规划先行,污水处理与再生利用设施的设计建设,应依据城市总体规划和水环境规划、水资源综合利用规划以及城市排水规划的要求,合理确定污水处理与再生利用设施的布局和设计规模,优先安排城市污水收集系统的建设。污水处理厂的规划设计,要根据污染物排放总量控制目标、城市地理地质环境、受纳水体功能、污水排放量和污水再生利用等因素,确定厂址、建设规模、处理程度和工艺流程,做到布点合理、规模适度。城市污水的处理与再用方式,应根据城市的经济发展、自然环境条件、地理位置等因素来选择。

11.4.3 合理确定再生水利用途径

在城市供水中,50%~80%是工业用水,工业用水中80%是水质要求不高的冷却用水,所以污水再生利用的主要对象是工业,抓住工业用水,污水再生利用才能缓解城市水资源紧张。城市利用之后的外排水再送到郊外,还可以作为农业灌溉。

再生水的用途还有很多,例如市政、景观环境、地表水和地面水的补给等,在选择利用途径时要考虑到经济合理性。应该优先选择水质要求低的利用对象,使得利用前的处理程度越低越好;应该尽量缩短输水的距离,就近回收、就地利用,采取“先近后远、先易后难”的原则,逐步扩大再生水的用户和用量,以便减少建设和运行费用;应该注意选择多个利用对象,以便实现时间的供需平衡;应该努力实现地表水与地下水的联合调度,利用地下蓄水层,让净化后的再生水充分发挥其作用;按照“优水优先、一水多用、重复利用”的原则,城市草地花木浇灌、建筑施工、道路洒水、汽车冲洗等必须优先使用再生水。

11.4.4　切实保障污水资源化的安全性

在城市污水再生利用过程中,安全性是非常重要的,不能只注重大力推广污水的再生利用,而不注意到保障水的安全问题。必须在绝对安全的前提下,尽可能将污水的处理与利用相结合,逐步提高污水的再生利用水平。

污水再生利用要特别注意防止对环境卫生的影响,防止造成传染病的可能性。如果再生水用于工业,要保证工业品的卫生质量,不能破坏工业用水系统,例如水质是否会损害工业冷却水管道系统;如果要补给饮用水源,则更要注意饮用水源的安全性;如果再生水用于农业灌溉,要保证农作物的卫生质量、田地土壤的质量、地下水的质量不受到影响。

为了避免工业废水对城市污水处理厂和再生利用设施正常运行的破坏,要建立城市排水许可制度,对排入城市污水收集系统的工业与商业废水的重金属、有毒有害物质含量进行严格的控制,确保城市污水处理与再生利用设施的安全有效运行。必要时,应强制要求排污企业对排入污水收集系统的废水进行一定的厂内预处理,去除废水中对生物处理具有毒害作用的物质、生物处理难去除的物质,以及影响污水再生利用的物质,使其达到规定的排放标准。

第 12 章　国内外再生水利用工程实例、经验总结与发展趋势

12.1　国外再生水利用工程实例

12.1.1　美国加利福尼亚州 San Jose 污水处理厂

San Jose 污水处理厂处理规模为 541 000 m^3/d,采用常规二级活性污泥处理工艺,处理加州旧金山南海湾硅谷等地区的生活污水和工业废水。污水处理的季节变化很大,原因在于季节性的水果和蔬菜罐装工业的生产,每年 8 月下旬至 9 月,污水处理厂的有机负荷要比平时增加一倍,冬天的雨季高峰流量也是影响因素。夏季罐装加工对污水处理厂的负荷和操作运行带来的影响尤为明显。污水处理厂在 1978 年时对原有的二级处理工艺进行了改造,增加了脱氮除磷处理工艺,包括硝化反应池、硝化沉淀池、滤池和加氯消毒等设施。污水处理的工艺流程包括进水格栅、沉沙池、初沉池、普通曝气活性污泥系统、硝化悬浮生长系统(硝化反应池和硝化沉淀池)、过滤进水二次提升、颗粒填料滤池、加氯消毒/除氯、后曝气,最后出水排入旧金山南部海湾。生物处理产生的剩余污泥经气浮浓缩后与初沉污泥进行厌氧消化,消化后的污泥在污泥储存池中存放。工艺流程见图 12-1。BOD_5 和 TSS 均低于 10 mg/L,消毒后出水达到加利福尼亚州第 22 条文的规定,即浊度小于 2 NTU,细菌总数小于 2.3 个/100 mL,氨氮低于 5 mg/L。

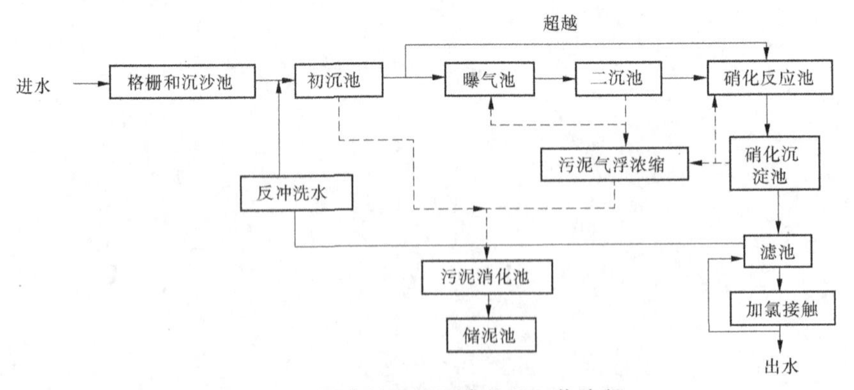

图 12-1　污水处理厂深度处理工艺流程

12.1.2　美国华盛顿 Blue Plains 污水处理厂

Blue Plains 污水处理厂位于美国哥伦比亚区,污水流量为 16.2 m^3/s,采用硝化处理

工艺,工艺流程见图 12-2,包括预处理、初沉池、高负荷活性污泥系统、二级硝化活性污泥系统、多介质滤池和消毒处理,出水排放 Chesapeake 海湾。

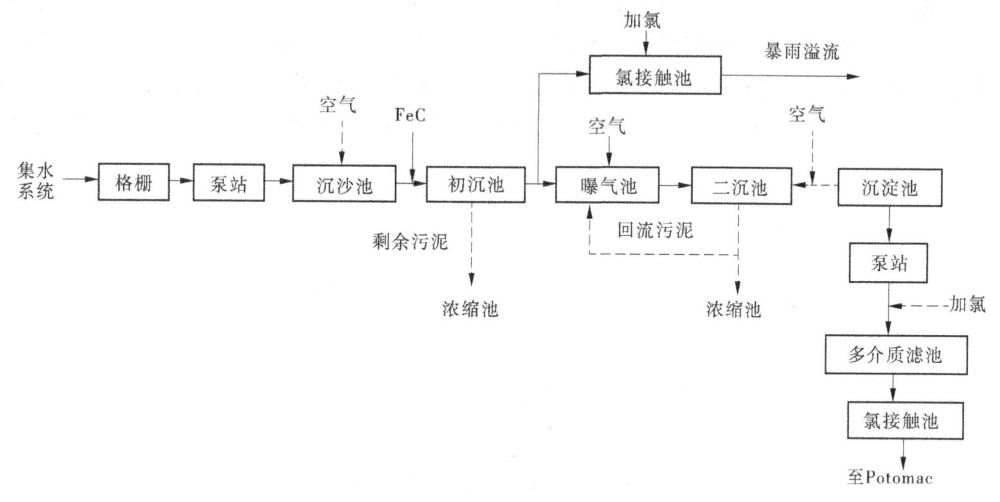

图 12-2　Blue Plains 污水处理厂工艺流程

12.1.3　佛罗里达州 Orange 郡东部污水处理厂

佛罗里达州 Orange 郡东部污水处理厂采用改良(5 级)Bardenpho 工艺以达到深度处理标准,年平均 BOD_5 为 5 mg/L,TSS 为 5 mg/L,TN 为 3 mg/L,TP 为 1 mg/L。除部分污水再生回用外,其他出水经人工湿地、天然湿地处理后排入地表水体。标准对季节平均值没有要求,周平均 BOD_5 为 9.6 mg/L,TSS 为 9.6 mg/L,TN 为 6 mg/L,TP 为 2.4 mg/L。该污水处理厂设计处理能力为 71 920 m^3/d,系统由两条独立的处理流程组合而成,Ⅰ、Ⅱ处理段由 4 个并联运行的反应池和 6 座二沉池组成,设计处理能力为 34 070 m^3/d;Ⅲ处理段包括 2 个较大的并联反应池和 3 个较大的二沉池,设计处理能力为 37 850 m^3/d,工艺流程见图 12-3。

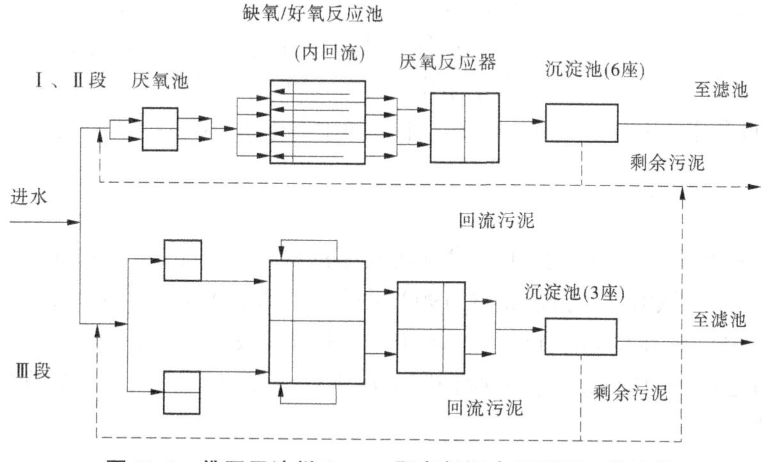

图 12-3　佛罗里达州 Orange 郡东部污水处理厂工艺流程

12.1.4　匈牙利南佩斯污水处理厂

南佩斯污水处理厂始建于1966年，规模为3万 m^3/d，采用高负荷活性污泥工艺，曝气池HRT为2.5 h。污水处理厂处理流程包括两条分支，每条分支有8个生物反应器作为曝气池，并联运行。20世纪80年代初，该污水处理厂进行了扩建，新增了两个处理流程，每个流程仍包括两条分支，每条分支仍设8个曝气池，污水处理厂平面布置见图12-4。

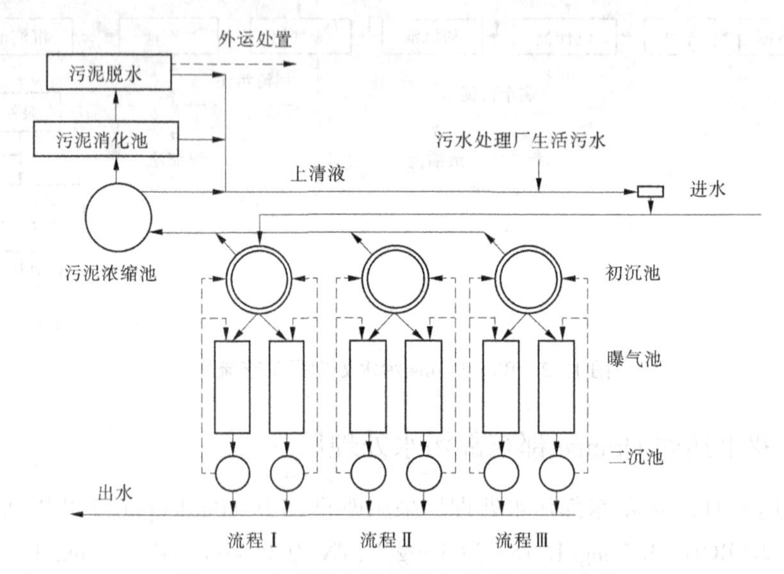

图12-4　匈牙利南佩斯污水处理厂平面布置

12.2　国内再生水利用工程实例

12.2.1　大连污水回用示范工程

这是“七五”国家科技攻关所列的示范工程，规模为1.0万 m^3/d，是大连春柳河污水厂的二级出水，再进行混凝沉淀过滤消毒的三级处理工艺后，送红星化工厂、煤气厂等作工艺用水和冷却用水，并准备扩大水量给电厂作冷却水，示范工程于1991年建成，运行情况良好，生产设备未受到不良影响，由于使用了回用再生水，用户收到了显著的经济效益。

12.2.2　太原污水回用工程

太原北郊污水厂于20世纪90年代就向太原钢铁厂提供1.0万 m^3/d 的二级出水作高炉冷却用水，因含氨氮、磷等超标，于1992年进行了A2/O工艺改造后，二级出水符合太原钢铁厂高炉冷却用水标准，已作为“八五”国家科技攻关项目的依托工程，同时太原化工厂将自行建再生回用水厂，将太原杨家堡污水厂二级出水引入三级处理后作太原化工厂冷却用水。

12.2.3 泰安污水回用工程

泰安污水厂规模 5 万 m^3/d,是利用贷款建成的,其中建有 2 万 m^3/d 三级处理出水作回用,主要用于景观、河道用水及部分工业用水,外围输水管道等工程于 1995 年开始供水,此项亦是“八五”国家科技攻关项目的依托工程。

12.2.4 天津污水回用工程

天津市虽然在全国率先搞了长距离引水工程——引滦入津工程,但没有彻底解决天津缺水问题。天津市准备利用现有的纪庄子污水厂和东郊污水厂二级出水条件,要大规模地开展污水回用,计划纪庄子污水回用 10 万 m^3/d 用于造纸工业等用水,目前正筹备建设资金,各项准备工作已进行了多年。目前纪庄子污水厂利用二级出水经三级处理后(常规三级处理)约 2 000 m^3/d 规模供天津市煤球三厂制作煤球用水,以及纪庄子污水厂自身用水。

12.2.5 北京市方庄小区污水回用工程

北京市方庄小区已建成 4 万 m^3/d 的方庄污水厂,该厂一次建成三级处理部分,将 2 万 m^3/d 三级出水回供方庄小区住宅作中水及供方庄热电站作冷却水等用。

12.3 再生水利用工程经验总结与发展趋势

12.3.1 经验总结

国内外大量污水再生回用工程的成功实例,说明了污水再生回用于工业、农业、市政杂用、河道补水、生活杂用、回灌地下水等,在技术上是完全可行的。我国的中水目前已被用于生活杂用、绿化用水、水环境整治等多个领域,并取得了良好成效,也节约了大量水资源。

澳大利亚悉尼奥运村将城市再生水广泛使用于灌溉、厕所冲洗、消防、洗衣、装饰和喷泉娱乐场所,以及新商业区的建设,甚至在调节空气温度方面都使用再生水。这一举措不仅确保了当年奥运会的饮用水安全,而且在保护水资源和提供可持续安全饮用水方面也是世界其他缺水城市学习的典范。

2008 年北京奥运会,奥运中心区也大量使用了再生水。北京的清河再生水厂和北小河再生水厂提供奥运中心区再生水水源,奥运森林公园龙形湖面就是由中水作为补水的。

无锡市利用太湖新城污水处理厂二级出水为进水,处理后的再生出水作为京杭大运河支流景观河道用水及附近厂区的工业冷却水。

除景观用水外,中水还被用于生活杂用、地下水回灌、园林绿化等方面。如大连信息技术学院在学生公寓配套了中水设施,将混合污水处理成中水,用于冲厕、绿化,也减少了学校的物业管理成本,取得了较好的经济效益和社会效益。

中水技术在一些发达国家已经得到了大力的推广和广泛的应用。我国的中水回用技术虽然还处于起步阶段,但已经取得了较快的发展,在各领域都有应用,特别是在北京、大连等城市,中水的处理与回用技术已日趋成熟。

12.3.2 发展趋势

目前,水资源短缺是世界各国面临的共同问题,随着世界人口的增加、城市化进程的加剧,人均水资源占有量将逐年减少,同时,水环境污染亦加重了水资源短缺的形势。污水再生回用已经成为解决水资源短缺、维持健康水环境的重要途径。

值得庆幸的是,我国政府已将水资源可持续利用作为经济社会发展的战略问题,城市污水回用作为提高水资源有效利用率、有效控制水体污染的主要途径已越来越受到包括政府在内的社会各界的高度重视,并针对这一问题开始了具体行动。我国已把污水回用列入了国家科技攻关计划,近10年来,国家对城市污水资源化组织科技攻关,就污水回用的再生技术、回用水水质指标、技术经济政策等进行大量试验研究和推广普及,并取得了丰硕成果。与此同时,我国还兴建了若干示范工程,我国第一个污水回用工程已在大连运行8年,成功地向周围工厂供工业用水,解决了这些厂的用水问题,污水处理厂本身也得到收益。此外,北京、天津、青岛、太原等地污水回用工程也相继投入运行。随着我国城市化进程的推进,我国城市污水资源化会在全国各地更加蓬勃发展;随着水处理技术的发展和进步,高效率、低能耗的污水深度处理技术的产生和推广,再生水处理费用的降低,再生水水质可以满足更多更广的再生水用户需要,污水再生回用的回用范围将日益得到扩大。

《国民经济和社会发展第十个五年计划纲要》中规定:重视水资源的可持续利用,坚持开展人工增雨、污水处理利用、海水淡化。首次将污水回用明确写入发展计划中,将对我国污水再生回用事业发展起到积极推动作用。随着我国各级政府对污水资源化工作的重视和有关部门加大对污水再生利用工程项目的支持力度,可以预见,在未来的数年内,污水回用工程以及相应的管网规划和建设,将成为城市基础设施建设的重要内容之一。

“十二五”节能环保产业发展规划提出,要推进工业废水、生活污水资源化利用,扩大再生水的应用。研究环保产业关键技术,在污水处理方面重点攻克膜处理、新型生物脱氮、重金属废水污染防治、高浓度难降解有机工业废水深度处理技术,推广污水处理厂高效节能曝气、升级改造,农村面源污染治理,污泥处理处置等技术与装备。培育节能环保服务业。

第三篇　城市雨水利用篇

第13章　概　述

直接对天然降水进行收集、存蓄并加以利用,称为雨水利用(Rainwater utilization)。雨水利用包括广泛的内容,如雨养农业、人畜生活供水以及城市雨水利用等。广义的雨水利用还可扩充到对大气水分的利用,包括人工影响天气(人工增雨)、露水(大气水凝结)利用。雨水利用的常见方式是直接设置收集雨水的集(截)流面,然后把集流面上的雨水通过集水槽、管(多种材料)收入蓄水器(置于地上或地下的罐和窖)中进行储蓄以备利用。利用雨水养育农作物是旱地农业栽培的内容;考虑降水量的农田灌溉属于农田水利的范畴;城市雨水利用涉及市政给排水工程与水利工程的科技领域;人工增雨(水)与大气水分的凝聚则主要与大气科学技术有关。本书所述及的雨水利用主要侧重城市雨水资源的利用。如何科学合理地利用城市雨水资源、有效地削减暴雨径流和水涝灾害,近年来成为一个广受关注的重大课题。

雨水是自然界水循环中的重要环节,可使水资源在开采和利用后得到补给,同时对调节、补充地区水资源和改善生态环境起着十分重要的作用。雨水在整个城市中的循环过程是非常重要的,城市水循环系统由自然系统和人工循环利用系统所组成,如图13-1所示。自然状态下的水循环过程中,下降的雨水降落地面,进入土壤后,一部分蒸发进入大气,另一部分以地下径流形式渗入地下,水体通过蒸发、降水和地面径流与大气联系起来;另外,城市水系与地下水通过土壤渗透和地下水的补给运动联系起来。而城市化的发展改变了自然状态下的水循环过程,大部分降雨经过各种人工下垫面,直接进入河道,入渗减少,引发了各种各样的城市雨水问题。

13.1　城市雨水的特点

13.1.1　城市化引发的雨水问题

在城市化的背景下,伴随着人口和城市规模的扩张,城市地区的局部气候条件受到影响,气候要素的变化进一步影响到城市,特别是大都市的降雨条件。比如,在城市化过程

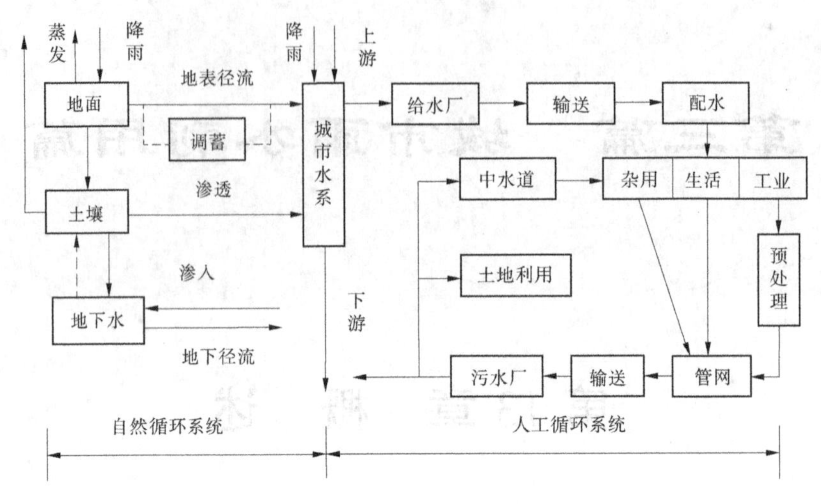

图 13-1　城市水循环系统

中,原有的植被、土壤被道路、广场、建筑等人工陆面所替代,使地表上的辐射平衡发生变化,空气运动发生变化。由于城市热岛效应、凝结核效应、阻碍效应,城市的云量和降雨量受到影响。由于人工陆面没有持水能力,相对于土壤蒸发和植物散发其蒸发持续时间短。另外,由于城市中的温度、风速、空气湿度等控制蒸发的因子有所改变,蒸发量也受到影响。综合来看,城市化后蒸发量相对于自然条件下有所减少。从城市防洪的角度来讲,蒸发量的减少使得留在地面的雨水增多,有效降雨量相对增加,从而给城市防洪带来了压力(见图 13-2)。

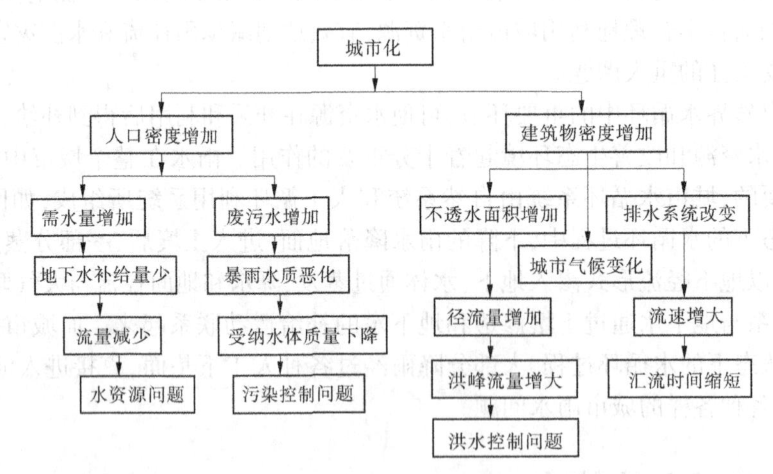

图 13-2　城市化的水文效应示意图

随着城市化水平的提高和经济的高速发展,城市雨水问题就愈发凸显出来。在全国 660 多座城市中,有一半以上的城市缺水,其中约 110 座严重缺水。一方面,这些城市遭受严重缺水的困扰,地下水资源被超量开采,地下水位逐年下降;另一方面,暴雨洪峰流量逐年增加,每年的雨季城区大量的雨水外排,城市排水系统不堪重负,暴雨在许多城市造成严重的水涝灾害,损失巨大。城市的高速发展导致大量雨水资源的流失和水涝灾害,并由此引发一系列的城市生态环境和社会问题,已经成为城市可持续发展的重要制约因素。

(1)水资源不足的同时,雨水资源大量流失。

城市化的快速发展,导致城市供水需求日益增加。但是传统上,雨水通常被当作废水尽快排出,而不是一种资源加以利用。因此,现在我国许多城市一方面水资源严重不足,一方面大量雨水资源却白白流失,雨水利用率不到10%。目前全国110多座严重缺水的城市,日缺水量达1 600万t,这些缺水城市不得不采取超采地下水和跨流域引水的方式解决水资源危机。而雨水资源隶属于本地,且无需收取水资源费,却没有得到充分利用。

(2)水环境持续恶化,雨水径流污染不容忽视。

城市大气及地表会有大量来自生产与生活过程的污染物累积,雨水径流会携带大量的COD、BOD及N、P等非点源污染物,成为城市水体的潜在威胁。城市化的发展致使雨水径流对水体的污染程度更为严重。在美国,60%的水污染源于以城市地表径流为主的非点源。在国外一些工业与生活点源得到有效控制的城市,BOD污染负荷的40%~80%来自于城市雨水径流。对我国城市而言,初步的保守估算,在城市污水收集、处理系统尚未建设完善的情况下,城区雨水径流污染占水体污染负荷的比例在10%左右。随着城市发展过程中对点源污染的逐步重视,雨水径流污染负荷的比例将会逐步上升,对中心建成区水体甚至会超过50%。

(3)洪涝灾害加剧,雨水不利反害。

随着城市建设的不断发展,大量建筑物、路面、硬质铺装的建设使得城区不透水面积大大增加。沙地、黏土、草坪等天然地表能滞蓄3~10 mm降雨,不透水硬质地面在产生径流前只能保持1 mm的雨水。这些土地利用性质的转变造成径流系数加大,同时从降雨到产流的时间大大缩短,最终产流速度和径流量都大大增加。此外,城市建设的过程中,通常采取密布雨水管渠、整治固化河道等措施以保障城市排水安全,在大大增加汇流水力效率的同时,同样导致径流量和洪峰流量加大,峰现时间提前,给城市防洪排涝带来极大的压力。

此外,城市雨水问题还包括水土流失加剧、生态环境恶化、地下水位下降、地面沉降等。雨水的未加利用和妥善处置,将会造成一系列城市问题,对城市的可持续发展造成严重影响。

13.1.2　城市雨水利用的概念和内涵

长期以来,被称为“无根水”的雨水多是任其排放,未加以充分利用。如果能将流失的雨水进行有效的收集和利用,必将成为解决城市水资源短缺的有效措施之一。

13.1.2.1　城市雨水利用的概念

雨水利用含义非常广泛,从城市到农村,从农业、水利电力、给水排水、环境工程、园林到旅游等许许多多的领域都有雨水利用的内容。城市雨水利用可以有狭义和广义之分,狭义的城市雨水利用主要指对城市汇水面产生的径流进行收集、储存和净化后利用;本书的雨水利用是指广义的城市雨水利用,可作如下定义:在城市范围内,有目的地采用各种措施对雨水资源的保护和利用,主要包括收集、储存和净化后的直接利用;利用各种人工或自然水体、池塘、湿地或低洼地对雨水径流实施调蓄、净化和利用,改善城市水环境和生态环境;通过各种人工或自然渗透设施使雨水渗入地下,补充地下水资源。

13.1.2.2　城市雨水利用的基本原则

城市雨水利用的基本原则应为在综合评价城市可利用雨水资源量的基础上,考虑在技术上可行,经济、社会、生态环境综合效益最大的前提下,尽可能采取工程措施,宏观调控利用雨水资源,有效地进行雨洪控制,尽可能减小城市防洪排涝的压力,最大程度地减轻城市雨洪灾害的损失,同时防止过度开发雨水资源造成负面影响。

13.1.2.3　城市雨水利用的内涵

城市雨水利用作为水资源化的一种特殊方式,其概念具有以下几个内涵:

(1)强调合理的规划和设计,而不可盲目地进行。

(2)强调通过工程设施对大气降水加以充分利用。

(3)突出通过人工方式将雨水资源向其他形态水资源的转化与调蓄。

(4)在区域上,城市雨水资源化最重要的地区是那些缺乏地表水和地下水的城市。

(5)强调以最大、最优利用雨水资源为主,同时兼顾雨洪控制。

(6)降雨较多的地区,非常适合展开城市雨水资源化。由于降雨量大,对于蓄水工程设施的容积、储存时间要求不高,这样的工程设施容易建成,并且投资少。而对于少雨地区,更应该进行城市雨水利用,对来之不易的汛期雨水尽可能多地进行集蓄,以补充可用水源。

13.1.2.4　雨水利用的特点

与传统水资源相比,雨水在利用中具有以下特点:

(1)雨水一般具有相当大的笼罩面积,不同于河流的线状分布和地下水富集出露的局部分布。在雨季,我国各地的降雨此起彼伏,广泛分布。一般年景,各处均可就地收集雨水。雨水适合于在面上分散聚落的使用,如远离河流和缺乏地下水的地区。

(2)雨水在我国的时间分配不均匀,大多集中在夏季。因此,一般是雨期收集,就地储存,以备雨后使用。

(3)雨水来水的强度以每分钟多少毫米计(mm/min),远比河流的水流速度单位米每秒(m/s)小,两者相差60 000倍。因此,相对来说,降雨强度十分微弱,可视为“弱水”。但是,由于降雨笼罩面积大,通过扩大集雨面积、减少渗透,可以提高集雨的水流强度。

(4)雨水是再生速度最快的水资源,全球的平均降水周期仅10 d左右,而深层地下水的再生周期则长达千年至上万年。因此,雨水利用是可持续的。

(5)雨水是众多河湖等地表水和地下水量主要的补给来源,几乎所有可再生的地表水和地下水均是雨水派生出来的。地表水和地下水的开发归根到底是雨水的再利用。

(6)雨水利用主要是通过两种方式来实现的。一是设定弱透水面,二是利用较大面积自然集水区拦蓄雨水(如坑塘集雨),其突出的特点是就地使用。

(7)广义的雨水利用还可包括人工增雨(Weather Modification)和各种形式水平降水的利用。

(8)雨水除直接集流利用外,还可追踪雨水转化过程,进行间接利用,提高利用效率。

总之,雨水利用是多途径和多层次的。针对其分布广和时间上的不连续性,可因地制宜采用不同方式加以开发。由于雨水分散,强度相对河流的水量规模很小,因此就地利用雨水的规模不大。相对于开发集中分布的河流与地下水的大、中、小型的水利工程来说,属于微水利工程。投资小、周期短、技术简单、群众性强是其主要特点。发展雨水利用可减轻骨干水利工程的供水压力,可望发挥良好的配合、配套作用。

13.1.3　城市雨水水质特征

雨水的水质与降雨地区的污染程度有着密切的关系,雨水中的杂质由降水中的基本物质和所流经的地区造成的外加杂质组成。城市雨水中的杂质主要含有氯、硫酸根、硝酸根、钠、氨、钙和镁等离子(浓度大多在 10 mg/L 以下)和一些有机物质(主要是挥发性化合物),同时还存在少量的重金属(如锡、铜、铬、镍、铅、锌)。

雨水的污染可分为自然污染和人为的污染。自然污染主要是天然降雨中含有的一些污染物,如大气污染严重导致的酸雨等。人为污染主要是一些新型材料的道路、屋顶铺装,或者是人为的垃圾,汽车尾气的排放等使天然雨水降落到地面上,形成较大面积、程度的污染,需要人为地实施一些水处理方法,进行简单处理。

一般雨水径流中的污染物来自三个方面:降水、土地表面和下水道系统。这些污染物大概可分为几大类:悬浮固体(SS)、好氧物质、重金属、富营养化物质(如氮、磷)、细菌和病毒、油脂类物质、酸类物质、有毒有机物(除草剂等)和腐殖质。

(1)降水。主要指降雨和降雪对雨水径流污染物的提供,包括降水淋洗空气污染物的部分。根据一些资料得知,在屋顶产生的径流里,10%~25%的氮、25%的硫和不到 5%的磷来自降雨,而在街道商场的停车场、商业区和交通繁忙街道产生的雨水径流中,几乎所有的氮、16%~40%的硫和 13%的磷来自降雨。

(2)土地表面。地表污染物以各种形式积蓄在街道、阴沟和其他与排水系统直接相连接的不透水表面上。如行人抛弃的废物、从其他开阔地上冲刷到街道上的碎屑和污染物,建造和拆除房屋的废土、垃圾、粪便或随风抛撒的碎屑,从空中沉降的污染物等。

(3)下水道系统。排水系统也对雨水径流水质有影响,主要有沉积池中沉积物、合流制排水系统漫溢出的污水。在合流制排水系统里,污废水和雨水掺混在一起输送到受纳水体或污水处理厂。当雨水径流流速较大时,排水管网在无雨期时将自污水中沉积下来的污染物被雨水冲起并带走,成为雨水径流污染物的又一来源。

13.1.4　城市雨水利用是实现水资源可持续发展的重要途径

具体地讲,城市雨水利用在生态环境和社会效益上有五大益处。

(1)可以有效改善区域生态环境。

将雨水就地收集、就地利用或回补地下水,可减轻城市河湖的防洪压力,防止城市排涝设施不足导致的城市雨水排泄不畅和洪涝灾害的发生;削减雨季峰流量,维持河川水量,增加水分蒸发,改善生态环境;减少或避免马路及庭院积水,改善小区水环境,提高居民生活质量。

(2)提高水资源利用效率。

雨水适于冲厕、洗衣物,故部分生活用水不必一定要用饮用水;雨水的钙盐含量低,属软水,可作冷却水。

(3)涵养地下水。

地下水一般利用雨水、自来水或中水补充,其中后两种方法造价偏高,且中水补充还有污染地下水的可能。利用雨水补充地下水资源是最经济的方法。

(4)减轻城市防洪和排水系统压力。

多个单元的雨水利用,可以蓄到大雨的前中期水量,还可起到洪水错峰的作用,会从总量上减少排入市政管网和河湖的雨水量。

(5)有利于保持城市河湖水环境。

目前我国城市多为雨污合流方式,日降雨小于设计降雨量的均匀降水,雨水通过汇水管网进入污水处理厂;日降雨大于设计降雨量或小于设计降雨量但强度较大时,雨水混合污水排入河道,造成河湖水体污染。通过雨水利用可以缓解降雨强度和降雨量增大对河湖水环境的压力。

从以上分析可知,雨水利用是实现水资源可持续发展的一条重要途径,它具有广泛的社会、环境效益和生态效益,与外源调水、海水淡化等相比,雨水利用在经济上具有较大的优势,因此有着不可忽视的利用价值。

13.2 城市雨水开发利用现状及发展方向

以探讨雨水利用技术,推广雨水利用新理念、新思路为宗旨的两年一届的国际雨水利用大会至今已召开了十六届。近年来,美国、加拿大、意大利、法国、墨西哥、印度、土耳其、以色列、日本、泰国、苏丹、也门、澳大利业等国家和地区,在城市和农村开展了不同规模的雨洪利用研究,其中日本、美国和德国等国经济发达,城市化的进程发展较早,且都是暴雨洪水灾害频繁的国家,因此雨水利用的研究和实践起步较早,也较完善。

13.2.1 国外城市雨水利用状况

在国外一些发达国家,城市雨水资源化和雨水的收集利用已有几十年的历史,其经验和方法对我国城市雨水利用很有借鉴意义。

13.2.1.1 日本雨水资源化状况

多年来,日本政府除采取开源措施、提高水的利用效率、鼓励全社会利用循环水外,对雨水的利用十分重视。在城市屋顶修建了雨水浇灌的“空中花园”,在减少城市地表径流的同时,减少自来水的消耗,增加了城市的绿地面积,美化了城市环境,净化了城市空气,吸收了城市噪声,也能够降低城市的“热岛效应”。

日本于1963年开始兴建滞洪和储蓄雨水的蓄洪池,还将蓄洪池的雨水用作喷洒路面、灌溉绿地等城市杂用水。这些设施大多建在地下,以充分利用地下空间。而建在地上的也尽可能满足多种用途,如日本名古屋的若宫大通调节池,建在城市街道下面(与地面仅有一层混凝土板相隔),长约316 m,宽度为47~50 m,最大储水量约为100 m^3。在日本东京的相扑馆和棒球馆的下面,修建2 000 m^3 的地下雨水库,控制了地区洪水。

20世纪70年代日本修筑集流面收集雨水,采用各种渗透设施截留雨水或收集利用,做了大量的研究和示范工程,并纳入了国家下水道推进计划,在政策和资金上给予支持。1980年,日本的建设省就开始推行雨水储留渗透计划,采取了“雨水的地下还原对策”,先后开发应用了透水性沥青混凝土铺装和透水性水泥混凝土铺装，主要应用于公园广场、停车场、运动场及城市道路，涵养地下水源，复活泉水，恢复河川基流，改善生态环境。

1988 年成立了雨水储留与渗透技术协会，吸引了清水、三菱、西武、大成等著名的建筑株式会社在内的 84 家公司参加。对东京附近 22 万 m^2 的流域进行了长达 5 年的观测和调查，发现实施雨水储留渗透技术的区域效果明显，平均降雨量 693 mm 的地区，平均流出量由原来的 37.95 mm 降低到 5.48 mm，流出率由 51.8%降低到 5.4%。

1992 年颁布《第二代城市下水总体规划》，正式将雨水渗沟、渗塘及透水地面作为城市总体规划的组成部分，要求新建和改建的大型公共建筑群必须设置雨水就地下渗设施。日本"降雨蓄存及渗滤技术协会"经模拟试验得出：在使用合流制雨水管道系统地区合理配置各种入渗设施的设置密度，强化雨水入渗，使降雨以 5 mm/h 的速率入渗地下可使该地区每年排出的 BOD 总量减少 50%。

现在，日本拥有利用雨水设施的建筑物 100 多座，屋顶集水面积 20 多万 m^2，在东京江东区文化中心修建的收集雨水设施集雨面积 5 600 m^2，雨水池容积为 400 m^3，每年做饮用水和杂用水的雨水占其年用水量的 45%。日本还提出"雨水径流抑制性下水道"，对于采用各种渗透设施或雨水收集利用系统来截留雨水做了大量的研究和示范工程，并纳入国家下水道推行计划，在政策和资金上给予支持，结合已有的中水道工程，雨水利用工程也逐步规范化和标准化。如在城市屋顶修建用雨水浇灌的"空中花园"，在建筑中设置雨水收集储留装置与中水道工程共同发挥作用，像东京、福冈、大阪和名古屋均有大型的棒球场雨水利用系统，集水面积均在 1.6 万~3.5 万 m^2，经砂滤、消毒后用于生活用水和绿化，每个系统年利用雨水量在 3 万 t 以上。部分集雨设施还备有注氯装置，对雨水储存池进行定期消毒。至今，日本已在多领域开展了雨水回收利用的研究，其技术达到了世界领先水平。

精明的日本商人还发现，水在阿拉伯国家是贵重的商品，便着手向阿拉伯国家出口雨水，标志着雨水利用已经在日本显示出独特的价值。第一个向日本购买雨水的国家是阿拉伯联合酋长国，该国每年的雨水进口量大约为 2 000 万 m^3，主要用于农作物灌溉。对于阿拉伯国家来说，进口雨水比淡化海水所花费用要低得多。此外，日本还在积极扩大对其他阿拉伯国家的雨水出口。

13.2.1.2　德国雨水资源化状况

德国在城市雨水利用方面的研究和实践，走在世界科技的前沿。在 20 世纪初期就已经发布了"对未受污染雨水的分散回灌系统的建设和测量"。德国利用公共雨水管收集雨水并经简单的处理后达到杂用水水质标准，可用于街区公寓的厕所冲洗和庭院浇洒，部分地区利用雨水可节约饮用水达 50%。

德国的雨水利用主要有屋面雨水集蓄系统、雨水屋顶花园利用系统、雨水截污与渗透系统及生态小区综合利用系统。其中通过屋面集蓄的雨水主要用于家庭、公共和工业三方面的非饮用水，道路雨水则主要排入下水道或渗透补充地下水，部分地区利用雨水可节约饮用水达 50%。柏林等一些城市已将城市雨水利用和城市环境、城市生态建设等结合起来进行设计，已建或正在建成一批各具特色的生态小区雨水利用系统。如位于柏林的 Hlank Beless-luedecke Strasse 公寓始建于 20 世纪 50 年代，经过改建、扩建，增设雨水收集相关设施，实现了雨水的最大收集。从屋顶、周围街道、停车场和通道收集的雨水通过独立的雨水管道进入地下储水池。储水池容积 160 m^3，经简单的处理后，用于冲洗厕所和浇洒庭院。利用雨水每年可节省 2 430 m^3 饮用水。

此外，德国还制定了一系列有关雨水利用的法律法规。如目前德国在新建小区之前，无论是工业、商业，还是居民小区，均要设计雨水利用设施，否则，政府将征收雨水排放设施费和雨水排放费等。1989 年制定屋面雨水利用设施标准(DIN1989)以来，德国已经形成了一整套较为成熟的雨水资源利用的实用性技术、行业标准和管理条例。

13.2.1.3 美国雨水资源化状况

美国的雨水利用大多以提高天然入渗能力为目的，并将其作为土地规划的一部分在新的开发区实施。加利福尼亚州富雷斯诺市兴建地下回灌系统，10 年间(1971~1980 年)的地下水回灌总量为 1. 338 亿 m^3，其年回灌量占该市年用水量的 20%。芝加哥市兴建了地下隧道蓄水系统，以解决城市防洪和雨水利用问题。1972 年，芝加哥市卫生街区开始在没有下水道和设置分流式下水道的新土地开发区，强制性地实施雨水储留设施，以应付因城市化增长而增大的雨水径流，其储留设施的蓄水方式是各种各样的，有蓄水湖、湿的或干的池子，地下蓄水设施等。为解决集水面积 971 km^2 的合流制下水道地区的供水和水质问题，在上游建造了 3 个大型雨水储留池(总储留量 1. 57 亿 m^3)，街区下的一条大型地下河似的雨水储留管，整个卫生街区的全部储留设施的储留高(储留水量与流域面积的比，相当于降雨形成的径流深度)是 172 mm，可见其储留量之大。其他很多城市建立了屋顶蓄水和由入渗池、井、草地、透水地面组成的地表回灌系统。

美国不但重视工程措施，而且还制定了相应的法律法规对雨水利用给予支持。如科罗拉多州、佛罗里达州和宾夕法尼亚州 20 世纪 70 年代就分别制定了《雨水利用条例》。这些条例规定新开发区的暴雨洪水洪峰流量不能超过开发前的水平，所有新开发区必须实行强制的“就地滞洪蓄水”。除此之外，各级政府制定了相应的政策和法规，限制雨水的直接排放与流失，控制雨水径流的污染，征收雨水排放费，要求或鼓励雨水的储留，储存或回灌地下，改善城市水环境和生态环境；还采取了一系列的优惠政策，如政府补贴、联邦贷款等鼓励人们采用新的雨水处理办法。

13.2.1.4 英国雨水资源化状况

英国的蓄水地面系统，把局部地域内收集到的雨水径流，用人工方式储存起来，成为城市中水回用的重要水源，提供人们生活所需的部分杂用水，可降低城市供水的压力，缓解城市水资源危机。如在英国诺丁山有一个 Edwinstowe 青年旅行社，人们在建筑物附近地面采用“蓄水地面”，利用人行道、车道、停车场的地下空间，储存、截留雨水，即在具有一定强度的多孔、可渗的路面下依次铺设砾石层、土工织物，以干净的碎石等蜂窝状材料作为基底蓄水层，并用土木工程中使用的透水性很小的高聚物薄膜——土工膜将结构包围起来，储水量可达 100 L/m^2，收集的地面雨水与屋面雨水一起成为建筑物内中水水源，用于冲洗厕所。

以伦敦世纪圆顶的雨水收集利用系统为例，泰晤士河水公司为了研究不同规模的水循环方案，设计了英国 2000 年的展示建筑——世纪圆顶示范工程。在该建筑物内每天回收 500 m^3 雨水用以冲洗该建筑物内的厕所，其中 100 m^3 为从屋顶收集的雨水。这使其成为欧洲最大的建筑物内的水循环设施。从面积相当于 12 个足球场大小圆顶盖上收集来的雨水经过24个专门设置的汇水斗进入地表水排放管中，初降雨水含有从圆顶上冲刷下的污染物，通过地表水排放管道直接排入泰晤士河。由于储存容积有限，收集的雨水量仅100 m^3/d，多余的雨水排入泰晤士河。收集的雨水在芦苇床中进行处理，芦苇床还能增加城市的景观多样性。

13.2.1.5　丹麦雨水资源化状况

丹麦98%以上的供水是地下水。但是由于目前的地下水开发利用率，除在哥本哈根市周围的地区外，都小于1，一些地区的含水层已经被过度开采。为此，在丹麦开始寻找可替代的水源，以减少地下水的消耗。在城市地区从收集后的雨水经过收集管底部的预过滤设备，进入储水池进行储存。使用时利用泵，经进水口的浮筒式过滤器过滤后用于冲洗厕所和洗衣服。从丹麦屋顶收集的最大年降水量为2 290万 m^2，相当于目前饮用水生产总量的24%。每年能从居民屋顶收集645万 m^2 的雨水，如果用于冲洗厕所和洗衣服，将占居民冲洗厕所和洗衣服实际用水量的68%。相当于居民总用水量的22%，占市政总饮用水产量的7%。

综上所述，国外城市雨水利用的应用范围广、设施齐全、利用方法多种多样，并且制定了一系列关于雨水利用的政策法规，建立了比较完善的雨水收集和雨水渗透系统。收集的雨水有很多方面的用途，如冲洗厕所、洗车、浇洒庭院、洗涤衣物、屋顶花园用水，还可作为发生火灾时的应急用水。雨水渗透可形成地下水回灌系统。

13.2.2　国内城市雨水利用状况

我国城市城区雨水利用的思想具有悠久的历史，是伴随着古都的建设和发展而产生的。北京北海公园团城古代雨水利用工程就是我国古都建设中对雨水利用的杰作。团城内具有独特的雨水收集、排放、利用系统。地下有一排水廊道，绕城布置，用青砖砌成，地面多余雨水通过9个雨箅子汇集到排水廊道。排水廊道也用青砖砌成，在水量较小时水会通过青砖慢慢渗入到廊道周围土壤，在水量较大时水会在城东南侧排出城外。团城地下排水廊道的做法，充分利用了天然降水，并为城内古树营造了适宜的生长环境。这一技术历史悠久，思路精巧，是人类利用雨水工程的杰作。

我国雨水在时间和空间上的分布都很不均匀，城市雨水利用研究起步较晚。真正意义上的城市雨水利用的研究与应用始于20世纪80年代，发展于90年代。总的来说技术还较落后，缺乏系统性，更缺少法律法规保障体系。20世纪90年代以后，我国特大城市的一些建筑物已建有雨水收集系统，但是没有处理和回用系统。例如上海浦东国际机场航站楼，建有雨水收集系统用来收集浦东国际机场航站楼屋面雨水。航站楼屋面各组成部分的水平投影面积达17. 62万 m^2，该面积远大于伦敦世纪圆顶的面积。在暴雨季节收集雨量为500 m^3/h；如果这些雨量能被有效地处理和加以利用，比处理轻污染的生活污水更经济、简便易行。

由于缺水形势严峻，北京城市雨水利用的研究和应用走在了全国前列。北京市节水办和北京建筑工程学院从1998年开始立项研究，从城市雨水水质、雨水收集利用方案等诸多方面进行技术研究；2000年，北京市水务局和德国埃森大学启动“城市雨洪控制与利用”示范小区雨水利用合作项目，建立示范小区6个，并于2005年2月项目完成并通过鉴定;2001 年,国务院批准了《21 世纪初期首都水资源可持续利用规划》,对北京雨水利用进行规划;同年,北京市开始在 8 个城区建立雨水利用示范工程,完成的雨水利用工程近 40 项;2003 年 3 月北京市规划委员会和水利局又联合发布经市政府同意的《关于加强建设工程用地内雨水资源利用的暂行规定》,作出明确规定:"凡在本市行政区域内的新建、改建、扩建工程均应进行雨水利用工程设计和建设。"建设工程的附属设施应与雨水利用工程结合。景观水池应设计为雨水储存设施,草坪绿地应设计建设为雨水滞留设施。2003 年 7 月,北京市第一个大型雨水综合利用工程在丰台大桥泵站启动,工程竣工后,每年可节水 1.5 万 m^3 以上。2004 年 8 月,北京市第一个利用收集的雨水进行绿地灌溉的蓄水装置在朝阳区双井街道双花园社区投入使用,年节水约 6 000 m^3。在政府部门的支持下,目前北京市已建和在建的雨水利用工程 100 多个,雨水再利用在北京已经进入了实施推广阶段。

深圳市于 2006 年颁布了《深圳雨洪利用规划研究》,规划包括城区雨水资源利用体系在内的 5 个体系及相关的管理体系。2006 年 10 月,国家"十一五"科技支撑计划重点项目"雨洪资源利用技术研究及应用"正式启动,该项目将在技术、政策、理论等方面对我国的雨水利用提供支撑。

而今,全国很多城市都在仿效以上几个城市的雨水利用工程和应用技术,例如大庆市某小区根据大庆的降雨资料及小区主要用地指标的分析,研究城市雨水的集蓄用于小区绿化和道路浇洒的可行性。

2008 年,北京奥运会代表性建筑国家体育馆("鸟巢")和国家游泳中心("水立方")雨水回收利用系统的正式启用,标志着我国城市雨水资源化利用在某些方面达到了国际先进水平。据报道,"鸟巢"的雨水收集面积约 22 hm^2,一年可回收雨水 6.7 万 m^3,日产净水2 000 m^3,年产净水 5 万 m^3。"鸟巢"的雨水利用采用分散收集、集中处理的方式,它的雨水系统,利用分布在钢结构屋面和地面草坪等处的近千个雨水收集口(雨水斗),先将雨水收集起来,再汇入地下储水池,经过滤净化后,回用于卫生间冲洗、停车场冲洗、跑道和道路清洗、绿地和园林浇灌等九大方面。"水立方"的屋顶雨水收集面积约 2.9 万 m^3,平均每年可以回用雨水 1.05 万 m^3。根据雨水季节特点,"水立方"屋顶的雨水通过收集、初期弃流、调蓄、消毒处理后,再回用于水景补水、冷却塔补水等用途。"水立方"一年回用的雨水,相当于 100 户北京市民的用水量。

总的来说,我国城市雨水利用的研究与应用,由于起步较晚,技术还比较落后,缺乏相应的法律措施的支持、优惠政策的激励以及技术立法和相应的规范、标准。

13.2.3 城市雨水利用的发展方向

城市雨水利用是多方面的,其主要发展方向有以下三点:

(1)发展雨水收集,将雨水利用看成城市骨干供水系统中重要的辅助性工程,作为部分工业用水和杂用水的水源,减少因使用自来水(饮用水)带来的浪费,以部分缓解城市供水压力。

(2)利用雨水对地下水进行回灌,逐步恢复雨水对地下水的补给,以调节城市地下水的采补平衡。

(3)从环境保护的角度强化雨水的管理与调度,以减轻城市排水工程的压力。

第14章　雨水汇集方式与配套技术

14.1　不同下垫面材料的产流特征

14.1.1　城市公园或绿地雨水产流特征

城市公园或绿地雨水利用过程不单单是一个简单的雨水的产流、汇流和传输过程，它包括了五个阶段：降雨过程、地面集汇流过程、传输过程、调蓄滞时过程、径流的再传输过程。降雨过程是径流形成的首要环节，其大小及在时间、空间上的分布决定着径流的大小和变化过程；地面集汇流过程是指在降雨扣除初损、植物截留、土壤下渗、地面洼蓄和蒸发，最后形成水流并汇集的过程；传输过程是指在地面集汇流形成后，雨水通过地表明渠或地下管道从次管道向主管道逐渐汇集的过程；调蓄滞时过程就是通过在雨水传输过程中设置雨水资源化的蓄存设施滞留暴雨过程中的一部分水量，其滞留量和时间的关键是滞留设施的大小和位置的选择；径流的再传输过程是雨水径流经过雨水滞留蓄积设施的调蓄后雨水径流的二次传输过程。城市公园或绿地雨水利用的蓄滞过程因实际情况的不同而有所不同，但降雨过程、地面集汇流过程及调蓄滞时过程是必然存在的三个过程，这其中调蓄滞时是整个过程的核心，它把雨水蓄积及下渗与绿地结合起来，实现了城市雨水利用的规模化和可控化。

城市公园或绿地具有空间开阔、占地面积大等特点，可接收大量的雨水资源。通过建造透水性路面或下凹式绿地等方式将其渗透到在公园或绿地下分段设置的渗井内，并通过地下透水管道将其串联起来，将集蓄的雨水流入蓄水池或储水设施中，以作为城市绿地灌溉、景观及其他用水，进而间接地补充地下水资源。城市公园、公共绿地上雨水资源的收集与利用，不仅可缓解城市绿地灌溉用水紧张状况，而且可减少绿地雨水径流的排放及城市绿地养护管理费用。

14.1.2　路面雨水产流特征

在我国城市化进程中，市政道路里程快速增长，不透水路面面积急剧增加，导致径流系数增大，暴雨汇流迅速，径流量成倍增加，城市积水问题严重。城市道路雨水利用对减小暴雨洪峰流量，减轻市政排水压力，解决道路积水和城市防洪、排涝等方面起着至关重要的作用。

雨水降落到集雨面后，由于集雨面的浸湿作用、入渗作用以及蒸发作用，使得初期雨水降落到集雨面并不会马上产生径流，只有降雨量大于初期雨水的损失量时集雨面才能产生径流，降雨结束后，集雨面内雨水全部流入雨水出口需要一定时间，使得产流也不会立即停止。

降落在不透水路面上的雨水首先通过路边设置的拦污栅将漂浮的树叶、垃圾及固体悬浮物等初步分离,流入初期雨水储蓄装置内,不满足要求的直接排入污水管道,满足要求的经沉淀池、过滤池等沉淀、过滤后,进入分路段或分区域在绿地下修建的一些简单雨水集蓄工程或储水设施,作为路边绿化灌溉、维持城市水体景观、道路清洁洗车、消防及其他用水的补充水源,这样不仅节省了因建造城市排水管网的造价,而且提高了雨水资源的利用效率。

从整个径流过程看,产流时间与降雨时间相比存在着明显的滞后性,产流开始时间、产流峰值出现时间以及产流停止时间都比相应降雨时间要晚,降雨强度不同,滞后作用不同,在整个降雨过程中,降雨强度对产流的影响主要表现在对产流开始时间的滞后作用上,降雨强度越小的降雨,产流开始时间越晚。

14.2 雨水汇集工程基本参数及其确定

14.2.1 集雨量计算

14.2.1.1 一次暴雨可集雨量计算

先根据当地的暴雨强度公式算出一定重现期内、一定暴雨历时所对应的暴雨强度,再算出相应的雨水设计流量 Q,最后计算出蓄水池有效容积 V,公式如下。

暴雨强度 q 的计算公式:

$$q = \frac{167A(1 + c\lg P)}{(t + b)^n}$$

式中 A、b、n、c——当地降雨的参数;

q——设计暴雨强度,L/(s · hm^2);

t——降雨时间,min;

P——设计重现期,a,根据城市性质、重要性以及汇水地区类型(广场、干道、居住区)、地形特点和气候条件等因素确定,重要干道、重要地区或短期积水能引起严重后果的地区重现期宜采用 3~5 a,其他地区重现期采用 1~3 a。

以郑州市为例,根据郑州市多年降雨统计资料,其降雨参数为:$A = 45.8$,$c = 1.15$,$n = 0.99$,$b = 37.3$,则郑州市的暴雨强度计算式为:

$$q = \frac{7\,650[1 + 1.15\lg(P + 0.143)]}{(t + 37.3)^{0.99}}$$

暴雨强度计算后,可计算一次暴雨可集雨量,进而计算蓄水池的容积。

$$Q = \psi q F$$

$$V = Qt \times 60 \times 10^{-3} - Fh \times 10$$

式中 Q——一次暴雨可集雨量,L/s;

ψ——集雨面的平均径流系数,不同下垫面条件下的径流系数见表 14-1;

q——暴雨强度,L/(s · hm^2);

F——集雨区域面积,hm^2;

V——储水池的容积，m^3；

t——集雨时间，min，与计算暴雨强度的时间相同；

h——初期弃流量，mm，根据国内外的实际设计经验，初期弃流量为 2.0～2.5 mm。

表 14-1　不同下垫面条件下的径流系数 ψ 值

地面种类	各种屋面、混凝土和沥青路面	大块石铺砌路面和沥青表面处理的碎石路面	级配碎石路面	土砌砖石和碎石路面	非砌土路面	公园和绿地
径流系数	0.9	0.6	0.45	0.4	0.3	0.15

14.2.1.2　**年平均集雨量计算**

城区年均可收集雨量受气候条件、降雨量在不同季节的分配、雨水水质情况等自然因素以及特定地区建筑物的布局和结构等其他因素的影响。对大多数地区，年均可收集雨量的计算公式为：

$$Q = \psi\alpha\beta A(H \times 10^{-3})$$

式中　Q——年平均可收集雨量，m^3；

ψ——平均径流系数，不同下垫面条件下的径流系数见表 14-1；

α——季节折减系数，α = 汛期平均降雨量/年平均降雨量；

β——初期弃流系数，β = 1 - 初期雨量×年平均降雨次数/年平均降雨量；

A——集雨面积，m^2；

H——年平均降雨量，mm。

14.2.2　城市雨水集汇流模型

水量平衡分析的目的是根据水量盈亏平衡情况对雨水收集利用、渗透、排放等进行合理分配，从而确定集水设施各部分的设计规模。水量平衡分析可以按年、月或雨季两场雨之间平均间隔天数等来分析计算，具体应根据当地多年降雨规律和蓄水池可调蓄容量等因素确定。

14.2.2.1　**需水分析**

城市用水主要包括工业用水、消防用水、浇洒道路及绿化用水、景观用水和其他杂用水，其用水量可根据《建筑给水排水设计规范》(GB 50015—2003)中的用水定额确定。各类用水水质应达到《城市污水再生利用 城市杂用水水质》(GB/T 18920—2002)、《城市污水再生利用 景观环境用水水质》(GB/T 18921—2002)、《地表水环境质量标准》(GB 3838—2002)等国家相关标准的要求。

14.2.2.2　**全年可集雨量**

集雨量也可按下式计算全年单位集水面积可集雨量：

$$F_p = E_y R_p / 1\ 000$$

式中　F_p——保证率为 p 的年份单位集水面积全年可集水量，m^3/m^2；

E_y——某种材料集流面全年集水面积全年可集流效率，m^3/m^2；

R_p——保证率为 p 的降雨量，mm，R_p 可以从该地区多年平均降雨量等值线图中取值，也可以按下式进行计算：

$$R_p = KP_p$$
$$P_p = K_p P_0$$

式中　P_p——保证率为 p 的年平均降水量，mm；

P_0——多年平均降水量，mm，根据气象资料确定；

K_p——根据保证率 p 及变异系数 C_v 值与相应地区的图表查得；

K——全年降雨量与降水量之比值，可根据气象资料确定。

14.2.2.3　水量供需平衡分析

根据已求得的总用水量和集水量，进行平衡计算，确定相应的集雨面积、灌溉面积及蓄水工程的规模等。其中，集流面工程应按下式分别计算（各保证率年份相应的所需集流面积，选用其中大值）：

$$W_p = S_{p1}F_{p1} + S_{p2}F_{p2} + \cdots + S_{pn}F_{pn}$$

式中　W_p——保证率为 p 的年份需用水量，m^3；

$F_{p1}, F_{p2}, \cdots, F_{pn}$——保证率为 p 年份的材料 1，材料 2，…，材料 n 的集流面积，m^2；

$S_{p1}, S_{p2}, \cdots, S_{pn}$——保证率为 p 年份的材料 1，材料 2，…，材料 n 的集流面单位集水面积可集水量，m^3。

蓄水设施的总容积按下式计算：

$$V = aW_{max}$$

式中　V——蓄水设施总容积，m^3；

a——容积系数；

W_{max}——不同保证率年份用水量中的最大值，如果是人畜饮用水工程则取平均年用水量，m^3。

14.2.3　蓄水池有效容积确定的基本原则

确定蓄水池的容积，主要是考虑一次暴雨可集雨量、年平均可集雨量和用水量这三个因素。在设计中应当结合实际情况，做到具体问题具体分析，对一次暴雨可集雨量、年平均可集雨量和用水量进行比较后确定，选择经济合理的方案为设计方案。蓄水池有效容积的确定应遵循以下原则：

（1）当用水量大于可收集雨量时，兼顾城市防洪需要，建议依据一次暴雨可集雨量确定蓄水池的有效容积。

（2）当用水量小于可收集雨量时，从经济角度出发，可直接依据用水量来确定蓄水池的有效容积。

以郑州市某小区为例来设计蓄水池容积。该小区集雨面积为 10 000 m^2，其中 1/3 为绿地，2/3 为屋顶和硬化路面。

由上述公式可得平均每年该场地的集雨量。平均径流系数 ψ：当为屋顶和硬化路面时取 0.9，绿地取 0. 15；郑州市的季节折减系数 α 取 0. 6；初期弃流系数 β 取 0.94；集雨面

积 A 分为两部分，A_1 为屋顶和硬化路面，取 6 700 m^2，A_2 为绿地面积，取 3 300 m^2；郑州市的多年平均降雨量 H=633.3 mm，则年可集雨量 Q 为 2 158.6 m^3。

该场地所要建蓄水池容积可以根据郑州市的暴雨强度公式算出在一定重现期内，一定降雨历时所对应的降雨强度 q，再算出相应的雨水设计流量 Q，最后计算出蓄水池有效容积 V。

该工程场地由于缺少气象资料，在此采用郑州市降雨资料。暴雨时间 t=7.5 min，设计重现期 P=4 年，则：

$$q = \frac{7\,651[1 + 1.15\lg(P + 0.143)]}{(t + 37.3)^{0.99}} = \frac{7\,650 \times [1 + 1.15 \times \lg(4 + 0.143)]}{(7.5 + 37.3)^{0.99}}$$
$$= 303.3\ \mathrm{L/(s \cdot hm^2)}$$

(1)屋顶和硬化路面的集雨量。

集雨面的平均径流系数 ψ=0.9，集雨区域面积 F=0.67 hm^2，则 Q_1=182.9 L/s。

计算其所需要蓄水池的有效容积，其中：初期弃流量 h=2.0 mm，集雨区域面积 F=0.67 hm^2，雨水设计流量 Q_1=182.9 L/s，集雨时间 t=7.5 min，则 V_1=68.9 m^3。

(2)绿地的集雨量。

集雨面的平均径流系数 ψ=0.15，集雨区域面积 F=0.33 hm^2，则 Q_2=15 L/s。

计算其所需要蓄水池的有效容积，其中：初期弃流量 h=2.0 mm，集雨区域面积 F=0.33 hm^2，雨水设计流量 Q_2=15 L/s，集雨时间 t=7.5 min，则 V_2=0.1 m^3。

根据上述计算，该小区所需要的蓄水池有效总容积为：

$$V = V_1 + V_2 = 68.9 + 0.1 = 69(\mathrm{m^3})$$

蓄水池的有效容积为 69 m^3，则可取有效长×宽×高=7.7 m×3 m×3 m，长向池壁和短向池壁厚度采用 0.3 m，底板厚度取 0.4 m，底板挑出池壁 1 m。每隔 4 m 设置一根横梁(宽×高=0.3 m×0.4 m)。为了便于清淤，在蓄水池前设计沉积池，其有效长×宽×高=2 m×3 m×3 m，池壁和底板同上，中间采用 0.3 m 厚的隔墙，沉积池有效容积为 18 m^3。

该小区沉积池和蓄水池的有效容积为 87 m^3。

14.2.4　雨水处理工艺流程

雨水经初期弃流后，其水质比较稳定，以除去 COD 和悬浮物为主，宜采用物化法处理。雨水收集池需设溢流管，并开设进人孔，以定期清除池底沉泥。图 14-1 为屋面及绿地雨水处理的工艺流程。

14.3　集流场地表处理技术研究

集流场或集雨场是雨水汇集技术体系中一个重要组成部分。初期的集流场地就是利用公路、屋面汇集雨水。近年来，专门建设的集流场则以尽量提高其汇集雨水的能力为目标。随着集雨工程技术的发展，对集流场地表处理技术的种类也越来越多，这些技术基本上以集流场地表处理的防渗材料不同而有所不同。以往对集流场地表防渗处理类型分为硬地面和膜料等两大类，这是以地表防渗处理的施工形式而分类的。这种分类只能显示

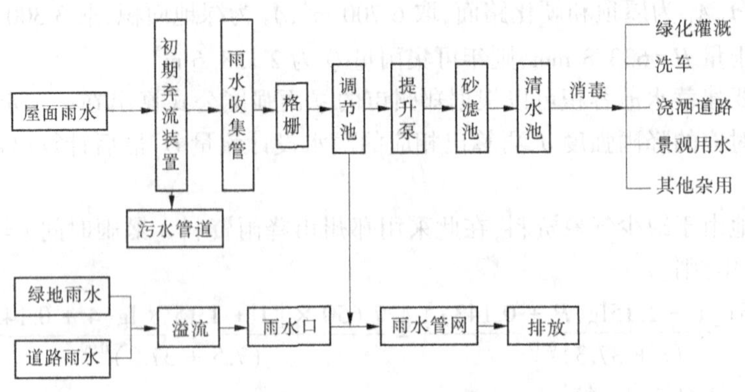

图 14-1　屋面及绿地雨水处理的工艺流程

出集流场地表处理的施工方式和结果，而没有涉及地表处理材料对地表土体的作用和影响。在已有分类的基础上，地表处理技术应该分为物理处理技术、化学处理技术和生物处理技术三种。

14.3.1　集流场物理处理技术

集流场物理处理技术是在地表处理过程中，覆盖在地表的防渗材料不与地表土体发生质的变化。具体地讲就是在地表处理中，地表防渗材料只是覆盖在地表上，如混凝土砌块和混凝土浇筑块、沥青铺面、聚乙烯薄膜和沥青玻璃丝油毡卷材覆盖等；或者是只用机械的方法处理地表，如夯实地表土到一定的密度，即黄土夯实。这些不改变地表土本身性质的防渗处理技术均为物理处理技术。对集流场地表处理采用物理技术，一般不会引起土壤污染，有利于保护土壤质量，也利于土地利用。

14.3.2　集流场化学处理技术

集流场化学处理技术是地表处理防渗材料与地表土混合后，改变了地表土体的结构、性质，地表土发生了质的变化。例如，水泥土、HEC 土等都是在一定量的水分条件下与地表土充分混合后，添加的材料与土颗粒发生作用，结果使土颗粒之间吸附叠加，形成了某些聚集体，使土体强度提高，抗渗能力增加，水稳定性良好，从而提高了集流场集流效率。化学技术处理集雨场地表土体的效果，与土体掺加材料的性质有关，它们与地表土混匀结合后激发土粒产生的硅铝酸盐聚集体活性越大，土体的强度和抗渗性能越好，水稳定性越大。因此，优秀的土体固化剂在西北黄土地区集雨工程中备受重视，且亟待开发。

14.3.3　集流场生物处理技术

生物处理技术是一种在物理处理技术基础上发展起来的新技术。硬地面和荒坡是黄土高原广泛存在的下垫面，用作人工集流场具有经济、方便、简单等诸多优点，有着广阔的应用前景。但这两种下垫面在集流过程中因径流的冲刷产生大量的泥沙，影响了雨水资源的质量，其利用受到限制，同时还增加了净水设施和蓄水设施的维护费用。最近，已有关于利用生物措施处理道路硬地面和荒坡的研究报道，如采用披碱草和黑麦草处理的植物路面在陕北出现，不但草皮生长状况良好，而且表现出较强的抵抗径流冲刷能力，产沙量明显下降，这种以草皮处理地面进行集流的技术可称为生物处理技术。生物处理技术在维持原有集流面的集流能力的同时，克服了原有单纯物理处理方法集流面产沙量大的缺点，在目前黄土高原农村地区沟坡道路集流中具有广阔的应用前景。

14.4　城市地表产流特性及影响因素分析

14.4.1　城市地表产流特性

(1)城市地表特性复杂，产流不均匀。

城市地表与一般流域地表特性有很大区别，城市地表一般由土地面、大块石、砖、碎石等铺砌的地面、混凝土地面、新旧沥青地面、水泥地面、屋面、绿化草地，以及一些树林和待开发松散土地等构成，且各种地面分散在各处，相互混杂，使其产流状况非常复杂，产流不均匀。为了研究方便，城市地表可分为透水区和不透水区两类，其中透水区主要为各种红砖、级配碎石、非铺砌土地面及绿化草地等，其产流损失以下渗为主；不透水区主要为各种混凝土和沥青地面、大块石铺砌地面等，同时还可根据有无滞蓄情况分为有滞蓄的不透水区和无滞蓄的不透水区。无滞蓄的不透水区主要是较平整或有很小坡度的停车场、广场、街道等，该区的不透水地表净雨量接近于降雨量；有滞蓄的不透水区，地表净雨量还要从降雨过程中扣除初损，主要是填洼量。

(2)产流时间较短，产流量大。

随着城市化的发展，增加了城市的不透水表面，使相当部分的流域为不透水表面所覆盖，如屋顶、混凝土街道、人行道、车站、停车场等，这些不透水区域在城市中的比例常在50%以上。由于不透水区的降雨损失很小，下渗几乎为零，洼地蓄水大量减少，造成从降雨到产流的时间大大缩短，大部分均转化为径流，加上还有部分半透水区，使城区的产流量比同面积的乡村流域大很多。

(3)城市地表降雨损失、产流和滞时差异较大。

城市降雨的损失主要为截留、填洼和下渗，其中以下渗为主。城市不透水区比例对地表产流和径流滞时有较大影响。试验结果表明，随着不透水区比例的增加，径流系数也随之增大，在小雨强时更为明显；雨强对地表产流也有较大影响，对同一种地面，雨强增大，径流系数也相应增大。美国城市水文学家的观测研究表明，城市地表径流的滞时与城市不透水区比例关系密切，当不透水区比例达50%时，地表径流的滞时减少一半，但随着不透水区比例的增加，不透水区比例对径流滞时的影响减小。

(4)产流计算一般不考虑蒸发和地下径流。

由于蒸发在城市短历时降雨过程中数量不大，主要发生在降雨停止后，对下一场降雨的前期湿度有重要影响，因此仅对单场降雨进行产汇流计算，可以不考虑蒸发。城区排水沟渠的深度较小，且较多为混凝土或沥青等不渗水材料，地下水渗入沟渠的量与降雨期的地表径流相比微不足道，可以不考虑地下径流。只有在下游较大的城市河渠中才适当考虑。

14.4.2 影响因素分析

14.4.2.1 降雨强度与降雨历时对产流的影响

不同强度的降雨在地面径流的形成过程中，基本上均经历了积水、上涨、稳定、消退四个过程。不论降雨强度如何变化，它们的地面径流过程大致基本相似，不同的只是径流要素的大小而已，如：起始积水时刻有迟有早、上涨曲线有陡有缓、稳定径流量有大有小等。

不同强度的降雨在前期条件基本一致、降雨历时相同的条件下，产流过程有着明显的差别。第一，过程线的起涨时间和陡缓不同。大降雨强度起涨时间早，过程线陡，小降雨强度起涨时间迟，过程线缓。第二，产流稳定点的出现时刻不同。大降雨强度早，小降雨强度迟。第三，稳定径流强度不同。降雨强度越大，稳定径流强度越大，降雨强度越小，稳定径流强度越小。第四，时段径流量及径流总量不同。大降雨强度时段径流量及径流总量大，小降雨强度时段径流量及径流总量小。

降雨历时对产流的影响，首先，是对产流过程线的影响，不同降雨强度产流达到稳定时包括了降雨产流的全过程，不同降雨强度产流未达到稳定时只有产流上涨段与产流消退段，缺少了产流稳定段；其次是对时段径流量及径流总量的影响，在降雨过程中，产流未达到稳定时，下渗率就未达到最小下渗率，整个降雨过程维持较大的下渗率，从而使径流系数较小。

14.4.2.2 植物截留、填洼、雨期蒸发对产流的影响

1.植物截留

植物截留是雨水在植物枝叶表面吸着力、承托力、水分重力及表面张力等作用下储存于植物表面的现象。降雨初期，雨滴降落在植物枝叶上被枝叶表面所截留；在降雨过程中截留不断增加，直至满足最大截留量。植物枝叶截留的水分，当水滴重量超过表面张力时，便落至地面。截留过程延续整个降雨过程，积蓄在枝叶上的水分不断地被新的雨水所更替，雨止后截留水量最终消耗于蒸发。

影响植物截留的因素可分为两类：一类是植物本身的特征，另一类是气象、气候因素。前者反映了植物的截留容量，后者决定了植物的实际截留量。因此，植物截留量的大小不仅与植物的种类、生育阶段有关，而且与降雨量、降雨强度有关。植物不同，截留量不同，植物生育阶段不同，截留量也不同。植物生长最旺盛时期的最大截留量称为最大截留容量。植物截留与降雨量的一般关系为：雨量较小时，截留损失大，雨量较大时，截留损失小，随着雨量的增大截留损失逐渐趋于稳定。植物截留与雨强的一般关系为：降雨初期，雨水全部截留于枝叶表面，截留量与雨强无关；对给定的稳定雨强，有一个与之对应的最大稳定截留量；随着雨强的增加，截留量增大，最后趋于一个常值，即植物最大截留量。

2.填洼

在降雨过程中被流域上的池塘、小沟等大大小小的闭合洼地拦蓄的那部分雨水称为填洼量。当降雨强度大于地表下渗能力时，超渗雨即开始填充洼地。当洼地积水达到其最大容量后，雨水再降，便会产生洼地出流，从而开始产流，雨止后，填洼量最终消耗于下渗和蒸散发。

3.雨期蒸发

雨期蒸发是降雨期间的蒸发量，由于北方一次降雨历时不是很长，雨期蒸发也比较小，因此在产流分析时，雨期蒸发常常可以忽略。

14.4.2.3　下垫面特性对产流的影响

1.土壤含水状态

土壤是由不同大小的颗粒组成的散粒体，具有吸收、保持和输运水分的能力。当降雨到达地面后，部分降雨将进入土壤，被土壤吸收、保持或输运至土壤深层，剩余部分则形成产流。土壤吸收、保持或输运水分的能力与土壤的含水状态关系非常密切，当土壤含水量较小时，吸收和保持水分的能力较大，此时，大部分降雨将被土壤吸收并保持；当土壤含水量较大或达到田间持水量时，土壤吸收和保持水分的能力相对较弱，但输运水分能力较大，进入土壤的降雨将被土壤输运至下层。因此，土壤含水状态即土壤含水量的大小及其分布将直接影响降雨产流。土壤含水量越大，起涨时间越早，过程线越陡；土壤含水量越小，起涨时间越迟，过程线越缓。

2.地面覆盖植物

植物覆盖对产流的影响，主要表现在对产流供水条件降雨的影响上。当下垫面无植物时，降雨直接到达地面，在地面进行再分配；当下垫面有植物覆盖时，降雨将首先通过植物的水文调节作用，进行重新分配，然后才到达地面，进行再分配。植物对降雨的调节作用与植物的覆盖情况有着密切的关系，当植物处在幼苗期时，植物覆盖度较小，对降雨的调节作用也小，大部分降雨将直接到达地面；当植物处在生长旺盛期时，此时植物覆盖度较大，对降雨的调节作用增大，大部分降雨将通过植物截留后，顺植物叶、茎到达地表。当植物覆盖度较大时，这种调节作用将使降雨相对集中，到达作物根部的雨水将成倍增加。因此，植物覆盖度与产流的关系表现为：当降雨小于植物截留容量时，除穿透雨量外，大部分降雨将被植物截留，不会形成产流；当降雨大于植物截留容量时，由于植物覆盖度影响，将使到达植物根部的降雨强度增大，植物根部有利于形成产流。

第 15 章　雨水调蓄与净化技术

15.1　雨水调蓄

在雨水利用系统中,存储和调节往往密不可分,雨水调蓄是雨水调节和储存的总称。传统意义上的雨水调节的目的是削减洪峰流量,此类蓄水池的常见方式有溢流堰式或底部流槽式。雨水利用系统中的雨水调蓄,是为满足雨水利用的要求而设置的雨水暂存空间,待雨停后将储存的雨水净化后使用。在雨水利用系统中,还常常兼沉淀池之用。一些天然水体或合理设计的人造水体还具有良好的净化和生态功能。

15.1.1　雨水调蓄的作用

(1)减少排水系统费用,减轻排水管网压力。

在排水管网系统中使用调蓄池能够减少排水管道的尺寸及建设费用,尤其是当排水管道较长且采用重力流的工作方式时,该作用更为显著。当需要排水泵站时,还能够减小泵站的规模。

(2)连接新的汇水地区和已有的排水管道。

已有排水管道接纳新的汇水面积后,将超过管道设计规模而无法接纳暴雨期的流量。在这种情况下,可采用调蓄池接纳高峰流量。因此,就没有必要再改造已有的管道和泵站。

(3)对已有管道的改善。

若管网系统已超负荷运行,无需对管网系统进行改造,建造调蓄池后,就可以解决管网系统超负荷工作的状况。

(4)保护受纳水体。

调蓄池使初期混合污水在其内停留,同时能够净化水质。短期的暴雨降落时,在未达到溢流水量时调蓄池具有足够的容量来储存雨水而不必使其立即排入管道。

另外,由于初期雨水携大量污染物,且含量远高于城市河流湖泊的水质标准,若直接入河,对地表径流带来很大的环境污染。因此,设置初期雨水调蓄池,将降雨初期污染相对较严重的雨水暂时储存在调蓄池中,在降雨之后利用城市污水管网排放低谷时段,将初期雨水送至城市污水处理厂。初期雨水调蓄池在 15.2 节雨水净化处理技术的 15.2.1 节预处理中详细说明,本部分雨水调蓄是针对整个降雨过程。

15.1.2　雨水调蓄的分类

雨水调蓄是以一定方式,经济合理地存储并调节雨水,解决降雨和利用在时间上错位的矛盾。雨水调蓄的分类方法主要包括以下几种。

15.1.2.1　根据雨水调蓄设施的空间位置分类

(1)就地调蓄,即将降雨就近存蓄起来,一般来说集雨面积小,存储量不大,如水窖、塘坝、小水库等。

(2)异地调蓄,是指当集雨面积较大无法就地存储时,通过工程设施调到远处存储,如河道、水库等。

15.1.2.2　根据工程类别分类

(1)水窖、塘坝。这是一种结构简单、造价很低、管理方便的储水工程,一般用于山区或干旱少雨地区,使用水量不大,集雨面可以是自然的,也可以是人工的。在布局上又可根据自然条件分为4种:①串联式,集雨面狭长,在一条集雨沟上按不同高程布置几个窖或塘,如"长藤结瓜";②并联式,集雨面大、集雨量大,需在相同高程上布置几个窖或塘;③散布式,集雨面小,独立的系统;④子母式,一个较大的塘带几个窖,可以利用塘水补充窖。

(2)河、库。蓄水量较多但工程量较大,设计时要考虑工程防洪安全,其集雨面多属自然的。

(3)地下存蓄。利用井壁回灌、坑塘引渗、地下水池等工程,将地表水引入地下存储,工程设计比较复杂,利用比较困难。

15.1.2.3　根据雨水调蓄池的功能、地形地貌和排水管渠等条件分类

(1)利用低凹地、池塘、湿地、人工池塘等收集调蓄雨水。雨水汇入调蓄池之前应该进行必要的截污处理,再充分利用调蓄池内的水生植物和其他生物资源对集蓄的雨水进行净化处理,防止水质恶化,保持良好的生态景观效果。

(2)将其建成与市民生活相关的设施,如利用洼地建成城市小公园、绿地、停车场、网球场、儿童游乐场和市民休闲锻炼场所,这些场所的底部一般都采用渗水的材料。当暴雨来临时可以暂时将高峰流量储存在其中,暴雨过后,雨水继续下渗或外排,并且设计在一定时间内完全放空,这种雨水调蓄设施多数时间处于无水状态,可以用作多功能场所。

(3)从降低雨水污染负荷的角度出发,建设地上或地下的雨水调蓄池,进行后续处理后排放。

综上,雨水调蓄的方式有许多种,常见雨水调蓄设施的方式、特点及适用条件如表15-1所示。

15.1.3　雨水调蓄设计原则及计算原理

15.1.3.1　雨水调蓄设计原则

确定雨水调节储存池容积,应考虑下列影响因素和原则:

(1)可收集和储存的雨水量;

(2)流域内可利用的城市污水处理设施的处理能力;

(3)雨水收集管道(渠)的坡降;

(4)雨水收集管道(渠)是否允许储存雨水;

(5)调蓄池的建造形式;

(6)提升泵站的规模;

(7)处理设施的处理能力和运行时间。

表 15-1　雨水调蓄的方式、特点及适用条件

雨水调蓄方式			特点	常见方法	适用条件
调蓄池	按建造位置不同	地下封闭式	节省占地，雨水管渠易接入，但有时溢流困难	钢筋混凝土结构、砖砌结构、玻璃钢水池等	多用于小区或建筑群雨水利用
		地上封闭式	雨水管渠易接入，管理方便，但需占地空间	玻璃钢、金属、塑料水箱等	多用于单体建筑雨水利用
		地上开敞式（地表水体）	充分利用自然条件，可与景观、净化相结合，生态效果好	天然低洼地、池塘、湿地、河湖等	多用于开阔区域，如公园、新建小区
	按调蓄池与雨水管理的关系	在线式	一般仅需一个溢流出口，管道布置简单，漂浮物在溢流口处易于清除，可重力排空，但池中水与后来水发生混合。为避免池中水被混合，可以在入口前设置旁通溢流，但该方式漂浮物容易进入池中	可以作为地下式、地上式或地表式	根据现场条件和管道负荷大小等经过技术经济比较后确定
		离线式	管道水头损失小，离线式也可将溢流井和溢流管设置在入口		
雨水管道调节			简单实用，但调蓄空间一般较小，有时会在管道底部产生淤泥	在雨水管道上游或下游设置溢流口保证上游排水安全，在下游管道上设置流量控制闸阀	多在管道调蓄空间较大时用
多功能调蓄		灵活多样，一般为地表式	可以实现多种功能，如削减洪峰、减少水涝，调蓄利用雨水资源，增加地下水补给，创造城市水景或湿地，为动植物提供栖息场所，改善生态环境等，使城市土地资源多功能发挥	主要利用地形、地貌等条件，常与公园、绿地、运动场等一起设计和建造	城乡结合部、新开发区、生态住宅区或保护区、公园、城市绿化带、城市低洼地等

选用多种形式进行对比、筛选，按投入产出比等经济指标确定最佳容积。

15.1.3.2　雨水调蓄容积计算方法

1.基本原则

雨水调蓄容积的计算是基于降雨流量公式和降雨过程线，计算时主要考虑一次暴雨可集雨量、年平均可集雨量和用水量这三个因素。在设计中应当结合实际情况，做到具体问题具体分析，对一次暴雨可集雨量、年平均可集雨量和用水量进行比较后确定，选择经济合理的方案为设计方案。

流域径流过程的推算一般采用实测降雨径流过程进行推算，属于经验统计范畴。流域径流过程与流域的自然地理参数、流域内植被及开发建设情况密切相关。一般按流域单位线理论，借鉴本区域综合单位线经验数据进行推算。

2.计算方法

雨水调蓄池容积的计算方法可归纳为3种：①调蓄时间法；②面积负荷法；③脱过系数法。调蓄时间法是实测水质水量过程线，确定调蓄时间，根据入流量和调蓄时间计算有效调蓄容积。面积负荷法是通过确定调蓄当量降雨强度(mm/h)或单位面积调蓄负荷($m^3/(s\cdot km^2)$)($m^3/(s\cdot hm^2)$)计算有效调蓄容量。脱过系数法是确定脱过系数，计算有效调蓄容积。美国及英国的调蓄池容积计算方法，属调蓄时间法，该方法调蓄池容积的确定随着时间的变化而变化，降雨时间越久，调蓄池所需容积越大。

调蓄时间法需要大量的降雨资料，利用已有降雨资料分析降雨历时，确定该地区的调蓄池容积。美国和英国一般采用这种方法。

日本调蓄池容积的计算，采用面积负荷法。该方法调蓄池容积的确定不仅取决于降雨历时，而且取决于流域面积，系统内流域面积的增大，将直接导致调蓄池容积的增大。

我国调蓄池容积的计算方法，属脱过系数法。因国内暴雨强度公式的最大降雨历时一般不超过2 h，而洪峰流量调蓄池的容积计算，其降雨历时要比计算管道峰值的历时长，因此该方法不适用于降雨历时大于2 h的调蓄池容积的确定。

15.1.4　封闭式雨水调蓄池设计

根据建造位置的不同，封闭式雨水调蓄池可分为地下封闭式和地上封闭式，其结构形式可以是钢筋混凝土结构、砖石结构、玻璃钢、塑料和金属结构等。

表15-2　地上、地下封闭式雨水调蓄池的特点

建造位置	特点	常见方法	适用条件
地下封闭式	优点：节省占地；便于雨水重力收集；避免阳光直射，保持较低的水温和较好的水质；具有防冻、防蒸发等功效；适应性强 缺点：施工难度大，费用高；有时溢流困难	钢筋混凝土结构、砖砌结构、玻璃钢水池等	多用于小区或建筑群雨水利用
地上封闭式	优点：安装简单，施工难度小；维护管理方便 缺点：需占地空间，水质不易保障；一般不具备防冻功效，季节性强	玻璃钢、金属、塑料水箱等	多用于单体建筑雨水利用

封闭式雨水调蓄池一般考虑防渗功能，其容积计算主要有降雨流量公式法、降雨强度曲线法和脱过系数法。

15.1.4.1　降雨流量公式法

根据汇水表面的径流系数、降雨汇水面积和设计降雨量确定汇集的径流雨水量，从而确定雨水调蓄池的容积。

$$V=\psi HF\times 10$$

式中　V——雨水调蓄池容积，m^3；

ψ——径流系数；

H———一场雨的设计降雨量，mm；

F——回水面积，hm^2；

10——单位换算系数。

当需要控制初期雨水，使其不进入调蓄系统时，应乘以相应的初期雨水气流系数。

降雨流量公式法中关键是如何确定一场雨的设计降雨量。一场雨的概念是指一个连续的、不间断的降雨时段内的降雨量。设计降雨量 H 应根据工程所在地多年降雨统计资料和雨水利用工程投资规模、水量平衡等多种因素来合理确定。例如，选用 20 mm 降雨量为设计降雨量（从当地气象部门降雨统计资料确定其保证率），对综合径流系数为 0.5 的 1 hm^2 汇水面积，需要雨水调蓄容积为 100 m^3。即小于等于 20 mm 的降雨，该调蓄池可全部容纳，而大于 20 mm 的降雨只能部分容纳，多余的将溢流。实际设计时，可根据当地多年平均降雨量以及相应的场次，计算出雨水调蓄池平均每年可以蓄满的次数、可收集雨水总量、建造费用等，再进行技术经济比较后确定。

15.1.4.2　**降雨强度曲线法**

按照暴雨流量公式可得到径流量—降雨历时曲线，此曲线与坐标轴所围成的面积即为降雨总径流量 V_T。可以用该值作为雨水调蓄池的设计容积。

此法的特点是径流量—降雨历时曲线并不反映实际径流过程，所以按此计算的调蓄容积较实际偏大。计算出调蓄容积后应核算相应的设计降雨量，然后进行技术经济评价，不满足经济规模时应进行调整。

$$Q = \psi q F$$

式中　Q——设计暴雨径流量，L/s；

F——集雨区域面积，hm^2；

q——设计暴雨强度，L/(s · hm^2)，$q=\dfrac{167A_1(1+c\lg P)}{(t+b)^n}$；

P——设计重现期，a；

t——降雨历时，min；

ψ——径流系数；

A_1——重现期为年的设计降雨的雨量；

c——雨量变动参数，反映设计降雨各历时不同重现期的强度变化程度；

b——历时附加参数；

n——历时指数。

15.1.4.3　**脱过系数法**

根据《给水排水设计手册》（第 2 版）第 5 册 1.6 雨水调蓄章节，给出了调蓄容积计算方法：

$$V = f(\alpha) W$$

$$f(\alpha) = \left[-\left(\frac{0.65}{n^{1.2}} + \frac{b}{\tau}\,\frac{0.5}{n+0.2} + 110\right)\lg(\alpha + 0.3) + \frac{0.215}{n^{0.15}} \right]$$

式中　V——调蓄池容积，m^3；

α——脱过系数，$\alpha=\frac{Q'}{Q}$；

Q'——脱过流量；

Q——池前管道设计流量；

W——池前管道的设计流量 Q 与相应集流时间 τ 的乘积，$W=Q\tau$，m^3；

b,n——暴雨公式参数；

τ——管渠在进入调蓄池前的断面汇流历时，不计延缓系数，min。

在调蓄区底部设有淤泥存放区域。泥区的容积大小应根据所收集雨水的水质和排泥周期来确定。对于封闭式调节池，可参照污水沉淀池设置专用泥斗以节省空间；对于敞开式调蓄池，排泥周期相对较长，泥区深度可按 200~300 mm 来考虑。

当雨水调蓄池兼有削减洪峰、减小下游管道直径功能时应对调蓄池容积进行核算。有条件时可单设削峰调节池。也可在暴雨来临之前排空或部分排除有效调蓄利用容积，使有效调蓄容积发挥削峰功能。

15.1.5　开敞式雨水调蓄池设计

开敞式雨水调蓄设备一般建于地上，属于地表水体，其调蓄体积一般较大，费用较低，但占地面积较大，蒸发量也较大。可充分利用自然条件，与景观、净化相结合，生态效果好，多建于公园、新建小区等开阔区域。

一般地表开敞式雨水调蓄池应结合景观设计和小区整体规划以及现场条件进行综合设计。设计时往往要将建筑、园林、水景、雨水的调蓄利用等以独到的审美意识和设计手法有机地结合在一起，达到完美的效果。

当在拟建区域内有池塘、洼地、湖泊、河道等天然水体时应优先考虑利用。

作为人工调蓄水池，一般不具备防冻功能，且蒸发量大，不考虑防渗漏时，渗漏率会达到 50%以上。在结构选择、设计和维护中注意采取有效的防渗漏措施。

开敞式雨水调蓄池容积计算，可以参照封闭式雨水调蓄池的计算方法进行，但是要考虑蒸发作用损失的水量，并分为考虑防渗和不考虑防渗功能两种情况。

(1)考虑防渗功能的开敞式雨水调蓄池容积计算，需增加蒸发损失水量的计算。根据当地水文统计数据查得多年平均蒸发量数据，乘以调蓄池面积，即为调蓄池蒸发损失水量。

(2)不考虑防渗功能雨水调蓄池的计算，主要考虑调蓄池的水量平衡，调蓄池的进出水水量之差的累计量就是需要的调蓄水量，用公式表达如下：

$$V=\int_0^T (Q_{in}-Q_{out})\,dt$$

式中　V——调蓄池的体积，m^3；

Q_{in}——流入调蓄池的流量，L/s；

Q_{out}——流出调蓄池的流量，L/s；

t——降雨历时，min；

T——计算一场雨的降雨时间，min。

实际计算时采用的步骤如下:①根据渗透率绘制出计算一场雨的降雨时间内累计渗透水量曲线。②此时,找出这两条曲线垂直方向的最大距离(最大差值)即为调蓄池的容积。③计算不同降雨历时的降雨径流量,由此可得累计的径流量曲线。

15.1.6 雨水调蓄池的维修及保养

由于雨水径流中携带了地面和管道沉积的污物杂质,雨水调蓄池在使用后底部不可避免地滞留沉积杂物。如果不及时进行清理会造成污染物变质,产生异味;而且沉积物聚积过多将使雨水调蓄池无法完全发挥其功效。因此,在设计雨水调蓄池时,必须考虑对底部沉积物的有效冲洗和清除。下面对几种冲洗方法的优缺点进行说明,在工程设计时可进行技术经济比较,选用最优的设计方法。

15.1.6.1 人工清洗

依靠人力进入雨水调蓄池,对沉积物用工具进行清扫、冲洗、搬运。缺点是危险性高、劳动强度大。

15.1.6.2 水力喷射器清洗

水力喷射器借助于吸气管和特殊设计的管嘴,在喷射管中产生负压,将吸入的空气和水混合。水力喷射器的主要优点是可自动冲洗,冲洗时有曝气过程可减少异味,投资省,适应于所有池型。水力喷射器的主要缺点是需建造冲洗水储水池,运行成本较高,设备位于池底,易被污染和磨损。

15.1.6.3 潜水搅拌器清洗

严格地说,潜水搅拌器不能作为清洗设备,只能作为防止池底沉积的作用。潜水搅拌器的主要优点是自动冲洗,投资省,适应于所有池型。潜水搅拌器的主要缺点是冲洗效果较差,设备易被缠绕和磨损。

15.1.6.4 拦蓄自冲洗装置清洗

拦蓄自冲洗装置是一种节能经济、无动力、无能源消耗的低碳型清洗设备。它利用水力学原理和机械结构相结合,其冲洗装置设计成门式外形,调蓄池分割成数条长形冲洗廊道,廊道始端设置存水室和冲洗门,廊道末端设置出水收集渠。主浮筒和控制浮筒安放在进水端或出水端。工作过程是液压控制的套浮筒(主浮筒和控制浮筒)与数套冲洗门之间的协调动作。其间相连接的是全封闭的液压系统。

拦蓄自冲洗装置冲洗方式的优点是无需电力或机械驱动,无需外部供水,控制系统简单;单个冲洗波的冲洗距离长;调节灵活,手动、电动均可控制,即使在部分充水情况下,也可手动控制进行冲洗;运行成本低、使用效率高。缺点是该装置为进口设备,初期投资较高。

15.1.7 多功能调蓄

城市雨水多功能调蓄是充分体现可持续发展的思想,以调蓄暴雨峰流量为核心,把排洪减涝、雨水利用与城市的景观、生态环境和城市其他一些社会功能更好地结合,高效率地利用城市宝贵土地资源的一类综合性的城市治水和雨水利用设施。通过合理的设计,这些设施能较大幅度地提高防洪标准,降低排洪设施的费用,更经济、显著地调蓄利用城市雨水资源和改善城市生态环境。

多功能调蓄是在传统的、功能单一的雨水调节池的基础上发展起来的，这类设施与一般雨水调节池的最明显的区别是，暴雨设计标准较高，规模大，而在非雨季或没有大的暴雨时，这些设施可以全部或部分地正常发挥城市景观、公园、绿地、停车场、运动场、市民休闲集会和娱乐场所等多种功能，从而显著地提高对城市水科学化管理与利用的水平和效益/投资比。

用图 15-1 所示断面简略地说明多功能调蓄设施的概念和具体运用。在非暴雨季节，调蓄池保持干的状态或维持较低的正常水位，有水区域在常水位较小的水位变化范围里主要起到景观、雨水的调蓄利用和改善生态环境等作用；在无水和水位之上的高地区域则可以建造绿地、停车场、运动或其他活动场所。当发生多年一遇的大暴雨时，利用常水位和最高水位（专门设计的溢流口处）之间巨大的空间来储存调蓄暴雨峰流量，减少洪峰对周边或下游重要区域的水涝灾害，暴雨过后再通过利用、排放、下渗、蒸发等逐渐恢复到正常水位。调蓄容量、集水放水方式和时间、溢流口大小、景观和安全防护措施等具体设计应该根据汇水流域、安全要求、水涝可能造成的损失评价和其他现场条件综合考虑，整个设施的设计更需要通过复杂的程序包括技术经济分析和多专业的综合分析来完成。

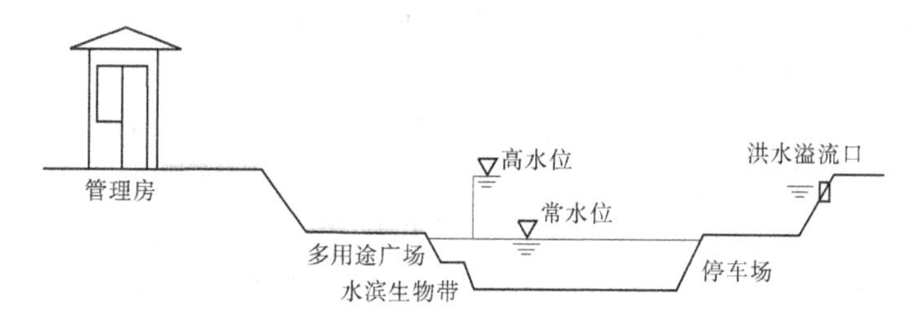

图 15-1　多功能调蓄设施断面示意

由于设计的暴雨发生概率很低，在达到安全排洪减涝和雨水利用目的的同时，使城市稀缺的土地资源得到更充分的利用，多功能利用包括创造城市水景或湿地，为动植物提供栖息环境，改善城市景观和生态环境，增加地下水补给，创造城市公园、绿地、停车场、运动场、市民休闲集会和娱乐场所等。

15.2　雨水净化技术

雨水净化技术的选择应遵循安全性、长效性、经济性、实用性、系统性和集成性紧密结合的总体原则，根据雨水污染特征、区域的物理结构和生态系统的特点，制定技术上科学、工程上合理、经济上可行的综合技术方案。所选用的技术一般应满足以下条件：

（1）有较高的处理效率，能安全有效地去除雨水中的污染物质；

（2）要有一定的持续性，能在较长时间内高效快速地发挥作用；

（3）能较好地和站区原貌相结合，有一定的生态相容性；

（4）建造和运行费用较低，能保证持续使用。

15.2.1 预处理

雨水的预处理是整个系统性能发挥的关键因素，所有进入到雨水处理系统和设备的雨水都必须经过预处理过程，这样才能将大块的杂物和易堵塞滤床的砂截留下来。雨水预处理过程主要包括截污、初期雨水弃流、沉淀和过滤等。

15.2.1.1 截污

为了保证雨水利用系统的安全性和提高整个系统的效率，应该考虑在收集雨水时实施简单有效的截污措施。根据不同的汇水面及其污染程度，截污措施主要包括以下几类。

1.屋面雨水截污

屋面雨水截污主要采取截污滤网装置进行污染控制，拦截树叶、鸟粪等污染物，一般滤网的孔径为2~10 mm，用金属网或塑料网制作，可设计成局部开口的形式以方便清理，格网可以是活动式或固定式。截污滤网装置应定期进行清理，但是这些装置只能去除大颗粒污染物，对细小的或溶解性的污染物无能为力。

2.路面、广场雨水截污

由于地面污染物质较多，路面雨水水质一般比屋面差，不许采用截污措施或初期雨水弃流措施，一些污染严重的道路则不宜作为收集面来利用。路面雨水截污措施主要包括截污挂篮、雨水沉淀井与浮渣隔离井、植被浅沟等。

在德国，城市街道雨水口均设有截污挂篮，以拦截雨水径流携带的污染物。挂篮大小根据雨水口的尺寸来确定，其深度应保持挂篮底低于雨水口连接管的管顶以上，一般为300~600 mm。为保障截污效果，尤其是初期雨水中的大颗粒污染物，在暴雨时不会因截污挂篮而排水不畅，可以将挂篮分成上下两部分。侧壁下半部分和底部设置土工布或尼龙网。

在雨水管系的适当位置可以修建雨水沉淀井或浮渣隔离井，将雨水中携带的可沉物和漂浮物进行分离，也可与雨水收集利用的取水口或集水池合建，井下半部沉渣区需要定期清理。

植被浅沟或者植物缓冲带是利用地表植物和土壤来截留净化雨水径流污染物的一种方法。当雨水流经地表浅沟，污染物在过滤、渗透、吸收及生物降解的联合作用下被去除，植被同时也降低了雨水流速，使颗粒物得到沉淀，达到控制雨水径流水质的目的。

15.2.1.2 初期雨水弃流

初期雨水弃流装置是一种非常有效的水质控制技术，合理设计可控制径流中大部分污染物，包括细小的或溶解性污染物，弃流装置有多种设计形式，可以根据流量或初期雨水排除雨水量来设计控制装置。初期雨水弃流的关键是确定初期弃流量，国内外的研究表明，屋面雨水一般可按2 mm控制初期弃流量，其他汇水面可适当加大弃流量。国外已有一些定型的初期雨水弃流装置，主要包括弃流池、弃流井、屋面雨落管弃流装置等。

15.2.1.3 沉淀

雨水的沉淀处理主要是将雨水中的固体物质和悬浮物质去除，用于雨水沉淀处理的构筑物和设备有雨水澄清池、池塘、沉沙池、雨水停留池、沉淀器和浮渣分离器。雨水沉淀处理的效果与停留时间、表面负荷有关。

随源水和出水水质的不同,雨水沉淀构筑物可以单独使用,也可以与混凝、过滤、消毒等处理单元结合使用。如流经油毡屋面雨水的水质污染较重,自然沉淀或直接过滤对COD、SS和色度的去除效果很差,但投加混凝剂后效果可明显改善。

雨水沉淀池可以按照传统污水沉淀池的方式进行设计。

15.2.1.4　过滤

雨水过滤处理主要用于去除雨水中的可沉淀物质和较轻的悬浮物,同时通过滤料上生长的微生物以及雨水通过时间的延长也可发生生化反应和吸附作用,使溶解于雨水中的部分污染物得到去除,常用于雨水的预处理。由于雨水在过滤设备中的滞留效果,雨水对水体的水力负荷也被降低。

用于前处理的过滤方式主要是指表面过滤。表面过滤是指利用过滤介质的孔隙筛除作用截留悬浮固体,被截留的颗粒物聚积在过滤介质表面的一种过滤方式。根据雨水中固体颗粒的大小及过滤介质结构的不同,表面过滤可以分为粗滤、微滤和膜滤。

粗滤以筛网或类似的带孔眼材料为过滤介质,截留的颗粒约在100 μm,所用的介质有筛网、多孔材料等。在截污挂篮中铺设土工布即属此类。

膜滤所用过滤介质为人工合成的滤膜,电渗析法、纳滤法即属于这一类。膜滤在雨水净化中较少采用,仅在雨水回用有较高水质要求和有相应的费用承受能力时采用。

15.2.2　雨水渗透

雨水渗透是指使用多种措施强化雨水就地入渗,使更多雨水留在城市境内并渗入地下以补充地下水。即使下渗量较小、地下水位太深或受地质条件限制以致下渗雨水不能进入地下含水层,但是至少可增加浅层土壤的含水量、调节气候而遏制城市“热岛效应”,还可减小径流洪峰流量及洪涝灾害威胁。此外,雨水入渗的另一优越性是能充分利用土壤的净化能力,并对城区径流导致的面源污染控制有重要意义。因此,雨水渗透是增加地下水源、减少城市雨洪量、改善城市水环境的有效途径。

20世纪60年代起,发达国家就努力开发多种雨水入渗装置,并制定了相应的规章和政策。如德国的任何种类的新建小区均带有雨水利用设施,否则需交纳雨水排放设施费和雨水排放费。又如日本于1992年颁布了《第二代城市用水总体规划》,正式将雨水渗沟、渗塘和透水地面作为城市总体规划的组成部分,并要求新建和改建的大型公共建筑群必须设置雨水就地下渗设施。日本“降雨蓄存及渗滤技术协会”经模拟试验得出:在使用合流制雨水管道系统地区,若强化雨水入渗,可有效地减少该地区每年排出的BOD总量。

城区常用的渗透设施有绿地、渗透地面(多孔沥青地面、多孔混凝土地面、嵌草砖地面等)以及地下渗透池、管、沟、渠等。

15.2.2.1　绿地

绿地是最好的渗透设施,不仅渗透能力强,而且植物根系还能对雨水径流中的悬浮物、杂质等起到一定的净化作用。研究表明,不同时段雨水的累计入渗量随着植被覆盖率的增加而呈指数增加。在绿地形式上,下凹式绿地汇集周围不透水铺装区的径流,其雨水下渗效果最好。应充分利用城市中的绿地尽量将径流引入绿地,为增加渗透量,可在绿地中做浅沟(见图15-2),以在降雨时临时储水。沟内仍种植植物,平时沟内无水。若条件允许可以适当置换土壤,用人工土壤(50%炉渣加50%天然土)代替土壤增加渗透量,随着城市绿地面积比例增加,绿地渗透具有相当巨大的潜力。

增加绿地面积,选择耐淹观赏草种,适当降低绿地地面高程,可以大量接纳路面雨水,增大入渗,提高抗旱能力,并有效地控制雨洪流量和汇流时间。

15.2.2.2　渗透地面

渗透地面主要有两类:多孔沥青地面(见图15-3)、多孔混凝土地面和嵌草砖,一般多用于停车场、人行道。国内有资料显示,渗透地面的成本比不透水地面高10%左右,但它能储存雨水、延长径流时间,从而降低雨水系统的投资12%~38%,而且还可以产生很大的环境效益,比如净化雨水径流、调节大气温度和湿度。

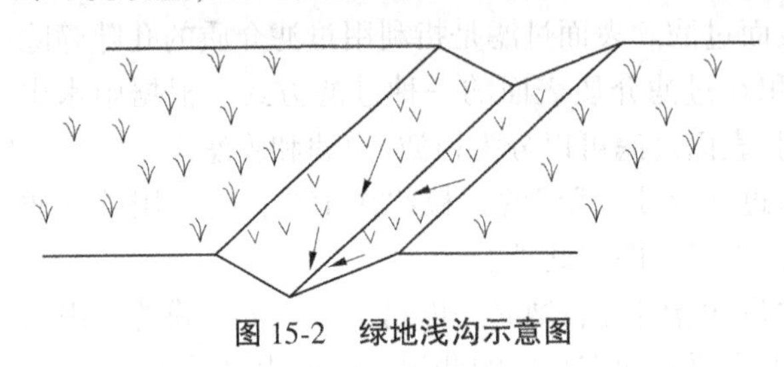

图15-2　绿地浅沟示意图

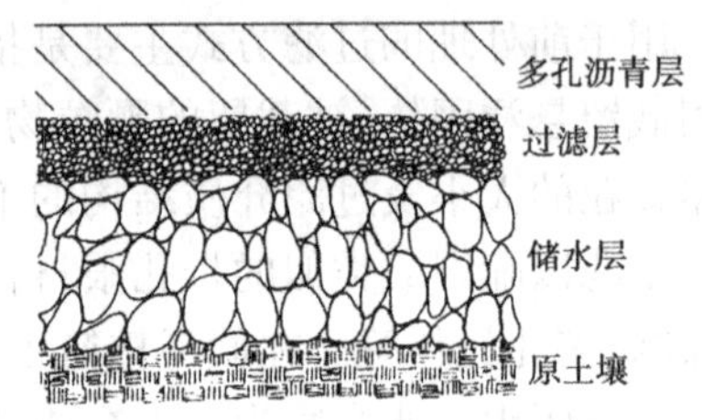

图15-3　多孔沥青结构示意图

15.2.2.3　渗透管、沟、渠

渗透管、沟、渠等(见图15-4)由无砂混凝土或穿孔管等透水材料制成,多设于地下,四周填有粒径10~20 mm砾石以储水。无砂混凝土、穿孔管、土工布等渗透性强。因此,渗透管、沟、渠等设施能力取决于土壤的渗透系数。

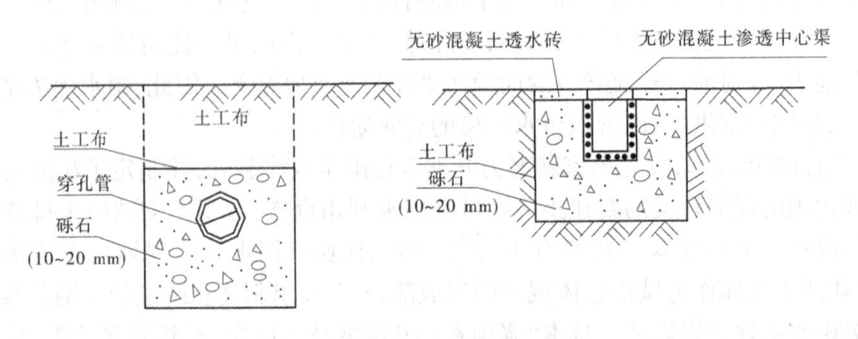

图15-4　渗透管、渠剖面示意图

目前城市排水体制主要为合流制、截流制和分流制。合流制为雨水和污水混合收集,同一管道输送;分流制即污水和雨水分别由污水管道和雨水管道收集与输送,污水进入城市污水处理厂,雨水直接排入水体。从环境保护、污水处理厂运行、管道养护等多方面考虑,分流制较合流制优越,因此目前新建小区多采用分流制。雨水管道设计指导思想是及时、迅速地排除降雨形成的地面径流。在确定雨水设计流量时没有考虑对雨水径流量的利用和压缩。

随着我国城市建设飞速发展,大量建筑物和道路等的建设使城市不透水地面面积快速增长。屋面、混凝土和沥青路面等不透水表面的径流系数一般取0.9,降雨量的90%将形成径流。如果单纯考虑将雨水径流快速排出，所需雨水管道、雨水泵站等设施的容量、输送能力必将随之增大，一方面增加了城市建设投资，另一方面还增加了外排水体的洪涝灾害、河岸侵蚀和污染物的冲击负荷。合流制系统则加大了污水处理厂运行的困难和雨污混流外溢而污染水体等问题。

为保护水资源，防止地面沉降，可以在降雨地区就地截留雨水，并渗透入地下的渗透设施。雨水渗透场地主要受地下水深度、岩床深度、表面和下层土壤类型、覆盖的植被等自然条件的限制。

在条件适合地区建造渗井、渗沟、渗槽、渗池或修建地下水库，引导存蓄屋顶和路面的集流雨水，集中住宅区和居民户可利用楼前后的空地建造成排的渗透桩，再用地下渗透管与渗透箱连接起来把渗透剩余的水送入下水道，在道路旁边设渗透 U 形沟，也和下水管道连接起来，使屋顶和路面的雨水尽量渗入地下，渗透池和岩石填充的管沟或箱体既是集蓄设施又是渗透设施。

对于新建开发区和适合路面改造区，在人行道上铺设透水方砖，步道以下设置回填沙砾料的渗沟、渗井等，可降低暴雨径流的流速、流量、延长时滞。

15.2.3　雨水过滤

雨水过滤是使雨水通过滤料（如砂等）或多孔介质（如土工布、微孔管、网等），以截留水中的悬浮物质，从而使雨水净化的物理处理方法。雨水过滤既可作为预处理工艺，也可用于最终的处理工艺。

雨水过滤处理的机制主要是悬浮物颗粒与滤料颗粒之间黏附作用和物理筛滤作用。雨水过滤不仅能去除雨水中的悬浮物，而且部分有机物、细菌、病毒等将随悬浮物一起被除去。残留在水中的细菌、病毒等在失去悬浮物的保护或依附时，在滤后消毒的过程中被杀灭。

雨水过滤的方式主要包括表面过滤、滤层过滤和生物过滤等。

15.2.3.1　表面过滤

表面过滤是指利用过滤介质的孔隙筛除作用截留悬浮固体，被截留的颗粒物聚积在过滤介质表面的一种过滤方式。根据雨水中固体颗粒的大小及过滤介质结构的不同，表面过滤可以分为粗滤、微滤和膜滤。

粗滤以筛网或类似的带孔眼材料为过滤介质，截留的颗粒约在 100 μm，所用的介质有筛网、多孔材料等。在截污挂篮中铺设土工布即属此类。

膜滤所用过滤介质为人工合成的滤膜，电渗析法、纳滤法即属于这一类。膜滤在雨水净化中较少采用，仅在雨水回用有较高水质要求和有相应的费用承受能力时采用。

15.2.3.2　滤层过滤

滤层过滤是指利用滤料表面的黏附作用截留悬浮固体，被截留的颗粒物分布在过滤介质内部的一种过滤方式。过滤介质主要是砂（石英砂）等粒状材料，截留的颗粒主要是从数十微米大小到胶体级的微粒。

雨水水质较好时可以采用直接过滤或接触过滤。直接过滤即雨水直接通过粒状材料的滤层过滤；接触过滤是在进入过滤设施之前先投加混凝剂，利用絮凝作用提高过滤效果。根据工作压力的大小可以选用普通过滤池或压力过滤罐。

1.过滤池

滤池由进水系统、滤料、承托层、集水系统、反冲洗系统、配水系统、排水系统等组成。雨水滤池滤料与常规水处理滤池相同,常用的有石英砂、无烟煤、纤维球等。滤料可以为单层,也可以为双层或多层。操作上既可上向流,也可下向流。为了适应雨水悬浮物浓度高、水质差异大、流量变化大等特点,滤料选择可考虑:滤料的机械强度好,成本低;滤料粒径可适当增大,相应的冲洗强度也应加大;由于雨水中颗粒分布随机性强,为保证过滤效果,可选择双层或多层滤料等。

2.压力滤罐

压力滤罐的滤料与常规水处理滤池相同。

混凝剂主要包括硫酸铝、三氧化铁和聚合氯化铝,最佳投药量为5~6 mg/L,也可以根据试验来确定。在最佳投药量下,通过接触过滤,雨水的COD去除率一般可达65%,SS的去除率可达90%以上,色度的去除率可达55%。

压力滤罐一般是将滤料填入罐体,并配有进出水管、反冲水管和排水管等。压力滤罐按过滤水流方向有单向和双向之分;按反冲洗方式有水冲洗和气水反冲洗方式;按滤层分有单层和双层;按罐体位置则有立式和卧式之分。一般下层滤料用粒径为0.5~1.2 m的石英沙,沙层厚度为300~500 mm,上层滤料为粒径0.8~1.8 mm的无烟煤或陶粒,厚度为500~600 mm。滤速一般为8~10 m/h。滤罐水头损失可达5~6 m水柱,反冲洗强度为15~16 L/(s·m^2)。配水系统可采用滤头,滤头布置一般为50~60个/m^2。反冲洗可以选用水冲洗或气水反冲洗,对双层滤料所需气水量等参数最好通过试验确定。

压力滤罐的主要工艺尺寸和有关参数主要包括滤罐面积、滤罐内径、浑水区高度、罐体有效高度、进出水管径和反冲洗水量等,其确定可参考有关书籍和设计手册。

15.2.4　生物处理

生物处理技术在污水处理领域的应用是一种新技术,其原理是通过微生物的新陈代谢作用,将污水的污染物质分解为简单的无害物质,达到污水处理的目的。生物法污水处理技术在国内广泛应用到了污水处理领域。

由于雨水的季节性变化大、可生化性差,传统的生物处理技术并不适于雨水处理;适合雨水处理的生物处理技术,主要包括具有复合生态系统的生物塘处理技术、以植物和微生物为主要处理功能体的湿地处理技术、土壤处理技术和河湖等自然净化能力的处理等。

15.2.4.1　湿地处理技术

人工湿地是利用自然生态系统中物理、化学和生物的三重共同作用来实现对雨污水的净化,根据规模和设计湿地还可兼有削减洪峰流量、调蓄利用雨水径流和改善景观的作用。雨水人工湿地作为一种高效的控制地表径流污染的措施,投资低,处理效果好,操作管理简单,维护和运行费用低,是一种生态化的处理设施,具有丰富生物种群和很好的环境生态效益。

根据不同的目的、内容、建造方法和地点等,雨水人工湿地可分为不同的类型。按照雨水在湿地床中流动方式的不同一般可分为表流湿地和潜流湿地两类。

湿地系统是在一定长宽比及底面有坡度的洼地中,由土壤和填料(如卵石等)混合组成坡料床,受污染水可以在床体的填料缝隙中曲折地流动,或在床体表面流动。在床体的表面种植具有处理性能好、成活率高的水生植物(如芦苇等),形成一个独特的动植物生态环境,对雨水进行处理。

人工湿地的净化过程包括物理过程、化学过程和生物过程三种类型,其净化功能主要由湿地生态系统的以下特点所决定:

(1)湿地属于水陆过渡带生态系统,含有充足的水分,对污染物具有突出的溶解、稀释、分解和扩散等功能,自净作用显著。

(2)湿地基质较为疏松,渗透性强,可以起到拦截、吸附和固定各种有机污染物与固体污染物的作用。湿地基质中好氧区域和厌氧区域共存,有利于多种化学物质的分解和转化。

(3)湿地中的水生植被可以减缓水流速度和风速,有利于 SS 的去除;同时能够遮盖阳光,避免藻类大量增殖;其发达的根系组织在大量吸收污染物的同时还可以输送光合作用产生的氧气,从而为微生物营造适宜的栖息环境。

(4)湿地生态系统中数量和种类众多的微生物可以实现有机物质的分解和无机物质的转化。湿地系统中污染物的去除机制见表 15-3。

表 15-3 湿地主要污染物去除机制

机制	沉降 SS	胶体 SS	BOD	N	P	重金属	难降解有机物
物理沉降	P	S	I	I	I	I	I
物理过滤	S	S					
物理吸附	S	S					
化学沉降					P	P	
化学吸附					P	P	S
化学分解							P
细菌代谢		P	P	P	P		P
植物代谢							S
植物吸收				S	S	S	S

注:P 为主要作用,S 为第二作用,I 为次要作用。

可将人工湿地与其他生物处理技术相结合,发挥各自的优势,提高系统运行的稳定性和出水水质。例如:可将生态塘作为前期处理而以人工湿地为后期处理。生态塘可除去50%以上的悬浮物和一部分 COD、BOD,降低了人工湿地的处理负荷,提高了除污能力,有助于出水口的溢流,是源头治理的主要目标。国外在处理技术方面往往采用较简单的方式就能达到较好的处理效果，究其原因，是因为国外雨水水质好，降雨季节性分布均匀。当然，气候的差异无法改变，但控制好源头污染，提高降雨的水质，使其通过简单处理就能回用，将会有利于雨水利用技术的推广、应用。可从工程方法和非工程方法两方面着手。工程技术方法主要包括大气污染控制、地面铺装及其道路材料、屋面做法及其材料、雨水污物拦截等。非工程技术方法主要包括道路清扫和垃圾管理、雨水口的维护管理、控制废物倾倒等。

15.2.4.2　渗滤处理技术

雨水渗滤是欧美等发达国家常用的一种雨水处理与资源化利用技术，常用的渗滤设施有多孔路面、渗滤沟(管)、渗滤绿地以及渗透池等(见图15-5)。

雨水渗滤可分为平面渗滤、低洼沼泽渗滤、旱井渗滤以及深沟渗滤。平面渗滤技术要求采用多孔或混凝土格栅铺筑材料，并使用草编、杂草区，由于这个原因，该技术要求表面渗滤力必须高于设计降雨强度。低洼沼泽渗滤技术主要是利用在渗滤期间可以存留雨水的渗滤池、沟等。深沟渗滤技术是渗滤技术的延伸，地表雨水先经过多孔分流管路进入储水沟，雨水也可以先经过自然植被覆盖区去除一部分固体物。日本、瑞士、德国和荷兰等国家采用地下渗滤系统接纳和处理径流雨水。利用天然低洼地作地面渗透池是较为经济的方法。快速渗滤技术要求在渗透池中种植植物，季节性渗透池的植物应当既能抗涝又能抗旱，并根据池中水位变化而定。常年存水的地面渗透池一般宜种植耐水植物及浮游性植物。它还可作为野生动物的栖居地，有利于改善周围生态环境。美国目前大约有300个城市快速渗滤系统。快速渗滤系统需要沙、沙质壤土或砾石以及最少5 m厚排水性能良好的土壤，至地下水的深度至少为5 m。

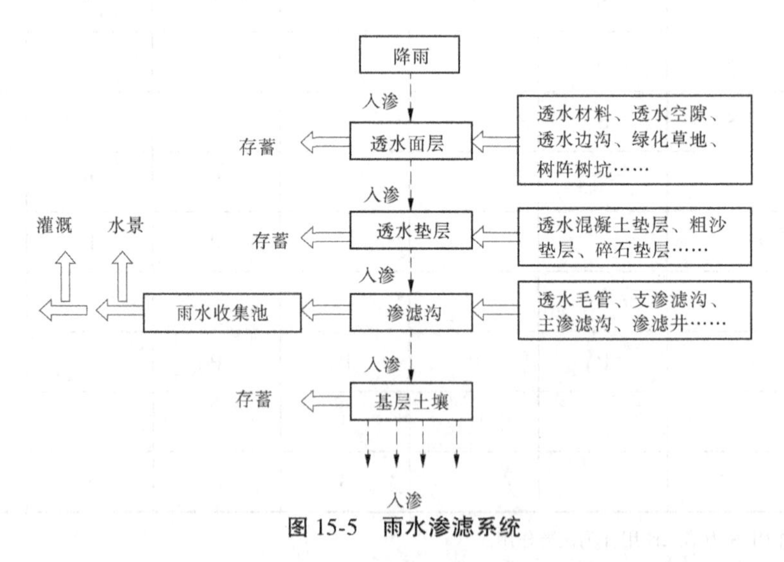

图15-5　雨水渗滤系统

我国在雨水渗滤技术方面的研究起步较晚。目前，我国雨水渗滤多数依靠绿地等自然渗滤设施，人工渗滤则主要有渗透井、透水路面等，较大型多功能人工渗滤设施或装置仍处于研究和小规模应用阶段，填料多采用砾石或木屑等，有限的孔隙率使其规模较大、空间利用率低，并且较大堆积密度也使施工和日常维护困难。由质轻且渗滤效果好的渗滤填料、设备及辅助产品等构成的渗滤装置可有效解决这些问题,但由于经济、技术等原因,国内短期内很难实施集成模块化雨水人工渗滤装置的规模化应用。因此,有必要在充分考虑实际雨水径流水质、水量,不同应用区域条件下设计并研发适于中国国情且经济高效的雨水渗滤利用填料和装置,以推进雨水人工渗滤利用的进程,使雨水更加高效渗透,回补地下。

15.2.4.3　生物塘处理技术

雨水生物塘是指能调蓄雨水并具有生态净化功能的天然或人工水塘。其主要目的有:削减洪峰与调蓄雨水;水质净化处理、回用;与水景结合改善环境等。雨水生物塘去除污染物的主要机制是物理沉淀和生物作用。能去除的污染物包括悬浮颗粒、氮、磷和一些金属离子。

生物塘也叫氧化塘,是以塘为主要构筑物,利用自然生物群体净化污水的处理设施。根据塘水中的溶解氧量和生物种群类别及塘的功能,可分为厌氧塘、兼性塘、好氧塘、曝气塘等。根据处理后达到的水质标准可分为常规处理塘和深度处理塘。处理雨水的塘设计为好氧塘,无需设计成为深度处理塘,常规形式就可以达到理想的去除效果。

15.2.5　消毒处理

雨水经各种处理工艺后,水中的悬浮物浓度、有机物浓度和细菌含量已经降低,但是细菌的绝对值仍可能较高,并有存在病原菌的可能。因此,根据雨水的用途,应考虑在利用前进行消毒处理。

消毒是指通过消毒剂或其他消毒手段灭活水中绝大部分病原体,是雨水中微生物含量达到用水指标要求的各种技术。雨水中的病原体主要包括细菌、病毒及原生动物胞囊、卵囊3类,能在管网中再生长的只有细菌。消毒技术通常以大肠杆菌类作为病原体的灭活替代参数。消毒方法包括物理法和化学法。物理法主要有加热、冷冻、辐射、紫外线和微波消毒等。化学法是利用各种化学药剂进行消毒,常用的化学药剂有氯、臭氧、溴、碘、高锰酸碱等各种氧化剂。

与生活污水相比,雨水的水量变化大,水质污染较轻,而且利用具有季节性、间断性、滞后性,因此宜选用价格便宜、消毒效果好、具有后续消毒作用以及维护管理简便的消毒方式。建议采用技术最为成熟的加氯消毒方式,小规模雨水利用工程也可以考虑紫外线消毒或投加消毒剂的方法。根据国内外实际的雨水利用工程运行情况,在非直接回用、不与人体接触的雨水利用项目(如雨水通过较自然的收集、截污方式,补充景观水体)中,消毒可以只作为一种备用措施。加热消毒、金属离子消毒不宜采用。常用消毒技术的原理、工艺流程和详细设计可查阅水处理专业书籍。

第 16 章 城市雨水利用规划

雨水利用规划就是对城市雨水资源在空间和时间上进行科学合理的安排与利用，使其与城市的其他专项规划相协调，以达到雨水利用与城市基础设施建设、径流污染控制、洪涝灾害预防以及城市水环境保护与综合整治等领域的统一，从而促进城市的可持续发展。因此，对于城市雨水利用系统的科学构建以及雨水利用工程的有序实施来说，雨水利用规划具有明显的导向和支持作用，它是一项系统性、综合性、政策性和实践性很强的工作。

国外在雨水利用规划方面开展了大量工作，如日本 1992 年颁布的“第二代城市下水总体规划”，就正式将雨水渗沟、渗塘及透水地面作为城市总体规划的组成部分，要求新建和改建的大型公共建筑群必须设置雨水就地下渗设施。美国的雨水利用是以提高天然入渗能力为其宗旨，将其作为土地利用规划的一部分，在新开发区的应用极为成功。

近年来，国内许多城市也进行了大量雨水利用技术研究和工程建设，但针对雨水利用规划的研究却远远不够，这从根本上有悖于可持续发展的规划理念。在以往的城市规划中，对城市雨水的处置原则是将其直接、快速地就近排入周围水体（河流、水库等）。这种做法不仅造成水资源的极大浪费，同时还严重污染了城市水环境，不符合节约资源和可持续发展的要求，难以适应目前建设生态城市的要求。同时，我国部分城市开展的各种形式的雨水利用工作，缺乏指导性与可操作性强的专项规划，雨水利用工程建设与管理缺乏很好的协调与统一，雨水利用研究低水平重复，雨水利用工程实施中存在盲目性和部分工程的效益低下等现象。

因此，将雨水利用规划作为专项规划纳入城市总体规划之中，制定科学、合理的城市雨水利用规划，实现投入资金的合理安排和使用，对促进雨水资源合理开发起着重要的作用。同时鼓励采用高效率的雨水利用系统和技术创新，进一步促进雨水利用工程技术的相关规范、标准的制定和管理制度的建设，推动雨水利用产业的发展。此外，先进城市的雨水利用工作还能为其他地区雨水利用的推广起到很好的示范作用。

16.1 雨水利用规划的指导思想、原则和任务

16.1.1 规划指导思想

确立雨水资源化概念，在城市工程建设中以雨水资源综合利用在先、渗透回补地下水次之、超出环境容量排放在后为原则，即将汛期降水经收集处理后储蓄用于市政杂用、水景用水、直接回灌地下水，从而达到开发大气水资源、实施雨水径流控制、构造以人为本的水环境的目的。促进雨水、地表水、土壤水及地下水之间的相互转化，维持城市水循环系统的平衡，实现由小区域水资源动态平衡逐渐向全市范围大环境的水资源动态平衡的转

变。雨水综合利用要与城市雨水管系建设、城市竖向规划有机结合，既要充分利用雨水资源，又要保证城市正常运转秩序不受洪涝灾害的威胁，最终实现区域内雨水的生态循环、综合利用及水资源在本区域内的动态平衡。城市雨水利用概念模型见图 16-1。

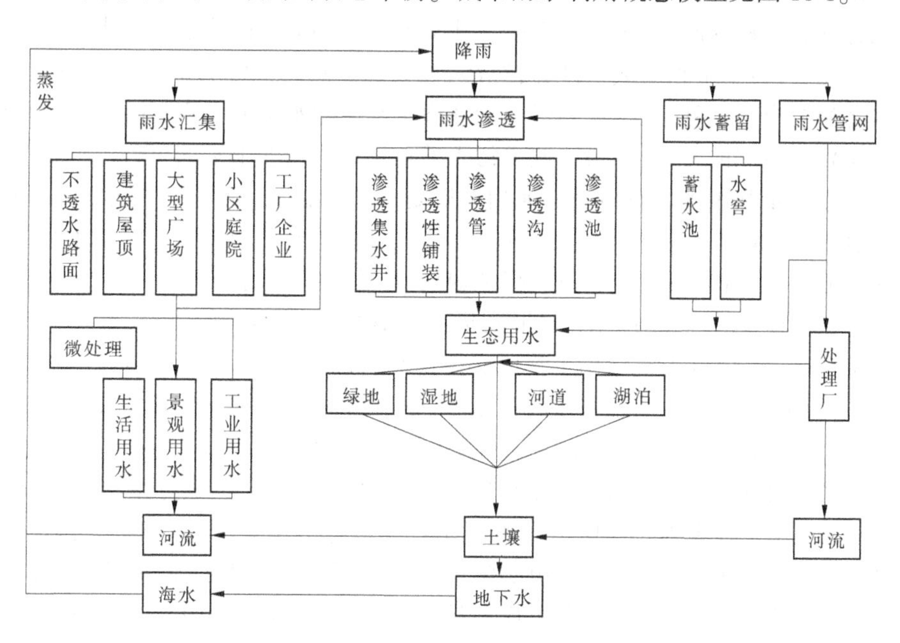

图 16-1　城市雨水利用概念模型

16.1.2　规划原则

规划原则的确定是雨水利用规划的核心。城市雨水利用属于非常规水资源开发，其开发成本高于常规的水资源利用，而且利用程度越高其开发成本就越高；在削减城区洪峰径流量方面也属于高成本投入和高成本运行，但就我国缺水城市的现状而言，其综合效益较高。因此，雨水利用规划应在综合评价城市雨水利用潜力的基础上，从系统观点出发，整体上宏观调控雨水资源，确定雨水利用开展的规划分区和重点区域，以实现雨水利用的经济、社会、环境及防洪综合效益的最优为原则，即尽可能增加可用水资源量，控制面源污染和减少城市防洪压力，同时防止雨水利用造成负面影响。

规划选点基本应体现因地制宜、合理布局的准则，要点如下：

(1)雨水利用工程规划应首先了解规划区现有的水利设施状况、自然经济条件，并结合当地经济的发展规划，力求做到因地制宜、合理布局。

(2)工程的规模与分布的数量、类型应根据规划区的水资源循环、补给与排泄条件、当地经济发展的需水量等资料来确定，着重协调好雨水与其他水资源的合理配置。

(3)规划工程应集中连片，注重实效，避免重复建设。

(4)雨水利用工程的选址要具备集水容易、引蓄方便的条件，按照少占耕地、安全可靠、来水充足、水质符合要求、经济合理的原则进行，同时还要考虑到管理方便和便于发展经济的特点，优先选择在房前屋后的适宜位置。

16.1.3　规划任务

城市雨水利用规划的内容包括城市降雨特性分析;雨水利用的规划分区,不同分区的雨水利用方式和策略的制定;雨水管理政策法规建议;城市雨水可开发量计算,雨水开发前后水量平衡分析;雨水利用成本计算,经济、社会、环境、防洪综合效益分析等。如果有的城市水环境要求高,还应进行规划区内初降雨水水质和水量的计算,并针对计算结果制定初降雨水污染控制的方式,如采用城市污水处理厂处理初期雨水的可行性分析等内容。

需要注意雨水利用规划对城市其他相关规划产生的影响,应与其他规划协调并提出修改意见,涉及的规划有城市用地规划、防洪规划、水资源规划、水系规划、雨水系统规划、污水系统规划、供水规划、再生水规划、绿地规划、环境保护规划等。

(1)基本情况分析。降雨资源、地形及集流面条件、社会经济条件。

(2)规划目标及建设雨水利用工程的必要性和可行性分析。

(3)需水分析。城市区域水量平衡计算,分析雨水的需求量,并结合城市资源、环境状况及经济、技术发展水平,确定合理的雨水利用率及目标。

(4)雨水利用分区。根据城市产汇流特性及用地性质等因素,划分雨水利用分区。

(5)雨水利用工程规划。在城市雨水利用规划目标的指导下,充分吸收国内外城市雨水利用先进理念及技术,结合各城市实际情况,提出合理的工程措施建议。雨水利用工程规划还应对工程地点选择、工程布置作出具体规划。在雨水利用工程规划过程中,应考虑雨水径流污染控制。依据城市水环境质量目标,统筹考虑雨水径流污染及其他水污染负荷,与城市水环境容量进行对比分析,确定雨水径流污染对城市水环境的影响程度,并以此为依据确定雨水径流污染负荷的削减量及治理力度。针对不同城市、不同地区因地制宜地提出合理的雨水径流污染治理措施建议。

(6)非工程措施规划。城市雨水利用是一项综合性工程,除技术措施外,规划还应在政策、法律、法规、资金、管理体系、产业化发展、市场化运作等多方面提出措施和建议,促进城市雨水利用工程的发展。

(7)工程建设投资和运行费用估算,以及综合效益分析。

16.2　基本资料的收集

为了做好雨水利用工程的规划,应先进行基本资料的收集。资料收集整理和调研是规划编制是否科学合理的基础,也是城市雨水利用规划是否达到其编制目的的保证。雨水利用具有明显的地域性,不同城市雨水利用规划也有不同的侧重点,调研内容应根据各城市的侧重点分别确定。雨水利用规划的基础资料范围广、涉及部门也比较多,进行适当的分类收集有利于提高资料收集的针对性,避免重复收集。雨水利用规划所需资源应包括但不限于以下几个方面内容:

(1)城市自然地理资料。城市测绘地形图、卫星影像图等。

(2)相关规划资料。城市总体规划以及水资源规划、防洪规划、供水系统规划、排水系统规划和国土规划、环境保护规划等专项规划。

(3)城市的气象资料。主要是指降雨的时间和空间分布规律。包括工程地点的多年平均,保证率为50%、75%及95%的年降雨量。工程地点附近有气象站或雨量站且资料年限不少于10年时,可收集实测资料并进行统计分析计算。当实测资料不具备或不充分时可根据当地降雨量等值线图进行查算。

(4)城市的水文资料。城市河流、湖泊、湿地水系资料,闸坝、水库资料等。

(5)城市水文地质资料。包括地下水开采情况、地质资料、土壤入渗能力、水文地质分区等。

(6)城市排水系统现状资料。污水管网、雨水管网、合流管网现状、污水处理厂现状、污水处理能力分析和再生水利用规划资料等。

(7)其他资料。当地社会经济状况、建筑材料、道路交通广场等集水面的分布情况等。

调研工作与规划编制应相互联系、互相沟通,并在一定程度上重叠进行。即先以能够得到的资料为依据制订初步的规划方案,发现问题后,再针对问题开展调研,寻求解决方法,进一步细化方案。两个过程相互促进、相互依存,同时并进,相互提高。

16.3 雨水利用规划

16.3.1 区域概况分析及参数确定

根据基础资料的收集整理,对规划区域的流域产汇流特性、水文地质条件、土地利用现状等进行分析,并确定相应的设计参数。

雨水设计流量计算公式为:

$$Q=\psi qF$$

$$q=\frac{167A_1(1+c\lg P)}{(t+b)^n}$$

式中 Q——雨水设计流量,L/s;

ψ——径流系数;

F——汇水面积,hm^2;

q——设计暴雨强度,L/(s · hm^2);

P——设计重现期,a;

t——降雨历时,min;

A_1、c、b、n——地方降雨参数。

16.3.1.1 集流时间、降雨历时的确定

常规设计中,集水时间(t)是指雨水从汇水面积上的最远点流到设计管道的断面所需要的时间,包括雨水从汇水面积上最远点的区域流到最近雨水口的径流时间(t_1)和管道中的流淌时间(t_2)。城市地面坡度极小、地面覆盖条件相差不大、暴雨强度相近,所以影响t_1的主要因素就是集水距离。一般设计中,采用的集水距离不超过150 m,t_1采用8~15 min,此选择并不合理,原因为:①道路雨水的起点,并不是计算雨水系统的真正起点,

而应是厂矿、企业或者居住区内的排水系统的起点，因此 t_1 需要考虑雨水在居住区、厂矿、企业内雨水系统的集流时间及管道内的流行时间。②在中小城市，汇水面积比较小，可以按常规计算集流时间的方法进行正常计算。而在特大和大型的平原城市，汇水面积较大，汇水面积内的雨型相差比较大，这种情况下，计算出来的集流时间应与造峰历时进行比较，如果集流时间长于造峰历时，计算所得集流时间应按照正常计算，若超过造峰历时，集流时间按造峰历时计算。

16.3.1.2　汇水面积的确定

较大城市的雨水系统设计时，最关键的就是主干管的定线，定线原则是使汇水面积内的雨水尽快收集到管道内并尽快由管道就近排入水体。因此要根据地形不同而采取不同的管网布置形式。汇水面积的划分应多方面考虑各因素的影响，尽可能地按实际排水情况划分。设计中，如果地势比较平坦，街区控制规划不完善，雨水应该平均排入四周的雨水管网。如果街区地势有一定坡度或者控制性规划比较详细，则就不能简单地划分，应根据该排水区域的坡度和实际的控制性规划来详细划分汇水区域。

16.3.1.3　径流系数的确定

径流系数是影响雨水设计流量的另一个非常重要的因素。影响径流系数的因素有汇水面积内的地面覆盖情况、降雨历时、地面坡度、暴雨强度及降雨雨型。在常规的设计中，计算某个汇水区域雨水量时，常采用的是区域综合径流系数，这种计算方法会造成每个设计雨水管段的流量不是十分准确，从而影响管径、坡度的选择不准确。在城市雨水设计流量计算过程中，如果区域控制性规划设计已经完成，径流系数应该根据控制性规划的用地比例，分别计算出沥青路面、绿地、混凝土路面、屋面、非铺砌土路面积、铺砌便道的面积，按照《室外排水设计规范》中规定的径流系数加权平均的计算方法而得。

16.3.1.4　暴雨重现期的确定

暴雨强度重现期的选择，直接关系着管段设计流量的大小。重现期选择高了，排水的安全性相应增加，但是同时雨水管道管径增大，加大了工程投资。如果选择小了，雨水管道管径减少，节省了工程投资，但地面积水的可能性相应地增加。《室外排水设计规范》给出的重现期选择是根据地形分级和地理位置的重要性来确定的。但是在城市建设中，某区域地理位置的重要性是非常难以确定的。因此，选择合理的重现期也是十分困难的。在设计中，我们可以采取整个区域的暴雨重现期不统一的原则，并在对城市的不同区域进行雨水计算时，应该根据不同地区重要性所确定的重现期进行常规计算。在坡度比较小（不大于 0.002）时，一般居住区、一般道路重现期选择 0.5 年，中心区、仓库区、工业区、干道及广场重现期选择 1 年，而铁路立交、公路立交、重要干道等重要地区仍采用 2~5 年。

16.3.2　城市雨水分区

雨水分区是雨水利用规划的重点，每个雨水分区都可视作一个独立的排水分区，是基本的规划管理单元，对排水体制选择、雨水管网规划、提升泵站与调蓄池等设施的规划有很强的指导意义。雨水分区是建立在排涝分区的基础之上，按现状管网资料、地形地势条件等因素进行细分的，在规划中要注意以下一些问题：

（1）雨水分区须以排涝分区为基础，参考最新地形图及雨污水管网资料，并对排涝流域范围作相应的调整。排涝分区划分的比较粗略，而且某些城市的排涝规划是多年以前做的，与现状情况有所不符。进行雨水规划时，需要重新对其进行校核、调整与细化。

（2）雨水分区须以排涝分区内的河流、暗渠、河流水系为边界，根据区内地形高低、汇水面积大小、现状雨水管网等因素具体细分各雨水分区。此项工作的难点在于现状管网资料的收集，绝大部分城市的管网资料都不完善，不仅给管网的管理带来困难，也不利于管网维修与保护。相关部门应以雨水规划为契机，详细摸查城区内现状管网情况。

（3）排水分区的划分应高低水分开、内外水分开、主客水分开，就近排水，以自排为主，抽排为辅，并适当考虑水利及行政区划管理的要求。雨水分区的排水方式要以所在排涝区的排涝模式为基础，整体考虑，局部优化。

16.3.3　城市雨水利用分区

根据我国城市的实际情况，相对于降雨、汇流和水文地质条件，土地开发强度是影响雨水利用技术选取的重要因素。城市密度分区作为开发强度控制的重要手段，可以考虑将其作为雨水利用分区的重要依据。依据城市总体规划相关专题研究成果，并结合城市降雨、汇流及水文地质条件，大致可划分为 4 个雨水利用分区。

雨水利用Ⅰ区：主要为高密度开发的市、区级核心地区。该区域开发强度最大，雨水集蓄利用和综合利用的空间资源条件最差，应重点实施雨水渗透技术，以及空间资源条件要求较低的屋顶绿化技术；对于新建、改建公共开放空间如公园、广场等推广下凹绿地和透水型铺装技术。

雨水利用Ⅱ区：主要为中高密度开发的城市一般地区或生态保护区内的组团中心。该区域开发强度较大，应重点实施雨水渗透技术，包括下凹绿地、透水型铺装和渗水管渠等；屋顶绿化技术成本相对较高，主要在地下水埋深小于 1 m 的区域内推广；部分条件适宜区域，也可考虑进行雨水集蓄利用。

雨水利用Ⅲ区：主要为中低密度开发的城市敏感地区，一般为基本生态保护线以外 500~1 000 m 的范围。该区域空间资源条件较好，应重点实施下凹绿地、透水铺装和渗水管渠等雨水渗透技术；同时可推广雨水集蓄利用技术，尤其对于地下水埋深小于 1 m 的区域；部分条件适宜区域，提倡进行雨水综合利用。

雨水利用Ⅳ区：主要为不开发或仅有少量低密度开发的城市生态保育区。该区域空间资源条件最为优越，应重点实施环境综合效应最显著的雨水综合利用技术；推广下凹绿地、透水型铺装、渗水管渠、雨水集蓄利用等单项雨水利用技术。

在雨水利用分区的基本框架上，针对不同土地利用类型，实施分类分级的规划设计指引。根据不同的土地利用类型，规划设计指引可分为公园、道路、广场、公建、住宅小区、旧村等多种类型，并应综合考虑实施主体、经济成本等因素，进行强制性或推荐性的分级指引，从而体现出规划控制的刚性和弹性。

雨水利用在项目规划阶段考虑是最经济的做法，而建成后再改造则要追加一定投资。随着城市化的不断发展，城市未来空间拓展将在严格控制增量用地规模的同时，大力推动城市更新改造。因此，在安排城市雨水利用规划的实施时序时，一方面要优先推进新增建设用地的雨水利用，另一方面要结合城市更新改造，在旧工业区升级换代、城中村改造时充分考虑雨水利用的因素。

16.3.4 城市雨水利用工程规划

16.3.4.1 规划原则

根据雨水利用工程的规模及用地参考指标,可得出各汇水区域内各设施的占地面积,结合雨水工程规划,在各汇水区域雨水管道末端选取设施用地并进行规划布局,通过土地利用规划分区图则对雨水利用工程设施用地进行控制,确定其用地规模和位置。

雨水利用工程规划布局的原则如下:

(1)城市雨水利用工程规划应在城市水系规划的基础上,并考虑城市雨水管网系统规划的总体布局;

(2)雨水利用设施宜布置在排水管网末端,且需临近水体附近,易于排放多余雨水;

(3)为节约用地,宜与绿地结合布局;

(4)宜靠近低水质用水量较大的地区;

(5)在山地城市雨水利用要因地制宜、量力而行,没必要收集利用所有的雨水,部分区域因地势低洼,难以收集利用宜采用就地排放。

16.3.4.2 城市水系的规划

城市内河、湖泊、护城河等水体不仅美化环境,还具有一定的防洪功能,增加水体面积也可增加防洪能力。可在一些低洼地和小区内建一些人工水体,既可集蓄雨水,也可美化环境。形成人与自然的和谐系统,在护城河、内河道上建闸堰,雨季可集蓄雨水,雨后加以调蓄,通过与河道连接的管网输往各处来保证城市供水。

城市雨水利用中城市水体的规划主要是在原有水体基础之上,使其与其他的雨水利用途径和方式相结合,同时兼有防洪功能。

16.3.4.3 城市雨水管网系统的规划

雨水管网系统是雨水集流和雨水利用的重要枢纽。对雨水管网进行合理规划有重大意义。雨水管网系统主要是将地表径流通过雨水管渠,输送到雨水储留池、污水处理厂、下游承受水体、地下水回灌区。

1.规划原则

(1)雨水管网作为调蓄系统需与各级管网连接。集中调蓄中的各级管网与不同的集雨设施相连,然后再通往下级调蓄设施和传输管网。雨水管网系统根据地形、市政设施可设为各种明沟、暗渠或地下管网。

(2)雨水管网作为传输系统,与各雨水资源利用途径相连接。在各规划小区内,也同样设有传输系统,可与绿地、人工水体、储留池连接或结合起来。小区之间要进行平衡调节,相邻小区的进口和出口量要很好地设计连接。

(3)雨水管网系统需整体规划,具体布设整个规划系统需要必要的统一调度,雨水管网系统是整个系统的枢纽,更需统一部署,系统规划。

2.城市雨水管网规划概化模型

(1)住宅小区、厂区。雨水经过滤、集流系统到雨水管网系统。这里传输系统最好采用雨水暗管,雨水集流后经过滤到储蓄系统,然后经雨水管网系统到厂房、用于制冷或其他工业用途或居民中水系统和小区绿化、消防处等。

(2)广场、停车场。通过一定坡度的坡面漫流,雨水集流到地下蓄水池或绿地。

(3)道路。沿路边边沟、路沿流向引水管道,再到过滤池,最后到达储水池。

(4)小区之间通过雨水管网调节传输。

16.3.4.4　城市雨水渗透设施规划

1.渗透设施规划布置的原则

根据地形地质条件采取不同的方式。在有条件的地区,利用废弃坑塘、井,引蓄雨水,增加入渗来补充地下水。在沙壤土地区,疏挖排水沟,修建小型拦水坝。疏挖河道,增加河道行蓄洪能力,修建拦河闸坝,加强对河道闸、橡胶坝的调度管理,尽可能拦蓄汛末雨洪,增加雨水入渗,补给地下水。一类典型的雨水渗透设施是渗透集水井,其周围用碎石充填,集中的雨水对地层进行渗透补充。

结合其他设施,形成整体。渗透设施往往与集蓄设施结合使用,同时又要考虑地质条件和市政设施的分布。如渗透设施与屋顶集雨的结合,道路、广场集蓄雨水与渗透设施的结合等。对于新建开发区,或对适合路面改造区,在人行道上铺设透水方砖,人行道以下设置回填沙砾料的渗沟、渗井等,还可降低暴雨径流的流速、流量。

2.规划方式

一般包括改造雨水储蓄和渗透表面特性的扩水法,以及将雨水自然渗透到地下含水带的井式法。为了达到促使雨水渗透的目的,需要两个基本条件:雨水的暂时储存空间和改造了的渗透表面。

3.雨水渗透的防洪机制

雨水渗透设施对洪水流出的抑制效果,可通过渗透设施设置前后的洪水过程计算进行分析。由于渗透设施的渗透机能与降雨的规模无关,在整个洪水过程中都发挥着作用,因此雨水渗透设施势必减少与涉及渗透量相当的洪峰流量,而且降雨的持续时间越长,总渗透量越大。所以,需要从减少洪峰流量及流出总量两个方面来评价雨水渗透设施对洪水的抑制效果。

16.3.4.5　城市雨水利用工程规划应注意的问题

城市雨水利用工程规划应做到科学编制规划、合理进行建设,保证项目顺利实施。

1.雨水规划应结合市政设施、地块开发的近远期建设,提出建设时序和应急措施

雨水工程的规划期限与区域总体规划相一致,一般为10~20年。雨水规划目标是随着市政设施的逐步完善而实现的,排水管渠一般沿城市道路敷设,城市道路的建设时序决定了雨水规划的建设时序。在编制雨水规划时,在尊重区域总体规划的前提下,应积极同建设部门沟通,了解将来地块开发建设的可能时序,结合区域排水现状和建设开发趋势,提出合理的建设时序,尽量将排水主通道列入先期建设计划,并提出相应的应急措施。

2.市政设施、地块开发的建设时序应结合雨水规划

建设部门在考虑市政设施、地块开发的建设时序时应结合雨水规划,尽量考虑将区域的排水主通道列入先期建设计划,如果暂时无法列入,应考虑能保证规划顺利实施的应急措施。雨水规划作为区域建设专项规划之一,根据区域规划布局、地形,按照就近分散、自流排放的原则编制而成。作为城市的公共设施,其编制的依据是国家有关规范和行业主

管部门的特殊要求，着重考虑的是公共的利益，保持区域可持续发展的目标。而规划建设时序的制定是受限于项目业主的投资决策和资金的保证。对于区域建设，由于占地大、项目多、投资大，项目业主往往不止一家。正如福州地区大学城，由于大学城建设涉及省、市、县的建设项目，不可能同步实施，需要几个规划期才能全部建成。一期配套的市政设施完成了大学城内的雨水主干管，解决了大学城新校区雨水的顺利排放；但是，由于上街镇区旧城改造无法同步建设，新校区不可能一次性建成，造成未建设农地一遇下雨就发生不同程度的内涝。因此，市政设施、地块开发的建设时序应结合雨水规划而制定，以实现规划目标为指导，对近期建设目标、发展布局以及城市近期需要建设项目的实施作出统筹安排。科学合理的建设时序也可以起到对雨水规划进一步的修改和补充作用。

16.3.5　城市雨水利用工程效益分析

城市雨水利用的效益有直接效益和间接效益，主要包括以下几方面：

(1)节约用水带来的费用。

雨水利用工程实施以后，每年增加渗透水量、回用水量，从而减少了自来水的使用量，可节约相应的自来水费。若考虑远距离引水和用水超标加价收费及罚款，此项节省费用会更高。

(2)消除污染排放而造成的损失。

采用了雨水集蓄利用与渗透时，对初期雨水径流污染的控制或处理，一方面减少雨水径流对外界环境的污染，另一方面减少了进入市政雨水管道的水量，从而减少了排入受纳水体等外界环境的污染量。

(3)节省城市排水设施的运行费用。

对城市雨水径流的污染控制、利用或渗透处理，每年可减少向市政管网排放雨水，减轻了市政管网的压力，也减少了市政管网和城市排水设施的建设维护费用。

(4)提升防洪标准而减少的经济损失。

城市和住宅开发使不透水面积大幅度增加，使洪水在较短时间内迅速形成，洪峰流量明显增加，使城市面临巨大的防洪压力，洪灾风险加大，水涝灾害损失增加。雨水渗透、回用等措施可缓解这一矛盾，延缓洪峰径流形成的时间，削减洪峰流量，从而减小雨水管道系统的防洪压力，提高设计区域的防洪标准，减少洪灾造成的损失。

(5)改善城市生态环境带来的收益。

如果雨水集蓄利用工程能在整个城市推广，有利于改善城市水环境和生态环境，能增加亲水环境，会使城市河湖周边地价增值，增进人民健康，减少医疗费用，增加旅游收入等。

(6)节水可增加的国家财政收入。

这一部分收入指目前由于缺水造成的国家财政收入损失。据了解，全国660多个城市日平均缺水1 000万m^3，造成国家财政收入年减少200亿元，相当于每缺水1 m^3，要损失5.48元，即节约1 m^3 水意味着创造了5.48元的收益。

(7)减少地面沉降带来的灾害。

很多城市为满足用水量需要而大量超采地下水，造成了地下水枯竭、地面沉降和海水入侵等地下水环境问题。由于超采而形成的地下水漏斗有时还会改变地下水原有的流向，导致地表污水渗入地下含水层，污染了作为生活和工业主要水源的地下水。实施雨水渗透方案后，可从一定程度上缓解地下水位下降和地面沉降的问题。

总之，城市雨水利用是解决城市水资源短缺、减少城市洪灾的有效途径，也是改善城市生态环境的重要组成部分。若能将雨水利用与雨水径流污染控制、城市防洪、生态环境的改善相结合，坚持技术和非技术措施并重，因地制宜，择优选用，兼顾经济效益、环境效益，标本兼治，则雨水会产生广泛的效益，并极大地促进城市可持续发展。

16.3.6　城市雨水利用非工程措施

（1）强化管理，建立城区雨水利用多部门协作平台。

综合协调，加强管理。城市雨水利用涉及规划、水利、城建、地质等部门，只有各部门协调合作，合理规划，强化管理，城市雨水才可能得以充分、有效的利用。

（2）加强法制建设，尽早出台相应雨水利用的条例法规。

建立健全雨水利用的相关法律法规，将城区雨水利用设施建设纳入建设项目管理体系，依法保障城市雨水利用持续推进。以地方法规的形式规定在城市规划区范围内实施雨水综合利用，并制定相应的城市规划区内雨水资源利用的规定，对规划区内的建设项目（工业、商业、居住、市政等）均须设计雨水综合利用项目，若无雨水综合利用措施，政府将征收雨水排放设施费和雨水排放费，用于政府集中建设。强制性将雨水综合利用纳入到城市建设法制化轨道上来。目前，建设部和部分城市如北京已经颁布了雨水利用的相关法规，为城市雨水利用提供了保障。但随着雨水利用的进一步发展，新的问题会不断出现，相关政策法规有待完善。

（3）制定城市雨水利用技术规范与标准。

我国城市雨水利用技术比较落后，缺乏技术规范与标准，有关部门应尽快予以组织制定。该规范的制定工作涉及城市雨水资源的科学管理、雨水径流的污染控制、雨水作为中水等杂用水源的直接收集利用、用各种渗透设施将雨水回灌地下的间接利用、城市生活小区水系统的合理设计及其生态环境建设等方面，是一项涉及面很广的系统工程。

（4）经济支持，提高城区雨水利用的积极性和主动性。

政府应充分运用经济杠杆，通过各种优惠政策和利益机制调动企事业单位的积极性，政府可研究征收雨水排放设施费和雨水排放费，对于开展雨水利用的建设项目，除免收污水处理费、水资源费等，还可以按其雨水利用规模给予一定的奖励，促进城市雨水利用的开展和实施。

（5）加强宣传，全面增强公众节水意识。

水务部门具体负责雨水利用的宣传工作，应强调机关、企业、事业单位在雨水利用中的带头作用，通过各种媒体在全社会开展雨水利用的宣传，提升公众节水意识。

通过宣传鼓励居民利用雨水资源。它是解决城市水资源问题的重要组成部分，是水资源合理利用项目方案能够得以实施的重要手段。只有强化公众教育和参与意识，才会在一个城市或一个市区有明显的效果。公众的教育与参与包括对城市专门管理人员的培训、对城市居民的教育和监督等。主要方式是教育、培训、参与、宣传等。对城市专门管理人员的教育主要是培训。对城市居民的教育主要是通过宣传和实践,使居民认识到水资源合理利用的必要性。

16.3.7　规范规程简介

农村地区的雨水集蓄利用工程规划应参照《雨水集蓄利用工程技术规范》(SL 267—2001)。本规范适用于地表水、地下水缺乏或开采利用困难,且多年平均降水量大于250 mm的半干旱地区和经常发生季节性缺水的湿润、半湿润山丘地区,以及海岛和沿海地区雨水集蓄利用工程的规划、设计、施工、验收与管理。

城市的雨水集蓄利用工程规划应参照北京市地方标准《城市雨水利用工程技术规程》(DB 11/T 685—2009)和深圳市地方标准《雨水利用工程技术规范》(SZDB/Z 49—2011)。其中,建筑与小区的雨水集蓄利用工程规划应参照《建筑与小区雨水利用工程技术规范》(GB 50400—2006)。上述规范适用于雨水集蓄利用工程的规划、设计、施工、验收、管理与维护。

16.3.7.1　《雨水集蓄利用工程技术规范》(SL 267—2001)

1.总体要求

建设县及县以上的雨水集蓄利用工程必须进行区域性规划。规划应根据当地雨水资源条件,提出适度而合理的开发利用规模。规划应符合当地社会经济条件,充分考虑用水需求和承受能力;应与农村社会经济发展和扶贫规划相协调,并与水土保持及节水灌溉等项规划紧密结合;应注重农业结构调整和先进适用技术的应用,具有科学性和可操作性。应对本地区缺水状况、发展雨水集蓄利用工程的必要性和可行性进行分析与论证,并应与其他供水工程措施进行技术经济的对比分析。应对规划期内雨水集蓄利用工程解决本地区饮用水困难的人畜数量、生活供水定额、发展集雨节灌的面积、作物类型和灌水定额、发展养殖业和农村加工业的规模及供水量等主要指标,以及雨水集蓄利用工程的规模进行分析确定。应根据近、远期解决缺水问题的迫切性和资金、劳力的可能性合理确定其发展速度。应根据气候、地形、地质等自然条件和社会经济特点进行分区,确定不同类型地区的雨水集蓄利用方式和工程布局。应在规划中提出不同类型分区的雨水集蓄利用工程典型设计,并可根据典型设计用扩大指标法计算全地区的雨水集蓄利用工程量和投资。对国家、地方和农民的投入应进行统筹安排,农民投劳应折资计算。应进行雨水集蓄利用工程的国民经济评价,论证其经济可行性。应进行雨水集蓄利用工程对生态系统、水环境及人畜健康影响的分析评价。分析应定性与定量相结合,以定性为主。应编制分期实施计划,并提出组织管理、技术支持、资金筹措、劳力安排等措施。

2.供水标准的确定

居民生活供水标准应按表16-1的规定取值。

生产供水应包括农作物、蔬菜、果树和林草的补充灌溉供水以及畜禽养殖业和小型加工业的供水。灌溉供水量应根据本地区农作物、树、草的需水特性和可能集蓄的雨水量,采用非充分灌溉的原理,确定补充灌溉的次数及每次补灌量。缺乏资料时,灌水次数和每次灌水定额可按表16-2的规定取值。畜禽养殖供水定额按表16-3的规定取值。

表 16-1 雨水集蓄利用工程居民生活供水定额

地区	供水定额(L/(d·人))
半干旱	10~30
半湿润、湿润区	30~50

表 16-2 不同作物集雨灌溉次数和定额

作物	灌水方式	不同降雨量的灌水次数		灌水定额(m^3/hm^2)
		250~500 mm	>500 mm	
玉米等旱田作物	坐水种	1	1	45~75
	点灌	2~3	2~3	75~90
	地膜穴灌	1~2	1~2	45~90
	注水灌	2~3	1~2	30~60
	滴灌地膜沟灌	1~2	2~3	150~225
一季蔬菜	滴灌	5~8	6~10	120~180
	微喷灌	5~8	6~10	150~180
	点灌	5~8	8~12	75~90
果树	滴灌	2~5	3~6	120~150
	小管出流灌	2~5	3~6	150~225
	微喷灌	2~5	3~6	150~180
	点灌(穴灌)	2~5	3~6	150~180
一季水稻	“薄、浅、湿、晒”和控制灌溉		6~9	300~400

表 16-3 畜禽养殖供水定额

畜禽种类	大牲畜	猪	羊	禽
定额(L/(d·头、只))	30~50	15~20	5~10	0.5~1.0

3. 工程规模的确定

(1)供水保证率应按表 16-4 的规定取值。

表 16-4 雨水集蓄利用工程供水保证

供水项目	居民生活用水	集雨灌溉	畜禽养殖	小型加工业
保证率(%)	90	50~75	75	75~90

(2)一种用途雨水集蓄利用工程的集流面面积按下式计算：

$$\sum_{i=1}^{n} S_i \cdot k_i \geqslant \frac{1\,000W}{P_P}$$

式中　W——一种用途的年供水量，m^3；

S_i——第 i 种材料的集流面面积，m^2；

P_P——保证率为 P 时的年降雨量，mm；

k_i——第 i 种材料的年集流效率(小数)；

n——材料种类数。

(3)几种用途雨水集蓄利用工程的集流面总面积按下式计算：

$$S_i = \sum_{j}^{m} S_{ij}$$

式中　S_i——第 i 种材料的集流面面积，m^2；

S_{ij}——第 j 用途第 i 种材料的集流面面积，m^2。

(4)蓄水工程容积的确定。

蓄水工程容积可按下式计算：

$$V = \frac{KW}{1 - \alpha}$$

式中　V——蓄水容积，m^3；

W——全年供水量，m^3；

α——蓄水工程蒸发、渗漏损失系数，取 0.05~0.1；

K——容积系数，半干旱地区，人畜饮用工程可取 0.8~1.0，灌溉供水工程可取 0.6~0.9，湿润、半湿润地区可取 0.25~0.4。

(5)蓄水工程超高应符合下列要求：顶拱采用混凝土支护的水窖蓄水位距地面的高度应大于 0.5 m，并符合防冻要求；顶拱采用薄壁水泥砂浆或黏土防渗的水窖蓄水位应低于起拱线 0.2 m。水池超高应按表 16-5 的规定取值。

表 16-5　水池超高值

蓄水容积(m^3)	<100	100~200	200~500
超高(cm)	30	40	50

16.3.7.2　**《建筑与小区雨水利用工程技术规范》**(GB 50400—2006)

1.用水定额和水质的确定

绿化、道路及广场浇洒、车库地面冲洗、车辆冲洗、循环冷却水补水、最高日冲厕用水定额等各项最高日用水量按照现行国家标准《建筑给水排水设计规范》(GB 50015—2003)中的有关规定执行，景观水体补水量根据当地水面蒸发量和水体渗透量综合确定。

处理后的雨水水质根据用途确定，COD_{Cr} 和 SS 指标应满足表 16-6 的规定，其余指标应符合国家现行相关标准的规定。

表 16-6　雨水处理后 COD_{Cr} 和 SS 指标

项目指标	循环冷却系统补水	观赏性水景	娱乐性水景	绿化	车辆冲洗	道路浇洒	冲厕
COD_{Cr}(mg/L)≤	30	40	20	30	30	30	30
SS(mg/L)≤	5	10	5	10	5	10	10

2.雨水径流计算

雨水设计径流总量和设计流量的计算应符合下列要求。

(1)雨水设计径流总量应按下式计算：

$$W = 10\psi_c h_y F$$

式中　W——雨水设计径流总量，m^3；

ψ_c——雨量径流系数；

h_y——设计降雨厚度，mm；

F——汇水面积，hm^2。

(2)雨水设计流量应按下式计算：

$$Q = \psi_m q F$$

式中　Q——雨水设计流量，L/s；

ψ_m——流量径流系数；

q——设计暴雨强度，$L/(s \cdot hm^2)$。

(3)雨量径流系数和流量径流系数宜按表 16-7 采用，汇水面积的平均径流系数应按下垫面种类加权平均计算。

表 16-7　径流系数

下垫面种类	雨量径流系数	流量径流系数
硬屋面、未铺石子的平屋面	0.8~0.9	1
铺石子的平屋面	0.6~0.7	0.8
混凝土和沥青路面	0.8~0.9	0.9
块石等铺砌路面	0.5~0.6	0.7
干砌砖、石及碎石路面	0.4	0.5
非铺砌的土路面	0.3	0.4
绿地	0.15	0.25
水面	1	1
地下建筑覆土绿地(覆土厚度≥500 mm)	0.15	0.25
地下建筑覆土绿地(覆土厚度<500 mm)	0.3~0.4	0.4

(4)设计暴雨强度应按下式计算：

$$q=\frac{167A(1+c\lg P)}{(t+b)^{n}}$$

式中 P——设计重现期,a;

t——降雨历时,min;

A、b、c、n——当地降雨参数。

屋面雨水收集系统设计重现期不宜小于表16-8中规定的数值。

表16-8 屋面降雨设计重现期

建筑类型	设计重现期(a)
采用外檐沟排水的建筑	1~2
一般性建筑物	2~5
重要公共建筑	10

注:表中设计重现期,半有压流系统可取低限值,虹吸式系统宜取高限值。

建设用地雨水外排管渠的设计重现期,应大于雨水利用设施的雨量设计重现期,并不宜小于表16-9中规定的数值。

表16-9 各类用地设计重现期

汇水区域名称	设计重现期(a)
车站、码头、机场等	2~5
民用公共建筑、居住区和工业区	1~3

设计降雨历时的计算,应符合下列规定。

室外雨水管渠的设计降雨历时应按下式计算:

$$t=t_1+mt_2$$

式中 t_1——汇水面汇水时间,min,视距离长短、地形坡度和地面铺盖情况而定,一般采用5~10 min;

m——折减系数,取$m=1$,计算外排管渠时按现行国家标准《建筑给水排水设计规范》(GB 50015—2003)的规定取用;

t_2——管渠内雨水流行时间,min。

屋面雨水收集系统的设计降雨历时按屋面汇水时间计算,一般取5 min。

16.3.7.3 北京市地方标准《城市雨水利用工程技术规程》(DB 11/T 685—2009)

1.设计暴雨

雨水收集系统水力计算所需的设计暴雨强度按下式计算:

$$q=\frac{2\,001(1+0.811\lg P)}{(t+8.14)^{0.73}}$$

式中 q——设计降雨强度,L/(s·hm^2);

P——设计重现期,a;

t——设计降雨历时,min。

中心城区重现期小于2年、历时小于120 min的降雨,降雨量依据降雨历时和公式计算;大于2年一遇小于100年一遇的降雨,降雨量可采用下式计算:

$$h_{y,t} = t\frac{8.821(1 + 0.909\lg P)}{(t + 8.14)^{0.73}}$$

式中　$h_{y,t}$——设计降雨厚度,mm。

2.雨水处理

雨水径流水质宜采用实测数据。无实测数据时,可参考表16-10选取。

表16-10　北京地区雨水径流水质指标参考值　(单位:mg/L)

雨水径流类型		化学需氧量	悬浮物	氨氮	总氮	总磷
屋面雨水	初期径流	150~2 000	50~500	10~25	20~80	0.4~2.0
	后期径流	30~100	10~50	2~10	4~20	0.1~0.4
庭院、广场、跑道等雨水	初期径流	150~2 500	100~1 200	5~25	5~40	0.2~1.0
	后期径流	30~120	30~100	1~4	5~10	0.1~0.2
机动车道路雨水	初期径流	300~3 000	300~2 000	5~25	5~100	0.5~2.0
	后期径流	30~300	50~300	2~10	5~20	0.1~1.0
入渗铺装下集蓄雨水		10~40	<10	0.2~2	4~20	0.05~0.2

16.3.7.4　深圳市地方标准《雨水利用工程技术规范》(SZDB/Z 49—2011)

1.水质和水量的确定

初期径流雨水水质受各种因素影响较大,应以实测资料为准。缺乏实测资料时,各种下垫面初期设计雨水水质可按表16-11计算。

表16-11　深圳市初期径流雨水水质

初期径流水质	市政路面	屋面	小区路面	工商业区	城中村
COD(mg/L)	30~400	80~100	100~120	420~480	350~400
SS(mg/L)	800~1 000	100~120	220~260	600~800	300~400

2.雨水设计总量及流量的计算

(1)径流污染控制量计算方法见下式:

$$WQV = 10H_{m}R_{v}F$$

式中　WQV——径流污染控制量,m^3;

H_m——设计控制降雨厚度,mm;

R_v——雨量径流系数;

F——汇水面积,hm^2。

$$R_v = 0.05 + 0.009I$$

式中　I——汇水面积内不透水面积的比例(%),如不透水面积比例为80%,则$I=80\%$。

(2)雨水收集利用量可根据逐日降雨量和逐日用水量经模拟计算确定。当资料不足时,宜按下列规定计算。

①当需水量大于汇水区域的设计日降雨可收集量时,雨水收集利用量宜采用设计日降雨量,见下式:

$$W = 10H_y R_v F$$

式中　W——雨水设计径流总量,m^3;

H_y——设计日降雨厚度,mm,深圳市设计日降雨厚度宜采用 50 mm;

R_v——雨量径流系数;

F——汇水面积,hm^2。

②当汇水区域的可收集水量较大,设计需水量较小时,用需水量计算雨水收集利用量,见下式:

$$W = Q_x T$$

式中　Q_x——日需水量,m^3;

T——雨水利用天数,d,雨水利用天数宜取 3~5 d。

(3)雨水设计流量应按下式计算:

$$Q = \psi q F$$

式中　Q——雨水设计流量,L/s;

ψ——雨量径流系数;

q——设计降雨强度,L/(s·hm^2);

F——汇水面积,hm^2。

(4)雨量径流系数和流量径流系数宜按表 16-12 采用,汇水面积的平均径流系数应按下垫面的种类加权平均计算。

表 16-12　径流系数

下垫面种类	流量径流系数	雨量径流系数
硬屋面、没铺石子的平屋面、沥青屋面	1	0.8~0.9
铺石子的平屋面	0.8	0.6~0.7
绿化屋面	0.4	0.3~0.4
混凝土和沥青路面	0.9	0.8~0.9
块石等铺砌路面	0.7	0.5~0.6
干砌砖、石及碎石路面	0.5	0.4
非铺砌的土路面	0.4	0.3
绿地	0.25	0.15
水面	1	1
地下室覆土绿地(覆土厚度≥500 mm)	0.25	0.15
地下室覆土绿地(覆土厚度<500 mm)	0.4	0.3~0.4

第17章　城市雨水利用系统设计

城市雨水利用是融合多学科的复杂系统,通过综合性的技术措施将其收集、储留或渗入地下,用来涵养地下水,有效地抑制城市暴雨径流,来改善城市水环境,恢复生物多样性。城市雨水利用系统主要包括雨水的集蓄利用、渗透利用、屋顶花园、防洪减涝、城市水景等系统及其组合系统。随着社会经济的迅速发展和城市化进程的加快,城市雨水资源将在城市水资源中具有不可替代的作用,雨水资源利用势在必行。我国正处于城市化、工业化的高度发展时期,进行城市雨水利用理论和技术的研究,对其在城市规划中的推广应用具有深远的历史意义和现实意义。

17.1　雨水集蓄利用系统设计

雨水集蓄利用被许多国家和地区作为解决干旱地区农业灌溉与人畜饮水的重要手段,近年来取得了显著的经济、社会和环境效益。随着社会经济的不断发展,水资源紧缺日益成为城市发展的制约因素,雨水集蓄利用越来越多地应用于城市雨水资源的收集和利用。雨水集蓄利用技术就是利用工程措施,提高雨水在时空的叠加富集效率与能力,把分散的降雨产生的径流集中、蓄存起来,并加以利用。

17.1.1　雨水集蓄利用系统

雨水集蓄利用系统由汇集雨水的集流面、输水系统、净化处理设施、储存利用系统等部分组成(见图17-1)。

集雨系统主要是指收集雨水的集雨场地。首先应考虑具有一定产流面积的地方作为集雨场,城市雨水利用系统中的集雨面一般为屋面、道路、广场、园地和绿地等。

输水系统是指输水沟(渠)或者截留沟。其作用是将集雨场上的来水汇集起来,引入沉沙池,而后溢流进入蓄水系统。要根据地形条件、防渗材料的种类以及社会经济条件,因地制宜地进行规划布置。

净化处理设施是指在所收集的雨水进入雨水存储利用系统之前,须经过一定的净化处理,以除去雨水中的杂质,常用的净化技术及设备详见15.2节。

储存利用系统是指雨水经过处理设施处理后,把雨水储存起来,便于后续利用。雨水储存设备主要包括蓄水池、井、坝等。雨水利用途径主要包括雨水渗透、雨水灌溉、生活杂用水、景观绿化用水等。

17.1.2　雨水集蓄利用工艺设计

城市雨水集蓄利用主要用于家庭、公共和工业等三方面非饮用水,如浇灌、冲厕、洗衣、冷却循环等中水系统。根据集雨面的不同可以分为屋面雨水集蓄利用系统和园区雨

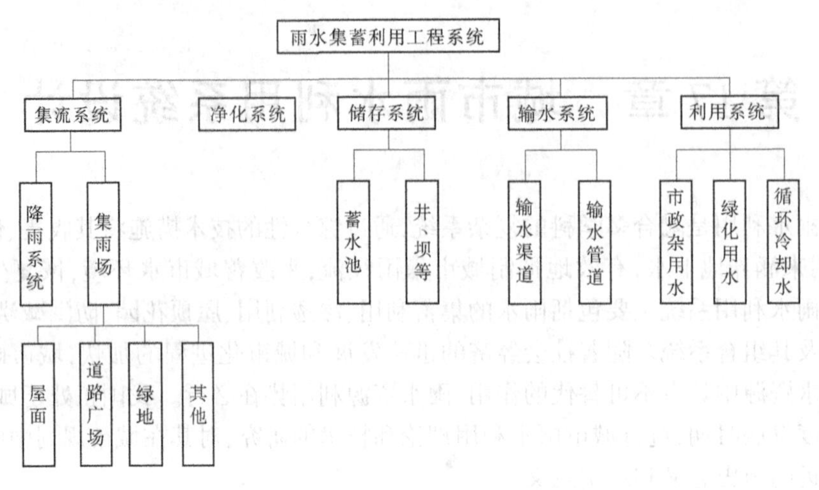

图 17-1　雨水集蓄利用工程系统

水集蓄利用系统。

17. 1. 2. 1　屋面雨水集蓄利用系统

屋面雨水集蓄利用系统可产生节约饮用水,减轻城市排水和处理系统的负荷,减少污染物排放量和改善生态与环境等多种效益。屋顶材料以瓦质屋面和水泥混凝土屋面为主。

雨水集蓄利用系统可以设置为单体建筑物的分散式系统,也可在建筑群或小区中集中设置。系统由集雨区(通常是屋顶)、输水系统、截污净化系统(如过滤)、储存系统(地下水池或水箱)以及配水系统等几部分组成。有时还设有渗透设施,并与储水池溢流管相连,当集雨量较多或降雨频繁时,部分溢流雨水可以进行渗透。图 17-2 是德国城市家庭典型雨水集蓄利用系统示意。

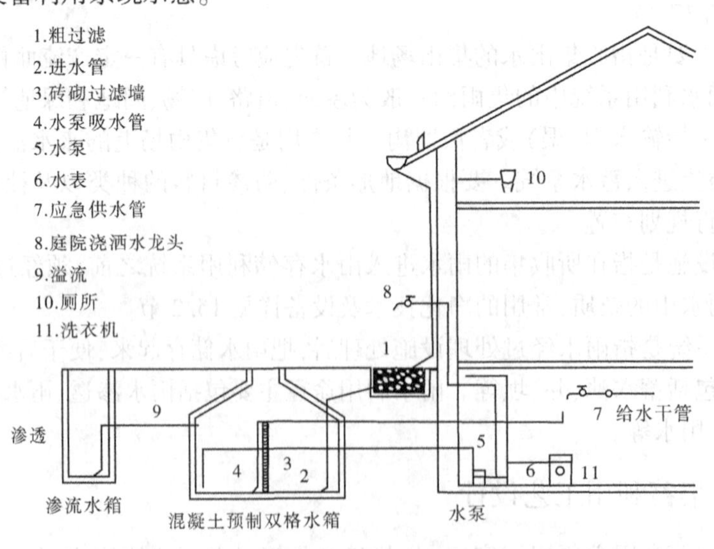

图 17-2　德国城市家庭典型雨水集蓄利用系统

17.1.2.2　园区雨水集蓄利用系统

在新建生活小区、公园或类似的环境条件较好的城市园区，可将区内屋面、绿地和路面的雨水径流收集利用，达到更显著削减城市暴雨径流量和非点源污染物排放量、优化小区排水系统、减少水涝和改善环境等效果。因这种系统较大，涉及面更宽，需要处理好初期雨水截污、净化、绿地与道路高程、室内外雨水收集排放系统等环节和各种关系。

为了消除人们对雨水水质的担心和顾虑，还可以采用一些新技术。如采用可渗透的中隔墙将地下储水池分成两个小室，可以起到有效的过滤作用。

17.2　雨水渗透利用系统设计

17.2.1　雨水渗透系统

雨水渗透系统流程一般比较简单，主要包括截污或预处理、渗透设施和溢流设施。渗透设施可以是一种或者多种的组合。

17.2.2　雨水渗透设施的规模计算

根据渗透目的及环境条件的不同，渗透设施的规模也不同。当雨水渗透设施考虑使入渗量最大时，应采用水量平衡法计算，在资料不全时可采用估算法；当雨水渗透设施在考虑渗透的同时需优先考虑水质要求时，则需要采用水质体积法计算。因此，需因地制宜地选择合适的计算方法，优化设计规模，才能更加经济有效地提高雨水渗透系统的效率。

17.2.2.1　基于水量的规模计算

1.水量平衡法

根据水量平衡的原理，雨水渗透设施的有效存储容积为设施服务汇水面所产生的降雨径流量、雨水弃流量以及通过设施底部或侧壁渗入下层土壤的渗透雨水量之间的差值。要使得渗透量达到最大值，一般采用以下几种常用的计算方法：美国 Urbonas Ben 提出的图解法、德国 Geiger 提出的经验公式法（以渗透沟为例）和汪慧贞等提出的最大值法。

$$V_S = \max\{1.25 \times [3\,600 \times (\psi A + A_0)t] - 3\,600KJA_1t\}$$

$$L = \frac{10^{-3}Aqt \times 60}{bhS + 60 \times \left(b + \frac{h}{2}\right)T\frac{K}{2}}$$

$$S = \frac{\frac{\pi}{4}d^2 + S_k\left(bh - \frac{\pi}{4}d^2\right)}{bh}$$

式中　V_S——设计存储空间；

q——对应于设计重现期的暴雨强度，L/(s·hm²)；

ψ——设施服务面积的平均径流系数；

A——设施服务面积，hm²；

A_0——设施直接承受降雨的面积，hm²；

t——降雨历时，h；

K——土壤渗透系数，m/s；

J——水力坡降；

A_1——有效渗透面积，m²；

L——渗透沟长，m；

b——渗透沟宽，m；

h——渗透沟有效高度，m；

S——存储系数，为沟内存储空间与沟的总容积之比；

d——沟内渗透管内径，m；

S_k——砾石填料的存储系数。

Geiger 经验公式法的具体计算是一个试算过程，以渗透沟为例，先设定 b 和 h 值，根据不同降雨历时 t 求得一系列 L 值，从中选取最大值，从而最终确定渗透设施的规模。而最大值法是在 Urbonas Ben 图解法基础上提出的计算方法，先确定渗透设施的长、宽、高，计算出所对应的 V_{S1}，并令 $dV_S/dt=0$，解方程得设计存储空间 V_S 为最大时所对应的降雨历时 t，将 t 代入即可得 V_S 的值。将 V_{S1} 与 V_S 进行比较，若两者相差较大则需调整长、宽、高重新试算，直至 V_{S1} 与 V_S 相等或前者略大即可。

Urbonas Ben 图解法和 Geiger 经验公式法计算原理一致，都是先确定渗透设施的尺寸，再进行试算。只是它们在参数选择上有所不同，即土壤渗透系数 K（为安全起见，计算时采用实际土壤渗透系数 $K_{实}$ 乘以安全系数），分别采用（0.3~0.5）$K_{实}$ 和 $0.5K_{实}$；有效渗透面积分别采用（1/2 侧面积）和（底面积+1/4 侧面积）；设计进水量分别为 $1.25qt\psi A$ 和 qtA。汪慧贞等的研究表明，Urbonas Ben 图解法的参数更适宜于北京地区使用，同时在此基础上提出了最大值法，它采用数学法快捷、准确地解得最大值，计算过程更为简练。上述三种方法均基于水量平衡，用于保证水质基础上的水量调节。其中图解法以其通用性及较准确性最为常见，《建筑与小区雨水利用工程技术规范》中渗透设施的设计即采用了这种算法。

2. 估算法

当暴雨强度公式未知时，可根据不同暴雨重现期下的最大日降雨量结合 Darcy 入渗公式对渗透设施的规模进行估算：

$$V_S = 10\psi H_{24}A - 3\,600KJA_St$$

式中　H_{24}——设计重现期下的最大日降雨量，mm；

其他符号含义同前。

若最大日降雨量也未知，则可根据汇水面积及修正系数对渗透设施的面积进行粗略估算：

$$A_S = 10^{-4}A\beta$$

式中　β——修正系数，取 0.05~0.1；

其他符号含义同前。

17.2.2.2　基于水质的规模计算

采用基于水量的方法计算出的渗透设施面积往往偏大，当对雨水渗透量要求不太高时，可采用水质体积（WQV，Water Quality Volume）法进行计算，在满足雨水水质的基础上进行适量渗透。该方法在美国、新西兰和英国均有应用，但在计算过程中需已知污染物随雨水径流的变化过程线，目前在中国相关数据较为缺乏，因此仍处于研究阶段。

$$V_S = WQV - 3\ 600KJA_St$$

式中　WQV——水质体积，m^3；

其他符号含义同前。

其中，WQV 指蓄积并处理服务面积内年平均降雨量90%径流量的雨水所需渗透设施容积，主要是为了使渗透设施达到控制水污染、保证入渗雨水水质的目的所需处理雨水的体积。美国《城市BMP的应用》中规定用下式计算：

$$WQV = 10H\psi A$$

式中　H——设计雨量，mm；

其他符号含义同前。

《城市BMP的应用》中规定美国东部地区 H 取25.4 mm（1.0 in）；西部地区 H 取22.9 mm（0.9 in）。我国的降雨特点与美国不同，降雨季节性强，各城市由于地区间差异大，城市降雨特点也不同，因此需根据我国城市降雨特点来分析确定设计雨量。

17.2.3　雨水渗透技术的优化组合应用

雨水渗透系统的设计与应用过程中，有时仅采取单一的渗透设施很难达到既能回灌地下、缓解洪涝，又能有效净化雨水水质的效果，需要多种雨水渗透设施或技术进行优化组合，常用的有以下几种：

（1）下凹式绿地—渗透渠。

该工艺是德国典型的雨水渗透技术MR系统（Mulden Rigolen system），如处理效果好，可延缓汇流时间，便于雨水就地处理，且布置灵活，得到广泛应用，主要应用于城市公共建筑及道路附近，该工艺后可接渗透管继续对雨水进行下渗。

（2）初期弃流—渗透井—管道—渗透渠。

具有占地少、渗透量大的特点，在用地较紧张时可采用此工艺。但由于渗透井对雨水水质的要求相对较高，因此对初期弃流措施的污染物去除效果要求较高。

（3）高位花坛—低势绿地—植被浅沟（渗透沟）。

该工艺通常首先通过高位花坛完成屋面雨水的渗透净化，然后与路面雨水一起通过低于路面的绿地、植被浅沟、无砂混凝土渗透沟等渗透设施，最终将净化后的雨水渗入地下。该工艺完全采用生态处理方法对雨水水质进行控制，采用植物及土壤截留雨水中的污染物，处理效果好，同时也可对水量进行控制。

（4）初期弃流—雨水池—渗透渠（渗透池）。

在雨水水质较好时（如某些屋面雨水），可采用该工艺将雨水收集技术与渗透技术进行结合。初期弃流去除初期污染物的雨水进入雨水池收集，部分溢流雨水进入渗透设施进行渗透。

17.2.4　城市雨水渗透技术目前存在的主要问题

(1)渗透设施的堵塞。

由于径流雨水中含有各种污染物质,如未经必要的预处理或预处理不够,渗透设施在运行过程中会造成堵塞,堵塞问题严重时甚至可导致雨水渗透设施的失效。

经研究证实,在雨水渗透系统中,堵塞主要来源于悬浮物、污染物、微生物等系统中的沉积物。Siriwardene 的一维垂直流试验将渗透介质分为上下两层(0.9 m 的砾石层和 0.7 m 的土壤层),通过对雨水渗透设施渗透层的模拟,发现固体颗粒在土壤层与砾石层交界处易发生堵塞,此处大多数颗粒粒径均小于 20 μm,且以小于 6 μm 的颗粒为主。郑兴等的试验研究结果表明,当渗透设施上层种植有植物时,由于种植层孔隙率小于下层滤床,颗粒污染物可更多地被截留在土壤孔隙内,堵塞首先发生在种植层,因此种植土的选择是防止渗透设施堵塞的关键。可见,不同的雨水渗透系统其发生堵塞的部位不同,需进行系统的理论分析与试验研究,有针对性地对堵塞层采取相应的防堵措施,保障渗透系统的有效性。

不仅堵塞层的结构要进行防堵设计,而且雨水渗透设施本身也应当进行周期性的清理与维护。例如,为了保持设施的水力有效性,多孔铺装中截留的固体通常采用表层清洗技术(如真空水射器)进行清理;低势绿地的设计中则可通过加强滤料层的通风作用来缓解其堵塞,促进渗滤性能的良性恢复。

(2)对地下水的影响

雨水渗透技术是一种低成本的污染控制方法,但对地下水存在潜在威胁。近年来的研究发现,径流雨水中含有不同种类的重金属,可随下渗雨水的移动而发生迁移,最后进入地下水,从而威胁人类的健康与其他生物的繁衍生息,如来自城市工业区的径流雨水中含有大量的氰、砷、汞、铬等有害物质,是地下水污染的主要来源之一,由于其在地下水中难以有效去除而对地下水产生长期影响。美国在制定系列条款对渗透设施的设计标准进行检验时,也特别强调对部分溶解性重金属(如 Cu 和 Zn)的检验。径流雨水中的无机物也会对地下水产生一定的影响,当渗透雨水中含有大量融雪剂时,导致土壤盐化,对地下水产生一定的污染,因此受到广泛关注。另外,雨水中含有的各种难降解有机污染物质如进入地下水环境,也会由于其难降解性及持久性而产生不可逆的环境影响。

因此,在雨水渗透技术中,需设定相应的回灌指标对入渗雨水水质进行限制,如 MS4 (Mu-nicipal separate storm sewer system)项目禁止污染严重的道路(此处规定大于 25 000 辆/d 的交通量时为污染严重)径流雨水下渗。此外,也可在渗透设施前增加预处理措施,或在渗透设施中填充净化雨水的滤料对水质进行净化处理后再进行下渗。如可在雨水集中收集口设置截污挂篮、初期弃流装置等进行截污;还可在渗透设施中填充滤料,如活性炭、石英砂、无烟煤等净化水质。

17.3　雨水屋顶花园利用系统设计

17.3.1　雨水屋顶花园系统

屋顶绿化是指在各类建筑物、构筑物、桥梁(立交桥)等的屋顶、露台或天台上进行绿化、种植树木花卉等的统称(见图17-3)。屋顶绿化具有提高城市绿化率,改善城市景观,调节城市气温和湿度,减弱城市热岛效应等作用。对于屋顶花园雨水利用系统来说,还有削减城市雨水径流量,削减城市非点源污染负荷的作用。

图17-3　城市屋顶花园构造示意

17.3.2　雨水屋顶花园的设计

植物和种植土壤的选择是屋顶绿化的技术关键,防渗漏则是安全保障。

植物应根据当地气候条件来确定,还应与土壤类型、厚度相匹配。上层土壤应选择孔隙率高、密度小、耐冲刷、可供植物生长的洁净天然或人工材料。在德国最常用的是火山石、沸石、浮石等。需要收集时可在下部布置集水管,集水管周围可适当填塞卵(碎)石。屋顶花园系统可使屋面径流系数减小到0.3,有效地削减了雨水流失量,同时改善了城市环境。此技术已在德国等欧洲城市较普遍应用。

17.3.2.1　构造及基质材料的选择

屋顶花园主要由保护层、排水管、过滤层和植被种植层组成(见图17-4)。

保护层是屋面防水层和对植物根系的防护层,以及在以后绿化屋顶的维护时,起到防止机械损坏的作用。保护层可以由塑料、水泥砂浆抹面等铺设。

排水层的作用是吸收种植层中渗出的降水,并将其输送到排水装置中,同时防止种植层淹水。一般可用天然沙砾、碎石、陶粒、浮石、膨胀页岩等,也可使用塑料编制垫、泡沫塑料板、碎煤渣等,其厚度一般可采用5~15 cm。

过滤层的主要作用是滤除被水从种植层冲走的泥沙,防止排水层堵塞和排水管泥沙淤积。一般可采用土工布铺设,其规格一般为150~300 g/m^2。接口处要考虑土工布之间

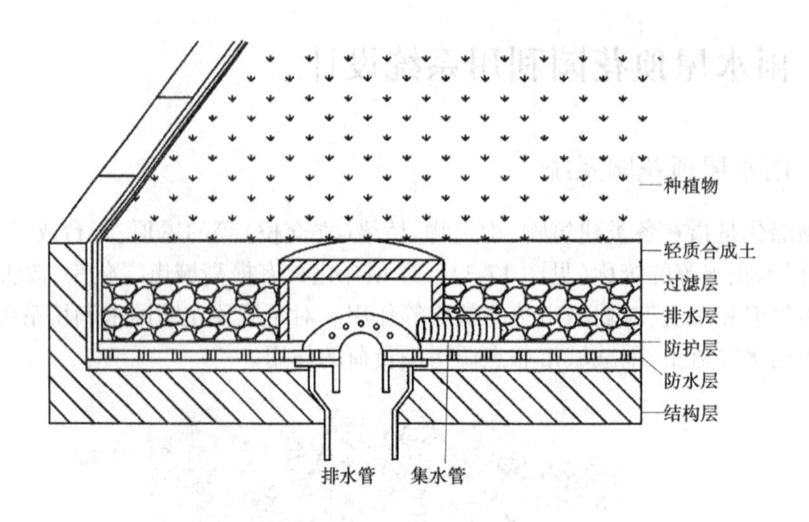

图 17-4　屋顶花园构造

的搭接长度不少于 15 cm。

植被种植层土壤的选择非常关键。一方面必须满足植物生长的条件,如储水能力、孔隙容积和营养物质,另一方面也要保证有很好的渗透性,以便降雨时能及时使雨水下渗,减少表面淹水。另外,必须有一定的空间稳定性,保持植物根系在较长时期内具有充分的生长空间。一般应选择孔隙率高、密度小、耐冲刷、可供植物生长的洁净天然或人工材料。最常用的有火山石、沸石、浮石、膨胀页岩、膨胀黏土、炉渣等与土壤的混合料,也有一些公司生产的专门种植材料。其厚度应根据植物种类和建筑物承载力综合确定。仅种植草坪厚度可以是 5~30 cm。要特别注意种植层的选择与选种的植物种类的适应性,尤其在种植多种植物时会遇到问题,因为每一种植物对土壤的要求不同。

17.3.2.2　植物的选择

植物的选择首先应根据当地气候条件来确定,还应与土壤类型、厚度相匹配。建筑构造层厚度、表面的倾斜度、表面积大小、光照、水分等条件也会成为植物生长的限制因素。相对而言,南方城市无论是在气候还是在植物品种方面比北方城市具有更优势的屋顶绿化条件。北方城市需要更多地考虑选择耐寒和耐旱植物。目前已有专业公司开发的植物及种植技术与产品。

在种植土壤和植物的选择、种植技术和管理等方面都需要借助园林工程师和专业书籍的帮助。

17.3.2.3　防水和排水设计

为了确保屋顶花园不漏水和屋顶下水道通畅,可以考虑在屋顶花园的种植区和水体(水池、喷泉等)中再增加一道防水和排水措施。

17.4　生态小区雨水综合利用系统设计

生态小区雨水利用系统是 20 世纪 90 年代开始在德国兴起的一种综合性雨水利用技

术。该系统与小区中水回用系统统一规划、同步建设,利用生态学、工程学、经济学原理,通过人工设计,将雨水利用和景观设计结合起来,采用屋顶收集、道路收集、直接渗透、屋顶花园、人工湿地等雨水收集利用措施,来解决区内景观、绿化、市政用水和生活非饮用水。同时,也能有效削减雨洪流量、美化环境、净化空气、降低城市的"热岛效应"等。但要求设计者具有多学科的知识和较高的综合能力,设计和实施的难度较大,对管理的要求也较高。生态小区雨水利用的典型代表是柏林波茨坦广场和柏林市居民小区。

1992 年建于柏林市的某小区雨水收集利用工程,将 160 栋建筑物的屋顶雨水通过收集系统进入 3 个容积为 650 m^3 的储水池中,主要用于浇灌。溢流雨水和绿地、步行道汇集的雨水进入 1 个仿自然水道,水道用砂和碎石铺设,并种有多种植物。之后进入 1 个面积为 1 000 m^2、容积为 1 500 m^3 的水塘(最大深度 3 m)。水塘中以芦苇为主的多种水生植物,同时利用太阳能和风能使雨水在水道和水塘间循环,连续净化,保持水塘内水清见底,形成植物、鱼类等生物共存的生态系统。遇暴雨时多余的水通过渗透系统回灌地下,整个小区基本实现雨水零排放。

柏林 Potsdamer 广场 Daimlerehrysler 区域城市水体工程也是雨水生态系统成功的范例。该区域年产雨水径流量 2.3 万 m^3。采取的主要措施:建有绿色屋顶 4 hm^2;雨水储存池 3 500 m^3,主要用于冲厕和浇灌绿地(包括屋顶花园);建有人工湖 12 hm^2,人工湿地 1 900 m^2,雨水先收集进入储存池。在储存池中,较大颗粒的污染物经沉淀去除,然后用泵将水送至人工湿地和人工水体。通过水体基层、水生植物和微生物等进一步净化雨水。此外,还建有自动控制系统,对磷、氮等主要水质指标进行连续监测和控制。该水系统达到一种良性循环,野鸭、水鸟、鱼类等动植物依水栖息,使建筑、生物、水等元素达到自然的和谐与统一。

17.4.1　生态小区雨水综合利用目标

根据生态小区的要求,有效利用水资源,尽量减少市政给水用水量,加大中水回用量和雨水处理量,提高利用率。小区中杂用水的用水顺序为雨水、中水、市政给水。

17.4.2　生态小区雨水利用方案设计

17.4.2.1　雨水利用方式

1.可收集雨水

一般住宅小区内的雨水收集主要有道路、绿地、屋面 3 种汇流介质。在这 3 种汇流介质中,地面径流雨水水量较大,但水质较差;绿地径流雨水因经过渗透而水质较好,但可收集雨量有限;屋面雨水水质较好、径流量大且便于收集利用。

2.需回用雨水情况

回用雨水主要可用于景观用水、绿化用水、汽车冲洗用水、路面冲洗用水、冲厕用水以及消防用水。

3.雨水利用方式选择

小区雨水利用系统应采用雨水入渗、收集回用和调蓄排放系统之一或其组合。一般有以下 5 种组合方案:①入渗;②收集回用;③调蓄排放;④入渗+收集回用;⑤入渗+调蓄排放。雨水利用方式应经综合技术经济比选,并考虑到土壤渗透性、年降雨量特征、用地条件、运行管理和实际工程案例等因素来确定。本小节采用收集回用作为小区杂用水的利用方式来研究小区雨水综合利用方案的设计。

17.4.2.2 雨水收集回用系统工艺流程

生态小区雨水收集回用系统主要包括集流系统、净化处理系统、雨水调蓄系统和雨水利用系统,如图 17-5 所示。

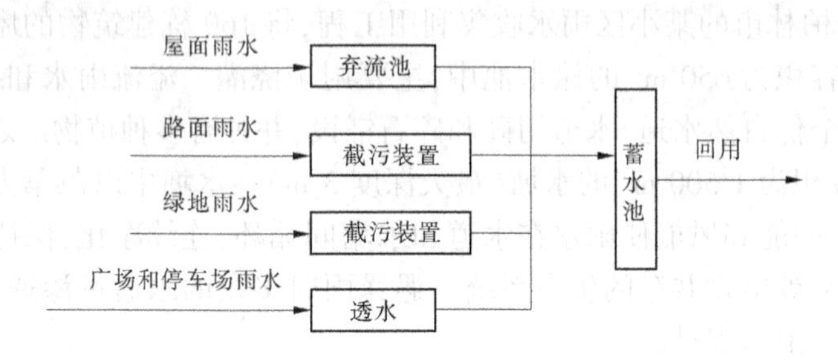

图 17-5 雨水回用系统工艺流程

17.4.2.3 水量平衡分析

1.中水回用水量

(1)小区中水回用量,计算公式如下:

$$Q = Q_d \alpha \beta \times 90\%$$

式中 Q_d——最高日生活用水量;

α——最高日给水量的折减系数;

β——按给水量计算排水量的折减系数。

(2)冲厕回用量,计算公式如下:

$$冲厕回用量 = 用水标准 \times 用水人数$$

式中,用水标准取 80 L/(人 · d)。

2.绿化用水量

绿化用水量计算公式如下:

$$Q = 用水量标准 \times A_{绿化} \times 浇水次数$$

式中,用水量标准取 3 L/(m^2 · 次);浇水次数为 0.3 次/d。

3.道路广场浇洒水量

道路广场浇洒水量计算公式如下:

$$Q = 用水量标准 \times A_{道路广场} \times 浇洒次数$$

式中,用水量标准取 0.5 L/(m^2 · 次);浇洒次数为 1 次/d。

4.景观用水及小区水系损失量

小区水系损失量按水系总水量的 5%估算。

5.洗车用水量

洗车用水量(户均 1 车)计算公式如下:

$$Q = 用水量标准 \times 车辆数 \times 冲洗次数$$

式中,用水量标准取 50 L/(辆 · 次),冲洗次数为 0.25 次/d。

6.雨水水量与水系计算

(1)设计径流量。

设计径流量计算公式如下：

$$V = 1.25[q \times (C \times A + A_0) \times t]$$

式中　1.25——流量校正系数；

C——径流系数，按地面种类采用加权平均法计算；

q——降雨强度，$q=\dfrac{167A_1(1+C\lg P)}{(t+b)^n}$；

P——设计重现期，a；

t——降雨历时，min，$t=t_1+mt_2$，其中，t_1 为集水时间，m 为折减系数，取 2，t_2 为管渠内水流时间。

(2)设计渗透量。

设计渗透量计算公式如下：

$$V_p = KJA_S t$$

式中　K——土壤渗透系数；

J——水力坡降，取 1；

A_S——有效渗透面积。

(3)设计存储空间。

设计存储空间计算公式如下：

$$V_c = V - V_p$$

(4)明渠长度。

明渠长度计算公式如下：

$$L = (Aq_t t \times 10^{-7})/[bhS + (b + h/2)tk/2]$$

式中　S——存储系数，取 0.7。

假定 b 为沟宽，取 2.6 m；h 为沟高，取 1.2 m。

明渠内可存储水量 $W=A_{渠}L$。

根据夏冬季存水量不同，水深为 0.5~1.2 m，雨期可储存水量为日常水线到沟边的距离，为 0.5~1.0 m。

7.水量平衡分析

(1)年降雨量。

从当地降雨资料中查得地区年降雨量(mm)，根据小区的面积，求得年降雨量；除去蒸发和下渗量，计算出小区每年可利用的雨水量。

(2)小区杂用水量。

小区日杂用水量 = 冲厕用水量 + 绿化用水量 + 道路广场用水量 + 洗车用水量 + 景观水系需水量

小区年杂用水量 = 日杂用水量 × 365 × 季节折减系数

(3)小区正常运转情况下，雨水利用量和中水回用量之和与小区年杂用水量进行比较。如果前者大于后者,可以考虑将多余的雨水弃流或者进行入渗补充地下水;如果两者相当,说明小区用水量与供水量基本平衡,做到良性循环;如果后者大于前者,则小区需要补充市政供水作为杂用水。

17.4.2.4　集流系统

生态小区雨水集流系统包括屋面雨水集流、路面雨水集流、绿地雨水集流、停车场和广场雨水集流。

1.屋面雨水收集

屋面雨水收集利用采用重力流雨水利用方式,为保证水质,可采用金属、黏土和混凝土材料作为屋面。对于小区内面积较大的屋面采用虹吸式雨水斗收集雨水,为减少雨水斗进水时的掺气量,可加设一个整流器。屋面雨水流量计算公式为:

$$Q = \psi_m qF$$

式中　Q——雨水设计流量,L/s。

因初期降雨形成的屋面雨水污染很严重,考虑设置屋面雨水设弃流装置。根据经验数值,弃流量定为 2 mm,初期弃流雨水进入污水管道。在水落管口汇集处按照所需弃流雨水量设计弃流池,弃流池一般用砖砌、混凝土现浇或预制,弃流池的初期雨水就近排入市政污水管。

方案一:对于汇水面较小的屋面采用弃流池内设有浮球阀的装置。当设计弃流雨量充满池后,浮球阀自动关闭,弃流后的雨水将沿旁通管道流入雨水调蓄池,再进行后期的处理作用,降雨结束后打开放空管上的阀门就近排入附近的污水井,具体如图 17-6 所示。

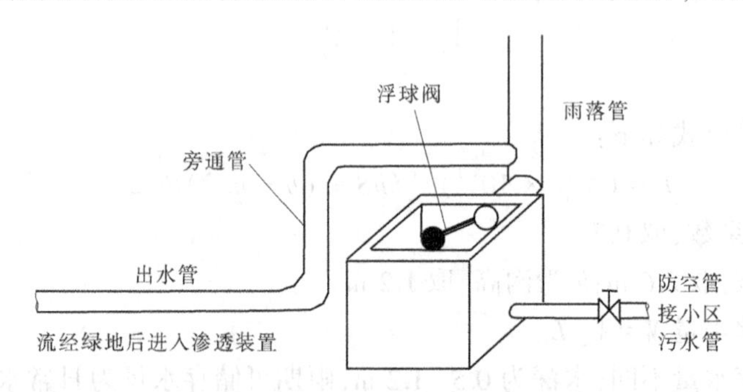

图 17-6　容积法初期雨水弃流池示意图

方案二:若屋面较大,有足够的收集水量,则采用自动弃流装置,如图 17-7 所示。在雨水检查井中同时埋设连接下游雨水井和污水井的两根连通管,在其入口通过管径和水位自动控制雨水的流向。此装置将初期雨水弃流管设计为分支小管,以防止大的杂物造成管道堵塞。

2.路面、停车场和广场的雨水收集

(1)路面。采用埋深较浅的雨水暗渠,在路面雨水口处采用截污装置以保证收集到的雨水水质,如图 17-8 所示。挂篮大小根据雨水口尺寸确定,其长宽较雨水口略小 80 mm,其深度保持挂篮底位于雨水口连接管的管顶部分以上 600 mm。挂篮分为上、下两部分,侧壁下半部分和底部设有土工布,土工布规格为 100~300 g/m²,有效孔径为 50~90

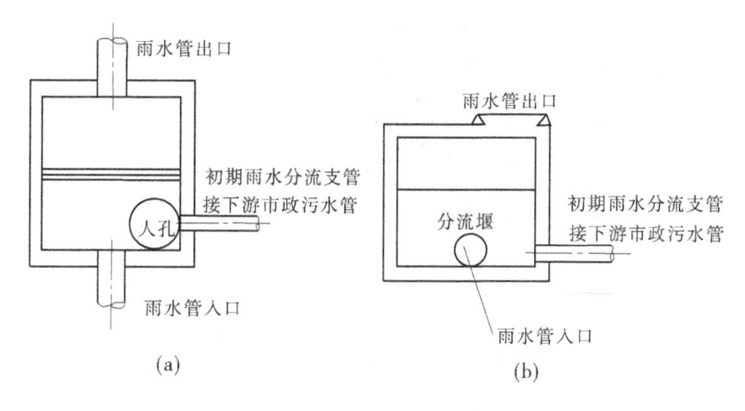

图 17-7　雨水弃流检查装置示意图

μm,其透水能力强,可以拦截较小的污染物。在挂篮侧壁的上半部分,利用金属格网自然形成的雨水溢流口,透水能力强,可以拦截较小的污染物;在挂篮侧壁的上半部分,利用金属格网自然形成的雨水溢流口,可以拦截粗大污物。一个雨季对截污挂篮进行 2~3 次简单清理,雨季结束后再对其进行彻底清理,清洗后土工布可重复使用。

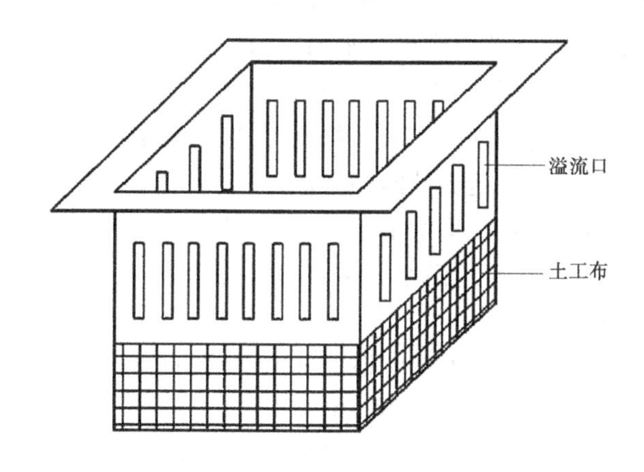

图 17-8　截污挂篮示意图

(2)停车场和广场:生态居民小区停车场、广场尽量避免铺硬化地面,而采用铺设透气透水的生态地面,如图 17-9 所示透水砖形式。这样可以增大地面透水和透气性,使雨水及时渗入地下土壤,削减洪峰,减少水土流失,涵养地下水源,改善城区环境,削弱城市热岛效应。

若地面下敷设渗透管,则可起到雨水收集的作用。根据试验测定,取路基上渗透系数为 2.28×10^{-4} mm/s,透水砖及其垫层的平均孔隙率为 11.0%,渗透系数为 0.5 mm/s,平均蓄水量大于 35 mm。

3.绿地雨水收集

采用下凹式绿地,绿地低于路面 60 mm,雨水口设于路边绿地内,雨水排水口高于绿地地面。绿地既是一种汇水面,又是一种雨水的收集和截污措施,采用雨水管渠方式对绿

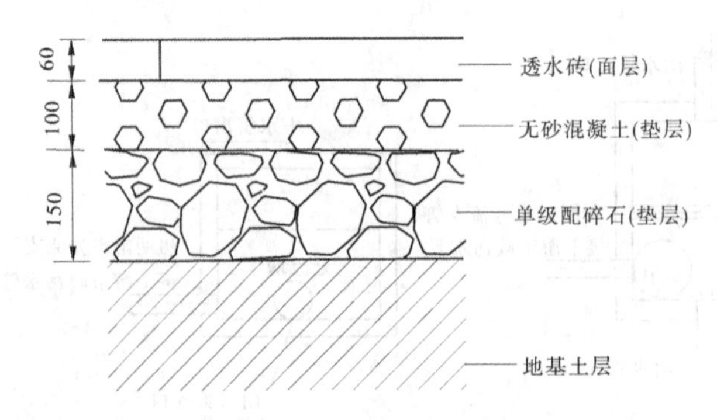

图 17-9　典型透水砖铺装系统断面结构图　(单位:mm)

地径流进行收集,采用溢流后经滤网挂篮的方式拦截杂草和大颗粒的污染物,以达到有效的截污效果。

渗透管采用外缠尼龙丝网的穿孔 PVC 管,管径多为 DN150 及 DN200,开孔率为 2%~3%,管道埋深为 0.6 m。穿孔管上敷设 200 mm 厚的砂层或管外回填炉渣作为反滤层,粒径规格为 15~20 mm,其目的是将雨水过滤,同时避免穿孔管堵塞,土工布渗透系数≥5 104 m/s。绿地雨水收集一般采取在绿化带内设置穿孔管。绿地穿孔管的布置受到小区规划设计的影响,既要充分考虑收集雨水的有效性,又要协调好与其他管网、地下构筑物以及小区绿化(特别是乔木种植点)的相互关系。穿孔管采用分散布置,尽量减少由于某些穿孔管的堵塞影响到其他管线汇流面积过大,尽量减小穿孔管的敷设深度,降低工程造价。穿孔管的坡向应与小区地势坡向相吻合。

绿地及停车厂和广场渗透管收集的雨水、屋面及路面的雨水经雨水回收系统汇集到蓄水池进行水量调节,雨水收集管可沿小区主要道路设置。

17.4.2.5　雨水净化措施

应根据雨水径流的水质及小区的实际情况确定雨水净化处理措施。雨水径流水质宜采用实测数据,若无实测数据,可参考表 16-10 选取。

回用雨水应采取相应处理措施达到回用对象所要求的水质标准。雨水净化处理措施主要包括预处理、雨水渗透、雨水过滤、生物处理及消毒处理等,具体详见 15.2 节。

17.4.2.6　雨水调蓄

经过净化处理后的雨水可以直接利用,也可以暂时存储起来,以便需要的时候利用。雨水存储同时具有雨水调蓄的功能,可根据小区土地利用等实际情况设计成封闭式或者开敞式调蓄池,地上或者地下调蓄池也可以利用小区的水系合建而成。其容积计算详见 15.1 节。

17.4.2.7　雨水利用

经处理达标后的雨水可回用作不与人体直接接触的杂用水、景观用水及冷却循环用水,如用于消防、小区道路清洗、草地喷灌、水景喷泉、厕所冲洗和洗车等。雨水经过处理后可以满足设计条件下小区用水量和城市杂用水水质及景观环境用水的水质标准。

17.4.3　生态小区雨水利用中应注意的问题

(1)雨水系统中设溢流井,以保障在遇到特大暴雨时系统的安全。

(2)为保证安全用水,引入一条管径 DN100 的市政给水管作为补水之需。

(3)在明渠中种植芦苇、香蒲、篦草等植物,水面应及时由专人清理。

(4)屋面采用新型铝塑板造型屋面,可有效减少雨水中的杂质。

(5)绿化浇灌宜在日落后进行,可减少 60%以上的蒸发。

第 18 章　雨水集蓄利用工程管理

18.1　运行管理

18.1.1　规定设施运行管理的组织和任务

雨水利用工程的管理应按照“谁建设,谁管理”的原则进行。为争取小区居民对雨水利用的支持,小区应进行雨水利用宣传,并纳入相关规定,以保障雨水利用设施的运行,对渗透设施实施长期、正确的维护,必须建立相应的管理体制。

为了确保渗透设施的渗透能力,保证公共设施使用人员和通行车辆的安全,应对渗透设施实行正常的维护管理。单一的渗透设施规模很小,而设备的件数又非常多,往往设在居民区、公园及道路等场所。对这些各种各样的设施,保持一定的管理水平,确定适当的管理体制是很重要的。渗透设施的维护管理主体是居民和物业管理公司,雨水利用的效果依赖于政府管理机构、技术人员和普通市民的密切联系。单栋住宅的雨水利用设施与渗透设施并用,居民同时也是雨水利用设施的维护管理者,渗透设施维护管理的必要性从认识上容易被忽视。设置在公共设施中的渗透设施,建设单位有必要通过有效合作,明确各方费用的分担、各自责任及管理方法。

18.1.2　规定雨水利用系统的各组成部分需要清扫和清淤

特别是在每年汛期前,对渗透雨水口、入渗井、渗透管沟、雨水储罐、蓄水池等雨水滞蓄、渗透设施进行清淤,保障汛期滞蓄设施有足够的滞蓄空间和下渗能力,并保障收集与排水设施通畅、运行安全。

18.1.3　规定不得向雨水收集口排放污染物

居住小区中向雨水口倾倒生活污废水或污物的现象较普遍,特别是地下室或首层附属空间住有租户的小区。这会严重破坏雨水利用设施的功能,运行管理中必须杜绝这种现象。

18.1.4　规定渗透设施的技术管理内容

渗透设施的维护管理,着眼于持续的渗透能力和稳定性。渗透设施因空隙堵塞而造成渗透能力下降。在渗透设施接有溢水管时,能直观大体地判断其机能下降的情况。

维护管理着重以下几方面:

(1)维持渗透能力,防止空隙堵塞的对策,清扫的方法及频率,使用年限的延长。

(2)渗透设施的维修、检查频率,井盖移位的修正,破损的修补,地面沉陷的修补。

(3)降低维护管理成本,减少清扫次数,便于清扫等。

(4)对居民、管理技术人员等进行普及培训。

维护管理的详细内容如下。

18.1.4.1　**设施检查**

设施检查包括机能检查和安全检查。机能检查是以核定渗透设施的渗透机能为检查点,安全检查是以保证使用人员、通过人员及通行车辆安全以及排除对用地设施的影响所作的安全方面的检查。定期检查原则上每年一次。另外,在发布暴雨、洪水警报和用户投诉时要进行非常时期的特殊要求检查。年度检查应对渗透设施全部检查,受条件所限时,检查点可选择在砂土、水易于汇集处,减少检查频次和场所,减少人力和经济负担。渗透设施机能检查和安全检查内容见表18-1。

表18-1　渗透设施检查的内容

内容	机能检查	安全检查
检查项目	1.垃圾的堆积状况。 2.垃圾过滤器的堵塞状况。 3.周边状况(裸地砂土流入的状况和现状),附近有无落叶树的状况。 4.有无树根侵入状况	1.井盖的错位。 2.设施破损变形状况。 3.地表下沉、沉陷情况
检查方法	1.目视垃圾侵入状况。 2.用量器测量垃圾的堆积量。 3.确认雨天的渗透状况。 4.用水桶向设施内注水,确认渗透情况	1.设施外观目视检查。 2.用器具敲打确定裂缝等情况
检查重点	1.排水系统终点附近的设施。 2.裸地和道路排水直接流入的设施。 3.设在比周边地面低、雨水汇流区的设施。 4.上部敞开的设施	1.使用者和通行车辆多的地方。 2.过去曾经产生过沉陷的场所
检查时间	1.定期检查:原则上每年一次以上。 2.不定期检查: (1)梅雨期和台风季节雨水量多的时期。 (2)发布大雨、洪水警报时。 (3)周边土方工程完成后。 (4)用户投诉时	

18.1.4.2　**设施的清扫(机能恢复)**

依据检查结果,进行以恢复渗透设施机能为目的的清扫工作。清扫的内容有清扫砂土、垃圾、落叶,去除防止孔隙堵塞的物质、清扫树根等,同时渗透设施周围进行清扫也是必要的。另外,清扫时的清洗水不得进入设施内。

清扫方法,在场地狭小、个数较少时可用人工清扫;对数量多、型号相同的设施宜使用清扫车和高压清洗。渗透设施在正常的维护管理条件下经过20年,其渗透能力应无明显的下降。

各种渗透设施的清扫内容和方法见表 18-2。

表 18-2 清扫内容和方法

设施种类	清扫内容和方法	注意事项
入渗井	1.清扫方法有人工清扫和清扫车机械清扫。 2.对呈板结状态的沉淀物,采用高压清扫方法。 3.当渗透能力大幅度下降时,可采用下列方法恢复: (1)砾石表面负压清洗。 (2)砾石挖出清洗或更换	1.采用高压清扫时,应注意在喷射压力作用下会使渗透能力下降。 2.清扫排水,不得向渗透设施内回流
渗透管沟	管口滤网用人工清扫,渗透管用高压机械清扫	采用高压清扫时,应注意在喷射压力作用下会使渗透能力下降
透水铺装	去除透水铺装空隙中的土粒,可采用下列方法: (1)使用高压清洗机械清洗。 (2)洒水冲洗。 (3)用压缩空气吹脱	应注意清洗排水中的泥沙含量较高,应采取妥善措施处置

18.1.4.3 设施的修补

设施破损以及地表面沉陷时需要进行修补。不能修补时可以替换或重新设置。地表面发生沉陷和下沉时,必须调查产生的原因和影响范围,采取相应的对策。

18.1.4.4 设施机能恢复的确认

设施机能恢复的确认方法,原则上有定水位法和变水位法,应通过试验来确定。各种设施的机能恢复确认方法要点见表 18-3。

表 18-3 设施机能恢复确认方法要点

种类	机能恢复确认方法	要点
入渗井 渗透雨水口	当入渗井接有渗透管时,应用气囊封闭渗透管,采用定水位法或多水位法进行测试	试验要大量的水,要做好确保用水的准备
渗透管沟	全部渗透管试验需要大量的水,应在选定的区间内(2~3 m)进行,在充填砾石中预先设置止水壁,测试时可以减少注水量	确定渗透机能前,选定区间。应注意止水壁的止水效果
透水铺装	在现场用路面渗水仪,用变水位法进行测定	仅能确定表层材料的透水能力,不能确定透水性铺装的透水能力

18.2　水质管理

（1）雨水集蓄利用工程的水在人饮用前，应进行过滤、加消毒药、煮沸或采用其他净化措施达到《生活饮用水卫生标准》（GB 5749—2006）的要求。

（2）每年在春秋两季应定期对人饮蓄水工程水质进行定点和抽样化验，化验项目应包括细菌、大肠杆菌总数、浑浊度和 pH 值，化验资料应存档备查。

（3）应保持蓄水工程四周及集雨面清洁，不得在水源附近进行勾兑化肥、农药及其他可能造成水源污染的活动。

（4）半干旱地区庭院集流面在降雨前应进行清扫，人饮水窖（池）宜定期加漂白粉等药物消毒。

（5）在水池中进行养殖时，应防止水的富营养化。

18.3　用水管理

（1）雨水集蓄利用工程应提倡节约用水、科学用水，在降雨较少年份，应优先保证生活和牲畜用水，调整和减少其他用水量。

（2）联户、合股兴办的蓄水工程应建立用水制度，实行计量有偿供水。

（3）多个蓄水工程共用的集流工程应本着公平合理的原则，分批引蓄，避免水事纠纷。

第 19 章　雨水集蓄利用工程评价

19.1　技术评价

19.1.1　拟建区评价要素调查和基本情况分析

拟建区评价要素调查和基本情况的分析是雨水利用合适程度的评价基础，要考虑汇水面情况、水文地质与工程地质情况、水文情况、管线等要素水平。同时，在要素水平评价的基础上，根据现场条件和不同雨水利用方式的特点对城市雨水利用的类型与主要技术措施进行定性分析。

19.1.2　工艺流程

雨水利用工艺流程是指在达到所要求的处理程度的前提下，雨水处理各单元的有机组合，以及处理构筑物的型式的选择。其选择与评价的主要依据是雨水处理后所要达到的程度，所收集径流雨水的水质和雨水处理设施的净化能力等。在确定处理工艺流程时，应根据不同条件和要求选择处理构筑物的型式。雨水量的多少、场地的大小、地形及地下水位的高低等，都可能是影响处理构筑物选型的因素。应根据各相关因素和技术经济比较选出经济合理的优选方案，从系统和全局的观念出发，与水环境、污染控制和景观等相结合，才能制定出综合效益最大的雨水利用方案。

19.1.3　水量与规模

雨水利用规模的合理与否直接关系到雨水利用工程的投资和经济性。雨水利用规模应根据可集蓄雨水总量、水量平衡情况、投资、场地等条件综合确定。对雨水利用工程规模的评价常用的指标包括雨水直接利用率、雨水间接利用率、雨水综合利用率等。可以采用“频率累计法”等优化求解雨水利用工程的经济规模。

19.1.4　水质分析

城市雨水利用水质指标评价包括径流雨水原水水质指标、雨水利用水质指标等。由于城市地理位置、环境管理水平、径流表面特性、降雨规律等不尽相同，决定了不同城市、不同径流表面产生的雨水径流水质差异较大，而且城市雨水径流水质变化有很强的随机性，故城市雨水径流利用工程水质评价所选择的水质指标也不同。雨水径流原水水质评价主要内容可以按表 19-1 进行。

城市雨水利用的水质要求应根据处理后雨水的用途来确定。如绿化、冲厕、道路清扫、消防、车辆冲洗、建筑施工等均应满足《城市污水再生利用 城市杂用水水质》(GB/T

18920—2002);景观环境用水应满足《城市污水再生利用 景观环境用水水质》(GB/T 18921—2002);入渗应满足地下水人工回灌水质控制标准等。

表 19-1　城市雨水径流水质评价主要内容

项目	内容	评价结果
主要污染物指标	SS、COD、浊度、TN、TP、表面活性剂、石油类及 Pb、Zn 等重金属	严重超标 稍有超标 一般
径流雨水的可生化性	BOD/COD	高/低
主要污染物指标的相关性	COD/SS、TN/SS、TP/SS、COD/浊度、SS/浊度等	高/低
冲刷规律	是否符合 $C(t)=C_0e^{-Kt}$ 关系	是/否
主要影响因素分析	径流表面材质、季节与温度、降雨强度、地面垃圾、天然降雨等	

19.2　经济评价

19.2.1　雨水利用项目投资主体分析和方法选择

雨水利用工程项目经济评价首先应考虑投资主体及其经济属性,不同投资主体和经济属性所选用的参数与方法也有所不同。根据雨水利用项目的建设地点和目的不同,投资主体可以是国家、地方政府或用户,有时也会出现多个投资主体。

(1)对公园、景观河道等雨水集蓄利用工程项目,投资主体一般是国家或地方政府。此类雨水利用工程外部效应很大,投资决策的目标具有多重性,效益中除节水等经济效益外,环境改善等间接效益更为重要。

(2)一般对以直接回用为主的雨水利用工程项目,投资主体多是用户,此时节水带来的直接经济效益是首先应当考虑的。若仅计算该项收益,往往由于经济指标不满足可行的评价标准,决策时否定了雨水工程项目。出现这种情况主要是由于计算直接经济效益时采用的水价是市场水价,就目前而言,我国的水价仍是一种不完全水价。若是考虑水资源价值,按照水资源最佳配置和合理开发利用来考虑,则应使用影子水价来计算。

当然,为了鼓励用户建造雨水利用项目的积极性,许多城市也都采取了一些经济措施,如地方政府给予经费补助、减免用水指标、实行低价水费等。因此,对此类项目,在计算其效益时应将这些特殊措施考虑进来。

(3)对于以渗透为主的雨水工程项目,此时不论投资主体是谁,其收益都更多地表现为间接效益,如节省排水设施和补充地下水等收益。

总之,雨水利用工程项目的特点兼有公益事业项目的特点和性质,在经济评价时应以国民经济评价为主,以财务评价为辅。对国民经济评价不可行的项目,无论财务评价的结论如何，该雨水利用项目都应予以否认。

雨水利用工程按照与其他主体工程项目的建造时间不同，分为新建和改建（此处指在已建雨水排放系统的区域再建雨水利用工程项目）两种。对这两种不同性质的项目，可以根据其特点选用“增量费用效益法”或“总量费用效益法”。“增量费用效益法”多用于建成区雨水改建工程，“总量费用效益法”多用于新建雨水利用工程，也可用于建成区雨水改建工程。在实际工作中，雨水利用工程应以采用“增量费用效益法”为主。

“增量费用效益法”即根据实施雨水工程所需的投资费用作为增量费用，根据有、无该雨水项目的节水、减污、减灾等增量效益，进行国民经济评价，以此来分析实施雨水工程的经济合理性。采用该法进行的雨水工程国民经济评价，在增量效益分析计算比较的前提下，一般来说可以较好地反映实施雨水利用工程措施后所产生的各种效用和效益。

“总量费用效益法”即根据包括雨水利用系统和雨水排放系统在内的所有雨水工程的总投资，实施雨水工程后所产生的总效益进行国民经济评价，分析实施雨水利用工程项目的经济合理性。该法将计算区所有雨水工程项目（利用、排放等）作为一个整体，采用工程的总费用和总效益进行经济评价。其评价结果可以较好地反映雨水工程的整体效果，但无法反映实施雨水利用工程以后所起到的作用和效益。而且在实际使用中还存在一些问题，如对建成区雨水利用改建工程项目采用此法时，由于原有雨水管线大多建于几年或几十年前甚至更长，其现有的固定资产投资如何计算并得到计算时刻的固定资产价值是一项量大而复杂的工作。

19.2.2 常用经济指标的选择与计算

城市雨水利用项目的经济评价可分为两种类型：独立方案和多方案比选。

不同类型选用的经济评价指标不同。按照是否考虑资金的时间价值，经济指标又分为静态指标和动态指标两类。城市雨水利用工程的国民经济评价以动态法为主，静态法为辅进行。小型雨水利用工程可只用静态法。独立方案时可以选用经济净现值、经济内部收益率、经济效益费用比等指标；多方案比选时还可选用差额经济内部收益率、经济净年值等指标。另外，当雨水利用工程项目的效果难以用货币定量计算时，应采用费用效果分析的方法，如选用费用现值、费用年值、效果费用比或费用效果比等指标。

根据雨水利用项目的特点，在计算雨水利用工程的效益和成本分析时还应注意：

(1)遵循有无对比的原则，对项目所涉及的所有成员及群体的费用和效益作全面分析。

(2)合理确定效益和费用的空间范围与时间跨度，效益和成本的识别与计量范围应一致。

(3)正确识别正面和负面效果，防止误算和漏算，注意识别与计量的非重复性，不同的效益采用不同的方法，可能会出现某些效益或者成本重复计量的问题，在进行效益或成本汇总时应该减去重复的部分。

(4)我国现行的社会折现率为8%；对于受益长的项目，若远期效益较大，效益实现的风险较小，社会折现率可以适当降低，一般不低于6%。

19.3　环境评价和社会影响评价

为了提高雨水利用项目的设计和建设质量，规范评价内容，对雨水利用项目还应进行环境评价。其主要目的是评价雨水利用方案是否采取技术经济合理的环境保护措施，以最大限度地降低污染物排放和对生态环境的破坏，从环境保护的角度分析雨水利用项目是否可行。

雨水利用项目环境评价和社会影响评价的主要内容包括：

(1)是否从环境影响受体的角度考虑与项目有关的自然、社会和环境质量状况，是否按环境要素描述环境保护目标。对特殊保护地区，如水源保护地、风景名胜区、自然保护区、历史文化保护地、水土流失重点预防区、国家重点保护文物等是否产生危害，有无保护措施。

(2)雨水利用工程所使用建筑材料和设备是否符合国家当前的产业政策，是否属于国家明令禁止、限制、鼓励或允许使用的产品和工艺。

(3)雨水利用项目对环境保护方面的主要问题和制约因素是否分析清楚。

(4)雨水利用项目规划用地的环境合理性如何。

(5)雨水利用方案是否有更合理的替代方案，对拟采取的技术方案、环保对策是否进行过技术经济分析和合理性论证。

(6)是否对雨水回收、利用措施的技术可靠性进行过论证，是否有国内外运行实例，以确保达标。

(7)是否对雨水入渗可能造成的地下水污染进行了风险分析，是否规定了有效的污染防治措施。

(8)雨水弃流和溢流排放出路是否合理；雨水调蓄、溢流排放和区域防洪能力是否满足要求。

(9)是否规定了有效的生态环境减缓、恢复和补偿措施。

(10)是否有环境保护监控措施，如回用和回灌水水质指标监测。

(11)公众参与程度如何，是否进行过公众调查，受影响公众是否能够了解雨水利用项目的有关情况并且有发表意见的渠道；公众意见是否得到客观公正的分析处理。

(12)雨水利用项目对生态敏感和脆弱区如天然湿地、水土流失重点治理及重点监督区或特殊生态环境区如渔场等区域的影响程度如何，等等。

19.4　发展雨水集蓄利用工程的政策措施

19.4.1　法律手段

法律手段是政策执行的一个最基本的手段，是其他手段的前提和基础。雨水利用方面的法律主要包括《中华人民共和国水法》及在此基础上颁布的政府令和地方法规。法律手段是管理者代表国家和政府，对公众的行为进行管理，以促进雨水利用、限制雨水排放、保护环境的依据，是强化雨水管理的根本保证。

19.4.2　经济手段

经济手段主要是指管理者依据价值规律的基本原理，运用价格、成本、利润、税收、收费、罚款等经济杠杆来调节各方面的经济利益关系，规范宏观经济行为以及培育市场，以实现雨水管理与经济的协调发展。一些城市实行了主要包括补助、罚款和减免制度等的经济手段，在实际执行中，由于雨水利用尚处在发展初期，应该重点以补助为主；其他经济手段运用得很少，而且已有的一些经济激励措施内容不够具体，操作性也不强，需要进一步的补充和完善。

19.4.3　行政手段

行政手段是指各级行政管理机构运用政府授予的权限对雨水利用情况进行管理，对项目建设程序的各环节进行了明确规定，要求雨水利用设施要与主体建筑同时设计、同时施工、同时投产运行的“三同时”制度。例如：2007 年北京市形成了以水务局为核心，以发展和改革委员会、规划局、建委、交通委员会、园林绿化局、国土资源局、环境保护局等部门协作的联动工作机制，这一举措对推动雨水利用项目开展的作用非常显著。

19.4.4　技术手段

技术手段主要是通过研究和示范，提出规划、设计、评估体系、验收标准、规范、设备、检测、维护等技术，以达到强有力地支持雨水管理的目的。对水质污染及其规律、源头污染控制、雨水集流与途中污染控制、净化与回用技术、水质保障、生态保护、防洪调蓄等进行研发，在各种政策法令中予以体现，以便对雨水利用项目从立项到运行实施全程控制和指导。

19.4.5　宣传与教育手段

强化公众的参与意识。公众的参与是解决城市雨水问题的重要组成部分，包括对城市专门管理人员的培训、对城市居民的教育、志愿者的参与和监督等。通过组织节水宣传周活动，发行光盘、图册，开通网站，举办学术交流与讲座等形式对雨水利用进行广泛的宣传和教育。

第20章　雨水利用工程实例、经验总结及前景展望

20.1　国外雨水集蓄利用工程实例

雨水作为一种极有价值的水资源，早已引起德国、日本等国家的重视。国际雨水收集利用协会（IRCSA）自成立以来，不断地促进国际间的交流与合作，两年一度的交流大会使各国之间的雨水利用技术和信息能够很快地传播。网络技术的发展也为雨水利用技术的国际化提供了很好的平台。其中，发展较快的是德国和日本等国家，德国雨水利用技术已经从第二代向第三代过渡，其第三代雨水利用技术的特征就是设备的集成化，各项雨水利用技术已达到了世界领先水平。

目前，在世界各地都有收集雨水解决生活和生产用水的成功做法。国外一些发达国家在城市雨水资源化和雨水的收集利用方面的经验与方法，对解决我国缺水问题很有借鉴意义。

20.1.1　美国的雨水利用

美国的雨水利用常以提高天然入渗能力为目的。1993年大水之后，美国兴建地下隧道蓄水系统，建立屋顶蓄水和由入渗池、井、草地、透水地面组成的地表回灌系统，让洪水迂回滞留于曾经被堤防保护的土地中，既利用了洪水的生态环境功能，同时减轻了其他重要地区的防洪压力。美国的关岛、维尔金岛广泛利用雨水进行草地灌溉和冲洗。美国不但重视工程措施，而且制定了相应的法律法规对雨水利用给予支持，如制定了《雨水利用条例》。条例规定了新开发区的暴雨洪水洪峰流量不能超过开发前的水平，所有新开发区必须实行强制的“就地滞洪蓄水”。

20.1.2　德国的雨水利用

德国的雨洪收集利用技术是最先进的，基本形成了一套完整、实用的理论和技术体系。利用公共雨水管收集雨水，采用简单的处理后，达到杂用水水质标准，便可用于街区公寓的厕所冲洗和庭院浇洒。另外，德国还制定了一系列有关雨水利用的法律法规。如目前德国在新建小区之前，无论是工业、商业还是居民小区，均要设计雨水利用设施，若无雨水利用措施，政府将征收雨水排放设施费和雨水排放费。

20.1.3　丹麦的雨水利用

丹麦的供水主要是地下水，但是地下水开发利用率都比较低，一些地区的含水层已被过度开采。为此丹麦开始寻找可替代的水源，以减少地下水的消耗。在城市地区从屋顶

收集雨水，收集后的雨水经过收集管底部的预过滤设备，进入储水池进行储存。使用时利用泵经进水口的浮筒式过滤器过滤后用于冲洗厕所和洗衣服。

20. 1. 4　日本的雨水利用

日本于1963年开始兴建滞洪和储蓄雨水的蓄洪池，许多城市在屋顶修建用雨水浇灌的“空中花园”，有些大型建筑物如相扑馆、大会场、机关大楼，建有数千立方米容积的地下水池来储存雨水，以充分利用地下空间。而建在地上的也尽可能满足多种用途，如在调洪池内修建运动场，雨季用来蓄洪，平时用作运动场。近年来，各种雨水入渗设施在日本得到迅速发展，包括渗井、渗沟、渗池等，这些设施占地面积小，可因地制宜地修建在楼前屋后。在日本，集蓄的雨水主要用于冲洗厕所、浇灌草坪，消防和应急用水。日本于1992年颁布了《第二代城市用水总体规划》，正式将雨水渗沟、渗塘及透水地面作为城市总体规划的组成部分；要求新建和改建的大型公共建筑群必须设置雨水就地下渗设施。

20. 1. 5　以色列的雨水利用

以色列是一个水资源严重缺乏的国家，全国多年平均水资源总量为20亿 m^3，人均占有水资源量不足340 m^3。降雨的地区分布极不均匀，在最北端的加利利地区年降雨量达900~1 000 mm，中部的死海地区和南部的内格夫沙漠每年的降雨量仅25 mm，全国有一半以上地区降水量低于150 mm，且蒸发强烈。

鉴于北部降水较多，以色列充分利用北部山地、丘陵，顺山势以及沿着岩洞中渗漏出的水流方向，挖掘引水沟，修建小型蓄水池，并沿水流途径种植果树，因地制宜充分利用雨水资源。另外，还通过在地表挖掘横竖排列成行的小坑的方法收集雨水，并用于种植棉花、马铃薯等农作物，积极发展节水灌溉农业。

尽管以色列是一个水资源严重匮乏的国家，但是其通过积极发展微灌、滴灌等节水灌溉技术并在全国广泛推广应用，已成为世界公认的农业发达国家。以色列先进的灌溉技术包括滴灌、埋藏式灌溉、喷洒式灌溉和散布式灌溉。滴灌是指连接主水源的塑料细管分散于植物之间，每颗植物根部有一个滴灌头，每小时供水1~20 L不等，用水效率最高达95%，特别适用于精细种植；埋藏式灌溉是把水管线埋在地下50 cm深处，灌溉时既保持地面干燥，又不影响地面的田间作业；喷洒式灌溉主要适用于果园和温室，每棵树都拥有一个独立的喷洒器为其灌溉，耗水量一般每小时30~300 mL，用水效率达85%；散布式灌溉主要用于大区域和田间作物的灌溉，用水效率达70%。

20. 1. 6　印度的雨水利用

印度是一个以农业为主、人口众多的发展中国家，在这个国土面积接近300万 km^2、人口超过12亿的南亚大国中，水资源只占到世界总量的4%，却要养活占全球17%的人口。目前，印度全国30多个主要城市不同程度地受到缺水困扰，是一个典型的贫水国。特别是随着近年来国内经济的高速发展和城市化步伐的不断加快，由缺水所引发的经济、社会问题越来越明显。据印度水资源部测算，到2025年，印度人口总数将达到13.9亿，年总耗水量将从目前的6 000亿 m^3 增至9 000亿 m^3，缺水已成为印度未来不得不面临的最大资源危机。为了更好地解决这一问题，经过多年的实践，印度政府逐渐摸索出一套适应本国特色的水资源开发、利用思路，特别是在雨水利用和管理方面，找到了行之有效的办法。

在印度，人们很早就开始有了收集雨水的习惯，并发明创造了很多集水装置和输水系统。直到目前，在印度的一些农村地区，这种古老的节水方式仍在发挥着不可替代的作用。而在城市中，人们也逐渐养成了节约用水的习惯，并形成了私人住宅与公共场所相呼应，空中、地面、地下相协调的多层次、立体集雨系统。不少人家在建房过程中都会将屋顶修筑得有一定角度，并采用钢筋混凝土或镀锌铁板等集水效果好的材料，以更便捷地收集雨水，并通过导流渠将雨水引流到位于院内的蓄水池，再通过鹅卵石、碎砖、粗沙、过滤网等对雨水进行过滤，经过处理的水将被用于清洁、洗车甚至直接饮用。在印度的一些大中城市公共场所，印度政府也通过在立交桥下修建大型蓄水池、铺设渗水能力强的路面等方式收集雨水，用于城市绿地的浇灌。此外，在政府部门、大型广场、学校、机场等公共场所也都修建了导流渠，将雨水引入附近的蓄水池内；在边远农村地区，特别是山区，当地民众在地方政府的帮助下修建小型拦水坝，将山顶的雨水通过导流渠引向位于山下的沟渠内，用于灌溉农作物。

20.1.7　澳大利亚的雨水利用

澳大利亚是一个水资源相对缺乏的国家，全境年平均降水只有 470 mm。贫乏的水资源迫使澳大利亚人充分利用好每一滴水。澳大利亚各地开展以节水为核心的城市雨水利用设计，主要是通过收集雨水和成功利用，节约地下水的开采量，同时大量补充地下水。

澳大利亚人使用水箱收集雨水来满足冲洗厕所、热水和户外用水，能明显节约用水，缓解水资源紧张、降低供水压力，延长供水系统使用寿命。同时，雨水收集在源头上降低了洪水发生的可能，体现了一种暴雨源头控制的理念。在源头上留住大量的雨水，减少暴雨径流量，降低下游的洪峰，从而减小对雨水处理设施的压力，包括污染控制设备。

澳大利亚的城市雨水利用设计被广泛地应用于很多方面，如社区公共用地、住宅设计、公路两边、街道空白处、停车场、滞水池都可以进行这种设计。以下是澳大利亚城市雨水利用设计的两个实例。

实例一：无花果小区

无花果小区在澳大利亚新南威尔士州新堡镇城郊，由 27 个居民住户组成。该区的雨水利用设计包括收集雨水的水箱、渗透水槽和一个与地下水连接的、用于储存过滤后雨水的中央水池。

通过该项目的实施，雨水对地下水的补注作用明显，而且成了主要的家用水资源。家用范围包括热水、冲洗厕所和花园浇灌，但不用于饮用。雨水的再利用大大节约了自来水的供应量。根据调查，用这种方式在示范小区收集、处理的雨水能够满足：①室内热水和冲洗厕所用水 50%的需求；②100%花园灌溉需求；③100%的汽车清洗需求。

实例二：圣伊丽莎白教堂

圣伊丽莎白教堂位于澳大利亚南部，该区过去被称为“冬天的沼泽、夏天的泥塘”，为此，附近的居民要求对教堂及附近的网球场、停车场进行集雨设计。根据城市雨水利用设计的原则,在当地政府的引导下建成了现在的圣伊丽莎白教堂雨水控制系统。该系统的目标是:在设计降雨概率内,街道路面没有积水;另外,在雨水送到地面以下45 m处的地下水含水层之前,由中央处理层自行净化。这样就建立了地下水与教堂区地面产流之间的水量交换。中央处理层由200 mm厚的草垫和沙土混合层组成,下面还有带网眼的塑料支撑,用以过滤雨水。夏天多余的雨水被存储在地下含水层中以备春天灌溉之需,缓解了春灌缺水的紧张局面。同时,暴雨雨水被及时导入中央处理层和地下,使得路面没有积水。

20.1.8 新加坡的雨水利用

受岛国地质条件限制,新加坡严禁开采地下水,以防止地面沉降,因而获取水资源的主要途径就是采集雨水。新加坡一位政府部长曾说过:"每一滴落在新加坡土地的雨水,我们都会想办法把它收集起来。"经过多年的实践,新加坡政府成功地采取了适合岛国特色的集水区计划,在规划建设、环境保护和综合利用等方面,都进行了有益的探索和尝试,积累了一整套行之有效的经验和办法。

新加坡地处热带,赤道型气候明显,长夏无冬,降雨充足,年均降雨量在2 400 mm左右,每年11月到翌年1月为雨季,雨水较多,降雨特征为密度高、持续时间短、分布面积小。由于没有河流,新加坡的主要水源就是降雨,因此修建了许多蓄水池,水通过集水区收集流入蓄水池,输送到水厂进行处理后进入供水管网系统。

集水区大致可以分成三类:受保护集水区、河道蓄水池以及城市骤雨收集系统。中央集水区为受保护的集水区,同时也是自然保护区,其土地专门用来收集雨水,因而有着高质量的原水。随着用水量的逐步增加,中央集水区已经无法满足供水需求。1971年,新加坡开始实行第一个非保护集水区的供水计划,即利用河流建造蓄水池。2005年7月,新加坡政府不惜斥资上亿美元,开工建造滨海堤坝,计划把滨海湾开发为一个大型河口蓄水池,2007年年底建成后,它的面积将等于新加坡总面积的1/6。另外,新加坡几乎每栋楼顶都有专门用于收集雨水的蓄水池,雨水经过专门的管道输送到各个水库储存。

据统计,新加坡国土面积一半是集水区,总库容接近1亿 m^3。新加坡政府在2009年,把滨海盆地围成一个大水库,并建造"实里达/实龙岗"蓄水池,把所有蓄水池连接起来,使集水区范围增至全国土地面积的2/3。

综上所述,国外发达国家城市雨水利用的主要经验是:建立了完善的屋顶蓄水和由入渗池、井、草地、透水地面组成的地表回灌系统;制定了一系列有关雨水利用的法律法规;收集的雨水主要用于冲厕所、洗车、浇庭院、洗衣服和回灌地下水。

20.2 国内雨水集蓄利用工程实例

20.2.1 城市雨水集蓄利用

近年来,我国城市开始逐步重视雨水源头控制和综合管理。北方缺水城市起步最早,且侧重于雨水的利用;而南方城市则更多地体现出为控制面源污染和雨水利用并重的特点。

山东的长岛县1995年出台了雨水利用的地方规定，有力地促进当地雨水利用项目的实施与推广。

而北京则是目前国内雨水利用方面做得最好的城市。北京市与德国合作开展了中德雨水利用课题研究，2003年3月北京市规划委员会和水利局联合发布了《关于加强建设工程用地内雨水资源利用的暂行规定》，该规定要求“凡在本市行政区域内的新建、改建、扩建工程均应进行雨水利用工程设计和建设”，标志着北京市的雨水资源利用工作已进入实施推广阶段。至2006年，北京已经建成不同规模和形式的雨水利用设施近50个，年可节水120万m^3，对城市雨水利用起到很好的带动和示范作用。如北京市政府大院2005年建成一套屋面雨水收集利用系统，建设地下蓄水池存储收集的雨水作为杂用水；海淀公园建成一套雨水收集回灌系统，它利用地势收集雨水，经过沉淀处理，由配水井分至两个回灌井，最终将雨水回灌到地下。公园内道路两侧的草坪下都埋着地下渗沟，在地势低洼地区，还挖了入渗井，增加入渗量。对于5年一遇的降雨可以100%入渗，对于10年一遇的大雨可以入渗70%；位于北京顺义的一个大型社区——东方太阳城，总占地约234万m^2，有近16万m^2人工生态湖面和逾75万m^2的运动休闲绿地，小区内建设了雨水收集设施，利用雨水补充景观水体和作为绿化用水，平均每年可利用雨水资源70多万m^3。

西安市编制了《西安市雨水利用规划》，并于2007年11月底通过专家审查，为西安市的雨水规范合理利用提供了指导。

此外，太原、大连等大城市也相继开展了雨水调蓄、利用的研究和实践。

上海市对雨水排江的污染问题高度重视，组织相关研究单位对雨天径流污染特征和规律开展了多年的调查，已在部分区域开始建设雨水就地滞留、促渗等相关设施，并正在研究进一步的污染控制措施。在雨水利用方面，有关管理部门组织制订了《上海市居住小区雨水利用与水景观工程实施导则》，将小区雨水收集利用与景观水的补充结合考虑。出台了《上海市新建住宅节能省地发展指导意见》，要求新建住宅区收集屋顶雨水利用，小区杂用水的20%由雨水解决。上海世博会建设大面积屋面雨水利用系统，其核心区域的公共活动中心、演艺中心、主题馆、中国馆等四大永久场馆和世博轴景观顶棚都将建设屋面雨水利用系统，按《世博会地区市政用水规划》，世博会浦东场馆区市政用水系统采用屋面雨水和黄浦江双水源，大面积收集屋面雨水。

深圳市编制完成了《深圳雨洪资源利用规划研究》，提出了符合该市实际的雨洪资源利用近远期目标，并积极推进深圳市的雨洪资源利用工作。其利用措施主要包括蓄水工程挖潜改造、河道蓄滞雨洪、分散雨水收集利用、地下水补充与利用、科学调度等五个方面。蓄水工程挖潜改造主要包括新建、扩建和恢复利用部分现状无人管理或另作他用的小水库。河道蓄滞雨洪主要是结合全市水环境综合整治工作，利用河道及河岸低洼地形条件，滞留河道径流，在河道内适当部位建闸或堰进行洪水拦蓄，或在河道周边低洼地段设置滞洪区。分散雨水收集利用主要是用作景观水体补充水和公园广场绿化用水，对于新开发或改造小区，可结合小区规划，对屋面雨水、绿地雨水及道路广场的雨水进行收集，修建小型蓄水工程，分散集蓄，供小区补充景观用水、市政杂用水。目前，深圳已有部分开发商做了雨洪利用工程，如横岗的振业城利用地势修筑了人工湖，利用雨水作为景观补充水;半山海景花园设置集水池收集南山的雨水和山泉,供绿化浇洒使用。地下水的补充与利用主要是在城市建设中,采用透水砖、草皮砖等,或者挖穿不透水层埋设带孔透水管等,或者修建水源涵养林,使尽可能多的雨水渗入地下,增加地下水的补给。

无锡也进行过小规模的雨水滞留与利用尝试,如在十八湾景区中建设了透水混凝土路面。无锡长江国际花园小区将雨水用于绿化浇灌、道路浇洒、洗车,运行的效果良好。

20.2.2 农村雨水集蓄利用

我国西北黄土高原丘陵沟壑区、华北干旱缺水山丘区、西南干旱山区,主要涉及13个省(市、区),742个县(市),面积约200万km^2,人口2.6亿人。水资源贫乏,区域性、季节性干旱缺水问题严重,又不具备修建骨干水利工程的条件,是这些地区的共同特征。

北方黄土高原丘陵沟壑区与干旱缺水山区多年平均降雨量仅为250~600 mm,且60%以上集中在7~9月,与作物需水期严重错位。根据试验资料,该地区的主要作物在4~6月的需水量占全年需水量的40%~60%,而同期降雨量却只有全年降雨量的25%~30%。由于特殊的气候、地质和土壤条件,区域内地表和地下水资源都十分缺乏,人均水资源量只有200~500 m^3,是全国人均水资源量最低的地区。“三年两头旱,十种九不收”是当地干旱缺水状况的真实写照。

西南干旱山区尽管年降雨达800~1 200 mm,但85%的降雨集中在夏、秋两季,季节性的干旱缺水问题也十分突出。这些地区大部分属喀斯特地貌,土层瘠薄,保水性能极差,雨季降雨大多白白流走;许多地方河谷深切、地下水埋藏深,水资源开发难度大;加之耕地和农民居住分散,不具备修建骨干水利工程的条件,干旱缺水是当地农业和区域经济发展的主要制约因素。

由于缺水,上述地区3.9亿亩耕地中,70%是“望天田”,粮食平均亩产小麦只有100 kg左右,玉米只有150 kg左右,遇到大旱年份,农作物还要大幅度减产甚至绝收,农业生产水平低下,种植结构与产业结构单一,农村经济发展十分落后。区域内有国家级贫困县353个,约占区域县(市)总数的一半,贫困人口2 350万人,有3 420万人饮水困难,是全国有名的“老、少、边、穷”地区和扶贫攻坚的重点地区。为了生存,当地群众普遍沿用广种薄收的传统耕作方式,陡坡开荒,盲目扩大种植面积,陷入“越穷越垦,越垦越穷”的恶性循环,区域内25°以上的坡耕地面积有4 650多万亩,有50%以上的面积属水土流失面积,生态环境恶劣。

改变这一地区的贫困落后面貌,关键是要解决好水的问题。实践证明,大力发展小、微型雨水集蓄工程,集蓄天然雨水,发展节水灌溉是这些地区农业和区域经济发展的唯一出路,而且这项措施投资少,见效快,便于管理,适合当前上述区域农村经济的发展水平,应该大力推广,全面普及。

雨水集蓄利用通过打水窖、筑集水场、修引水沟等工程措施,拦蓄夏秋之水,再用节水灌溉方式灌春天的耕地。雨水集蓄利用是在群众打水窖解决人畜饮水困难的基础上发展起来的。西北黄土高原沟壑区不少地方,多年以来就有通过修水窖集蓄雨水解决人畜饮水困难的做法,受这种蓄水方式的启发,近几年来,特别是在节水灌溉理论、技术、设备广泛推广应用之后,雨水集蓄利用工作逐步发展并形成规模。

四川、云南、贵州、广西干旱山区和石山区雨水充沛，年降雨量一般在800～1 200 mm，光热条件好，有利于农作物生长。但降雨量时间分布不均，85%的降雨集中在夏、秋两季，季节性干旱缺水问题十分突出。作为典型的喀斯特地貌发育地区，区域内石山面积占63%，大部分地区山高坡陡，岩石裸露，岩溶洞穴纵横交错，保水性能差，加之河谷深切，地表水系少，地下水埋藏深，缺乏修建骨干水源工程的条件，雨季大量的降水大多白白流走。又由于山区地形破碎，耕地和农民居住都较分散，即使有大型水利工程，也很难把水引到分散的耕地和农民家中，水资源开发利用难度大。多年来，这里水利基础设施建设发展滞后，严重制约了农业和区域社会经济的发展。区域内9 000多万亩耕地，灌溉率只有31%；有178个国家级贫困县和36个省级贫困县，占区域县(市)总数的54%；有1 265万贫困人口，656万人饮水困难，分别占区域人口总数的16.6%和8.6%。加快这一区域的水利基础设施建设，促进区域农业和社会经济发展，对于确保民族团结、社会稳定，顺利完成国家扶贫攻坚任务，实现我国跨世纪发展的宏伟目标，都具有十分重要的意义。

为了生存和发展，这里的群众很早就开始在房前屋后零星地修窖建池，集蓄雨水，供人畜饮用。进入20世纪90年代，随着人口的增加、经济的发展和国家扶贫工作力度的加大，解决群众饮水困难和温饱问题，探索贫困山区社会经济发展的新路子，作为一项十分紧迫而艰巨的任务，摆上了各级政府的议事日程。四省(区)不约而同地把发展雨水集蓄利用作为主攻方向和首要措施，加强组织领导，加大工作力度，使雨水集蓄利用工作逐步由试点示范转入成片发展、全面推广阶段。据调查，仅1997年和1998年两年，四省(区)就投入各类资金12亿元，修建各类水窖、水池83万个，新增蓄水能力2 138万m^3，发展灌溉面积200万亩，解决了近400万人的饮水困难和200万人的温饱问题。

西南地区的雨水集流工程与西北有很大不同，因为降雨充沛，一般不需要修建人工集雨面，只需在天然坡面下游或石山周边出水口修池建窖，一年之内，可以多次蓄水，反复利用。建窖的费用因材料运输距离的远近而不同，每立方米容量造价在40～120元。为便于保护水质，一般把窖建在地下，石山区开挖困难，水窖多建于地面。一个40 m^3的水窖，可解决一户5口之家的饮水问题，并灌溉一亩农田。目前西南地区的雨水集蓄利用发展大体上分为三个层次：云南、贵州两省的水窖容量一般在20～40 m^3，以解决人畜饮水困难为主，兼顾发展灌溉；桂西北大石山区在普及家庭“水柜”，基本解决人畜饮水问题的基础上，开始大力推广地头“水柜”，容量一般在40～80 m^3，重点发展农田灌溉，解决贫困山区温饱问题；四川的巴中、德阳、成都等地则在基本解决群众饮水困难和温饱问题的基础上，主要发展综合利用型水池，容量一般在200～1 000 m^3，配套使用节水灌溉设施，大力发展家庭养殖业、种植业，将雨水集蓄利用发展与农业结构调整、水土保持、区域经济发展和环境改善结合起来，实施一水多用，综合发展。

内蒙古、山西、河北三省(区)境内山丘区多属干旱、半干旱区，山丘面积分别占到本省(区)的1/3和1/2，受自然地理环境的影响，多风沙、少雨量，降雨时空不均，年降雨平均在200～400 mm，且集中在7、8、9月三个月，多为大到暴雨，由于受客观自然条件的限制和其他因素的影响，没有大的径流和不具备修建骨干水源工程的条件，区域性、季节性干旱缺水突出，地表水和地下水开发利用难度大，水资源贫乏，水土流失严重，生态环境恶劣。多年来为了改变和摆脱干旱山丘区缺水与贫困的状况，三省(区)各族人民在各级党委、政府的领导下进行了长期不懈的努力和实践探索，根据山丘区秋季雨量比较集中且不易拦蓄的特点，因地制宜，通过修建路边、场边、地边、河边、院边小水窖、小水池、小水柜、小塘坝、小水库等“五小”形式的微型水利工程，大搞雨水集流工程建设，拦蓄天上水，有效地解决了当地人畜饮水和农田灌溉的困难，实践效果很好、很成功。为干旱山丘区水源利用、开发提供了重要途径和可能，探索出了一条干旱山区农业和经济、社会发展的新路。

三省(区)雨水集蓄利用最近几年发展很快，集雨工程的形式也多种多样，既有小口井，也有集雨池，还有较大的集雨场，既有利用天上降雨，也有利用小泉、小河引水。根据调查的情况看，三省(区)集雨工程模式主要有以下几种：

(1)窖、旱井。主要利用路面、晒场、房顶、庭院、坡面集流。农用以路面集流为主，人饮以房顶、晒场为主；牧区以坡面集流为主。

(2)截潜流工程。有沟、河的地方，如河床为沙床或沙卵石床，则搞截潜流工程。如内蒙古在沙床河边打截潜流大口井，山西、河北在沙卵石河床上修建空心廊道的截潜流坝，截流水量较大。

(3)截地面水工程。如采用人字闸、翻板闸等拦蓄河、沟的小泉小水，在山西有部分工程采用此种形式。所谓的人字闸节灌工程，是以钢筋混凝土结构的人字固定支架和活动闸板组成的蓄水闸门，以流域为单元合理布局，配合高位水池和管道或自流渠道进行灌溉。

其典型特点是平时蓄积清洁的小泉小水，在汛期打开闸板，排洪清淤。工程投资小、建设周期短，利用方便。

20.2.3　海岛地区雨水集蓄利用

我国的海岛主要分布在东部沿海的山东、辽宁、浙江等省。山东省有海岛 157 个，主要分布在烟台、威海、青岛三市，有群众定居的 36 个，90 个自然村，16 235 户。烟台长岛县，多年平均降雨量 504 mm，时空分布极不均匀，70%以上的降雨量集中在汛期。由于岛屿分散，且面积狭小，无客水可利用，水资源的唯一来源是靠降水补给，水资源极度短缺。人均水资源量只有 36.7 m^3，岛上居民最基本的生活、生产用水都得不到保障。在特别干旱年份，每天只能限量供水 15～20 kg，单位水价达 3～4 元/m^3。桑岛每人每天只凭票供应淡水 2.5 kg。由于缺水，严重影响了正常的生产和生活秩序，制约着当地经济发展。随着用水量的不断增加，岛上地下水均存在超采现象，造成海水倒灌，地下水水质恶化。长岛县井深已从 20 世纪 70 年代 60～90 m 打到 150 m，而且单井出水量越来越少，地下水氯离子含量一般 1 300 mg/L，高的达 5 000～6 000 mg/L，大大高于国家饮用水标准(250 mg/L)。居民长期饮用，极大地影响了身体健康。

大连市长海县是东北地区唯一的海岛县，位于辽东半岛东南部的黄海北部海面，由 112 个岛、坨、礁组成，陆域面积 152.8 km^2，8.8 万人，分布在大小 24 个岛屿上。多年平均降雨量 616 mm，实际降雨量在 300～1 000 mm，年内降雨量集中在 6～8 月，占全年降雨量的 60%以上。人均水资源量只有 400 m^3，仅为全国人均量的 1/6。如果考虑岛上驻军及长期居住的外来人口，则人均数值将远低于 400 m^3。长海县地下水可开采总量仅为 432 万 m^3，目前已开采 254 万 m^3，占可开采量的 60%，个别地域已出现海水倒灌。1999 年特别干旱,1~9 月上旬,降雨量不足 200 mm。由于缺水,该镇只能限时供水,高层楼每天只能供 2 h,人均生活用水仅为 30 L/d,且为微咸水,远不能满足居民生活用水的要求。而该县集中供水系统之外的群众,一般靠简易井、方塘取水,但由于水文地质条件的限制,出水量小,水质差,干旱年水井和方塘经常干枯,群众用水非常困难。

舟山群岛,隶属于浙江省舟山市,由定海、普陀、岱山、嵊泗四个区县组成,共有 1 390 个大小岛屿,区域总面积 2.22 万 km^2,其中海域面积 2.08 万 km^2,岛屿陆地 1 257 km^2,潮间带 183 km^2。1998 年底人口总数 985 447 人,人口密度为 684 人/km^2,高于全国的 5 倍和浙江省的 1 倍。常年分布在 98 个岛屿上,其中常住万人以上的 15 个。

舟山群岛四面环海,无过境客水,淡水资源全靠降雨补给,多年平均降雨量为 1 206 mm,全市水资源总量 5.9 亿 m^3。人均占有水资源量 605 m^3,是全国人均水资源量的 1/4。目前全市水资源开发利用率为 29%,在浙江省属高开发地区。据预测,在未来的年份中,按 90%的保证率,舟山市城乡总需水量为 18 595 万 m^3,在现有供水设施条件下,可供水量为 11 278 万 m^3,缺水量为 7 317 万 m^3,缺水率为 39.3%;到 2010 年缺水率达 11 467 万 m^3,缺水率为 50.1%。

总之,海岛淡水紧缺是普遍现象。地表水受地形条件限制,很快流到海里,难于积蓄利用;地下水量十分紧缺,且水质较差,多为苦咸水;在同样降雨条件下单位面积水资源可利用量远远小于内陆,加上人口密度远高于大陆,造成水资源更为紧缺。海岛人曾经把海水淡化和岛外调水作为解决用水的主要措施,但由于投资较大,且运行成本较高,只能望而却步,只好把视线转移到了集雨工程上面。

海岛地区雨水集蓄利用的主要形式及做法有下列几种:

(1)屋顶接水。

屋顶接水是利用房屋顶作集雨面,在屋檐下设接水槽,然后由管道将雨水经过过滤引入水窖储存起来利用。水窖的大小根据集雨面积、多年平均降雨量确定,考虑到复蓄,其容积一般为总集水量的 1/3~1/2。为保护水质,水窖多为地下式,而且顶上设保温层,或把水窖做在屋下。水窖里的水通过手压泵提出来利用,也可通过微型电泵将水打到屋顶,在屋顶设压力水池,作自来水用。

与其他措施相比,屋顶接水具有投资不多、易于管理、存水于民、长期利用、基本不用运行费用的特点,因而深受海岛人民欢迎。根据屋顶面积和水窖大小,有的住户除用于做饭、洗涮、洗浴等方面外,还用于发展庭院种植,效果很好。如烟台长山岛居民范先团家,水池容积 20 m^3,在降雨不足 200 mm 的情况下,窖里存水仍超过 10 m^3,家里安装了太阳能热水器、冲水马桶,而且院外小菜园里的蔬菜长得郁郁葱葱。舟山的葫芦岛现有屋顶接水 654 户,占应建户的 94%,1996 年是舟山最干旱年份之一,舟山本岛都要到上海、宁波运水,而偏僻小岛葫芦岛饮水有余,而且水质比运来的水还要好。

(2)硬化路面集水。

硬化路面集水是在硬化路面适当位置上留一集水沟,通过管道或渠道将水引入地下蓄水池,以备后用。山东长山等岛屿利用 20 万 m^2 的硬化路面汇集雨水,建蓄水池 9 座,年利用雨水 6 万多 m^3,解决了长岛县城绿化、市政用水问题。

(3)池塘蓄水。

池塘蓄水是在非居住区,充分利用地形,拦截蓄集地表径流,此外,还在山上修了环山渠,尽可能多地拦蓄山坡径流。长岛县共建小型水库2座,塘坝43座,蓄水能力2.6万 m^3。长海县共建小二型水库2座,塘坝23座,拦蓄地表水176万 m^3。

20.3　雨水集蓄利用技术经验总结及前景展望

20.3.1　技术经验总结

(1)领导重视,责任明确。

各级党政领导提高认识,统一思想。各级领导要认识到,干旱山丘区必须坚持不懈地抓好水利建设,尽快改变贫困地区的生产和生活条件,把水利建设和扶贫攻坚紧密结合起来,作为干旱山丘区实现稳定脱贫奔小康的根本大计。不失时机地把群众的积极性引导到大力发展集雨节水灌溉农业上来,加快建设步伐,尽早完成从传统、粗放农业向现代化、集约化农业的转变,实现解决温饱的目标,向脱贫致富奔小康迈进。

加大力度,组织强有力的指挥班子,一抓到底,取得实效。为把集雨工程落到实处,相关部门要十分重视,研究集雨节水灌溉工程的实施方法,提出目标任务,把工作计划的具体细节落实详细、认真安排部署,并要组织有关部门和水利科技人员深入到现场开展工作、进行指导,要举办各种技术研讨班,提高技术人员的业务水平。要组织强有力的领导班子,党政一把手亲自抓,并选派思想上真正认识到集雨工程的重要性,又能苦干实干的人具体负责工作。集雨工程建设要做到统一组织领导、统一资金管理、统一建设标准、统一检查验收、统一奖罚标准"五个统一",保障集雨工程建设达到科学化、规范化和制度化。

(2)搞好宣传,提高认识。

雨水集蓄利用是一项新的工作,为了提高对这项工作的认识,可以利用电视、广播、报刊、杂志、简报等各种宣传媒介加大宣传力度。雨水集蓄工程实例除在相关水利报上举办专版外,还可以在电视台摄制"集雨工程"系列电教片,系统地介绍集雨工程的规划、设计、施工、灌溉、管理、效益等,能起到很好的宣传作用。例如:甘肃通过宣传"121雨水集流工程"和300多个集雨节灌高效农业试验示范点的实例,使广大干部群众从上到下基本上达成共识:"121雨水集流工程"是解决干旱山区人畜饮水困难的有效措施,集雨节灌是全省中东部旱作农业区改变农业基本条件,实现脱贫致富,发展综合高效农业的有效途径,是全省实施范围最广、规模和效益最大的节水工程。因此,广大干部和群众修窖建池的积极性高涨,形成了发展集雨工程的热潮。

(3)用政策调动广大群众的积极性。

一是结合农村经济体制改革和水利改革,明确集雨节灌工程"谁建、谁有、谁管、谁用"的政策,允许继承、转让,鼓励农民在自己的房前、屋后、承包地打窖蓄水,发展生产。二是在投资机制方面,不搞平均主义,实行先干后补,以物代补,坚持自力更生为主、国家补助为辅的原则,明确群众是投资主体,国家只给予适当的材料补助。三是大力推行先贷后补,鼓励农民增加投入和大胆使用贷款。四是把建设任务优先安排在认识到位,群众积极性高的村、户。由于激励政策到位,解除了群众的后顾之忧,极大地调动了广大干部群众建设水窖工程的积极性。各地自力更生修建集雨工程的典型事例越来越多,不少把盖房子、娶媳妇的钱,出外打工挣的钱都用于修建集雨工程,使建设任务超额完成。群众把打水窖看成给自己置家业,舍得投资投劳,由“要我干”变成了“我要干”。

(4)强化管理,保证质量。

相关部门在工程试验示范及推广实施几年来的成功经验的同时,进一步充实完善了工程技术总结的技术规程,并积极组织有关技术人员参观了节水灌溉工程的先进地区,聘请节水灌溉专家对工程技术人员、重点农户进行专题培训辅导。在抓好技术骨干培养的同时,继续坚持不懈地对广大农户全面开展技术培训,使每户基本有一个技术明白人。

在具体实施中,技术人员逐村农户进行统一规划设计,统一施工标准,统一物资供应,统一安装调试,开展全方位的技术服务,严把工程每个环节,保证全面达标创优。在保证质量的前提下,普遍采用经实践检验较为成熟的技术,如集雨工程水窖施工中因地制宜采取砂浆抹面、砖石砌筑、混凝土浇筑等多种施工方法。广泛采用立砌砖半球开封口法,规范了二级沉沙池等附属设施。在土质较好地区,改变过去的灌浆防渗办法,普遍采用水窖内壁水泥抹面防渗技术,每眼水窖节省工料50%。在设备使用上采取“联户共用法”,不仅节约了大量资金,降低了成本,而且有效提高了工效,深受群众的欢迎。

为了保证工程的进度和质量,成立由水利、财政、计委、目标考核办等部门组成的专门检查验收小组,负责工程的督查工作。按照市、县两级验收办法,严格技术要求,对不达标工程,限期返工,否则不予兑现补助经费。对完成任务差的乡镇,严格兑现惩罚措施,极大地促进了工程的高标准、高质量、高效益。

(5)科学设计,科学选点,抓好示范。

在实施集雨灌溉工程的施工过程中,要求技术人员严格按照国家有关工程规范和水电部门编制的工程定型图纸进行施工,遵循高起点、高质量、高标准、高效益的“四高”原则,切实抓好三个环节。首先要做到科学选点,在选点上充分考虑未来节水灌溉的发展趋势,保证在有水源或易集到雨水的地方,有足够的集雨面,最好有长流水或季节性径流水;水柜位置宜高不宜低;沿山布置,尽量不占或少占耕地,向荒山要水面。保证建池的地方便于施工。其次要做到科学设计、合理布局,设计建造水池统一标准,因地制宜。根据不同的建池地点灵活设置集流场、引水渠、沉沙池等附属设施,水池的形式以圆形浆砌石结构为主,确保池壁受力均匀、坚久耐用。再次是建池遵循一定的程序,严格管理各环节,群众建地头水柜是在自愿的基础上进行的,要求提出申请、签订协议,造册登记,完善手续。施工要在技术员的具体指导下进行,不得偷工减料。在施工质量管理上实行技术承包责任制,要求工程技术人员签订技术承包合同,把责任落实到个人,规定每个技术员负责责任区域内的水池质量监督和技术调控,并以此作为技术人员评优、评职称的考核依据。修建地头水柜对许多农民来说还是一件新鲜事,为了推动这项工作的全面开展,在广泛宣传发动的同时,应十分注意做好以点带面的示范样板工作。

20.3.2　前景展望

我国是一个水资源严重短缺的国家,也是一个农业大国。特别是西北地区土地辽阔,总面积占全国的40%,但水资源量却不足全国的10%。而这些地区却是我国主要的农牧业区,光热条件好,可供开发的耕地和草地资源潜力很大,但干旱缺水严重制约着这里土地和草地资源优势的发挥。由于雨水蓄集工程一般规模小,分布较散,对环境不但无负面影响,且有利于生态保护。因此,在年降水量达到250 mm以上的地区,都可以建设雨水集蓄利用工程,实施雨水资源开发利用,通过对雨水在时间、空间上的双重调控,除解决生活用水外,采用节水灌溉技术实现农业高效用水,变被动抗旱为主动防旱,不断拓展雨水利用的应用领域,开创雨水利用的广阔前景。可以预期它将在以下几个主要方面得到进一步发展。

(1)成为缺水农村地区家庭安全供水的主要方式之一。水资源短缺是我国广大农村地区贫困的主要原因之一。20世纪80年代中期,全国农村有2.4亿人、1.5亿头大牲畜饮水困难,其中有8 000多万人、6 000多万头牲畜常年缺水,分布在贫困地区的就有70%。在广大偏远山区,以及由于水源、地形、地质条件无法实行集中供水的地方,雨水集蓄利用将是解决农村生活供水的主流方式,甚至是唯一可行的方式。对于已经或将要实施集中供水工程的地方,由于雨水集蓄的成本低,技术简易,它也能成为一种经济可行的补充水源。今后的雨水集蓄家庭供水工程应将水质提升,以满足农村家庭安全供水的要求,特别是能够达到国家对生活饮用水的标准。

(2)为改变雨养农业区结构单一状况提供用水条件。雨养农业占耕地总面积的比重达56%,在我国农业发展中具有举足轻重的地位。雨养农业经常受到干旱影响,产量低而不稳,是我国低产田的主要集中地区,因而也是发展农业生产的潜力所在。雨水集蓄利用的实施将促进农业结构的优化,使农户能够根据市场需求和自身特点发展包括农林牧副在内的高效农业。提高单位雨水的产出价值和效益,帮助缺水山区农户实现脱贫致富。同时,还要充分发挥雨水利用在生态建设和环境保护中的作用,使雨水集蓄这一微型工程为小康社会和社会主义新农村的建设贡献一份力量。“十一五”期间,雨水利用技术条件下的农业产业化、集约化将得到长足发展并有可能成为雨水利用的主要发展模式之一。

(3)发展城市雨水利用,使其成为地表水和地下水的有力补充。“十一五”期间,随着雨水利用技术的不断发展和对雨水利用认识的不断加深,结合市政建设配套工程的实施,借助于城市公共绿地、停车场的雨水入渗系统回补地下水,利用城市路面及一些建筑物表面集蓄的雨水,主要在回灌地下水、城市消防、抑制地下水位下降和城市绿化、草坪灌溉、厕所冲洗、水景观等方面提供新水源;修建城市雨水收集系统,进行市郊农业补充灌溉,将在可能与需要双重交互的共同作用和促进下,取得实质性进展。

(4)作为紧急状况下(战争、地震或洪涝灾害发生时)的备用水源,我国灾害种类多、发生频率高、损失严重,是世界上受自然灾害影响最为严重的国家之一。据统计,自1949年以来,我国平均每年因自然灾害造成的直接经济损失在1 000亿元人民币以上,农作物受害面积年均超过4 000万 hm^2,受灾人口年均超过2亿人。近年来,党中央、国务院高度重视突发公共事件应对工作,不断加强应急体制、机制建设。例如,2008年“5 · 12”四川汶川MS8.0地震后,灾区的建筑物大面积倒塌、集中式供水中断、供水设施遭受严重破坏,分散式给水和农村给水也都受到不同程度的破坏,如何才能尽快地为灾区的人民供水是摆在人们面前的一个紧要问题。面对此突如其来的灾难,我们就可以利用该季节四川雨水较多且相对比较干净的特点,普通家庭可利用地窖、脸盆、水桶等收集雨水,其次尽可能选择大面积的集水区,利用各种容器及水窖等集水。而这种方式仅限于家庭收集雨水储存,作为临时生活饮用水的备用水源。

第四篇　海水及其他非传统水资源利用篇

第 21 章　海水淡化处理技术及工程实例

21.1　海水淡化工程的发展状况

21.1.1　国外工程现状

目前,海水淡化已成为解决全球水资源短缺的重要途径,全球海水淡化的市场年成交额已达到数十亿美元。著名的海水淡化公司有法国 Sidem 公司、英国 Weir 热能公司、韩国斗山重工公司、以色列 IDE 公司和意大利 Fisia 公司等。截至 2004 年,全球已有 130 多个国家应用海水淡化技术,海水淡化日产水量约 3 775 万 t。其中,80%用于饮用水,解决了 1 亿多人的供水问题,即世界上 1/50 的人口靠海水淡化提供饮用水。尤其在中东地区和一些岛屿地区,淡化水在当地经济和社会发展中发挥了重要作用,以色列 70%的饮用水源来自于海水淡化水,2005 年日产海水淡化水量达 73.8 万 t;阿联酋饮用水主要依赖海水淡化水,2003 年日产海水淡化水量达 546.6 万 t;意大利西西里岛 500 万居民,2005 年日产海水淡化水量为 13.5 万 t,占全部可饮用水源的 15%~20%。

伴随海水淡化技术发展和社会需求量加大,国外海水淡化工厂的淡化规模不断扩大,淡化装置不断向大型化方向发展,其规模从最初的日产几百吨,发展到现在的日产几十万吨。目前,世界上最大的多级闪蒸海水淡化厂是沙特阿拉伯的 Shuaiba 海水淡化厂,日产淡水 46 万 t;世界上最大的低温多效海水淡化厂是阿联酋 Taweelah A1 海水淡化厂,日产淡水 24 万 t(共由 14 套装置组成,每台装置日产水量为 17 143 t);世界最大的反渗透海水淡化厂是以色列南部地中海岸工业区的阿什凯隆海水淡化厂,日产淡水 33 万 t。不久前,韩国斗山公司签约承建了世界上最大的沙特阿拉伯热膜耦合(MSF+RO)海水淡化厂,2009 年建成,日产淡水 88 万 t。

在海水淡化规模不断扩大的同时,海水淡化成本也逐渐降低。其中,典型的大规模反渗透海水淡化每吨水成本已从 1985 年的 1.02 美元降至 2005 年的 48 美分,且在成本的组成上,运行及维护、能源消费和投资成本均逐年下降。目前,国外每吨淡化水出厂价格一般为0.6~0.9美元。

随着技术的日趋成熟、规模的不断扩大，海水淡化成本也在不断降低。多级闪蒸（MSF）、低温多效蒸馏（MED）和反渗透（RO）是当今海水淡化三大主流技术。其中，多级闪蒸技术成熟、运行可靠，今后主要的发展趋势为提高装置单机造水能力，降低单位电力消耗，提高传热效率等；低温多效蒸馏技术由于节能的因素，近年发展迅速，装置的规模日益扩大，成本日益降低，今后主要发展趋势为提高装置单机造水能力，采用廉价材料降低工程造价，提高操作温度，提高传热效率等；反渗透海水淡化技术发展很快，工程造价和运行成本持续降低，主要发展趋势为降低反渗透膜的操作压力，提高反渗透系统回收率，廉价高效预处理技术，增强系统抗污染能力等。三种海水淡化技术工艺关键技术参数对比详见表21-1。

表21-1　三种海水淡化技术工艺关键技术参数对比

主要技术参数	多级闪蒸	低温多效	反渗透
操作温度（℃）	<120	<70	常温
主要能源	蒸汽、电（热能、电能）	蒸汽、电（热能、电能）	机械能（电能）
蒸汽消耗（t/m^3）	0.1~0.15	0.1~0.15	无
电能消耗（kWh/m^3）	3.5~4.5	1.2~1.8	3~5
典型源水含盐量（mg/L TDS）	30 000~45 000	30 000~45 000	30 000~45 000
产品水质（mg/L TDS）	<10	<10	<500
典型单机产水能力（m^3/d）	3 000~70 000	3 000~20 000	1~20 000

21.1.2　国内工程现状

我国海水淡化技术的研究起步较早，1967~1969年全国组织海水淡化会战，同时开展电渗析（ED）、反渗透（RO）和蒸馏多种海水淡化方法的研究。1981年建成西沙200 m^3/d电渗析海水淡化装置；1997年，浙江省重大科技攻关项目“500 m^3/d反渗透海水淡化示范工程”在浙江省嵊泗县嵊山岛建成投产；2000年，在国家科技部重点科技攻关项目“日产千吨级反渗透海水淡化系统及工程技术开发”的支持下，先后在山东长岛、浙江嵊泗建成了1 000 m^3/d反渗透海水淡化示范工程；到2003年，国家发展和改革委高新技术产业化项目“山东荣成日产万吨级反渗透海水淡化示范工程”一期5 000 m^3/d机组在荣成市石岛建成投产；2004年，国家科技部科技攻关项目低温多效海水淡化示范工程3 000 m^3/d低温多效海水淡化装置在青岛市黄岛电厂建成。

2006年12月28日，单套装置日产水1万t的海水淡化工程正式在天津滨海新区建成通水。该工程采用的热功压缩低温多效装备的单台产水能力为目前中国最大，并首次实现了大型海水淡化主体设备的国内加工制造，填补了国内空白。该工程在2002年正式启动，总建设规模2万t/d，一期建设规模1万t/d，占地面积2 hm^2。该工程由天津泰达投资控股有限公司投资1.6亿元。该工程的建成标志着天津市及中国的海水淡化产业进入一个新的发展阶段，对目前中国建设资源节约型和环境友好型社会、解决水资源缺乏问题具有示范和借鉴意义。

经过近40年的研发和示范，我国海水淡化技术已日趋成熟，为大规模应用打下了良好基础。我国已成为世界上少数几个掌握海水淡化先进技术的国家之一。初步统计，截至2006年，我国已建成投产的海水淡化装置总数为41套，合计产水能力12.039 4万 m^3/d。在已建成投产的41套海水淡化装置中，山东省占14套，合计产水能力1.661万 m^3/d；浙江省占12套，合计产水能力4.561万 m^3/d；辽宁省占8套，合计产水能力1.094 4万 m^3/d；河北省占2套，合计产水能力3.0万 m^3/d；天津市占3套，合计产水能力1.7万 m^3/d；其他沿海省市占2套，合计产水能力0.023万 m^3/d。

从海水淡化技术角度看，反渗透和低温多效蒸馏(MED)是国内海水淡化工程中应用最多的方法。反渗透法以8.114万 m^3/d 的产水量，排在第一位，约占68%；低温多效蒸馏法以3.3万 m^3/d 的产水量，排在第二位，约占27%。但从已建成投产的装置数看，反渗透法有35套，约占84%，而低温多效仅有4套，约占10%。两种海水淡化方法所占产水量和装置数比例的差异是由于装置规模造成的，低温多效蒸馏装置的平均产水量为8 250 m^3/d，而反渗透装置的平均产水量仅为2 318 m^3/d。

21.2 海水淡化的主要技术及比较

目前海水淡化方法有几十种之多，但根据原理划分可归纳为蒸馏法、膜法、电渗析法和冷冻法四类。每类方法根据设备形式或流程的差异又可细分为不同方法。海水淡化方法分类如表21-2所示。在海水淡化的方法中，目前工业应用较多的是多级闪蒸(MSF)、反渗透(RO)、低温多效蒸馏(MED)和电渗析(ED)。

表21-2 海水淡化方法分类

序号	类别	主要方法	说明
1	蒸馏法	多效蒸发(ME)	有竖管多效蒸发和水平管多效蒸发。后者用得较多，也称为低温多效蒸馏(MED)
		闪蒸(FLASH)	分为单级闪蒸(SSF)和多级闪蒸(MSF)，后者在中东地区使用最多
		压气蒸馏(VC)	可分为机械(MVC)和热力(TVC)两种
2	膜法	反渗透(RO)	以压力差为推动力的淡化过程，是目前发展最快、使用最多的淡化方法
		纳滤(NF)	截留二价离子(除硬)和低分子化合物
		超滤(UF)	截留蛋白质、大有机质和油粒
		微滤(MF)	截留悬浮颗粒、微生物和胶体

续表 21-2

序号	类别	主要方法	说明
3	电渗析法	电渗析(ED)	以电位差为动力,利用离子交换膜的选择透过性脱除水中离子的过程,主要用于淡化苦咸水
		电去离子(EDI)	将电渗析与离子交换结合,实现电渗析过程、离子交换除盐和离子交换连续电再生的过程;不用于苦咸水淡化,主要用于高纯水生产
4	冷冻法	天然冷冻	将海水冷冻到冰点以下,淡水结冰、分离、再融化为淡水的过程
		人工冷冻	

海水淡化方法众多,虽然都可以达到获得淡水的目的,但是不同方法在投资、运营、能耗、水质等方面都存在着一定差异。每种淡化方法都有其优势及不足,关键在于因地制宜,选择合适的海水淡化方法,以达到节能减排,降低费用、成本,获得足量符合要求的淡水。中东国家由于能源便宜,淡水需求量较大,几乎完全依赖海水淡化水,因而在实际建设当中多采用多级闪蒸技术,虽然能耗较高,但是产量巨大。我国能源价格较贵,因而多考虑能耗较低的低温多效和反渗透技术,但是实际应用中南北也有差异。比如北方在应用反渗透技术时不得不考虑冬春季节海水温度过低的问题。

21.2.1　反渗透法

反渗透法通常又称超过滤法。该法是利用只允许溶剂透过、不允许溶质透过的半透膜,将海水与淡水分隔开的。对海水一侧施加一大于海水渗透压的外压,那么海水中的纯水将反渗透到淡水中。反渗透法具有无相变、组件化、流程简单、操作方便、占地小、投资省、耗电低等优点,因此在水处理中得以大量应用。反渗透法适用于海水和苦咸水,规模不限,大、中、小均能适应,是近 20 年来发展最快的技术。由于渗透压的影响,其应用的浓度有所限制,另外对结垢、污染、pH 值和氧化剂的控制要求严格。

由于进水的种类不同,为了确保反渗透过程的正常进行,必须对进水进行预处理,以除去悬浮固体,降低浊度;抑制和控制微溶盐的沉淀;调节和控制进水的温度和 pH 值;杀死和抑制微生物的生长,除去氧化剂和各种有机物;防止铁、锰等金属的氧化物和二氧化硅的沉淀等。只有认真进行预处理,使进水水质符合特定要求,反渗透过程才能正常进行,减少污染、清洗及事故,延长膜使用寿命,保证产水的水质。

反渗透淡化的能耗通常以比能耗来表示,即生产单位容积淡水所需的能量(kWh/m^3)。它主要取决于操作压力 p 和回收率 R。反渗透海水淡化工程比能耗在 3~5 kWh/m^3,过程中有相当一部分能量因浓缩水的放空而没有利用,这部分占 60%~70%,所以能量回收从节能和经济性等方面看是十分重要的。现今海水淡化设计中考虑能量回收,把占 50%~95%的高压浓海水的能量加以回收。全世界除海湾国家外,美洲、亚洲和欧洲的海水淡化装置基本以反渗透法为首选。反渗透法的最大优点是节能,它的能耗仅为电渗析法的1/2,蒸馏法的1/4。反渗透海水淡化技术发展很快,工程造价和运行成本持续降低,万吨级二级反渗透海水淡化工程制水费用约在4.5元/t,具体如表21-3所示。

表21-3　万吨级二级反渗透海水淡化工程制水成本

项目	成本(元/t)
膜更换费用	0.4
维修费用	0.2
药品费用	0.3
易损件更换费用	0.08
电费成本	1.92
劳动力费用	0.06
管理费用	0.2
运行成本总计	3.16
折旧与利息	1.5
总制水成本	4.66

21.2.2　多级闪蒸法

多级闪蒸是多级闪急蒸馏法的简称。其原理是:在一定压力下,把经过预热的海水加热至某一温度,热海水通过节流孔进入一个蒸发室,由于热海水的饱和蒸汽压大于蒸发室的压力,热海水立即沸腾蒸发,同时温度下降,这个过程称为闪蒸。将蒸汽冷却即得淡水,随着温度降低逐步改变各级闪蒸室的压力,即可使海水多次闪蒸。

多级闪蒸的一个明显特点是海水的受热面和蒸发面是分开的,即在加热海水的传热面上,蒸发是被抑制住的。所以,成垢的盐类不易在传热面上发生局部沉淀而形成锅垢,再加上人为的防垢措施,多级闪蒸淡化过程结垢倾向比一般多效蒸发小。多级闪蒸的能耗问题主要取决于造水比,即1 t蒸汽生产的淡化水吨数。多级闪蒸的另一特点是各级蒸汽冷凝时,热量得以回收,重复利用,从而实现热能的节省。一般来说,在合理的级数范围内,级数越多,回收效益越高。

"水电一体化"在国际海水淡化行业中称为"双目的(dual-purpose)"造水,是海水淡化与火力发电系统在热经济学的基础上,联合优化设计建设的总称,目的是使二者的建设规模统一协调,达到最高效益。水电一体化不仅可使系统的热力效率达到最高,而且会使发电造水的设备投资大幅下降。大型的多级闪蒸总是和火电站联合设计、联合运行的,动力系统中难以做功的低位热能,可以作为海水淡化系统的热源,因而以汽轮机低压抽气作为热源,可以达到节能、经济和环保等多重效益。国际上基于水电一体化设计的海水淡化项目其淡化水成本已达0.6美元/t,意大利海水淡化设计公司日产20万t多级闪蒸海水淡化装置成本如表21-4所示。

多级闪蒸是技术最成熟的方法,具有运行安全性高、弹性大,可适用于大型和超大型淡化装置的特点。与其他蒸馏法相比,多级闪蒸结垢倾向最小,因此操作维护容易,海水预处理要求也较低,技术安全度是目前所有海水淡化技术里最高的。

表 21-4　多级闪蒸海水淡化装置成本

项目	成本(美元/t)
年吨水投资成本	0.23
年吨水中压蒸汽成本	0.01
年吨水低压蒸汽成本	0.14
年吨水电能成本	0.11
年吨水化学药剂成本	0.03
年吨水人员成本	0.01
年吨水维护成本	0.01
总制水成本	0.54

21.2.3　低温多效蒸发法

多效蒸发应用较早,但是由于结构和腐蚀问题,一直难以推广,主要与火电厂联合运行,但规模一般在日产1万 m^3 以下,包括两类:一类是各效分列式,操作温度一般较高,顶温达100多℃,我国和欧洲一些国家的火电厂都有使用;另一类是低温多效蒸馏,顶温65~70 ℃。后者较前者具有竞争力,是蒸馏法中最节能的方法之一。由于克服了早期多效蒸馏结垢严重的问题,低温多效蒸馏已经成为主流技术。

所谓低温多效海水淡化技术,是指盐水的最高蒸发温度不超过70 ℃的海水淡化技术,其特征是将一系列的水平管降膜蒸发器串联起来,用一定量的蒸汽输入通过多次的蒸发和冷凝,后面一效的蒸发温度均低于前面一效,从而得到多倍于蒸汽量的蒸馏水的淡化过程。低温多效蒸馏具有以下优点:

(1)海水预处理更加简单。海水进入系统前只需加5 mg/L左右的阻垢剂,而不用进行加酸脱气处理。

(2)低温操作,防腐和防垢措施简单,另外可充分利用电厂和化工厂的低温废热,对低温多效蒸馏技术而言,50~70 ℃的低品位蒸汽均可作为理想热源,可大大减少抽取背压蒸汽对电厂发电的影响。

(3)能耗很低,输送液体的动力消耗只有1 kWh/m^3左右,降低制水成本。

(4)系统热效率高,30 ℃的温差即可安排12级以上效数。

(5)操作安全可靠,水质很高。

低温多效蒸馏的优点使其可以利用各种形式的低位热源,通过与火力发电厂、垃圾电厂、工业冷却水等相结合,方式灵活,发展迅速。但是由于设备体积较大,投资很高。目前成功的运行方式有以下几种:

(1)和火力发电厂或核电厂结合,水电联产。

这类应用可以从绝对压强 0.2~0.4 kgf/cm^2 的任何地方背压抽气造水。与抽取 2~3 kgf/cm^2 背压蒸汽的高温蒸馏系统相比，低温多效海水淡化装置允许蒸汽在透平机中进一步膨胀做功，减少发电损失，提高发电机组效率，使电厂热效率从 35%提高到 65%左右。如只能提供低压力为 2~3 kgf/cm^2 的蒸汽，可利用高压蒸汽将淡化装置的低压蒸汽压缩得到更多的加热蒸汽，提高造水比。

(2)利用工业冷却水、工业废气造水。

这类应用通过板式换热器或热管换热器将能量传递给中间介质以防止污染产品水。回收了热量的中间介质在闪蒸室闪蒸后又回到换热器循环，而产生的蒸汽被引入到低温多效淡化系统用于造水。

其他应用还包括与柴油发电机相结合、与固体废物焚烧炉结合以及利用太阳能、地热造水等形式。

低温多效技术由于能耗方面的优势，其造水成本随着规模的扩大而逐步降低，由于缺少国际最新关于低温多效淡化成本数据，仅列出我国黄岛电厂 3 000 t/d 低温多效海水淡化成本分析表作为参考，详见表 21-5。

表 21-5　黄岛电厂低温多效海水淡化成本

参数	数据(元/t)	备注
开工率	90%	
电力成本	0.78	电价按 0.4 元/kWh
蒸汽成本	1.6	蒸汽成本按 16 元/t
化学品成本	0.2	
维修成本	0.27	
人力成本	0.2	
管理成本	0.1	
运行成本总计	3.15	
投资成本	1.84	投资回收期 20 年，6.50%利率
综合成本	4.99	

21. 2. 4　电渗析法

离子交换膜是 0.5~1.0 mm 厚度的功能性膜片。电渗析法是将具有选择透过性的阳膜与阴膜交替排列，组成多个相互独立的隔室，海水被淡化，而相邻隔室海水浓缩，淡水与浓缩水得以分离。此方法多应用于苦咸水的淡化。电渗析法不仅可以淡化海水，还可以用于海水浓缩制盐，也可以作为水质处理的手段，为污水再利用作出贡献。但是此方法目前国际上已经很少采用，我国也仅用于零星的小范围的造水，较大工程项目均不采用此方法。

21. 2. 5　三种主要海水淡化技术经济分析

为了能对三种主要海水淡化技术有更加深刻的认识，结合我国实际情况，选择最合适的海水淡化装置,对三种主要海水淡化技术进行简单技术经济分析,为决策者提供建议。

根据国内外运行情况,假定需要建设一个 600 MW 机组的电厂,按正常工业用水需要量,海水淡化系统的设计能力为 90 m^3/h,对三种工艺进行对比。多级闪蒸淡化系统设备材料、安装和土建三项总投资为 4 905 万元,系统运行和维护费用总计为 375 万元/a,按一年满负荷运行计算,运行成本为 4.76 元/m^3。低温多效蒸发淡化系统设备材料、安装和土建三项总投资为 3 855 万元,系统运行和维护费用总计 275 万元/a,按一年满负荷运算,成本为 3.49 元/m^3。反渗透淡化系统设备材料、安装和土建三项总投资为 2 010 万元,系统运行和维护费用总计 392 万元/a,满负荷运行时运行成本 4.97 元/m^3。

以上测算可以看出,低温多效装置优势明显,多级闪蒸和反渗透差别较小。当假设的生产规模为 6 万 m^3/d 时,海水淡化建设成本如表 21-6 所示,采用国产反渗透海水淡化装置的淡化厂投资额具有明显优势。在进行大规模的海水淡化时,选择反渗透和低温多效更加经济可行。

表 21-6　6 万 m^3/d 海水淡化厂投资

序号	项目	投资额(万元)		
		低温多效	反渗透(国产)	反渗透(进口)
1	工程投资	48 000	42 000	54 000
2	土地费用	180	450	450
3	其他费用	2 400	2 100	2 700
4	预备费	2 529	2 228	2 858
5	建设期利息	1 859	1 637	2 100
总投资		54 968	48 415	62 108

综合比较,总投资以反渗透淡化系统最低,单位运行成本以低温多效法最低。两者技术方面的比较见表 21-7。在技术可行的前提下,建设海水淡化工程时应着重从经济角度去选择合适的海水淡化工艺。

表 21-7　海水淡化较经济方案的对比

项目	低温多效	反渗透
产水纯度	好	较好
前处理要求	高	较高
操作员的技能要求	高	较高
装置维护要求	较高	较高
运行稳定性	好	好
工艺可靠性	好	较好

21.3　工程实例

21.3.1　华能玉环电厂海水淡化工程

华能玉环电厂海水淡化工程投资约2亿元，全部采用了世界先进的“双膜法”海水淡化技术，于2006年4月30日制出合格的淡水。

21.3.1.1　系统设计

1.设计参数

海水含盐量：34 000 mg/L；水温：15～32 ℃；水量：总制水量1 440 m^3/h（34 560 m^3/d），分为6套，单套出力240 m^3/h。

2.系统流程

海水→混凝澄清→超滤→一级反渗透→二级反渗透。

3.总平面布置

玉环海水淡化工程的总平面布置充分利用了循环水系统的取排水系统的布置，紧靠防浪大堤一侧，自取水、混凝澄清、超滤过滤、反渗透制水、浓水排放，形成了完整流畅的布局。

21.3.1.2　主要系统介绍

1.海水取水系统

华能玉环电厂海水淡化系统充分利用了电厂的循环水系统，以降低造价，同时可以利用发电厂余热使循环排放水温升高9～16 ℃的有利条件，降低海水淡化工程的能耗。海水取水口位于电厂海域-15.6 m等深线附近的海域，排水口设置在-5 m等深线附近的海域。

循环水系统工艺流程为：取水口→自流引水隧道→循环水泵→供水管道→凝汽器→排水管道→虹吸井→排水沟→排水工作井→排水管→排水口。

海水经过循环冷却之后，冬季工况有16 ℃左右的温升，夏季工况有9 ℃左右的温升。因此，玉环电厂的海水淡化系统采用了两路进水，一路取自循环水泵出口（未经热交换的海水），一路取自虹吸井，根据原海水的水温变化采用不同的进水方式，基本保证水温在20～30 ℃，调整后维持在25 ℃左右。

2.海水预处理系统

海水反渗透（SWRO）给水预处理技术包括消毒、凝聚/絮凝、澄清、过滤等传统水处理工艺及膜法等新的水处理工艺，膜法预处理主要包括微滤（MF）、超滤（UF）和纳滤（NF）等。预处理的目的：除去悬浮固体，降低浊度；控制微生物的生长；抑制与控制微溶盐的沉积；进水温度和pH值的调整；有机物的去除；金属氧化物和含硅化合物沉淀控制。

混凝澄清沉淀系统：为了降低海水中的含沙量以及海水中有机物、胶体的含量，必须进行混凝沉淀处理。混凝沉淀系统设有4座微涡折板式1 000 m^3/h的混凝澄清沉淀池，为钢筋混凝土结构，设备内部没有转动部件，可有效地减少防腐成本。经混凝沉淀处理后海水浊度小于5 NTU，运行参数为：混合时间3 s，絮凝时间10 min，沉淀池上升流速小于

2.4 mm/s。混凝沉淀处理后的水质见表 21-8。

表 21-8　混凝沉淀处理效果

参数	预沉池出水最大值	预沉池出水最小值	预沉池出水 80%时间内的值
浊度(NTU)	20	1	<5
TSS(mg/L)	20	5	<10
COD(mg/L)	20	3	<5

过滤系统:该厂过滤系统采用了加拿大泽能(ZENON)公司浸入式 ZeeWeed1000 型超滤膜系统,膜元件主要的技术参数为:膜材料聚偏乙烯(PVDF);膜通量 50~100 L/(m^2·h);运行压力 0.007~0.08 MPa;最大操作温度 40 ℃;pH 值范围 2~13;化学清洗间隔期60~90 d。

3.高压泵

高压泵是 SWRO 系统的重要部件,正确选择高压泵性能对系统安全性影响很大,它是运转部件,出现故障的概率高。

对于大型的海水淡化装置,一般采用的高压泵是离心泵。常用离心泵的结构形式有水平中开式和多级串式。两者相比在结构上应是水平中开式占较大的优势,据称可以达到 6 年不开缸维修,缺点是其设备价格昂贵。

4.能量回收装置

由于 PX 系列的能量回收装置具有回收效率高、噪声低等特点,逐渐受到用户的青睐。由于设计中它仅有一个转动部件,没有机械密封和表面磨损,因而维护工作量很低。

5.海水淡化系统

海水经过超滤后,经海水提升泵进入保安过滤器,然后进入一级海水淡化系统。一级海水淡化系统共设 6 组,每组设有压力容器 58 个,每个压力容器内装有 7 支膜元件,设计出力 240 m^3/h(5 760 m^3/d)。系统总出力为 34 560 m^3/d。

21.3.1.3　玉环电厂海水淡化五个技术关键点

1.高效混凝沉淀系列净水技术

该技术是在哈尔滨建筑大学承担的国家建设部“八五”攻关课题“高效除浊与安全消毒”的科研成果中“涡旋混凝低脉动沉淀给水处理技术”的基础上发展而来的。其中涉及了水处理工程中预处理的混合、絮凝反应、沉淀三大主要工艺,特点是上升流速比较快,占地面积比较少;没有类似机械搅拌澄清池中的转动设备,也没有类似于水力加速澄清池中的大量金属构件,这对于防止海水中突出的腐蚀问题是一个比较好的解决方案。

2.超滤作为海水淡化预处理系统

为了验证超滤在工艺系统中设置的安全可靠性,以及寻找最适合的工艺参数,以最大限度地优化系统的配置,该厂组织了 6 家公司参与试验。试验结果表明高效混凝澄清技术、超滤系统用于该海水淡化工程是可行的。

超滤出水 SDI:试验结果显示,产水 SDI 总体上稳定在 2.5 左右,从整体趋势来看,随着时间的推移,超滤产水 SDI 有略微上升的趋势,这可能是由于在试验过程中超滤膜没有得到有效的维护,如化学清洗、进水消毒不彻底、进水混凝澄清效果不理想等,造成了海水中的微粒、胶体、有机物和微生物等和膜发生了物理化学反应,改变了膜的分离能力。试验显示,客观上虽然存在这种膜污染导致的分离能力下降现象,但这种表现为SDI的上升和下降趋势极为缓慢,并不明显。水温升高,超滤出水的SDI随之升高;进水pH值升高,超滤出水的SDI也高,反之亦然。铁离子的影响:水中可溶解性的过渡金属离子,如Fe因氧化而形成沉淀使SDI升高;氧化剂的影响:试验过程中发现,如果加入次氯酸钠,超滤出水的SDI升高。

超滤出水浊度:乐清湾海水浊度一般在100 NTU以上,但是由于潮汐及天气的影响,浊度变化幅度非常大,实测最高达到2 456 NTU,经过混凝澄清之后,一般在15~20 NTU,个别值达到50 NTU。从超滤产水来看,产水浊度相对比较稳定,基本上在0.10 NTU左右,虽有个别值达到了0.20 NTU,但没有出现大的波动,基本上控制在0.15 NTU以下。

超滤出水中的铁:超滤进水铁的浓度变化范围在25.5~1 451 μg/L,去除率为80%~90%。

超滤出水中的硅:超滤进水的胶体硅含量变化范围在1.081~10.74 mg/L,出水的胶体硅含量是比较稳定的,一般小于2 mg/L,去除率最低时只有10%,最高达到98%,大部分去除率为70%~90%。

超滤出水中的COD:玉环海水中COD_{Mn}不超过10 mg/L,经过超滤之后,产水COD_{Mn}最高不超过5.0 mg/L,也就是说,超滤对COD_{Mn}去除率比较低。相对进水COD_{Mn}的波动,产水COD_{Mn}比较稳定,但还是呈现比较缓慢的上升趋势。

超滤出水细菌总数:超滤对细菌的去除率达到100%。

3.系统回收率的确定

目前的海水淡化工程,回收率一般为38%~50%。决定回收率高低的因素主要有原海水水质、预处理系统出水水质、膜的性能要求、运行压力、综合投资和制水成本等。由于玉环项目采用超滤作为反渗透的预处理,原海水的含盐量通常在28 000~32 000 mg/L,而最低水温高于15 ℃,因此在反渗透允许的设计条件下,回收率越高,系统的经济性越好。按照回收率40%、45%、50%进行了技术经济比较,经分析比较,确定的回收率为45%。

4.新材料的应用

海水淡化系统中另一个重要问题就是设备及管道腐蚀。根据工艺流程中接触介质种类及压力的不同,分别采用了双相不锈钢2205、2507以及奥氏体不锈钢254Mo,低压系统大量地采用衬里、塑料及玻璃钢管道。

5.浓水排放综合利用

海水淡化系统中浓水排放是全球业内要解决的问题。由于发电厂循环水中一般采用氧化性杀菌剂来抑制循环水系统中藻类、贝类的生长,在海滨电厂大都设有电解海水制氯系统,反渗透浓水相当于在原海水的基础上浓缩了1.6倍,因此将一部分直接用于电解海水制氯,可以简化制取次氯酸钠系统设置,又可提高电解制氯系统的效率。

21.3.1.4　制水成本分析

海水淡化的运行成本是大家比较关注的问题,也是评价系统方案可行性的重要依据。根据玉环工程投标商的报价情况、性能指标、使用保证寿命,综合考虑设备折旧、人工、药品、检修维护等各方面的因素，以上网电价为基础，吨水的制水成本在 4 元左右，详见表 21-9。

表 21-9　华能玉环电厂海水淡化工程成本测算

项目	金额	单项成本（元/m^3）	
		以年运行 7 000 h 计	以年运行 6 000 h 计
工程动态投资（万元）	19 244		
其中贷款（万元）	14 433		
利率（%）	6.12		
15 年经营期利息（万元，假设 15 年平均还贷）	110.41	0.11	0.13
化学药品消耗（元/m^3）	0.318 4	0.32	0.23
电力消耗（元/m^3，电价 0.30 元/kWh）	1.2	1.2	1.2
大修及检修维护费（万元/a）	193	0.19	0.22
反渗透膜更换费用（万元/a）	980	0.73	0.88
人员工资（万元/a）	60	0.06	0.07
固定资产折旧费用（万元/a）	1 282.9	1.24	1.48
单位运行成本（元/m^3）		2.49	2.69
单位制水成本（元/m^3）		3.84	4.3

21.3.2　滨海电厂万吨级低温多效蒸馏海水淡化工程

针对河北省沧州地区淡水资源严重缺乏的问题，滨海电厂采用水电联产的运价模式，于 2006 年 3 月建成了一座大规模的海水淡化厂，用于解决电厂自用淡水及满足周边缺水地区的淡水需求。电厂一期工程（2×600 MW）海水淡化站的规模为 2×1 万 m^3/d，选用法国 Sidem 公司具有国际先进水平的热力压缩低温多效蒸发海水淡化装置（简称 TVC-MED）。该海水淡化装置投产以来，运行一直较稳定，各项指标均达到设计要求，为国内沿海地区电厂实现水电联产树立了典范。

21.3.2.1　**工艺设计**

低温多效蒸馏是一种海水最高蒸发温度不超过 70 ℃的海水淡化技术，其特征是将一系列的水平管降膜蒸发器串联起来并分成若干效组，通入一定量的加热蒸汽并经过多次的蒸发和冷凝，从而得到多倍于蒸汽量的蒸馏水，其主要技术特征就是真空条件下的水平管降膜蒸发。本低温多效蒸馏海水淡化工程主要分为海水取水、海水预处理、低温多效蒸馏、淡水收集及浓盐水排放等部分，采用 PLC 程序控制，其中热力压缩掀（TVC）设计在蒸发器第 4 效的末端抽汽。

1.预处理单元

本工程海水预处理主体工艺为接触絮凝+斜管沉淀。经机械隔栅和旋转滤网后的海水通过取水泵进入两列高效混凝沉淀池。混凝沉淀池主要由混合池、絮凝池、斜管沉淀池

3个部分构成。混合池内安装有快速搅拌器,并在池内加入三氯化铁混凝剂。絮凝池内安装有慢速搅拌器,在池内加入阴离子烈聚丙烯酰胺助凝剂。加药量可根据海水水量自动调整。沉淀池澄清区采用六边形斜管,安装角度60°,长度1.5 m。沉淀池设有刮泥机,浓缩的污泥由污泥输送泵排出,厢式自动压滤机对预处理污泥进行脱水。混凝处理后的海水从斜管底部向上流动,从沉淀区的顶部积水堰出水至清水池。再经海水提升泵送到低温多效蒸馏海水淡化装置入口。海水预处理工艺流程见图21-1。

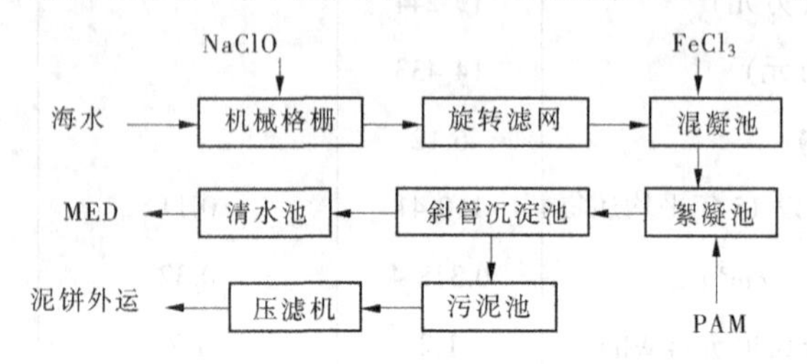

图21-1　海水预处理工艺流程

2.低温多效蒸馏装置

低温多效蒸馏(MED)海水淡化装置按照4效设计、卧式圆柱状水平布置,汽机2段抽汽作为系统抽真空汽源,4段抽汽通过热力压缩机(TVC)压缩后作为加热蒸汽汽源。预处理后的海水依次通过粗滤器、板式换热器,经增压泵升压,进入凝汽器加热后,一次平行进入蒸发器的4个效内,通过喷嘴均匀地喷淋在效内换热管上进行蒸馏,蒸馏产生的蒸汽作为汽源进入下一效。第4效产生的蒸汽大部分在凝汽器中被进料海水冷却,剩余蒸汽被TVC抽走,并与来自4抽的加热蒸汽混合,进入第1效,参与下一个循环。第1效的凝结水换热后单独排出,淡水和盐水采用逐级回流方式汇集到第4效,再经换热后排出。MED装置主要包括蒸发器本体、海水系统、蒸汽系统、产水系统及化学加药系统。4效TVC-MED海水淡化装置工艺流程见图21-2,额定工况下MED装置主要技术参数见表21-10。

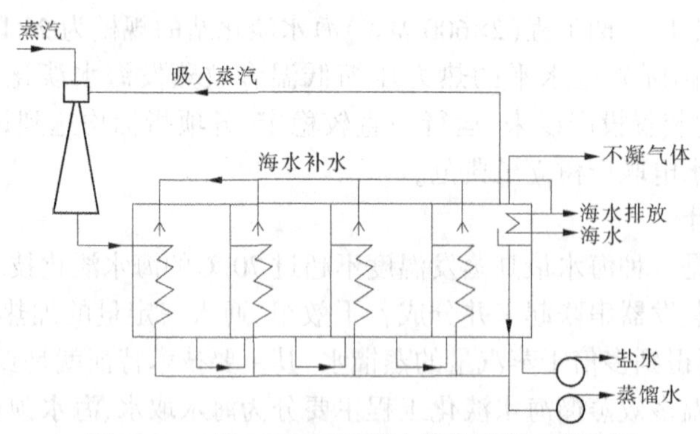

图21-2　4效TVC-MED海水淡化装置工艺流程

蒸发器本体:蒸发器是MED装置的主要换热设备,蒸发器本体总长约70 m,直径6.7 m,壁厚11 mm。蒸发器按等面积原则设计,1~4效蒸发器换热面积一致,换热管规格数量及布置方式相同。蒸发器主要由壳体、换热管束、海水喷淋系统、除雾器、蒸汽通道、前水室及水封装置、后水室及水封装置、淡水联接管、盐水联接管、不凝气抽出口等组成,且每一效均设有检修人孔。蒸发器主要设备材料及参数见表21-11。

表21-10　额定工况下MED装置主要技术参数

项目	设计数据
单台产水量(m^3/d)	10 000
蒸汽压力(MPa)	0.55
蒸汽温度(℃)	320
造水比GOR(kg/kg)	8.33
单台汽耗(t/h)	50
单台电耗(kWh/m^3)	1.2
产品水TDS(mg/L)	<5
第1效最高盐水温度(℃)	65
变工况能力(%)	50~110

表21-11　蒸发器主要设备材料及参数

设备	材料及参数	内容
壳体	材料	SS 316L
换热管束	材料	上三排钛管,其余为铝黄铜合金
	每效管束数量(根)	13 200(其中钛管291)
	每效管束换热面积(m^2)	10 000
	管径(mm)	25.4
	壁厚(mm)	0.5(钛管),0.7(铜管)
除雾器	形式	丝网
	材料	SS 316 L
	厚度(mm)	50
	每效面积(m^2)	56
喷淋系统	形式	喷雾
	材料	聚丙烯
	每效数量	70
	喷嘴直径	1.5 in

海水系统:海水系统包括冷却海水和物料水两部分,冷却海水系统主要作用是向系统内的凝汽器、换热器等提供冷却用海水,并向物料水系统提供物料水,满足TMED装置对外来海水的需求。冷却海水首先经过自动反冲洗粗滤器(过滤精度500 μm),过滤后分2部分,其中一小部分经凝结水冷却器后排放,冷却凝结水;另一部分向凝汽器提供冷却水,

此部分并列设置有淡水冷却器、海水预热器和海水旁路，满足控制进效海水温度的要求，同时满足淡水冷却、盐水热量回收的要求。凝汽器后冷却海水的排放、淡水冷却器后冷却水的排放、凝结水冷却器冷却水的排放均汇集到冷却水排放总管排至厂区排水干管。凝汽器以海水为冷却介质，将第 4 效生成的部分蒸汽凝结，并将海水进一步加热，满足进效物料水温度要求。装置采用表面式单壳体双流程结构，冷却管采用钛管。当海水冷却温度为 25.1 ℃时，100%负荷情况下，凝汽器运行压力 10.0 kPa。物料水来自凝汽器后冷却海水，采用一次平行喷淋进料方式，设计进效流量为 344 m^3/h。

蒸汽系统：蒸汽系统由加热蒸汽系统和抽真空系统两部分组成。加热蒸汽来自汽轮机 4 段抽汽（额定供汽压力 0.55 MPa，温度 320 ℃），经 TVC 前喷水减温、TVC、TVC 后喷水减温后进入 MED 装置。同时留 2 段抽汽作为备用汽源。加热蒸汽流量由 TVC 的调节锥调节，TVC 是利用 4 抽高压蒸汽的压力抽取第 4 效产生的低压蒸汽，经压缩后提高其蒸汽压力和温度，输送至第 1 效前，作为新的加热蒸汽。TVC 的设置提高了 MED 的造水比，降低了制水成本，且采用调节锥方式调整 TVC 进口蒸汽流量，降低了蒸汽压力变化对 TVC 效率的影响，极大地提高了 MED 对机组负荷变化的适应性。抽真空系统用于将蒸发器内不凝结气体排出，保证其工作在要求的真空状态下。采用蒸汽射汽抽气器方案，按两级射汽抽气器设置。系统主要由启动射汽抽气器、1 级射汽抽气器、2 级射汽抽气器、管板式冷凝器组成。启动射汽抽气器用于机组启动时抽气，出口设消音器。1、2 级射汽抽气器用于蒸发器正常运行期间维持真空度，且蒸汽热量回收，加热第 1 效的物料水以提高热效率。真空系统设 2 抽和 4 抽双汽源供汽，以保证抽气器的正常运行。

产水系统：产水系统包括凝结水系统、盐水系统和淡水系统。凝结水由第 1 效热井排出后经凝结水泵升压，经凝结水冷却器冷却后输送至厂区凝结水母管。TVC 前蒸汽管道的高压减温水由凝结水泵后管道引出，经减温水泵升压后供给。TVC 后低压减温水由凝结水泵后直接引出。盐水系统用于将各效蒸发浓缩后的浓盐水汇集排放，采用逐级回流方式，利用各效间的自然压差，浓盐水由第一效逐级排放，最终至第 4 效，再由盐水泵升压经海水预热器后排放，同时回收利用浓盐水的部分热量加热冷却海水。淡水系统亦采用逐级回流排放方式，由第 2 效开始，逐级排放，最终汇集至第 4 效。凝汽器布置高度略高于蒸发器，凝结的水也自流至第 4 效。第 4 效淡水由淡水泵升压经淡水冷却器换热减温后输送至厂区淡水母管。盐水及淡水在逐级回流过程中，由于效内压力下降，会闪蒸出部分蒸汽，2 次蒸汽产量会有所增加，热量得到回收，效率得到提高。

化学加药系统：为能降低海水的表面张力，防止和减少泡沫的产生，设置 1 套消泡剂加药单元。消泡剂通过计量泵投加到物料水入口处，投加量 0.2~0.3 mg/L。为防止换热管表面积垢影响热效率，设置 1 套阻垢剂加药单元，通过计量泵投加到物料水入口处，投加量 4~5 mg/L。为去除海水中残留的余氯，设置 1 套偏亚硫酸氢钠加药单元，加药点设置在粗滤器进口处，控制 MED 进口海水余氯小于 0.1 mg/L。

3.主要设备配置

本海水淡化工程的主要设备配置见表 21-12。

表 21-12　主要设备配置

名称	型号规格	数量
混凝池	2.5 m×2.5 m×7.6 m	2 个
絮凝池	14.5 m×8.5 m×9.0 m	2 个
沉淀池	直径 14.5 m，高 7.8 m	2 个
蒸发器	总长约 70 m，直径 6.7 m	1 台
凝汽器	直径 2.5 m，SS 316L	1 台
热力压缩机	材料 SS 316L	1 台
海水增压泵	流量 1 550 m^3，扬程 34 m	1 台
盐水泵	流量 1 376 m^3，扬程 25 m	1 台
淡水泵	流量 358 m^3，扬程 58 m	1 台
凝结水泵	流量 115 m^3，扬程 90 m	1 台

21.3.2.2　系统运行状况

1.预处理效果

进入 MED 装置的海水要求悬浮物质量浓度不超过 300 mg/L（最好小于 50 mg/L）。取水口海水的 TSS 质量浓度一般为 100~500 mg/L，高时达 2 000~4 000 mg/L。运行实践表明，根据进水水质，控制三氯化铁加药量在 30~60 mg/L，聚丙烯酰胺加药量 0.1~0.2 mg/L，出水悬浮物质量浓度均能小于 20 mg/L，满足 MED 装置进水要求。另外，次氯酸钠采用连续加药和冲击加药相结合的投加方式，连续加药量为 1.0 mg/L，冲击加药每天 3 次，加药剂量控制在 3.0 mg/L。

2.MED 运行情况

MED 装置投运至今，运行一直较稳定，性能指标达到设计要求。2006 年 8 月委托国内某权威热工研究机构对 2 套海水淡化装置进行了性能考核试验，结果证明，1、2 号海水淡化装置可以在 50%~110%额定负荷下运行，制水量和产品水质均满足设计要求，主要试验结论如下：2 套海水淡化装置在 100%额定进汽条件下的出力分别是 10 579 m^3/d 和 10 527 m^3/d，满足 10 000 m^3/d 的要求；2 套海水淡化装置在 100%额定进汽条件下的造水比分别是 9.537 和 9.850，优于设计值 8.33；2 套海水淡化装置在 100%额定进汽条件下出水总溶解固体（TDS）质量浓度分别为 2.11 mg/L 和 1.69 mg/L，满足小于 5 mg/L 的要求；2 套海水淡化装置均具有 50%~110%变负荷运行能力。

3.淡水水质

本工程所产淡水水质稳定，经国家权威检验中心检验，所检项目完全符合《生活饮用水卫生标准》（GB 5749—2006）要求，淡水基本指标检验结果见表 21-13。

表 21-13 淡水水质基本指标

检验项目	限值	结果
色度	15	<5
浊度(NTU)	1	<0.5
臭和味	无	无
pH 值	6.5~8.5	6.8
菌落总数(cfu/mL)	100	1
总硬度(mg/L)	450	0
ρ(TDS)(mg/L)	1 000	3.7
COD_{Mn}(mg/L)	3	1

21.3.2.3 制水成本分析

本工程海水淡化生产自用水的成本包括设备折旧费用、耗电费用、化学药品消耗费用、热力费用、人工费用、维修费用等。制水成本见表 21-14。

表 21-14 海水淡化生产自用水成本 (单位:元/m^3)

项目	费用	说明
折旧费	0.99	总投资 2.28 亿元,30 年
电费	0.2	按发电成本价 0.2 元/kWh 计
化学药品消耗	0.28	
蒸汽费用	2.2	
人工费	0.05	按 10 人计,人均 4 万元/a
维修费	0.08	
淡水生产费用总成本	3.8	

该电厂实施海水淡化工程后,电厂自用水完全不取用其他淡水,节省了淡水取水费(约 5 元/m^3)、锅炉补给水预处理和闭式冷却水及其他工业水预处理水费用(约 5.5 元/m^3)。全厂自用淡水量(主要包括锅炉补给水、闭式冷却水、脱硫用水及生活用水)约 300 万 m^3/a,年节约淡水取水及预处理水费:300×(5+5.5−3.8)= 2 010(万元),故 2 万 m^3/d 海水淡化装置供电厂自用水的经济效益约 2 010 万元/a。

电厂运行的实践表明,2×1 万 m^3/d 低温多效蒸馏海水淡化装置可在 50%~100%的出力范围内进行调节和运行,产水含盐量小于 5 mg/L,额定条件下造水比可达到 8.33 以上。该海水淡化工程完全可以满足电厂运营的用水品质及用量要求,实现了大型火力发电机组零淡水取用的目标,并初步具备了向周边地区提供优质淡水的能力,为国内沿海地区电厂实现水电联产树立了典范。

21.3.3　华能威海电厂海水淡化工程

威海电厂为了解决淡水资源短缺而影响机组发电的问题，于2001年2月18日投产了日产2 500 t的海水淡化工程，截至2012年，海水淡化设备连续运行11年，各项指标都达到了设计要求。

威海电厂的海水淡化工艺原理是将经过杀菌、混凝过滤处理的海水经高压泵升压进入反渗透膜组件处理后制取淡水的。海水淡化系统分为预处理系统、一级反渗透系统、二级反渗透系统。一级反渗透系统出水电导率平均在350 μS/cm，一级反渗透系统出水电导率平均在5 μS/cm，为了达到锅炉用水的质量标准，还需对二级反渗透出水经混床离子交换处理，达到小于0.2 μS/cm的水质标准。

21.3.3.1　工艺流程及出水指标

海水取水泵→加NaClO系统→加PAC、PAM系统→多介质过滤器→活性炭过滤器→加亚硫酸氢钠、阻垢剂系统→5 μm过滤器→一级高压泵→一级反渗透→一级淡化水池→二级高压泵→二级反渗透→除炭器→二级淡化水池。

其出水指标为：一级反渗透出水电导率在230~380 μS/cm，脱盐率≥99.3%，产水量2×52 m^3/h，回收率为40%。二级反渗透出水电导率在3.5~8 μS/cm，脱盐率≥98%，产水量2×40 m^3/h，回收率为75%。

21.3.3.2　工艺系统介绍

1.预处理系统

海水取水系统：该系统配置3台耐海水腐蚀的取水泵，考虑到海水温度随季节而变化和反渗透膜运行的最佳温度为25 ℃，因此3台取水泵安装在不同的取水口。1号取水泵水源来自一期机组循环水泵房。2、3号取水泵水源分别来自2、3号机组凝汽器排水。

一级加药系统：包括电解海水制氯、聚合氯化铝（PAC）、聚丙烯酰胺（PAM）三个加药系统。电解海水制氯是通过电解天然海水，使海水中含有一定浓度的次氯酸钠（药液），利用加药泵将药液加入取水泵出口母管上，以消除预处理海水中的细菌、藻类等微生物。加药量是通过调节电解电流来维持多介质过滤器进水有效氯浓度为1 mg/L左右。加PAC、PAM是为了将海水中的悬浮物、胶体、颗粒凝聚长大，通过过滤除去。PAC、PAM加药量的控制是根据进水流量自动调节加药泵频率的比例调节方式进行的。

过滤系统：为了保证反渗透系统污染指数（SDI）小于等于4，系统设置六台（五用一备）多介质过滤器（石英砂和无烟煤）和四台（三用一备）活性炭过滤器。污染指数也可称为淤泥密度指数SDI。它主要是检测水中胶体和悬浮物等微粒的多少，是测定在一定压力和标准间隔时间内，一定体积的水样通过微孔过滤器（0.45 μm）的ISO塞率。多介质过滤器进水总流量为300 m^3/h，它可以滤除经预处理加药后所形成的矾花和原水带来的颗粒。活性炭过滤器用以吸附双滤料过滤器出水中的有机物和余氯，同时进一步降低反渗透系统进水的SDI值。多介质过滤器的反洗设空气擦洗，可以提高反洗效果，擦洗气源为罗茨风机提供。过滤器的反洗用水为多介质过滤器产水经反洗水箱收集所得。

二级加药系统：二级加药的目的是保护反渗透膜，防止膜结垢和受余氯的氧化。它包括加$NaHSO_3$和加阻垢剂。加$NaHSO_3$还原剂的目的是去除活性炭过滤出水的余氯，以防止其进入反渗透装置内,氧化反渗透膜。$NaHSO_3$ 的加药量控制是根据进水量自动调节加药泵频率的比例调节方式进行的。加药泵采用一用一备的方式运行。加阻垢剂的目的是防止浓水中的杂质在膜上结垢,采用的阻垢剂为进口复合“阻垢剂 100”,它是一种分散型隐蔽药剂,可以对堵塞膜微孔的铁胶体以及细小的颗粒起到分散的作用。阻垢剂的加药控制根据进水流量自动调节加药泵频率的比例调节方式进行。

2.一级反渗透系统

一级反渗透系统:系统由两套反渗透装置组成,日产水量为 2 500 t。每套装置由一套反渗透膜组件、一台 5 μm 过滤器和两台高压泵组成。反渗透膜组件安装在 17 个并联的压力容器内,每个压力容器内装 6 根膜元件,反渗透膜元件采用进口复合膜。过滤器的出力为 130 m^3/h,外壳采用不锈钢 316 L,内装 52 根长 40″的 5 μm 滤芯。它的作用是防止颗粒进入高压泵和反渗透膜。反渗透装置配置两台出力为 65 m^3/h、扬程为 6.3 MPa 的不锈钢增压及能量回收一体泵,简称一级高压泵。由于一级反渗透浓水的压力接近反渗透进水的压力,因此将反渗透浓水通过能量回收泵回收能量,可以节约电能,它的回收率达到 90%左右。考虑到海水温度影响膜的透水率,水温每升高 1 ℃,反渗透出水将增加 2.5%~3%。为了降低电耗,高压泵采用变频器控制,即用变频器调节高压泵的运行频率,使反渗透的运行压力适合其当时水温变化的要求,满足正常的产水量。

反渗透清洗系统:在反渗透膜组件长期运行后,膜表面会受到难以冲洗的有机物和微量盐分结垢的污染,而造成膜组件性能的下降,所以必须用化学药品进行清洗,以恢复其正常的除盐能力。二套反渗透装置设置一套共用清洗系统,此系统由 1 台清洗箱、1 台清洗泵、1 台过滤器及 1 台流量计组成。

反渗透冲洗系统:当反渗透系统停机时,因膜内部的水已经处于浓缩状态,在静止状态下,容易造成膜组件的污染,因此还需要用淡水冲洗膜表面,以防止污染物沉积在反渗透膜表面,影响膜的性能。系统设置 1 台冲洗泵和配管,冲洗水进入反渗透装置的方向与运行水流方向一致。

3.二级反渗透系统

二级反渗透系统按两套设置,日产水量 1 920 t。每套反渗透装置配置一台高压泵、一套反渗透膜组件和一套控制仪表。高压泵出力为 54 m^3/h,扬程为 1.4 MPa。因其进水为一级反渗透的产品水,所以选用高产水量的超低压膜元件,它具有产水量高、运行压力低的特点。每套反渗透膜组件配置 7 根压力容器,内装 42 根 BW-400 膜元件,采用一级两段(4:3)排列。系统还配置了除炭器,用以除去一级产品水的 CO_2,以利于后级水质处理。由于进水采用一级产品水,而一级产品水的主要成分是氯化钠,因此不设任何加药系统。

4.反渗透的保护系统

一级反渗透系统设置一级高压泵入口低压保护开关、出口高压保护开关。其作用是保护高压泵和反渗透膜。

二级反渗透系统在二级高压泵出口设置一个慢开电动门,当二级反渗透系统运行时,使膜元件逐渐升至一定压力,减小膜冲击。

5.反渗透的自动控制和仪表

反渗透系统采用PLC自动控制的方式运行。其运行和退出主要是控制高压泵的启动和停止来实现的。而高压泵的启、停是通过淡化水池的水位变化来决定的。系统的启动、停止和过滤器的反洗都是自动进行的。为了控制、监测反渗透系统正常运行,还配置了一系列的在线测试仪表。它包括ORP表、pH值测量仪、电导率表、流量计、压力表、取样装置等。

21.3.4　山东长岛县反渗透海水淡化工程

21.3.4.1　山东长岛县基本情况

长岛县是全国12个海岛县之一,是山东省唯一的海岛县,地处黄海渤海交汇处,是扼守京津的军事要地,地理位置十分重要。全县由32个岛屿组成,岛陆面积56 km^2,总人口达10万人。全县多年平均降雨量504.7 mm。因岛屿面积小而分散,可拦蓄的地表水少,可利用量更少,又无客水可用,超采极有限的地下水,已造成海水入侵,水质恶化。由于供水不足,只能定时限量供水、间断性供水。新中国成立以来虽然修建了大批水利工程,但因连续干旱,水利工程未能发挥应有的作用,也未能从根本上解决缺水问题,因此海水淡化成了长岛县解决淡水缺乏问题的唯一出路。

21.3.4.2　日产千吨级反渗透海水淡化示范工程情况

长岛县1 000 t/d反渗透海水淡化示范工程是国家重点科技攻关项目。该项目由山东省科委主持,国家海洋局杭州水处理技术研究开发中心承担。

该工程技术旨在建立中单位日产千吨级规模反渗透海水淡化示范工程,开发并形成千吨级反渗透海水淡化应用工程技术和产业化能力。

本反渗透海水淡化装置的工艺流程如图21-3所示。该工艺在国内首次应用压力式能量回收装置,可回收反渗透浓水近94%的能量,大大降低了海水淡化的能耗。具有能耗低,设备、管道布置、选材合理,操作工况优化,自动化程度高,运行平稳安全,噪声小,淡化水品质高的特点。

工程验收时实测得反渗透海水淡化主机耗电量仅3.38 kWh/t。耗电量之低已达国际先进水平,海水淡化厂至今已稳定运行多年。

21.3.5　加纳利海水淡化工程

加纳利群岛位于大西洋,地处欧洲南部、非洲西部,距西撒哈拉沙漠仅100 km,由13个火山岛组成,阳光、沙滩、海浪、仙人掌是加纳利的四大特点,由于地理位置优越,气候四季如春,因此被称为欧洲夏威夷,是著名的旅游胜地,每年游客多达1 000万人次。但这里一年几乎不下雨,年降水量仅330 mm。淡水是加纳利岛最为突出的问题之一,据翻译讲,这里原先人们用水都是靠空运解决,其成本之高可想而知。早在20世纪60年代末,西班牙政府就开始采用海水淡化装置解决淡水。

拉斯帕尔马斯(Las Palmas)是加纳利群岛中最大的一个岛屿,面积100 km^2,常住人口超过35万人,系群岛首府所在地。该岛因在大规模海水淡化建设方面走在世界前列,一直受到各国水处理同行的关注。

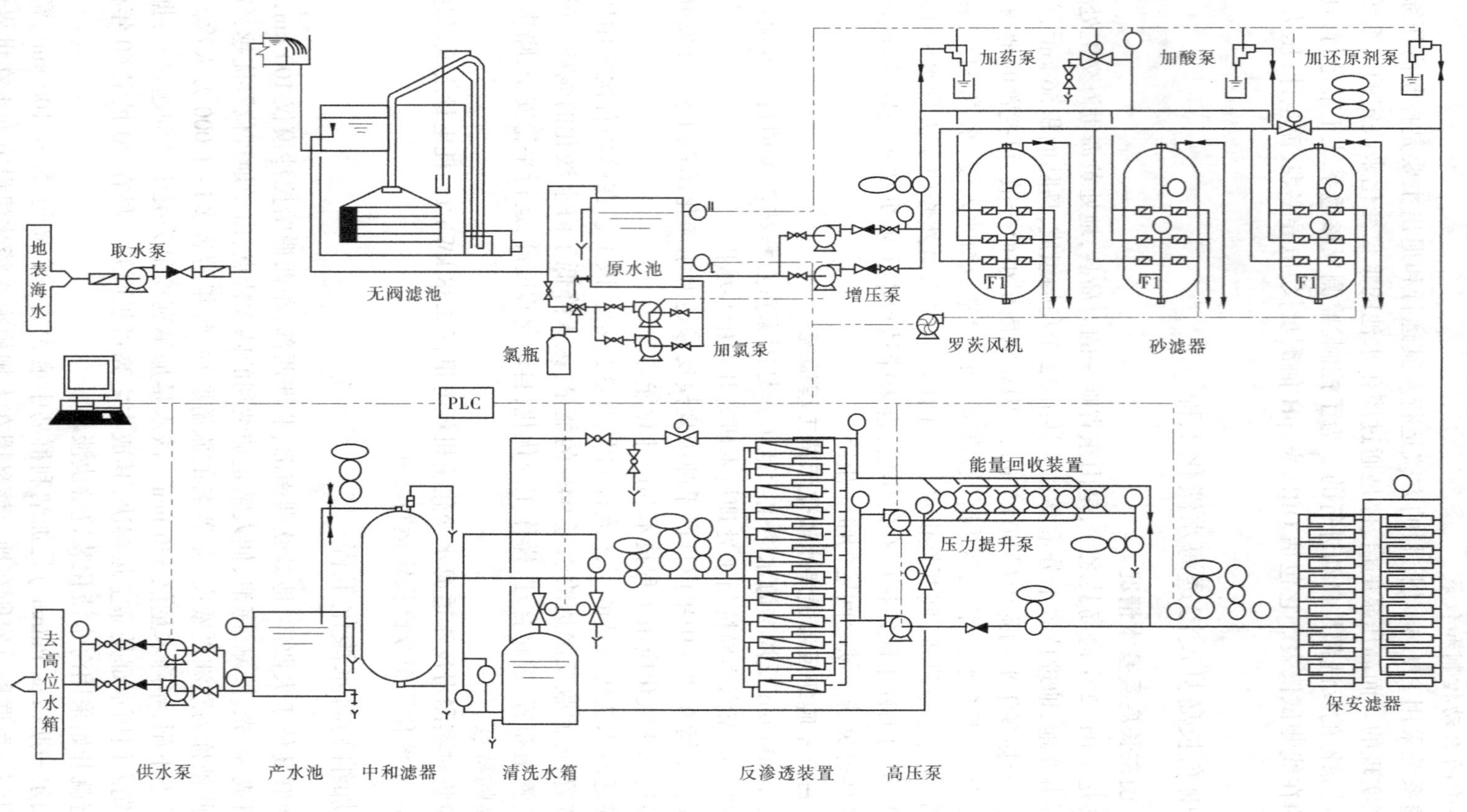

图21-3　山东长岛县反渗透海水淡化装置工艺流程

Las Palmas 的海水淡化系统进行了四期建设:一期工程是 1969 年首次安装了 4 座日产 5 000 t 的低温多效蒸馏(MED)装置;二期工程是 1981 年建造了两座日产 10 000 t 的 Babcock Wilcox 多效闪蒸(MSF)装置。但这两种工艺能耗太高,加之部分设备陈旧,在 1989 年政府投资建成 4 座 6 000 t/d 的反渗透装置即三期工程,1992 年进一步扩建了 2 座 6 000 t/d。1995 年一个叫 Emalsa 的公司获得了拉斯帕尔马斯三期工程的运行权,又新增了一座日产 8 000 t 的反渗透装置。1997 年,Emalsa 投资在一年内更换了所有的膜。为了确定预处理的效率和研究降低成本的可能性,Emalsa 另外投资建造了一套现场试验装置,用来考察操作参数的影响。试验装置的系统配置与实际装置相同,只是用了小型膜元件。按照严密的计划进行了运行参数的调制,然后逐渐将这些经验用在工业装置上,工业装置的性能得到了明显的改善。此外,经过对电控系统、高压泵的改造以及增加了能量回收系统,装置性能不断提高,产水量由 32 000 t/d 提高到 52 000 t/d,电耗由 6.6 kWh/m^3降低到 5.1 kWh/m^3,系统水回收率由 42%提升到 53%。

伴随着旅游业的发展,淡水需求激增,1999 年地方政府采用 BOT 运营模式又兴建一座 20 000 t/d 的反渗透海水淡化工厂即四期工程,新系统要求水回收率在 50%以上,产水含盐量低于 50 mg/L。

1998 年一家位于马德里名叫 INIMA 的工程公司获准承建该项目,系统工艺路线基于两级反渗透。设为 4 套装置,每套一级产水量 5 600 t/d。采用了高产水量、能耗低的海水膜,产水含盐量为 700~1 000 mg/L。第二级单套产水量 5 000 t/d,采用超低压苦咸水膜进一步脱盐。这种组合工艺流程获得了更低的能耗效果,以较低的运行成本得到了低于 50 mg/L 的产品水。这套系统由于采用了段间增压和能量回收技术,一级水的回收率超过 50%,二级回收率 90%。同时,包括所有的公用用电量、系统高压泵和海水提升泵的总能耗仅为 3.85 kWh/m^3。这一结果使我们看到了反渗透技术在海水淡化方面的广阔前景。

Las Palmas 的实践证明,大规模地淡化海水目前只有多级闪蒸、多效蒸馏和反渗透技术行之有效,而反渗透技术更是由于无相变、能耗低的特点,技高一筹,迅速占领了海水淡化市场。除反渗透膜本身性能的大幅改善外,还对工艺不断完善,尤其是新型余压能量回收器的发展,使得能量回收效率大大提高,比能耗大幅度降低,极大地促进了反渗透淡化技术的推广和应用,成为最具竞争力和发展速度最快的海水淡化技术。

21.3.6　日本冲绳海水淡化厂

冲绳北古海水淡化厂 1998 年建成,全部投资约 347 亿日元,由日本政府资助 80%。冲绳北古海水淡化厂生产水量为 4 万 t/d。该厂占地面积 12 000 m^2,回收率为 40%,淡化方式为反渗透法(RO 法),膜种类为反渗透膜,取水为海底取水管方式,放流为水中扩散放流方式。

21.3.6.1　主要工艺

由于海水淡化厂选址临近那霸海滨,所以该水厂原水采自距海岸 200 m、水深 9 m 的取水塔,处理完的回放水亦通过距海岸 200 m、水深 13 m 的放流塔放回大海。

海水自取水管自流入沉沙池,此时向沉沙池中投加药物杀菌,然后经过 2 次过滤,在此工程中投粉状凝结剂,2 次过滤都要加压。过滤后的水进入反渗透设备,每组设备处理水量为 5 000 t/d,共 8 组,总处理能力为 4 万 t/d。其中,一次过滤滤速为 290 m/d,二次过滤滤速为 400 m/d。多段之间输水管采用铜质,内衬尼龙、不锈钢、玻璃钢等防腐材料。

海水经过反渗透处理生成淡水,且水质达到生活饮用水的水质标准,淡化水与淡水厂出厂水混合后送往用户。每个流程产生的浊水回流到流放槽,经放流塔放回海域,其间产生的污水经浓缩和两次稀释,浓度降低 100 倍的污泥再经脱水(60%)处理后运输出厂综合利用(用于造砖原料及回填近海),以防污染环境。

距冲绳本岛较近的周围离岛,大多采用敷设海底输水管道方式直接供水,海底输水管道最大直径为 200 mm,长 13 km,管材为钢管,外防腐采用聚乙烯材料,1974 年投入使用的输水管至今运行状况良好。而距本岛较远的离岛岛屿则自行采用小型海水淡化设备供水。

21.3.6.2　工程特点

(1)本工程采用反渗透海水淡化装置,具有以下优点:

①不受气候(降雨量)影响;

②原水资源取水量不受限制、取水距离近、原水成本低;

③可提供稳定可靠的供水服务;

④技术先进、自动化程度高、劳动成本低;

⑤占地面积小、设备成套和建设工期较短。

(2)存在的主要问题有以下几点:

①淡化水质受海水水质、污染状况的影响较大,另外一个重要因素就是渗透膜的滤效。日本水道法规定:滤过水达 1%。北古水厂经与河水混合达 0.1%,完全符合规定标准。对于冲绳本岛以外的部分离岛供给淡化水的水质超标情况,多采取再次处理的方式解决。

②海水淡化生产成本相对较高(1 美元/t),特别是渗透膜的成本昂贵,目前日本已将降低膜成本列入研究课题。由于成本等原因,在日本目前淡化水主要还是承担补充调剂和后备水源功能。目前,北古水厂生产量约为 6 000 t/d,仅占供水能力的 15%左右,生产完全处于严格控制状态。

第22章　苦咸水淡化处理技术及工程实例

这里所说的苦咸水淡化不包括海水淡化，重点是村镇供水水源大量使用当地苦咸水的情况。

西北干旱内陆地区的许多村镇由于降水稀少，蒸发强烈，水资源天然匮乏，作为主要供水水源的地下水普遍含盐、含氟量高，大部分地区没有可替代的淡水资源。据估算，部分村镇地区水源的含盐量竟高达5 000 mg/L以上，硬度大于1 000 mg/L，而生活饮用水卫生标准规定溶解性总固体不得超过1 000 mg/L，硬度的上限为450 mg/L。研究经济合理的苦咸水淡化技术对该地区具有重要意义。

22.1　淡化方法与技术状况

目前，苦咸水淡化的方法很多，尤以蒸馏法和膜法最为成熟。其中的反渗透法、膜蒸馏法、盘式太阳能蒸馏法和降膜蒸发法的出水水质良好、适于饮用，在苦咸水淡化中具有一定的应用潜力。

22.1.1　反渗透法

反渗透技术是一种新型的膜法水处理技术，当今已在全世界范围内大量应用。世界上最大的采用反渗透技术进行苦咸水脱盐的工厂位于美国的Yuma市。反渗透膜法淡化苦咸水在我国的研究应用也十分广泛。

王立新等通过研究指出，采用反渗透膜法对不同含盐量的苦咸水进行脱盐淡化处理具有较强的适应性。尚天宠采用反渗透装置对咸阳国际机场供水进行了淡化处理，使水质较差、不宜饮用的苦咸水成为符合国家生活饮用水卫生标准和世界卫生组织饮水水质准则的优质水。何绪文等应用反渗透技术原理研究了煤矿苦咸水的处理工艺，对原水含盐量为2 000 mg/L的苦咸水进行了实验室和现场试验，整个系统产水率达80%，其出水水质优于国家饮用水标准。崔亚凡研究了反渗透技术用于处理高氟苦咸水的可行性，最终完成反渗透规模化、区域化、集中式处理高氟苦咸水的设计、施工与运行。杨涛完成了沧化18 000 t/d反渗透高浓度苦咸水淡化项目的总体设计研制过程及运行，造水较经济，有很好的示范作用。尚天宠还阐述了中国西部陕西、甘肃、宁夏、青海、新疆5省(区)苦咸水理化特征，通过不同技术淡化苦咸水的工程实例，说明膜分离技术中反渗透是一种合理有效的苦咸水淡化方法。

现有研究表明，反渗透法有很多优点：无相态变化、常温操作、设备简单、占地少、操作方便、能量消耗少、适应范围广和出水质量好等。其最大特点是它具有脱除水中的各种离子、大部分的有机物、胶体、病毒、细菌、悬浮物等的“广谱分离”特性。但反渗透法也有其技术瓶颈。该法需要严格的预处理过程，无论地表水或地下水，都含有一些可溶和不可溶的有机物与无机物，当水的浊度过高时，较多悬浮物质就会淤积在膜表面，使水中硬度过高而导致结垢和流道堵塞，最终造成膜组件压差增大、产水量和脱盐率下降，甚至使膜组件报废。此外，定期的膜清洗和更换也是该法应用成本较高的原因。

22.1.2 膜蒸馏法

膜蒸馏的概念首先是由 Weyl 于 1967 年提出的，该法以疏水性微孔膜两侧蒸汽压差为传质推动力，在膜蒸馏过程中，当料液流过膜表面时，难挥发的物质被截留，而易挥发的物质（通常为水）以蒸气的形式透过膜，使难挥发物质在膜表面处的浓度高于其在料液主体中的浓度。1983 年，瑞典的 L.Carlsson 在第一届脱盐与水再利用世界会议上报道了膜蒸馏法用于海水脱盐的试验结果，该装置每天可产水 5 m^3。1985 年，瑞典的 N.Kjellander 等在大西洋海岸的岛屿上建立了两套平板膜蒸馏海水淡化的中试设备，试验结果表明膜蒸馏装置操作稳定，数据重复性好，得到了优质的产品水。现在，国外已开发出的一种直接接触膜蒸馏装置，在 400 h 以上的试验中纤维孔完全没有被沾湿，组件也不需要清洗，展示了这种中空纤维膜和组件卓越的直接接触膜蒸馏潜力。在我国，郭兴中发明了一种高效率、低成本的膜蒸馏海水淡化法，将过滤后的海水进行微细气泡化加压浮除前处理，再经过微细气泡化气水混合的二次处理，将均匀气水混合状态的工作液体送至淡化装置，使含有大量饱和水蒸气的高含气量工作液体轻易透过装置内的多孔疏水性薄膜，最后将透过薄膜的水蒸气分子凝结成净水。于贤德等将聚偏氟乙烯中空纤维微孔膜组装成外径为 100 mm、长度为 500 mm 的单元膜组件，在减压膜蒸馏海水淡化试验中，海水温度为 55 ℃时，经一次过程获得的淡化水含盐量均低于自来水的含盐量，脱盐率达 99.7%以上，渗透通量达 5 kg/(m^2 · h) 以上。研究表明，膜蒸馏具有以下优点：截留率高（若膜不被润湿，可达 100%）；操作温度比传统的蒸馏操作低得多，可有效利用地热、工业废水余热等廉价能源，降低能耗；操作压力较其他膜分离低；能够处理反渗透等不能处理的高浓度废水。然而，目前膜蒸馏尚未被商家接受而全面进入工业应用，其研究尚需要在以下几方面取得突破：研制出价格低、通量大、耐用性好的膜，尤其是中空纤维膜；设计出传热、传质性能优良的膜组件；解决膜蒸馏过程中的膜污染和膜润湿问题；提高热量利用率，降低膜蒸馏过程的能耗。

22.1.3 降膜蒸发

水平管降膜蒸发是溶液在重力、离心力及界面剪力的作用下，由一个水平管向下滴落到与其串联的另一个水平管上，沿加热管外壁呈膜状向下流动，并依靠管内介质的加热而不断蒸发产生二次蒸汽的过程，并在加热管外形成气液两相共存的流动状态。该过程是溶液中的水分由液相向气相转移的热质传递过程，其热传递主要依赖导热和对流换热，质传递主要依赖分子扩散和对流扩散。水平管降膜蒸发法是 20 世纪 70 年代发展起来的一项淡化技术。1992 年 O.A.Hamed 考察在南加利福尼亚运行了 10 年的水平管蒸发器，经济分析表明其投资少、操作费用低。低温水平管蒸发器操作温度一般为 40~70 ℃。例如，以色列 IDE 公司开发的一种水平管蒸发器在低温下操作，各效集中在一个水平圆筒中，节省了流体输送功，最高操作温度 62.9 ℃，共 7 效，造水比可达 5.8~6.2。由于是低温操作，散热少、阻垢剂用量少，设备的材料腐蚀轻，全装置都用铝材，节省投资。另外，低温操作还便于利用低品位的热源，比如可更有效地利用太阳能。Abu Dhabi 地区建有当时世界上最大的一套太阳能水平管淡化器，产量为 120 m^3/d，经几年实际操作，运行稳定，热效率较高。该方法的优点是在传质传热方面的突破性，传统的蒸发是在液体的表面进行的，该法为了降低苦咸水的热容，使苦咸水在蒸馏过程中呈膜状存在，充分利用了系统的热能，极大地提高了系统运行过程的温度，使蒸馏得以更高效率地进行。但该系统管道的安装、布置、配水等关键参数的确定比较复杂，对管理人员的要求比较高，因此在工业上的应用还比较少，实际应用条件还在进一步优化中。

22.1.4　盘式太阳能蒸馏法

盘式太阳能蒸馏法是最古老、最简单的太阳能蒸馏法。具有倒 V 形玻璃顶盖的密封盘中的水吸收了太阳辐射能蒸发，在顶盖上遇冷凝结，沿着顶盖收集到底板的集水槽中。世界上第一个大型的盘式太阳能海水淡化装置是 1872 年由瑞典工程师 C.Wilson 设计的，建造在智利北部的 Las Salinas 装置运行了将近 40 年。它由许多宽 1.14 m、长 61 m 的盘形蒸馏器组成，总面积 4 700 m^2。在晴天条件下，它每天生产 23 000 L 淡水（4.9 $L/(m^2 \cdot d)$）。Pasteur 于 1928 年首先报道了用球面反射镜聚光，进行太阳能蒸馏的试验。但早期的太阳能淡化技术产水量低，初期成本太高，随之发展出动力强化的盘式太阳能蒸馏技术，大大提高了装置效率。我国的张小燕、郑宏飞等进行了多级叠盘式太阳能蒸馏器的研究，采用了真空管太阳能集热器加热苦咸水进行蒸馏，并在实际天气条件下测试、运行，取得了理想的淡化效果，最高产水量可达 800 g/h。盘式蒸馏器性能虽比不上结构复杂、效率更高的主动式太阳能蒸馏器，但因其结构简单，制作、运行和维护都比较容易，以生产同等淡水的成本计，盘式蒸馏器仍优于其他类型的蒸馏器，因而它仍具有较大的市场价值。

22.2　淡化方法适应性分析

综上所述，以上方法在淡化苦咸水时各有其优缺点：盘式太阳能蒸馏法和降膜蒸发法都对苦咸水的盐度和水质没有特别的要求，而反渗透法处理的盐度范围存在上限，膜蒸馏法则因膜的性能而对不同进水要求各异；在能源消耗方面，反渗透法消耗电能，膜蒸馏要消耗电能和汽能，而盘式太阳能蒸馏器和降膜蒸发只需要消耗太阳能；由于各个系统的复杂程度不同，其技术要求也有高低之分。鉴于村镇的用水量少、技术管理程度低、能源供应较少、科学技术欠发达的现状，技术操作和维护最为简单的当属盘式太阳能蒸馏法。表 22-1为各种苦咸水淡化方法在中小城镇适用程度的比较情况。

由表 22-1 可见，对于村镇而言，盘式太阳能蒸馏和太阳能降膜蒸发的适用性更强，针对它们各自的缺点，还有许多地方需要改进。以盘式太阳能蒸馏法为例，可由单级的蒸馏器改造成多级的形式、加入太阳能集热器提高太阳光的利用率、将蒸发器部分与凝结器分开促使蒸发潜热的利用等方法都可提高产水率。

表 22-1 适合村镇的苦咸水淡化方法比较

比较项目	膜法		蒸馏法	
	反渗透	膜蒸馏	盘式太阳能蒸馏	降膜蒸发
适用盐度范围	较高,但低于 100 g/L	不太稳定	任何盐度	任何盐度
能源	电能	汽、电能	太阳能	太阳能
规模	大、中、小	小	大、中、小	中、小
水质要求	广谱分离法,但 SS 含量不宜过高	硬度不宜过大	几乎没有	几乎没有
技术要求	中等	较高	较低	较高
村镇适用程度	较高	较高	高	高
村镇限制因素	繁杂的预处理和高昂的膜造价	膜清洗和更换的造价高	装置的效率	实际工程应用少,技术控制难

22.3 工程实例

22.3.1 沧化 1.8 万 t/d 反渗透高浓度苦咸水淡化工程

22.3.1.1 项目概述

沧州地区的淡水资源严重匮乏,年人均水资源量仅为全国年人均的 8%,靠近渤海,淡水资源更加缺乏,供应紧张,严重制约了当地工农业的发展,当地居民也不得不常年饮用含盐量超标的苦咸水。经当地水文地质部门勘测,该地区 50~250 m 浅层地下水储量丰富,含盐量在 10 000~20 000 mg/L,成分复杂。

经长时间的调研和论证,决定采用先进的反渗透技术,处理这部分浅层地下高浓度苦咸水,建设 1.8 万 t/d 苦咸水淡化装置。

主要技术指标定为:淡化水产量 18 000 t/d;反渗透系统回收率≥75%;单位耗电量≤3.15 kWh/t;淡化水水质符合我国生活饮用水卫生标准,其中总溶解固体<500 mg/L。

22.3.1.2 总体设计及研制

日产 1.8 万 t 淡水反渗透高浓度苦咸水淡化工程工艺流程如图 22-1 所示。

22.3.1.3 取水

经勘探试验,确定了本水源地的两个开采段,即Ⅵ开采段 0~120 m,Ⅶ开采段 120~250 m,且两开采段含水层岩性均以粉沙为主;确定了同取水层两眼井的间距为 1 500 m左右,不同取水层两眼井间距 40~50 m 的井群布置方案。这样既保证水量的充足供应,又可减少井群布置面积,节省输水管线。同时针对高浓度苦咸水腐蚀性大的特点,在井管和多级离心潜水泵的选材方面都作了特殊的要求和处理,并经试验确定了合适的材质。

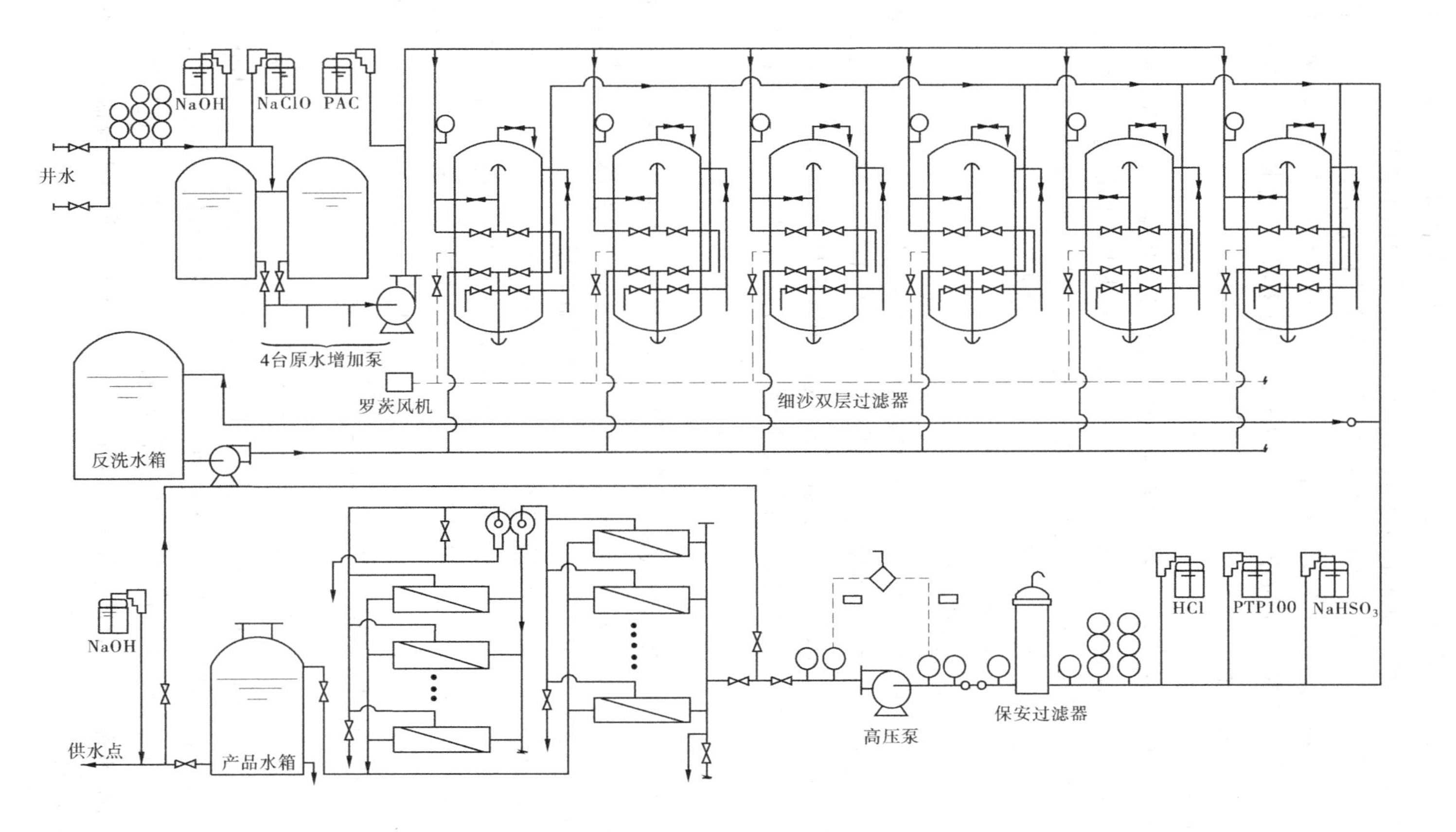

图 22-1　沧化 1.8 万 t/d 反渗透高浓度苦咸水淡化工程工艺流程

根据设计的原水指标和原水需求量,结合水源地水文地质条件如各开采段的单井涌水量、水质,以及将来整个水源地开采运营管理等条件,对水源地咸水各开采段不同混合比例的水质进行了计算,首先用体积加权平均求出各勘查试验段的水质平均值,再用各段水质平均值按不同体积的混合比例试算混合咸水水质。经过分析对比,在选用两眼备用井的基础上,最后确定了30眼井的开采方案。从实际运行来看,此取水方案水质稳定可靠,保证了装置的稳定运行。

22.3.1.4　预处理

无论是海水淡化,还是苦咸水脱盐,给水预处理是保证反渗透系统长期稳定运行的关键,在制订该项目预处理方案时必须充分考虑到:高浓度苦咸水含盐量高,硬度高,易腐蚀,易结垢;由于开采段在粉沙层,且水中 Fe^{2+} 含量较高,使原水的浊度较大;反渗透淡化系统采用膜材料为芳香聚酰胺的膜元件,其耐氧化性差,对给水余氯含量有一定要求。从上述因素出发,制订了如下预处理方案。

1.原水池简单曝气,次氯酸钠氧化除铁、杀菌

为防止原水中细菌和微生物的生长,在预处理中必须对原水进行杀菌。考虑到沧化集团自产次氯酸钠,故选用次氯酸钠作为杀菌剂。由于原水中 Fe^{2+} 含量较高,大大超出了进入反渗透膜的 Fe^{2+} 含量要求,必须在前面除去。为此,在试验装置上进行了除 Fe 试验,为了简化流程,在试验基础上,采用了氧化加简单曝气,结合直流过滤,除 Fe 并杀菌的方法。

2.混凝过滤

混凝过滤旨在去除原水中胶本、悬浮杂质,降低浊度,在反渗透脱盐工程中通常用污染指数来计量,要求进入反渗透系统的给水污染指数(SDI)$\leqslant 4$。从高浓度苦咸水的特征出发,选用了聚合氯化铝(PAC)作为混凝剂,采用表面接触混凝过滤的办法。采用细沙和无烟煤等粒径相近的细沙双滤料过滤器作为预处理的主要过滤手段。

细沙双滤料过滤器是将双介质过滤器和细沙过滤器的有机结合,将两道过滤合并为一道过滤。预处理系统设置了24台细沙双滤料过滤器,滤速控制在7 m/h以下。该系统具有很强的操作稳定性、运行连续性和缓冲能力,在运行中,出水的污染指数值始终小于3.0,大部分运行时间在1.0~2.0,完全符合反渗透淡化系统给水的浊度要求。

3.防止结垢沉淀

由于高浓度苦咸水中很多易结垢的离子含量偏高,淡化系统回收率高达75%。在淡化过程中因浓缩会产生难溶无机盐类沉淀,影响反渗透膜的使用效果和寿命。因此,必须添加阻垢剂。目前国内外常用的有六偏磷酸钠、硫酸或专门研制的复合阻垢剂。由于水质成分复杂,易结垢离子较多,所以只好选用了国外进口的复合阻垢剂。通过烧杯和小试试验,确定了阻垢剂的类型及合适添加量,有效防止了难溶无机盐类由于脱盐浓缩,在反渗透膜表面结垢沉淀。

4.控制和操作系统

DCS 将对细沙双滤料过滤器进行自动顺序控制,包括过滤器投运、停止、反洗和正洗,并可实现手动控制、自动控制、半自动控制。

22.3.1.5　反渗透淡化系统

1.采用国产海水膜元件及引进关键设备

通过认真权衡和比较,最后选用了北方膜工业公司生产的海水膜元件,用量达 1 050 支。

除膜元件以外的关键设备如高压泵、能量回收装置等,为保证质量,提高可靠性,通过分析和比较,从国外引进了高压泵和能量回收装置。

高压泵采用四级离心泵,具有高效、运行平稳等特点。其材质为双相不锈钢,耐腐蚀程度很好,可应用于海水。

能量回收装置采用水力透平机结构,安装在一段和二段膜元件中间,不仅回收浓水能量,还用于段间升压。利用第二段浓水压力给第一段浓水升压,其材质为高合金不锈钢 2205,耐腐蚀程度远高于 3161。

2.工艺和控制系统

自动控制系统是以微处理机为基础的可编程控制器(PLC)和操作员站组成的分散控制系统(DCS),与部分现场仪表、现场控制设备组成。实现对整个工艺系统的检测、控制、报警、联锁及事故处理等功能。

DCS 对反渗透装置进行自动顺序控制,并可实现手动控制、自动控制、半自动控制,反渗透系统的启停操作可以由 PLC 实现顺序控制,也可以在控制室通过工控机的键盘对反渗透系统的每一个设备进行手动单操,并通过 CRT 监视各设备的运行状态。

对淡化系统水质、温度、流量、余氯及 pH 值等相关物理模拟信号实现显示、存储、统计、制表和打印。

为确保系统自动、安全、稳定运行,在工艺和控制技术方面采取如下措施:

高压泵前、后分别设置低、高压保护开关,当给水流量和压力出现反常时,系统将自动联锁报警、停机,以保护高压泵和反渗透膜元件。

为防止高压泵突然启动升压产生对反渗透膜元件的高压冲击,破坏反渗透膜,本工程在高压泵出口装设了慢开电动截止阀,当给水高压泵启动时,该阀接受 PLC 的指令信号,慢慢开启,以防止发生水锤,损坏膜元件。

淡化水冲洗系统。一旦反渗透装置停止运行,即启动淡水冲洗系统,置换出反渗透膜组件中的浓缩水,以防止处于亚稳定状态的过饱和微溶盐在停车期间出现沉淀。

为防止操作人员误操作,系统在实施每一步实际操作时,上位机程序画面都要提示操作人员进行两次确认。确认正确后,系统才可投入运行。

22.3.1.6　降低能耗

1.形成规模生产

扩大高浓度苦咸水工程的规模,形成规模生产,可以节省投资,使设备达到最佳运行状态,节省运行费用,节省能耗,从而降低制水费用,沧化日产 1.8 万 t 淡水项目在这方面已有所体现。

2.采用能量回收装置

本工程在一、二段膜堆中间设置了 HTCⅡ-450 能量回收装置,以回收将排放的高压浓水的能量,用于段间增压,实际运行中其效率达 70%,使反渗透高浓度苦咸水淡化系统能耗降低30%左右。

22.3.1.7　运行情况与结果

日产1.8万t高浓度苦咸水淡化项目于1999年6月开始设计及设备选型和制造工作,2000年3月开始安装工作,9月中旬试运行产水。

表22-2、表22-3分别列出了系统试运行的操作参数及性能和淡化水水质分析结果。

表22-2　高浓度苦咸水淡化系统试运行数据

项目	单位	设计值	实测值
井水取水量	m^3/h	1 060	1 054
淡化水产量	m^3/h	750.8	772.4
淡水水质	mg/L	<500	247.2
水回收率	%	75	77
水温	℃	25	16.6
耗电量	kWh	2 000	1 985
单位产水耗电量	kWh/m^3	3.15	2.75
反渗透进水压力	kg/cm^2	38.8	38.2
能量回收率	%	28~30	29.8
化学剂注入量			
NaClO	mg/L	10	8
PAC	mg/L	8	5
$NaHSO_3$	mg/L	3	3
阻垢剂	mg/L	2.7	2.5

表22-3　淡化水水质分析结果

项目	混合井水	淡化水	国家饮用水卫生标准
电导率(25 ℃)(μS/cm)	21 271.72	477.02	
总固体TDS(mg/L)	12 891.95	247.16	1 000
pH值	7.5	5.9	6.5~8.5
碱度(mg/L)(以$CaCO_3$计)	522.92	17.51	4.5
硬度(mg/L)(以$CaCO_3$计)	3 327.66	27.52	
K^+、Na^+(mg/L)	3 659.23	86	
Ca^{2+}(mg/L)	270.54	4.01	
Mg^{2+}(mg/L)	644.48	4.26	
全Fe(mg/L)	2	0.02	0.3

续表 22-3

项目	混合井水	淡化水	国家饮用水卫生标准
Mn^{2+}(mg/L)	0	0	0.1
HCO_3^-(mg/L)	637.66	21.36	
CO_3^{2-}(mg/L)	0	0	
Cl^-(mg/L)	6 638.01	134.71	250
SO_4^{2-}(mg/L)	1 344.84	7.2	250
NO_3^-(mg/L)	<0.01	0	2
SiO_2(mg/L)	10	<1.0	
游离 CO_2(mg/L)	0	0	

通过连续运行 1 000 多个小时的考核和测试表明，该工程运行参数稳定，设备正常、自控满足工艺需求，性能指标达到了设计要求，日产淡水 1.8 万 t 以上，反渗透系统水回收率>75%，将浓度 1.3 万 mg/L 左右的苦咸水脱盐至 500 mg/L 以下，水质优于国家饮用水标准。生产 1 t 淡水耗电 2.92 kWh，达到了预期的技术经济指标，该项目的工程技术和经济指标已接近国际先进水平。

22.3.1.8　经济分析

该反渗透高浓度苦咸水淡化工程不仅改善和扩大了沧化集团新厂区的供水系统，缓解了供水紧张局面，提高了供水水质，还从系统整体上提高了供水的安全性和保障率。同时每年给沧州市节约淡水约 600 万 t。也对国内同类地区水资源的开发利用具有很好的示范作用，社会效率明显。由于循环冷却水的水质改善，可以节省大量的处理药剂，给主装置节能降耗。

1.反渗透工程造水成本计算依据

生产能力 1.8 万 t/d；工程总投资 7 300 万元；利率长期 6.03%，短期 5.85%；装置开工率 8 000 h/a；电费 0.42 元/kWh；单位产水能耗 2.92 kWh/t；职工 14 人，人年均工资24 000 元；折旧年限 20 年；RO 膜寿命 5 年；维修费按总投资的 1%计。

2.吨水成本

折旧费（含利息）0.69 元，水资源费 0.21 元，电费 1.23 元，化学药剂费 0.68 元，膜更换费 0.24 元，维修和大修费 0.45 元，工资福利 0.09 元，管理费 0.10 元，合计 3.69 元。

22.3.1.9　结论

沧化 1.8 万 t/d 反渗透高浓度苦咸水淡化工程在水处理界同仁的大力支持和帮助下，通过参加者的共同努力，最后取得了成功。同国内现有反渗透技术相比，处理规模、处理难度、自动化程度等方面都有了较大提高。该项目总体设计工艺先进，设备布置合理。段间能量回收装置系在国内高浓度苦咸水淡化工程中首次采用，有助于节能降耗。该项目所处理的原水含盐量高，成分复杂，腐蚀性大，处理难度高。装置的总产量为国内最大。采用国际先进的 DCS 控制系统，保证了系统运行安全可靠。结合预处理过滤器变速运行设计,实现了装置运行的连续化、自动化。反渗透膜采用国产的高通量海水膜,不仅对国产膜应用推广有着重要的示范作用,还为高浓度苦咸水淡化提供了较经济的一种模式。

22.3.2 甘肃庆阳纳滤淡化高氟苦咸水示范工程

甘肃庆阳的纳滤淡化高氟苦咸水示范工程规模 5 m^3/h,系统操作压力 1.2 MPa。运行结果表明,纳滤工艺可有效去除苦咸水中的氟离子及其他有害离子,处理后淡化水 $F^- \leqslant 0.11$ mg/L,符合《生活饮用水卫生标准》(GB 5749—2006)要求。系统长期运行稳定,产水量基本保持恒定。

22.3.2.1 示范工程苦咸水状况

1.原水水质

原水的 pH 值为 8.3。从表 22-4 中可以看出,示范点苦咸水水质各项指标严重超标,而且氟化物的指标超出 GB 5749—2006 近 1 倍,长期饮用会对当地群众的身心健康造成危害。

2.工艺方案设计

根据示范点的水质情况,纳滤膜元件采用国产的 BDX4040 系列的纳滤膜 BDX4040N-90,该型号膜组件的稳定脱盐率为 85%~95%(NaCl)、95%($MgSO_4$),具有面积大、水通量大、单根脱盐率高、稳定性好的优点。采用一级二段排列方式,7 支 3 芯压力容器,成 4∶3两段式串并联组合。将 3 支膜串联置于一个压力容器中为 1 组,共组成 7 组,其中 4 组并联为一段,3 组并联为二段,再将一、二段串联,实现回收率 70%以上和低工作压力的理想组合。

表 22-4　示范工程原水水质

项目	单位	指标值
K^+	mg/L	15
Na^+	mg/L	1 779.32
Ca^{2+}	mg/L	117.84
Mg^{2+}	mg/L	121.99
Fe^{3+}	mg/L	0.75
Cl^-	mg/L	1 310.66
SO_4^{2-}	mg/L	2 541.75
HCO_3^-	mg/L	217.56
NO_3^-	mg/L	1.2
NO_2^-	mg/L	0.5
F^-	mg/L	1.7
总硬度	mg/L	796.6
暂时硬度	mg/L	178.6
永久硬度	mg/L	617.9
总矿化度	mg/L	6 105.2
溶解性总固体	mg/L	6 016.4

3.装置的工艺流程

纳滤膜装置的工艺流程是由预处理和除盐两部分组成。预处理系统的作用是对原水进行初级处理，去除水中的杂质和污染物，使其符合纳滤膜进水的要求。根据原水水质情况，纳滤膜水处理装置的预处理系统包括原水泵、多介质过滤器、精密过滤器、阻垢加药及pH值调节系统、监测仪表等。除盐系统由纳滤淡化（5 m^3/h）装置组成，工艺流程见图22-2。

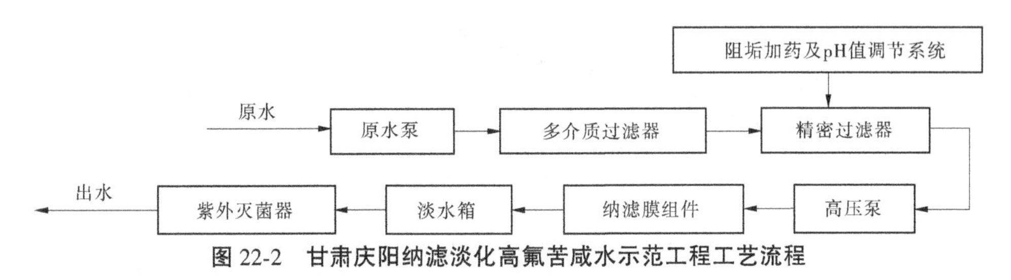

图22-2　甘肃庆阳纳滤淡化高氟苦咸水示范工程工艺流程

纳滤装置设有高、低压自动保护、在线pH值的电导自动检测系统。整个系统配置一套过程控制器，能实现运行、备用、冲洗等自动和手动操作功能。

4.纳滤膜装置的操作条件

产水量5 m^3/h，进水温度≥15 ℃，进水压力≤0.2 MPa，回收率≥70%，脱盐率NaCl>85%、$MgSO_4$>95%，纳滤膜型号BDX4040N-90，操作压力0.7~1.3 MPa，有效膜面积147 m^2。

5.规模

本示范工程的产水量为5 m^3/h，日运行时间按10 h计，产水量为50 m^3/d，如果按每人饮用水量5 L/(人·d)计算，该工程可供水人口为10 000人，这样可基本上解决全乡人口的饮水问题。

22.3.2.2　示范工程运行情况

1.系统操作压力与氟离子去除效果的关系

调节装置正常运行的情况下，调节压力为0.3 MPa，待运行稳定后，收集纳滤出水样。以此类推逐步进行压力分别为0.5 MPa、0.7 MPa、0.9 MPa、1.1 MPa、1.2 MPa、1.3 MPa、1.4 MPa的试验。测得各压力变化条件下的出水氟离子含量，计算出不同压力下的氟离子去除率。结果如图22-3所示。

从图22-3可以看出，当压力为0.3~0.9 MPa时，经过纳滤装置处理后，出水中氟离子浓度较原水大为下降，去除率达到90%以上。当压力为0.3 MPa时，原水经处理后氟离子残余量为0.018 mg/L，去除率高达99%。随着压力的不断增大，出水中的氟离子含量也在不断增加，氟离子的去除率有所减小。当增至1.4 MPa时，去除率下降到88%。这充分说明当压力过高时对氟离子去除效果有一定的影响。其主要原因可能是当压力不断增大时，在膜表面施加的压力也在不断增大，膜孔径就会在压力的作用下有所增加，少部分氟离子会在压力的作用下产生穿透的现象，就如同筛分原理。

2.系统操作压力与水回收率的关系

调节装置正常运行的情况下，调节压力为0.3 MPa，待运行稳定后，观察装置产水量

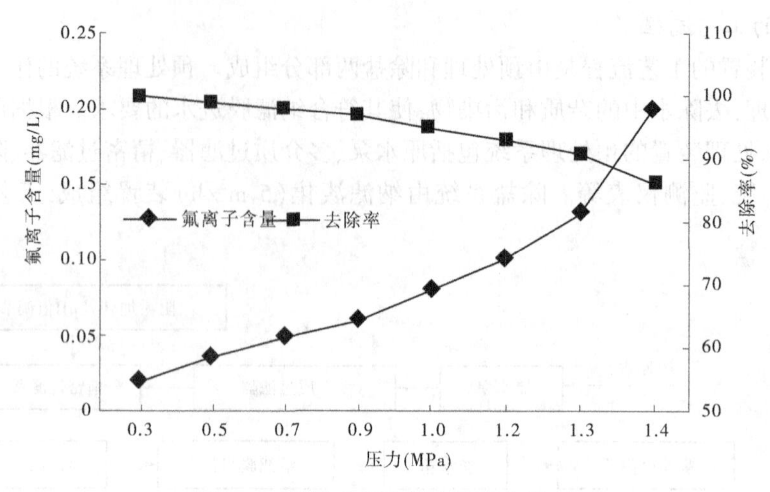

图 22-3　压力与氟离子去除率的关系

及水回收率。以此类推逐步进行压力分别为 0.5 MPa、0.6 MPa、0.7 MPa、0.8 MPa、0.9 MPa、1.1 MPa、1.2 MPa、1.3 MPa、1.4 MPa 的试验。在各压力条件下,测试装置产水量及水回收率。结果如图 22-4 所示。

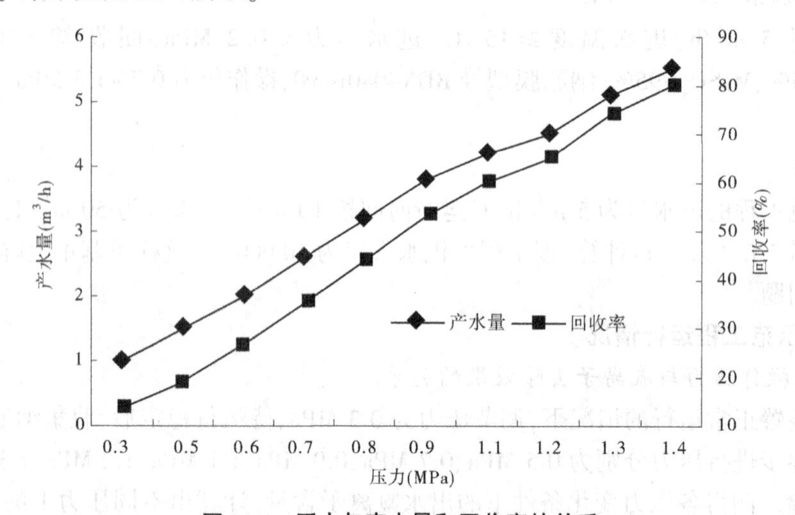

图 22-4　压力与产水量和回收率的关系

从图 22-4 可知,产水量随着进水压力的增大而增加,当进水压力升高时,产水量也增加,水的回收率也在增加。从图 22-4 中可以看出,压力与产水量和回收率均基本呈直线关系,压力增大,产水量、回收率增大,当压力在 1.2 MPa 时,纳滤膜的产水量和回收率已达到装置的设计要求,同时当压力超过 1.2 MPa 后,纳滤装置的除氟效果迅速降低。因此,按照设计要求,装置长期运行的操作压力选 1.2 MPa 为宜。这样可以保证氟离子的有效去除,而且产水量也能达到设计要求。

3.装置运行情况

示范点工程的合同于 2007 年 4 月签订,2007 年 5 月开始设计及设备选型和制造工作,2007 年 7 月开始安装,7 月底试运行产水。在运行过程中进行了前期的系统操作压力与氟离子去除效果的关系、系统操作压力与水回收率的关系试验。装置运行的操作压力为1.2 MPa。装置已运行多年，在运行期间，产水量一直保持在5 m^3/h以上，水回收率保持在75%以上，出水水量和水质完全满足设计要求，达到预期效果。

4.纳滤产水水质

取进水压力为1.2 MPa，回收率在75%以上时纳滤产水的水样，对其水质进行分析，结果见表22-5。从表22-5可以看出，纳滤后出水水质达到国家《生活饮用水卫生标准》(GB 5749—2006)要求，F^-去除率≥90%，很好地解决了农村安全饮水的问题。

表22-5　纳滤进出水水质

项目	单位	进水	出水
pH		8.3	7.62
F^-	mg/L	1.72	0.11
Na^+	mg/L	1 779.32	266.9
溶解性总固体	mg/L	6 016.47	638.02
矿化度	mg/L	6 105.25	915.78
HCO_3^-	mg/L	217.56	19.3
Ca^{2+}	mg/L	117.84	7.25
Mg^{2+}	mg/L	121.99	9.81
SO_4^{2-}	mg/L	2 541.75	38.13
Cl^-	mg/L	1 310.66	237.65

5.纳滤产水成本核算

根据本装置运行情况进行产水成本核算，土建费、打井费和提水费未计入。核算结果如下：装置生产能力5 m^3/h，纳滤膜3.2万元，耗电功率8.5 kW，纳滤膜元件平均使用寿命5年，膜更换费用32 000÷5÷360÷10÷5＝0.35(元/m^3)，电费8.5×0.51÷5＝0.88(元/m^3)，试剂与耗材0.08元/m^3，制水成本合计0.35+0.88+0.08＝1.31(元/m^3)。

6.供水情况

设备运行多年来，运行情况良好。水站采用蓄水池蓄水，集中定时供水的方式进行供水，取水站收取一定的费用来维持水站的运行。在供水区范围内约有70%的农民长期从水站取水用于饮水。

第23章 空中水利用技术及工程实例

23.1 空中水资源总量及特性

空中水资源主要是指大气中的含水量,包括气体状态的水(汽)和固态、液态的水(云)。全球大气中的总含水量约为12 900 km³,其中大约80%集中在离地面2 km的大气层内。据气象观测资料和卫星遥感观测数据推算,全球大气云中的含水量大约是90 km³,与大气中气体状态的水量比,"云水"仅占0.7%。人类生存、社会发展、生态维持需要的水主要来自大气降水。据粗略估计,海洋每年的蒸发量为425 000 km³,直接在海洋上形成的降水为385 000 km³,约有41 000 km³降水在地上形成径流。

我国多年平均降水总量为61 889亿m³,其中90%由境外输入的水汽形成,10%由内部蒸发的水汽形成。据专家测算,我国大陆上空多年平均水汽总输入量182 154亿m³,总输出量158 397亿m³,净输入量23 757亿m³,水汽利用率(净输入量与总输入量之比)为13%。其中南界净输入量最大,西界和北界亦为正输入,只有东界为净输出,且输出量为输入量的2.5倍。

空中水资源是以各种形态存在并不断地循环变化和发展的。据研究,要维持每年的降水量,大气中的水汽需每年补充约45次,即大气中的水分平均8 d循环一次。蒸发到大气中的水分以水汽形态存在8 d、以云形态存在1.8 h、以雨滴或雪花形态存在13 min,最后降落到地面或海洋。

23.2 空中水资源开发利用的原理和主要途径

开发利用空中水资源的主要途径是人工增雨。人工增雨的主要原理是利用自然云的微物理不稳定性,在适当的云雨条件下,选择适当的时机和部位,针对不同的云,采用相应的人工干预和催化技术,给水汽或小水滴施加外力,促进重力碰并过程的进行,改变云滴谱分布的均匀性,使它有能力去吸引另外一些水汽或者小水滴,逐渐聚成大水滴或者冰晶和雪晶,从而形成降水的过程。

人工增雨的催化剂通常分为三类,第一类是产生大量凝结核或凝华核的碘化银等成核剂。通常用装置在飞机机身两侧的喷管喷射出高温燃烧的碘化银,进入冷云以后,通过冷却凝集成大量极为细微的粒子,它们的晶体结构与自然冰晶非常相似,从而起到"冰核"的作用,形成了许许多多小冰晶。第二类是可以使云中水分形成大量冰晶的干冰、液氮等制冷剂。干冰是固体二氧化碳,白色晶体,在1个大气压下,温度为-78.5 ℃,撒入云中会产生大量冰晶。第三类是吸附云中水分变成较大水滴的盐粒等吸湿剂。碘化银、干冰等适用于冷云(温度低于0 ℃)做催化剂;盐粒等适用于暖云(温度高于0 ℃)做催化剂。

人工增雨作业常用的主要设备有高炮、飞机、火箭、气球、无线电控空仪、气象雷达、卫星接收系统等。

具体操作时是通过飞机向云体顶部播撒装有碘化银、干冰、液氮等催化剂的溶液，或用高炮、增雨火箭、气球携带催化剂烟弹，将装有催化剂的炮弹等发射到云中，并在云体中爆炸，对局部范围内的空中云层进行催化，增加云中的冰晶，或使云中的冰晶和水滴增大从而形成降水的过程。值得指出的是，不同的云在不同地区、不同季节、不同的催化条件下有不同的特点，因而不是所有的云都可进行人工增雨的。一般说来，低云族中的雨层云和层积云，或中云族中的高层云较为适宜；少云或者晴空条件下，就不能进行人工增雨。

开发利用空中水资源除上述用催化剂技术人工增雨外，还有其他一些增雨的方法，如“造雨机”和“水力喷水机组”等。

23.3　我国空中水资源开发利用现状

我国是掌握人工增雨技术较早的国家之一。1958 年 8 月 8 日，一架苏式图-2 轰炸机在吉林市北部至长春市之间的云层中，一路播撒干冰，使久旱的丰满水库地区迎来当季的第一场好雨。这是新中国历史上的“人工第一雨”。从此以后我国在人工增雨、防雹等影响天气的试验和作业方面得到了长足的发展。据统计，1995～2013 年，全国有 23 个省(区、市)共组织实施飞机人工增雨作业 4 231 架次，累计飞行 9 881 h，开展了高炮、火箭增雨作业，作业区总面积达 300 余万 km^2，人工影响天气作业规模已居世界前列，人工增雨已成为我国大多数地区抗旱的重要手段。

目前，全国每年用飞机、高炮和火箭进行人工增雨作业数百次，增加降雨 100 亿 m^3 之多。如 2001 年 4 月陕西省用 25 架次飞机作业，使 107 个县区增加降水 7 亿 m^3。2000 年 5 月 8 日，安徽省 26 个市县以火箭和高炮进行人工增雨作业，降水 9 亿 m^3。2001 年 6 月 15 日，北京市发射增雨炮弹 40 余发，城区降雨量超过 20 mm，郊县达 50～100 mm。山西省 2001 年增雨量 13.15 亿 m^3，受益面积 12 万 km^2。辽宁省自 1991 年以来，平均每年人工增雨增加降水 12 亿 m^3。青海省 1997～2000 年，通过人工增雨增加降水 49.6 亿 m^3。

我国的人工增雨虽然已经搞了几十年，也取得了巨大成绩，但一直是作为一种抗旱减灾的应急手段，而未能上升到开发水资源的战略层面上去考虑。存在着科技含量少、盲目性大、命中率低、规模太小、成本偏高及各自为战局面，仍处在粗放阶段。随着投入加大和技术手段的进一步完善，科学化、规模化的人工增雨技术将是 21 世纪缓解水资源短缺的一项重要的开源措施。

23.4　开发利用空中水资源前景

要合理地解决我国水资源短缺问题，必须强调“开源”与“节流”并重，二者不可偏废。在合理利用现有水资源的同时，迫切需要开辟增水新途径。开发空中水资源，对于有效缓解我国水资源紧缺状况，改善生态环境，保障经济、社会的可持续发展有着极其重要的意义。

23.4.1 开发利用空中水资源不会污染环境

用人工增雨的方法开发空中水资源,使用了大量的催化剂,有人担心会对人体健康有害。其实,人工增雨对大气、水等环境因素的危害几乎可忽略。因为人工增雨是一个微物理过程,而不是新物质的化学变化,播撒在天空中的干冰、液氮本身就是从空气中提取出来的。虽说碘化银含有的银离子对人体和生物有害,但通常对一块积状云只要播撒10~20 g就能见效,总投入量很少,因而不会造成任何环境污染危及生态平衡。当然,用飞机播撒催化剂可能对航空业造成一定的干扰;发射带催化剂的炮弹,可能在短期内会产生噪声扰民等,这些只要事先做好规划和宣传工作,都可避免。

23.4.2 开发利用空中水资源成本低,效益显著

据科学试验测试,人工增水是一项投入成本低、效益高的工作。目前国际所公认的人工增水成本和效益的比例关系是1:20 ~1:25,高的则可以达到1:40。2001 年 7 月湖北省 6 次实施人工增雨,耗资约 50 万元,增加降水 4 亿 m^3,平均 0.125 分/m^3。据河北省1995 年测算,人工增雨投入与产出效益比达 1:30 以上。北京市的数据显示,增雨的投入产出比超过 1:90。据报道,1997 年以来的人工增雨使黄河上游地区累计增加降水量61.53亿 m^3,形成径流 13 亿 m^3。黄河上游由于干旱而引起的草场退化因此得到有效控制,龙羊峡水电站发电量大幅提升,增创经济效益 2.68 亿元。

2004 年 6 月 14~15 日,贵州省在洪家渡水电站库区进行了一次人工增雨作业,雨量自动站观测的雨情资料显示,平均增雨量可达 20%,使洪家渡水库水位提高了 12.13 m,增加水库容量 2.7 亿 m^3。按增雨效率 20%计算,实际人工增雨作业增加库容量 0.54 亿 m^3。按洪家渡水库每增加 1 m^3 水,乌江梯级电站可生产 1 kWh 电,按 0.1 元/kWh 效益估算,此次增雨作业可达经济效益 540 万元,作业效益十分明显。

人工增雨对于节约城市居民用电也有一定作用。据有关专家介绍,人工增雨可以让城市气温降低至少 5 ℃。温度降低,空调用电必然减少。同时,人工增雨还可起到灌溉园林的作用,从而可节约大量的绿化用水,带来极大的经济效益和社会效益。

23.4.3 开发利用空中水资源有利于生态环境的保护

开发空中水资源对生态环境的保护将产生积极的影响,尤其是西北干旱和半干旱地区更为明显。如增加的降水可以补充冰川储水,减缓冰川退缩速度;能够遏制草场退化,维护草场生态平衡;能够增加河水流量,补充地下水,维持荒漠植被的生存和繁衍;能够降低湖泊矿化度,扩大湖水水面和蓄水量,维护湖泊及其周围的生态环境;能够减少浮尘、沙尘暴等灾害性天气,防止生态环境的进一步恶化。

23.5 吉林省开发空中水资源工程实践

23.5.1 历年开发空中水资源实施情况

1987 年 5 月中旬,大兴安岭北部发生了森林大火。吉林省气象局局长带领作业人员

汪学林、金德镇、甘露林、李占柱等人连夜飞赴加格达奇机场,共飞行人工增雨作业5架次,作业区下风方增雨27 mm,为森林灭火起到了重要作用。1998年,吉林省成立了全国第一个人工影响天气联合开放实验室,在技术、装备、人才和科技科研等方面都有了长足发展。1999年夏,为解除深圳严重旱灾,汪学林、金德镇等选择人工影响潜力大的云层和潜力区飞行作业16架次,使影响区内多次出现较大降水,各雨量点积累降水量均在100 mm以上,最大雨量达180 mm,一举扭转了严重缺水局面,受到当地政府的高度赞扬,并向吉林省政府致感谢信。2000年5月,长春旱情十分严峻,省人工影响天气办公室会同长春市水利局,采用设立固定火箭及流动火箭点同时作业的方式,共发射增雨火箭弹16发,在石头口门、新立城和双阳水库出现了3个雨量中心,增雨54%,直接增水1 100万m^3。21日,发射火箭弹31枚,增雨34%,缓解了旱情,创造人工增雨奇迹。2003年,吉林省又成为全国首个拥有人工增雨专用飞机的省份。2004年入春以来,吉林省粮食主产区旱情严重,对春播极为不利,气象部门严密监视天气变化,提前捕捉到有利于人工增雨的大好时机,实现人工增雨3亿多m^3,基本解除了旱情。这次增雨间接效益估计可达20亿元,得到了杨庆才副省长的赞扬。2007年1月下旬,第六届亚洲冬季运动会前夕,吉林省降雪特少,全省平均降雪量仅为2.6 mm,比常年同期少67%,1月5日早早做好人工增雪作业准备的气象人员,在北大湖滑雪场上游的取柴河镇,增雪作业历时13 h,增雪量达9.8 mm,人工增雪作业大获成功。

据不完全统计,每年吉林省通过开展人工增雨作业均可增加降水约10亿m^3,人工防雹作业对近4万km^2范围内的农田实施了有效保护,减少冰雹灾害损失达上亿元,为吉林省农业抗旱、城市居民用水、改善生态环境及重大社会活动保障等做出了突出贡献。

23.5.2 开发空中水资源工程建设情况

吉林省地处中纬度气候脆弱区,自然灾害频发,尤以干旱、冰雹灾害对农业生产和人民生活的威胁最为严重。开展人工影响天气作业50年以来,在吉林省委、省政府和中国气象局的正确领导下,省人工影响天气办公室始终把为"三农"服务作为人工影响天气工作的重点内容,坚持面向社会需求,合理调整人工影响天气作业布局,更新地面作业工具,建立人工影响天气作业指挥系统,使吉林省防雹作业和指挥能力得到很大提高。目前,全省已健全完善了省、市、县三级人工影响天气工作机构,并将专项经费纳入各级财政保障。

全省共有增雨专用飞机1架,双管"37"高炮194门,火箭发射装置156部;在全省开展了人工影响天气作业,建立了一支980多人的队伍,有7个市(州)配备了气象雷达;同时,加大了科研力度,增强了指挥系统建设,增强了人工影响天气作业能力,提高了作业科技水平。

23.5.3 开发空中水资源科研工作情况

近年来,吉林省人工影响天气办公室与中科院大气物理所、香港理工大学、山东大学合作,成功启动了国家"973"项目观测工作,配合国家自然科学基金重点项目,在吉林省1万km^2外场的观测试验平台,组织了有方案设计的科研探测飞行,取得了大量宝贵的资料,为提高人工增雨作业效果分析奠定了基础。同时,与吉林大学联合研制出了"人工影响天气的纳米复合催化剂”，实现了人工影响天气新突破，项目总体达到国际先进水平。与中科院大气物理所联合建立起了新一代中尺度ARPS模式系统，并进行了业务化试运行，对云雾物理的理论研究有一定的指导意义。此外，防雹减灾专家系统、宏观综合参数系统、用卫星资料和地面站资料联合估算全天候大气和降水总量的分布特征与变化规律项目、卫星遥感技术在人工增雨效益分析中的应用、MM5中尺度模式嵌套三位冰雹云模式等研究项目，经专家鉴定有多项达到国内先进或部分达到国际先进水平，部分成果已推广应用。

根据“十一五”国家人工影响天气发展规划的总体要求，为有效整合人工影响天气资源，降低各省、市飞机停场费用，解决各自为战不能形成科学、规模化耕云作业的弊病，针对东北地区的天气特点，2008年夏，吉林和辽宁、黑龙江、内蒙古等省（区）联合开展了跨区域飞机人工增雨作业，集中飞机资源，充分开发东北地区空中云水资源。共组织开展跨区域飞机增雨作业3次，增雨作业效果明显。仅春季实施的两次人工增雨作业就极大地缓解了吉林省旱情，使西部地区下了透雨，仅此一举就节约抗旱资金3亿元。

吉林省是我国重要的商品粮生产基地，为确保国家粮食安全，吉林省政府制定了《吉林省增产百亿斤[①]商品粮能力建设规划》，于2008年7月2日经国务院批准通过。吉林省水资源匮乏，全省平均水资源总量为399亿m^3，人均占有水资源量1 446 m^3，耕地亩均水资源量666 m^3，吉林省因干旱平均每年减产22.5亿kg。从1954年至2006年，全省平均气温上升了1.6 ℃，平均年降水量减少了69.8 mm，水资源的严重缺乏使干旱程度逐年加重。另一方面，吉林省处于空中水汽汇聚区，中西部地区空中大气可降水量5 000 mm左右，空中云水资源十分丰富。因此，开发空中云水资源，提高人工增雨的作业能力，增加水资源总量，提高水资源时、空配置能力，是解决水资源缺乏矛盾的有效途径，对提高全省粮食生产具有重要意义。吉林省委、省政府对人工影响天气工作高度重视，将人工影响天气作业作为促进经济社会发展的一个重要方面，加以优先发展；作为农业增效、农民增收的有效手段，加以充分运用；逐步实现从传统的以防灾减灾为主向开发和利用水资源、保护和改善生态环境等多领域转变；从目前应急性抗旱向储备性抗旱转变；由旱季作业向有利于水资源调蓄的多雨季作业拓展；由旱区作业向江河、湖泊、库区水域源头作业拓展；由单一的为农业增雨向工业、城市用水等拓展。2008年省委1号文件把人工增雨工作作为发展农业和做好农村工作的重要基础工作，并经国务院原则同意，将《空中云水资源开发工程建设》纳入《吉林省增产百亿斤商品粮能力建设工程》中，建设、推进力度进一步加大。

加强国际交流，加强自主创新，把吉林建设成国家级的人工影响天气基地。依托吉林省一流的装备和人才，在建设面向国内外全面开放的人工影响天气基地规划中，要建立室内云雾实验室，自主研发新型催化剂及其装备；建立以保障粮食安全为目的的人工增雨、防雹外场示范区，以保障水电及大中型城市工业和饮用水安全为目的的大江大河增雨雪外场示范区，以保障森林、草原防火为目的的增雨雪外场示范区；建立以跨区域、飞机云雾物理化学综合探测研究为目的的专用机场、专用飞机、专用探测设备研发试验平台；建立

① 1斤=0.5 kg

有科学设计、综合现代科技的跨区域自主创新的人工影响天气指挥平台；完善吉林省人工降雨基地前线机场跑道、通信导航、气象保障等设施建设，以满足具有夜航能力、可全年进行人工影响天气作业的需求；建立全天候、全云系空中飞机、地面火箭高炮等规模、科学、有效的人工影响天气作业系统；建立集国内外一流科学专家、相关领域科研院所及国家重点实验室联合攻关的科学集合团体，并吸收国内外专家参与人工影响天气科学实验计划，组织中央、地方和军队科研力量，共同参与人工影响天气科学研究与技术开发工作，建立与国家人工影响天气中心联合开发的科研机制。加强对外开放和合作交流，多渠道争取资金，加大对人工影响天气科研的投入，开展多层次、多学科、多领域的人工影响天气科学研究与技术开发。坚持以社会主义新农村建设为重点，进一步加强人工增雨防雹工作，服务全省粮食增产、农业增效、农民增收，努力为吉林省经济社会又好又快发展作出新的更大贡献。

参考文献

[1] 张忠祥,钱易. 城市可持续发展与水污染防治对策[M]. 北京:中国建筑工业出版社,1998.

[2] 钱正英,张辉. 中国可持续发展水资源战略研究综合报告及各专业报告[M]. 北京:中国水利水电出版社,2001.

[3] 刘昌明,陈志恺. 中国水资源现状评价和供需发展趋势分析[M]. 北京:中国水利水电出版社,2001.

[4] 王浩. 中国水资源问题与可持续发展战略研究[M]. 北京:中国电力出版社,2010.

[5] 周秀骥. 大气微波辐射及遥感原理[M]. 北京:科学出版社,1982.

[6] 车伍,李俊奇. 城市雨水利用技术与管理[M]. 北京:中国建筑工业出版社,2006.

[7] 杭世珺. 北京市城市污水再生利用工程设计指南[M]. 北京:中国建筑工业出版社,2006.

[8] 上海市政工程设计研究院. 给水排水设计手册第 3 册——城镇给水[M]. 北京:中国建筑工业出版社,2004.

[9] 金兆丰,徐竟成,等. 城市污水回用技术手册[M]. 北京:化学工业出版社,2004.

[10] USEPA. 污水再生利用指南[M]. 胡洪营,魏东斌,王丽莎译. 北京:化学工业出版社,2008.

[11] 张自杰. 环境工程手册(水污染防治卷)[M]. 北京:高等教育出版社,1996.

[12] 聂梅生. 水工业工程设计手册(水资源及给水处理)[M]. 北京:中国建筑工业出版社,2001.

[13] 城市污水高级处理手册[M]. 张中和译. 北京:中国建筑工业出版社,1986.

[14] 许泽美,唐建国,周彤,等. 废水处理与再用[M]. 北京:中国建筑工业出版社,2002.

[15] 王洪臣. 城市污水处理厂运行控制与维护管理[M]. 北京:科学出版社,1997.

[16] 北京市市政工程设计研究总院. 废水资源化及对合理利用水资源和生态环境影响的研究[R]. 2001.

[17] 上海市政设计院. 给水排水设计手册[M].2 版. 北京: 中国建筑工业出版社,2003.

[18] 邬善扬. 城市污水处理——投资与决策[M]. 北京:中国环境科学出版社,1992.

[19] 尹公. 城市绿地建设工程[M]. 北京:中国林业出版社,2001.

[20] 周彤. 污水回用决策与技术[M]. 北京:化学工业出版社,2002.

[21] 戴慎志. 城市工程系统规划[M]. 北京:中国建筑工业出版社,1999.

[22] 汪应洛. 系统工程[M]. 北京:机械工业出版社,1986.

[23] 陈思录. 系统工程[M]. 重庆:重庆出版社,1993.

[24] R.M.克朗. 系统分析和政策科学[M]. 陈东威译. 北京:商务印书馆,1985.

[25] 顾培亮. 系统分析[M]. 北京:机械工业出版社,1991.

[26] 周彤. 污水回用决策与技术[M]. 北京:化学工业出版社,2002.

[27] Asit.Biswas. 水资源环境管理与规划[M]. 陈伟,等译. 郑州:黄河水利出版社,2001.

[28] 国欣,李旭东. 污水资源化利用技术现状及其应用实例[J]. 给水排水,2001,20(5):15-19.

[29] 沈小南. 中水回用实现污水资源化[C]// 21 世纪国际城市污水处理及资源化发展战略研讨会与展览会, 2001.

[30] 周彤. 污水回用是解决城市缺水的有效途径[J]. 给水排水,2001,27(11):1-7.

[31] 邵孝侯,等. 沿海围垦区非传统水资源开发利用[J]. 水利经济,2012(3):54-57.

[32] 张娜,等. 居住小区非传统水资源优化配置研究[J]. 环境科学与管理,2010(12):117-119.

[33] 冼巍. 上海市非传统水资源利用研究[J]. 给水排水,2009(S2):14-17.

[34] 李坤峰,谢世友,王山峰. 重庆市非传统水资源的利用发展分析[J]. 水资源与水工程学报,2008

(4):86-88.
[35] 孙志宝,刘众欣. 钢铁企业开发非传统水资源的工程实践[J]. 冶金动力,2008(4):59-61.
[36] 杨亚春. 非传统水资源的开发与利用思考[J]. 民营科技,2008(4):144-145.
[37] 兰翠玲. 开发利用非传统水资源缓解大同市水资源紧缺状况[J]. 科技情报开发与经济,2007(14):139-140.
[38] 范南屏,等. 海岛非传统水资源的开发利用[J]. 浙江建筑,2007(4):56-58.
[39] 孙静,阮本清,张春玲. 国内外非传统水资源开发利用[J]. 中国水利,2007(7):8-11.
[40] 董艳艳,王红瑞. 北京市非传统水资源的利用现状与对策[J]. 北京教育学院学报:自然科学版,2006(4):7-11.
[41] 钱易. 重视开发非传统水资源[J]. 环境经济,2004(11):18-19.
[42] 代文元,张俊杰. 实施南水北调 加大微咸水、咸水非传统水资源的利用[J]. 南水北调与水利科技,2004(4):23-25.
[43] 王彤,王志亮. 开发利用非传统水资源 支撑经济社会可持续发展[J]. 河北水利,2004(3):22-23.
[44] 姚政,谢勇. 非传统水资源[J]. 净水技术,2003(6):38-40.
[45] 高冰凌,李健民,陈玲玲. 非传统水资源在工业水系统中的应用[J]. 江苏化工,2003(2):49-52.
[46] 李俊义. 关于唐山市非传统水资源利用的调查与思考[J]. 河北水利,2003(9):12-13.
[47] 张燕. 雨水及灰水再利用——非传统水资源在居民区应用可行性研究[D]. 东华大学,2009.
[48] 籍国东,等. 我国污水资源化的现状分析与对策探讨[J]. 环境科学进展,1999,7(5):85-93.
[49] 马志毅. 城市污水回用概述[J]. 给水排水,1997,23(12):61-63.
[50] 张杰,张富国,王国瑛. 提高城市污水再生水水质的研究[J]. 中国给水排水,1997,13(3):19-21.
[51] 马志毅,等. 太原市城市资源化规划总结[J]. 给水排水,1997, 23(1):18-20.
[52] 张志敏,郑一宁. 天津纪庄子污水回用实验研究[J]. 中国给水排水,1987,3(3):29-31.
[53] 柯崇宜,孙峻,沈晓南. 青岛海泊河污水处理回用工程[J]. 中国给水排水,1999,15(8):35-36.
[54] 黎耀. 深圳滨河污水厂 AB 法运行实践及分析[J]. 中国给水排水,2000,16(8):15-17.
[55] 李梅,黄廷林. 西北地区城市污水再生回用技术[J]. 城市环境与城市生态,2003,16(1):65-67.
[56] 周彤. 城市污水回用的技术研究与工程实践[J]. 给水排水,1994,20(1):21-36.
[57] 高深谋. 城市污水回用工程一例[J]. 工业水处理, 1997,17(2):33-35.
[58] 曾德勇. 二级排放水经深度处理回用作循环冷却水[J]. 中国给水排水,2001,17(3):61-63.
[59] 江雄志,李超,姜立安. 石家庄市污水回用现状及发展构想[J]. 中国给水排水,2001,17(9):62-64.
[60] 徐志始,李梅. 西安市再生水资源的合理配置[J]. 可再生能源,2003(1):33-35.
[61] 周桐. 城市污水回用示范工程[J]. 城市环境与城市生态,1993,6(1):1-4.
[62] 郭卫宏,周勤,肖锦. 中水道应用——建筑给排水的发展趋势[J]. 给水排水,1999,25(12):41-45.
[63] 金勤献. 典型城市污水回用系统规划的研究[D]. 北京:清华大学,1991.
[64] 武晋生,张鸿涛. 污水回用系统规划研究概论[J]. 环境保护,1999(12):40-42.
[65] 曾波,施青军,查凯. 城市污水处理及中水回用系统分析与优化[J]. 中国给水排水,2002,18(6):82-84.
[66] 陈立. 城市污水回用于人工水体的探讨[J]. 中国给水排水,1999,15(9):23-25.
[67] 王鹤立,陈雷. 再生水回用于景观水体的水质标准探讨[J]. 中国给水排水,2001,17(12):31-35.
[68] 高彦春. 区域水资源供需协调分析及模拟预测[D]. 北京:中国科学院,1998.
[69] 龙期泰. 国外城市污水回用的最新进展[C]// 国外城市污水回用的最新进展论文集,1995.
[70] 李艺. 北京市城市污水处理状况及设计思想[C]// 新世纪中—欧大城市发展学术研讨会,2001.
[71] 王宝贞. 发展污水综合利用和净化型的生态农业[J]. 农业环境保护,1985,4(1):1-4.

[72] 颜京松. 污水资源化生态工程原理及类型[J]. 农村生态环境,1986(2):17-23.
[73] 杨景辉. 土壤污染与防治[M]. 北京:科学出版社,1995.
[74] Anderson J .International water tecycling case studies[C]// 21世纪国际城市污水处理及资源化发展战略研讨会组委会. 21世纪国际城市污水处理及资源化发展战略研讨会论文集. 北京:建设部,2001:33-52,163-172.
[75] 邓彪,薛二军,刘文丽. 城市污水再生回用的生态毒理问题[J]. 中国给水排水,2005,21(9):34-36.
[76] 孙向群. 中小型污水处理厂现状分析及对策[J]. 中国资源综合利用,2006,24(5):23-24.
[77] 岳宝,徐亚同,徐烨. 城市污水处理新工艺概述[J]. 上海化工,2002,3:4-8.
[78] 孙平. 我国城市污水处理的现状及发展对策[J]. 中国科技信息,2006,4:8-9.
[79] 顾剑. 京城中水公司发展战略探索[D]. 北京:首都经济贸易大学,2005.
[80] 芦晓峰,等. 城市化进程中雨水资源利用研究[J]. 水土保持研究,2011,18(3):267-271.
[81] 马海波,刘震. 城市化引起的水文效应[J]. 黑龙江水专学报,2007,34(1):98-100.
[82] 孔祥锋. 城市雨水利用的生态设计研究[J]. 能源及环境,2007(11):24-25.
[83] 车伍,张燕,李俊奇,等. 城市雨洪多功能调蓄技术[J]. 给水排水,2005,31(9):25-29.
[84] 陈垚. 浅谈雨水调蓄池在城市防洪排涝减灾中的作用[J]. 江淮水利科技,2012(2):6-7.
[85] 汪慧贞. 城市雨水利用的技术与分析[J]. 工业用水与废水,2007,38(1):9-13.
[86] 李云岚,等. 雨水资源集蓄利用研究进展[J]. 水土保持应用技术,2008(3):29-31.
[87] 车伍,等. 现代城市雨水利用技术体系[J]. 北京水利,2003(3):16-18.
[88] 谢兰芬. 浅谈雨水集蓄利用工程的规划设计与施工[J]. 四川水利,2010(4):40-41.
[89] 谭建国. 某城市综合体雨水集蓄利用设计探讨[J]. 浙江建筑,2010,27(2):72-74.
[90] 李惊,徐析. 城市分散式雨水管理景观基础设施[C]// 中国风景园林学会2011年会论文集,2011.
[91] 许萍,等. 北京城区雨水人工土植物系统水质净化研究[J]. 北京建筑工程学院学报,2005,21(4):45-50.
[92] 高光智,陈辅利,刘冰. 雨水涵养利用与初雨水净化的研究[J]. 大连水产学院学报,2007,22(3):207-211.
[93] 李远,丁武龙,胡昊. 公共建筑屋面雨水处理及回收利用研究[J]. 建筑节能,2012(3):52-55.
[94] 张书函,丁跃元,陈建刚. 城市雨水利用工程设计中的若干关键技术[J]. 水利学报,2012,43(3):308-314.
[95] 鲁敏,康文凤,李东和. 构建城市绿色集雨系统的途径与对策[J]. 山东建筑大学学报,2012,27(3):307-310.
[96] 吴东敏,高巍,邓卓智. 奥林匹克公园中心区雨洪利用成套技术集成[J]. 水利水电技术,2009,40(12):98-104.
[97] 曹秀芹,车武. 城市屋面雨水收集利用系统方案设计分析[J]. 给水排水,2012,28(1):13-15.
[98] 徐海,龚应安,张书函. 小区雨水利用工程的运行效果分析[J]. 北京水务,2010(1):52-54.
[99] 张春园,等. 关于积极发展我国海水利用的几点建议[J]. 水利发展研究,2011(9):1-6.
[100] 马成良. 发展海水利用产业解决我国缺水问题[J]. 水工业市场,2007(4):23-27.
[101] 齐景丽. 加快推进海水利用不断提升石化产业循环经济发展水平[J]. 现代化工,2012,32(3):3-4.
[102] 周洪军. 我国海水利用业发展现状与问题研究[J]. 海洋经济,2008(4):19-23.
[103] 何炳光. 我国海水利用现状、问题及对策建议[J]. 节能与环保,2004(4):14-18.
[104] 马天骥. 国外海水淡化发展现状、趋势及启示[J]. 中国经贸导刊,2006(12):21-25.
[105] 国伟. 国外海水淡化技术的发展及启示(下)[N]. 中国海洋报,2006-09-01(004).

[106] 阮国岭,冯厚军. 国内外海水淡化技术的进展[J]. 中国给水排水,2004(20):86-90.
[107] 倪海. 多级闪发蒸馏技术在高浓度苦咸水淡化中的应用[J]. 机电设备,1997,10(6):3-4.
[108] 王建平,倪海,朱国栋. 沙漠油田高浓度苦咸水淡化技术的研究[J]. 净水技术,2004,11(2):19-22.
[109] 张雷. 大钦岛电渗析苦咸水淡化工程长期运行探析[J]. 水处理技术,2001,27(4):236-238.
[110] 李文章,胡延涛. 推广咸水淡化技术共建人水和谐社会[J]. 河北水利,2005,17(8):5-11.
[111] 陈明玉,等. 膜蒸馏海水及苦咸水淡化研究进展[J]. 盐业与化工,2006,35(6):18-21.
[112] 段英,吴志会. 利用地基遥感方法监测大气中气态、液态水含量分布特征的分析[J]. 应用气象学报,1999,10(1):34-40.
[113] 梁谷,李燕. 层状云的降水潜力[J]. 陕西气象,2003(5):28-30.
[114] Slawomir W.Hermanowecz,Takashi Asnao. Abel wolman's "the matbaolism of cities" revisited:A case for water recycling and reuse[J]. Water Science and Technology,1999,40(4-5):29-36.
[115] Aysegul Tanik,Hasan Zuhui Sarikaya, Veysel Eroglu. Potential for reuse of treated effluen in Istanbul [J]. Water Science and Technology,1996,33(10-11):107-113.
[116] Mountain Diane,Walters Gary,Brown Diane. Wastewater reuse as cooling tower makeup-A pioneering case in Maryland[J]. International Exhibitor and Conference for the Power Generation Industries,1998:168-181.
[117] Giobanni Bergan,Roberto Bianchhi. GAC Adsorption of ozonated secondary textile effluents for Industrial water reuse[J]. Water Science and Technology,1999,40(10-11):435-422.
[118] Harleman D R F,Murcott S. The role of physical-chemical wastewater treatment in the mega-cities of the developing world[J]. Water Science and Technology,1999,40(4-5):75-80.
[119] Felix Buhrmann,Mike van der Wakdt. Treatment of industrial wastewater for reuse[J]. Desalination, 1999,124(11):263-269.
[120] Richard A Mills,Takashi Asnao. A retrospective assessment of water reclamation projects[J]. Water Science and Technology,1996,33(10-11):59-70.
[121] Albert L Page,Takashi Asano,Ivanildo Hespanhol. Developing human health-related chemical guidelines for reclaimed wastewater irrigation[J]. Water Science and Technology, 1996,33(10-11):463-472.
[122] Abu-Rizaiza S. Modification of the standards of wastewater reuse in Saudi Arabia[J]. Wat. Res,1999, 33(11):2601-2608.
[123] Ahmad Shamin. Wastewater reuse in landscape and agricultural development in Doha,Qatar[J]. Water Science and Technology,1989,21(7):421-426.
[124] Ralf Otterpohl, Matthias grottker, Jorg Lange. Sustainable water and waste management in Urban areas [J].Water Science and Technology,1997,35(9):121-123.
[125] Muralka,Kohji,Muralka Harunichi. Future design of water reuse in urban river control system[J]. Technology Reports of the Osaka University,1998:287-300.
[126] Marcelo Juanico,Eran Frideler. Wastewater reuse for rive recovery in semi-arid Israel[J]. Water Science and Technology,1999,40(4-5):43-50.
[127] Abdellah A. Rababah,Nicholas J,Ashbol T. Innovative production treatment hydroponic farm for primary municipal sewage utilization[J]. Water Research,2000,34(3):825-834.
[128] SL 267—2001 雨水集蓄利用工程技术规范[S].
[129] GB 50400—2006 建筑与小区雨水利用工程技术规范[S].
[130] DGJ 32/TJ 113—2011 雨水利用工程技术规范[S].

[131] DT 11/T 685—2009 城市雨水利用工程技术规程[S].
[132] SZDB/Z 49—2011 雨水利用工程技术规范[S].
[133] GB/T 18919—2002 城市污水再生利用 分类[S].
[134] GB/T 18920—2002 城市污水再生利用 城市杂用水水质[S].
[135] GB/T 18921—2002 城市污水再生利用 景观环境用水水质[S].
[136] GB/T 19923—2005 城市污水再生利用 工业用水水质[S].
[137] GB 20922—2007 城市污水再生利用 农田灌溉用水水质[S].
[138] GB/T 19772—2005 城市污水再生利用 地下水回灌水质[S].
[139] GB/T 25499—2010 城市污水再生利用 绿地灌溉水质[S].
[140] GB 50334—2002 城市污水处理厂工程质量验收规范[S].
[141] GB 50335—2002 污水再生利用工程设计规范[S].
[142] GB 50336—2002 建设中水设计规范[S].
[143] CJ/T 51—2004 城市污水水质检验方法标准[S].
[144] 建科[2006]100 号,城市污水再生利用技术政策[S].
[145] 建城[2012]197 号,城镇污水再生利用技术指南(试行)[S].
[146] HY/T 074—2003 膜法水处理:反渗透海水淡化工程设计规范[S].
[147] HY/T 034.3—1994 电渗析技术[S].
[148] HY/T 054.1—2001 中空纤维反渗透技术[S].
[149] HY/T 073—2003 卷式超滤技术[S].
[150] HY/T 039—1995 微孔滤膜孔性能测定方法[S].
[151] QX/T 151—2012 人工影响天气作业术语[S].
[152] 中国气象局科技教育司. 飞机人工增雨(雪)作业业务规范(试行)[S]. 2000.
[153] 中国气象局科技教育司. 高炮人工防雹增雨作业业务规范(试行)[S]. 2000.
[154] 空中云水资源气象评价方法(征求意见稿)[S].